彩图 1　仔细看这两个场景，看看哪些特征是不同的（见示例 2-4，正文第 24 页）

彩图 2（见示例 3-1，正文第 35 页）

A 部分　说出这些词印刷墨水的颜色，忽略词语的意义

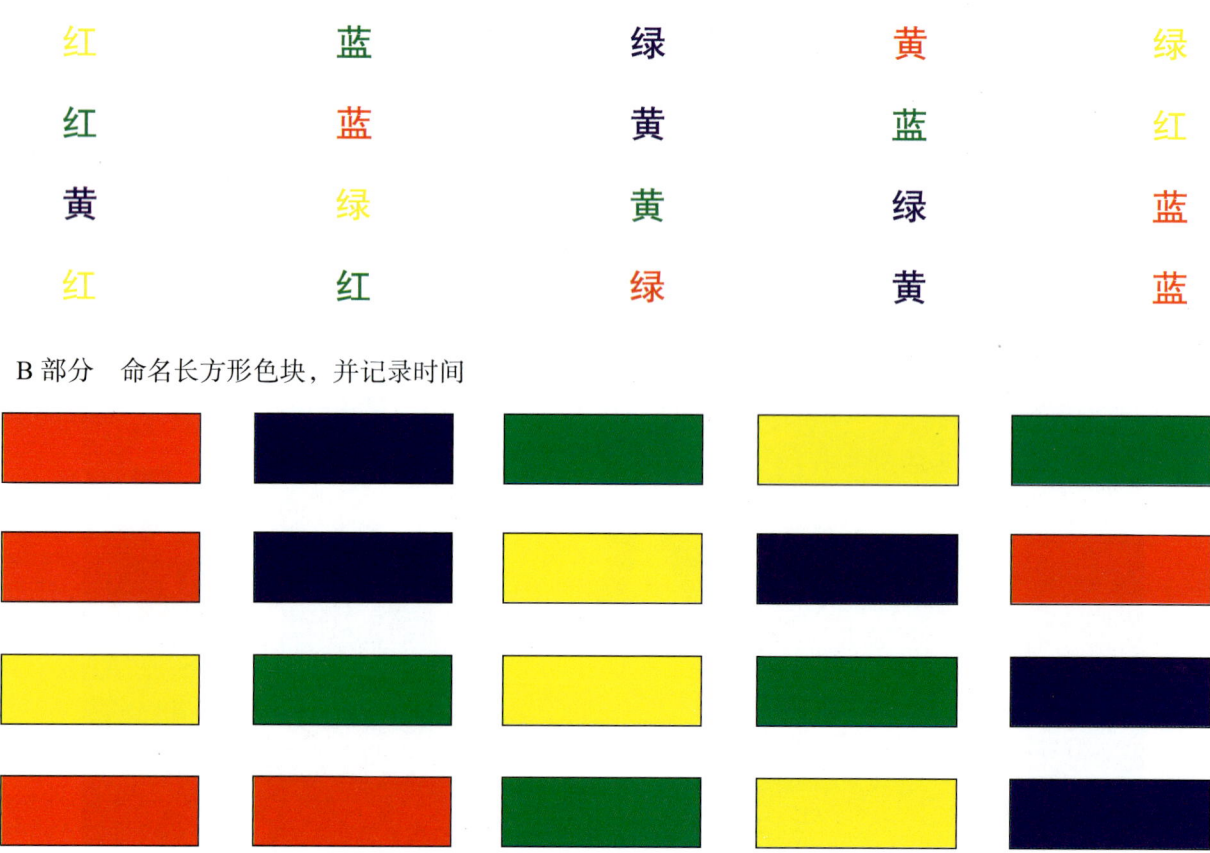

B 部分　命名长方形色块，并记录时间

彩图 3（见示例 3-2，正文第 36 页）

A 部分　在每一张图片中搜索蓝色的 ×。注意完成任务的时间是否相同

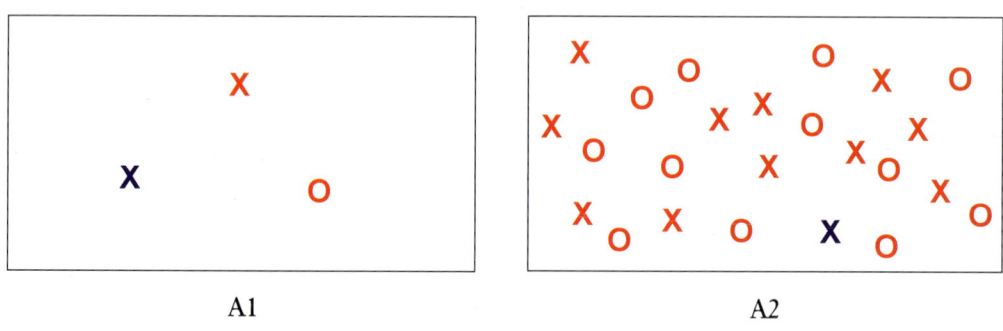

A1　　　　　　　　　　　　A2

B 部分　在每一张图片中搜索蓝色的 ×。注意完成任务的时间是否相同

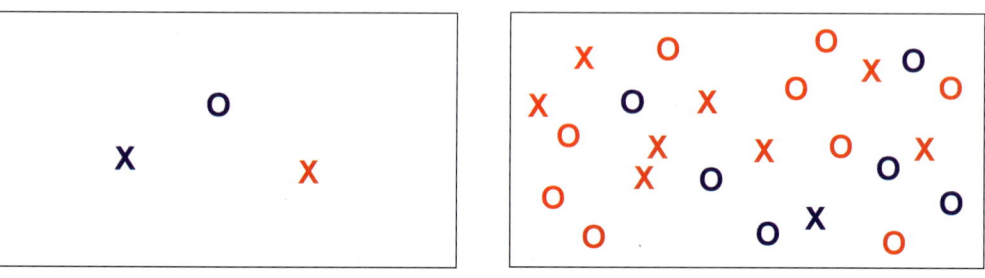

B1　　　　　　　　　　　　B2

美国名校学生喜爱的心理学教材

认知心理学

COGNITIVE PSYCHOLOGY

理论、研究和应用

原书第8版

[美] 玛格丽特·马特林（Margaret W. Matlin） 著　李永娜 译

图书在版编目（CIP）数据

认知心理学：理论、研究和应用（原书第8版）/（美）马特林（Matlin, M. W.）著；李永娜译. —北京：机械工业出版社，2016.4（2024.11 重印）

（美国名校学生喜爱的心理学教材）

书名原文：Cognitive Psychology

ISBN 978-7-111-53391-7

I. 认… II. ①马… ②李… III. 认知心理学 – 高等学校 – 教材 IV. B842.1

中国版本图书馆 CIP 数据核字（2016）第 065370 号

北京市版权局著作权合同登记　图字：01-2014-2019 号。

Margaret W. Matlin. Cognitive Psychology, 8th Edition.

Copyright © 2014 by John Wiley & Sons Singapore Pte. Ltd.

This translation published under license. Simplified Chinese translation copyright © 2016 by China Machine Press.

No part of this book may be reproduced or transmitted in any form or by any means, electronic or mechanical, including photocopying, recording or any information storage and retrieval system, without permission, in writing, from the publisher.

All rights reserved.

本书中文简体字版由 John Wiley & Sons 公司授权机械工业出版社在全球独家出版发行。

未经出版者书面许可，不得以任何方式抄袭、复制或节录本书中的任何部分。

本书封底贴有 John Wiley & Sons 公司防伪标签，无标签者不得销售。

本书对本领域的研究进行了全面回顾，内容包括知觉加工、记忆、表象、常识、语言、问题解决与创造性、推理与决策及认知发展。语言简洁明了，通俗易懂，在介绍基本理论和研究范式的基础上，介绍了认知心理学各个领域很多最新的研究成果，让学生对认知心理学的当下发展有了初步的认识。本书尤其强调学以致用，不管是在经典研究还是在课后思考题中，作者都会以学生的日常生活为出发点，鼓励他们通过自己的生活经验来了解认知心理学中的新概念或者理论，把相关理论用于解决日常生活中的问题。

本书适合心理学、教育学、管理学、社会学、哲学、语言学等专业的师生和相关研究人员使用。

出版发行：机械工业出版社（北京市西城区百万庄大街 22 号　邮政编码：100037）

责任编辑：朱婧琬　　　　　　　　　　　　　　　　责任校对：殷　虹

印　　刷：北京富资园科技发展有限公司　　　　　　版　　次：2024 年 11 月第 1 版第 12 次印刷

开　　本：214mm×275mm　1/16　　　　　　　　　印　　张：15.75　　插　　页：1

书　　号：ISBN 978-7-111-53391-7　　　　　　　　定　　价：65.00 元

客服电话：(010) 88361066　68326294

版权所有・侵权必究
封底无防伪标均为盗版

The Translator's Words 译者序

"认知"（cognition）这个词源于拉丁文的一个动词"cognosco"，意思是"去了解，去知觉"。作为人类个体，我们需要了解自己的过去、现在与未来，所以对人们如何了解过去、现在、未来的研究就形成了"认知心理学"。具体来说，认知心理学研究的是人的心理加工过程，包括知觉、注意、语言、记忆、问题解决、创造性和思维。认知心理学出现于20世纪中期，当时随着第二次世界大战的发展，许多新的武器技术得以运用，而科学家们面临的问题则是在新技术运用的背景下如何提高人们的工作效率，以及如何有效地训练人们掌握这些新技术。英国一位非常有影响的实验心理学家唐纳德·布罗德本特（Donald Broadbent，1926—1993）对注意等心理过程的研究将工作效率与当时新兴的信息理论结合了起来。同时，计算机科学与人工智能的发展也提供了记忆、存储、提取等心理功能的概念框架。而认知心理学产生的主要推动力是语言学家诺姆·乔姆斯基（Noam Chomsky）对当时占据心理学主要地位的行为主义的批判。

虽然从认知心理学产生到现在只不过几十年的时间，但是这个领域却积累了丰富的实证研究的资料。要根据如此浩繁的资料撰写一本本科生使用的教材，其挑战性是可想而知的。玛格丽特·马特林却出色地完成了这一挑战性的工作，她撰写的教材再版了8次，其中第8版是供国际学生使用的。她的教材最让人印象深刻的是语言简洁明了，内容通俗易懂。有很多认知心理学的教材写得晦涩深奥，即使有相关背景知识的人读起来也很困难，这也可能是由心理加工过程本身的抽象性造成的。但是，马特林却尽自己的努力将那些抽象的概念、理论和枯燥的实验研究以具体形象的形式呈现出来，对每一个概念都进行了简明的解释，让没有心理学知识的人们读起来也会觉得轻松。这本教材的另一个亮点是，在介绍基本的理论和研究范式的基础上，包含了认知心理学各个领域中很多最新的研究成果，让学生对认知心理学的当下发展也有了初步的认识。还有就是，马特林非常强调学以致用，不管是在描述经典的研究中，还是在课后思考题中，她都会以学生们的日常生活为出发点，鼓励学生通过自己的生活经验来了解认知心理学中的新概念或者理论；同时也鼓励学生们把有关的理论应用到自己日常生活的问题解决中。

我拿到这本书的英文版之后，花了很短的时间就看完了，因为写得确实非常易读。然后，我就决定在下一次开认知心理学课的时候使用，我想学生们也会喜欢这样一本简单易读，信息量丰富的教材。整本书的翻译过程也非常顺利，虽然有时候因为敲击键盘次数太多，手指会变得麻木酸胀，但第二天自己又会兴致勃勃地坐在计算机前。由于时间问题，可能译文中会存在一些不够完美的地方，敬请见谅。

李永娜
2015年11月于北京

前言 | Preface

我写的这本教材第 1 版的书名是《认知》，是在 30 多年前的 1983 年出版的。当我开始写现在的第 8 版时，就想到了随着时间的变迁，这本书的内容发生的一些变化，前言的第一部分就讨论了一些总体的变化。然后，在第二部分和第三部分我将指出这个版本的特点和内容组织形式。第四部分会呈现这本书的亮点。

第 8 版的总体改变

假如你可以比较第 1 版和第 8 版，你会看到有些章节的题目是没变的。但是，你也会注意到新版本在内容覆盖上有所增加。第 1 版仅仅用一章的篇幅来讲"知觉加工"，而第 8 版则用了几个独立的章节介绍知觉再认和注意。第 1 版中关于语言的内容也只有一章，但第 8 版中包括一章关于语言理解和一章关于语言产生的内容。最强烈的对比应该是关于记忆的相关内容，第 1 版中只有一章，而第 8 版中有三章：使用工作记忆（第 4 章）、使用长时记忆（第 5 章）、使用记忆策略与元认知（第 6 章）。

认知心理学这个领域在一些重要的方面也正经历着改变。最近 10 年中有 3 个直接相关的变化：①认知心理学与其他心理学理论的连接；②生物心理学的研究；③将认知心理学应用到现实世界。让我们来详细了解一下这些改变。

认知心理学与其他心理学理论的连接

美国心理科学协会是拥有最多认知心理学家的一个学术组织。约翰·卡乔波（John Cacioppo）在担任主席的时候写过一篇发人深省的文章，说心理学一直是一个拥有许多彼此独立的研究领域的学科。例如，有些社会心理学家、认知心理学家和生物心理学家认为他们彼此之间不会有交集。但是，卡乔波在文章中写道：

"为了追求综合全面的心理学解释，很重要的一点就是要意识到每一种观点都会蕴含在其他的观点中。对其中一种观点的深入研究是必要的，但只有整合多种不同的观点中我们已知的和能够知道的知识，才有可能对心理与行为有一个全面的理解。"

卡乔波尤其提到了要在三个不同的水平上融合：①神经科学；②认知科学；③社会科学。而且，其中任何一个水平都可以从几个不同的观点来研究，如①变态心理学的观点，②个体差异的观点，和③发展心理学的观点。有些研究者可能认为认知心理学家就应该只研究认知相关的问题，这种看法暗示人类的认知加工过程一定是异常标准化的，可是这与我们日常观察到的人们之间广泛的多样性是不一致的。

卡乔波的文章也符合我自己的一些看法，同时也坚定了我继续在新版本中讨论认知的个体差异的决心。因此，本书的第2～13章都贯穿了个体差异的内容，有些是关于变态心理学的，如精神分裂症患者的面孔识别（第2章）和抑郁症患者的工作记忆（第4章）。

其他关于个体差异的讨论体现在人口统计学变量上。例如，第7章考察了空间能力的性别比较，第11章涉及了居住国家与问题解决技能之间的关系，第12章探讨的是人格特征（超自然信念）与决策错误（"联合错误"）之间的关系。

卡乔波的文章中提到的第三个心理学的观点是发展心理学的观点。本书的最后一章会讲到人生发展的三个时期：婴儿期、儿童期和成年晚期的认知加工。你将会看到，婴儿已经具有了一些明显的认知技能，而且老年人也比大多数人认为的还能干。

生物心理学的研究

很明显，生物心理学的研究已经为认知心理学做出了巨大的贡献。例如，功能性核磁共振的研究结果显示，相比倒置呈现的人脸（下巴在上，额头在下），大脑对正常直立呈现的人脸的反应要快。这个结果与行为研究中发现的人们会更准确地识别正常呈现的而不是倒置呈现的人脸的结果一致。

几十年以来，研究者们就一直在尝试定位大脑中与语言理解相关的特定脑区，其中有些研究就是采用新技术来做的。例如，"语言－定位器任务"就可以抵消语言加工中大脑激活模式的个体差异，并发现相比加工没有意义连接的乱七八糟的词语，大脑在加工真实句子的时候更为活跃。

应用心理学

有研究者认为认知心理学家不应该看重实际应用的研究。但是，我更赞同乔治·米勒（George Miller）关于心理学的观点，即我在第4章中指出的，米勒（1957）是最早研究工作记忆（短时记忆）容量有限性的学者之一。米勒在他的一篇经典的文章中写道，人们通常能记住5～9个项目。

米勒的另一篇经典的文章的题目是"Psychology as a Means of Promoting Human Welfare"（Miller，1969）。米勒重申心理学家有义务进行科学严密的研究，但也有义务做一个合格的公民。尤其是当心理学家进行有重要实际应用价值的研究时，他们应该"丢掉心理学"（Miller，1969）。米勒指出，心理学研究应该被应用到学校、医院、工业生产和其他的机构中。

认知心理学的教材尤其会在大学里为学生提供应用心理学知识的机会。例如，学生在使用这本教材的时候，可以很容易将学习到的关于注意分配（第3章）、记忆提升（第4～6章）、如何写论文（第10章）、问题解决（第11章）和做一个明智的决策（第12章）的知识应用到生活中。

还有其他的研究领域中研究者们也可以不局限在心理学，如关于双语的研究（第10章）在社会中有实际的应用。尤其是双语者会有认知上的优势，我们的社会应该重视那些可以使用两种或者更多语言的人。第13章中提到，Judy DeLoache和她的同事们（2010）在一项研究中发现，婴儿不会从那些商业化生产的含有常见家用物品及其名称发音的视频中学习词汇，但是当婴儿的父母给他们看某个物体并且跟他们谈论这个物体的时候，他们确实会学习到新的词汇。另外，第12章的内容对我们自己日常生活中的决策会有帮助，对可能影响世界上千上万人生活的政治决策也有帮助。这些会被应用到包括卫生保健政策的决策和开始（或者继续）一场战争的决策中。

第8版的特点

我确实相信认知心理学应该有很多实际的用处。这样，学生们一定就能理解和记住课本中的内容。以下是我认为的这本书在一些方面做到了以学生为导向。

1. 写作风格清晰有趣，采用常见的例子使抽象信息变得具体。一直以来，我会收到很多学生和其他教授的信件与建议，都说的是他们多么喜欢读这本教材。

2. 这本书揭示了我们的认知加工如何与我们日常的、真实世界的经验相联系。

3. 这本书多次提到认知如何被应用到其他的研究领域中，如临床心理学、社会心理学、消费心理学、教育、沟通交流、商业、医药和法律。

4. 第 1 章介绍了我在整本书中强调的五个重要主题。因为当前认知心理学研究的范围太广，学生们需要一种持续感来帮助他们理解许多不同研究问题之间的联系。

5. 每一章的章节简介为理解新材料提供了有用的框架。

6. 每一个新的概念术语都是用粗体标记的。出现在句子里的每个新的术语都会跟着一个详尽的定义。

7. 我用许多简单易用的方式来图解重要的认知研究，它们澄清了这个学科的中心概念。我设计了这些示例以便学生们可以使用手头已有的设施来学习它们。

8. 每章都有 10 个综合复习问题。学生们可以进行自我测试。

9. 词汇表提供了每个术语的定义。我也尽量在可能需要的地方包括了术语的背景信息，以便尽可能地澄清这些概念术语。例如，"前件"这个词可以被用在不同的地方，相应地，我在界定"前件"的时候会以这样的短语开头，"在条件推理中……"。

第 8 版的内容组织

教材需要有趣和有用，也需要反映本学科的最新发展，并且应该能够让教师在他们自己的教学计划中使用到教材的结构。以下的这些特点对教师来说应该是有帮助的。

1. 本书提供了本领域研究的一个全面的回顾，内容包括知觉加工、记忆、表象、常识、语言、问题解决与创造性、推理与决策以及认知发展。

2. 每一章都是独立的。例如，当启发式、图式、自上而下的加工出现在不同的章节里的时候，都会有对这些概念的定义。老师们在决定章节讲授顺序的时候就有相当大的灵活性。一些老师可能想在呈现关于记忆的三章内容之前讲表象（第 7 章），另一些老师可能想在学期开始的时候讲一般知识（第 8 章）。

3. 每一章中的每一部分也可以是独立的。教师可以选择以不同的顺序呈现这些部分。如一个教师可能想让学生在接触长时记忆这一章之前先阅读关于图式的内容；另一个老师可能想将第 13 章的认知发展拆分成不同的部分，第一部分关于记忆的内容可以放在第 5 章之后，第二部分关于元认知的内容可以放在第 6 章之后，第三部分关于语言的内容放在第 10 章之后。总之，这些独立的部分让教师在安排内容的时候更有灵活性。

4. 第 2～13 章都有"深度了解"的部分，关注的是认知心理学中特定主题的最新研究进展，同时也提供了关于研究方法的详细信息。在 12 个"深度了解"部分中，有 5 个是本书新加的，而剩下的 7 个是更新和修改原有版本的。

5. 第 8 版的一个特点是"个体差异"，这在第 1 章中有详细的描述。

6. 这本书总共包括 2 016 个参考文献，其中 969 个是新加的。而且，51% 的文献都是 2005 年之后发表的。因此，本教材是对认知心理学研究的最新回顾。

第 8 版的亮点

自从 2009 年这本教材的第 7 版出版以来，认知心理学已经取得了引人注目的发展。记忆、语言和认知发展等方面的研究尤其雄心勃勃。关于认知的心理学理论也更加完善和详尽。采用神经科学的技术，研究者们提供了很多信息，关于面孔识别、语言理解和儿童时期的记忆发展。以下是第 8 版的一些重要更新。

个体差异

我在组织这本书前一个版本的材料时，注意到讨论认知表现个体差异的研究文章的大量增加。而且，我发现我自己学生的文献综述的论文中也常常提到诸如"重度抑郁与工作记忆成绩之间的关系"之类的话题。

正如早先提到的，第8版的第2～13章中都体现了"个体差异"的特征，有些关注的是心理障碍，如精神分裂和抑郁，还有些关注的是人口统计学变量，如性别，性别可能与认知表现有关。你可以在第1章中发现更详细的信息。

认知心理学研究内容的更新

在准备这本书的时候，我很仔细地修订了每个章节。实际上，我更新和重写了这本书的每一页。其中一些大的变化包括以下这些。

- 第1章的结构是全新的，突出强调了神经科学的技术，解释了为什么个体差异在认知心理学中是很重要的。
- 第2章包括了关于物体识别、脸盲症（面孔失认症）和人脸倒置效应的神经科学的研究。
- 第3章澄清了不同的主要任务，也讨论了关于"多任务"的最新研究，以及饮食障碍与Stroop测验成绩的个体差异。
- 第4章考察了采用经颅磁刺激的技术探讨语音环路的研究，也介绍了关于工作记忆和学业成绩的最新研究。
- 第5章包括了关于情绪、情感和记忆的"深度了解"部分，考察了焦虑障碍与外显和内隐记忆成绩的个体差异。
- 第6章有关于提取练习和具身认知的新知识，也有关于前瞻记忆的"深度了解"。
- 第7章的结构做了调整，将认知神经心理学的研究与关于视觉表现和表象旋转的"深度了解"结合在一起。这一章还包括了关于听觉表象的部分，以及关于情境认知论的讨论。
- 第8章开始有一个非正式的练习，使得学生更容易接受对这一章内容的介绍。"深度了解"讨论的是原型理论的最新研究。
- 第9章由讨论手语开始，也介绍了以英语为中心的语言学的最新研究和神经语言学的"深度了解"。
- 第10章讨论了姿势使用和具身认知的新知识，也包括了新的双语研究，以契合大家对这个话题的不断增加的关注。例如，最近的研究考察了可以预示学生学习一种新的语言能力的因素。
- 第11章增加了更多具身认知的内容，以及关于人们打破心理定势时大脑事件相关电位变化的信息。
- 第12章讨论了双加工理论如何被同时应用到演绎推理和归纳推理中。也介绍了关于过度自信理论的跨文化研究。另外，介绍了拥有超自然信念的人们尤其可能在决策中犯过度自信的错误。
- 第13章包括关于儿童元记忆和词汇掌握的最重要的和最新的研究，也讨论了老年人的工作记忆和外显回忆记忆。

在写这本书的时候，我尽最大的努力强调最新的研究。我在6本认知心理学杂志和5本普通心理学杂志上检索相关的文章，然后还在PsyINFO数据库中进行了数不清的特定检索。而且，我还系统地分析了7个出版认知心理学图书的出版社新出的书。关于认知的研究正在以不断增长的速度扩展，我希望这本书能够抓住当前研究中那些振奋人心的主题。

目录 | Contents

译者序
前言

第1章 认知心理学简介 ………………… 1

认知心理学概述 ………………………………… 1
认知心理学简史 ………………………………… 2
　　认知心理学的起源 …………………………… 2
　　现代认知心理学的出现 ……………………… 4
　　认知心理学的现状 …………………………… 6
认知神经科学的技术 …………………………… 7
　　脑损伤 ………………………………………… 7
　　正电子发射断层摄像技术 …………………… 7
　　功能性磁共振成像 …………………………… 8
　　事件相关电位技术 …………………………… 8
促成认知心理学发展的其他领域 ……………… 9
　　人工智能 ……………………………………… 9
　　认知科学 ……………………………………… 11
课本内容的概览 ………………………………… 11
　　章节简介 ……………………………………… 11
　　本书的主题 …………………………………… 12
　　如何有效地使用这本书 ……………………… 13

第2章 识别视觉和听觉刺激 …………… 16

章节简介 ………………………………………… 16

视觉物体识别的背景知识 ……………………… 17
　　视觉系统 ……………………………………… 17
　　视觉知觉的组织 ……………………………… 18
　　视觉物体识别的理论 ………………………… 19
自上而下的加工和视觉物体识别 ……………… 21
　　自下而上和自上而下的加工的区别 ………… 22
　　自上而下的加工与阅读 ……………………… 22
面孔知觉 ………………………………………… 25
　　识别面孔与识别其他物体 …………………… 25
　　关于面孔识别的神经科学研究 ……………… 26
　　面孔识别的应用研究 ………………………… 26
　　个体差异：精神分裂症患者的面孔识别 …… 27
语音知觉 ………………………………………… 28
　　语音知觉的特征 ……………………………… 28
　　语音知觉的理论 ……………………………… 30

第3章 注意 ……………………………… 32

章节简介 ………………………………………… 32
几种不同的注意加工 …………………………… 33
　　分散注意 ……………………………………… 33
　　双耳分听 ……………………………………… 34
　　Stroop效应 …………………………………… 35
　　个体差异：进食障碍与Stroop效应 ………… 36
　　视觉搜索 ……………………………………… 36

关于注意的理论解释 ············· 39
　　关于注意的神经科学研究 ········· 39
　　注意理论 ··················· 40
意识 ························· 42
　　想法抑制 ··················· 43
　　盲视 ······················ 44

第4章　使用工作记忆 ············ 46
章节简介 ······················ 46
工作记忆（短时记忆）的经典研究 ····· 48
　　乔治·米勒的"神奇数字 7" ······· 48
　　关于短时记忆容量的其他早期的研究 · 48
　　Atkinson 和 Shiffrin 的模型 ······· 50
工作记忆的理论 ················· 51
　　有单独容量的成分的证据 ········· 51
　　视觉空间画板 ················ 53
　　中央执行系统 ················ 55
　　情节缓冲器 ·················· 56
　　工作记忆与学业成绩 ············ 56
　　个体差异：重度抑郁与工作记忆 ···· 57

第5章　使用长时记忆 ············ 59
章节简介 ······················ 59
长时记忆的编码 ················· 60
　　加工水平 ··················· 61
　　背景效应：编码特异性原则 ······· 63
长时记忆的提取 ················· 67
　　外显与内隐记忆任务 ············ 68
　　个体差异：焦虑障碍与外显和内隐记忆任务的成绩 ·· 69
　　健忘症患者 ·················· 69
　　专业知识 ··················· 70
自传体记忆 ···················· 72

图式与自传体记忆 ··············· 72
源监控与现实监控 ··············· 73
闪光灯记忆 ···················· 74
目击证人证词 ·················· 75
恢复的记忆与虚假记忆的争论 ······· 77

第6章　使用记忆策略与元认知 ····· 81
章节简介 ······················ 82
记忆策略 ······················ 82
　　前面章节的建议：回顾 ·········· 82
　　注重练习的策略 ··············· 84
　　使用表象的记忆术 ············· 85
　　使用组织的记忆术 ············· 86
元认知 ······················· 90
　　影响元记忆准确性的因素 ········ 91
　　关于影响记忆准确性因素的元记忆 · 92
　　元记忆与学习策略的调整 ········ 92
　　元记忆与记住特定目标的可能性 ··· 94
　　元理解 ····················· 95
　　个体差异：元认知能力与批判性思维 · 97

第7章　使用心理表象和认知地图 ··· 99
章节简介 ······················ 99
视觉表象的特征 ················ 101
　　视觉表象与距离 ·············· 104
　　视觉表象与形状 ·············· 104
　　视觉表象与干扰 ·············· 105
　　视觉表象与两可图形 ··········· 106
　　视觉表象与其他类似视觉的加工 ·· 107
　　对视觉表象的解释 ············ 107
　　个体差异：空间能力的性别比较 ·· 108
听觉表象的特征 ················ 109

  听觉表象与音高 ·· 110
  听觉表象与音色 ·· 110
 认知地图 ··· 110
  关于认知地图的背景信息 ··································· 110
  认知地图与距离 ·· 112
  认知地图与形状 ·· 113
  认知地图与相对位置 ·· 114
  建立认知地图 ··· 115
  情景认知理论 ··· 116

第8章　利用一般知识 ·· 118
 章节简介 ··· 118
 语义记忆的结构 ·· 119
  语义记忆的相关背景 ·· 120
  范例理论与语义记忆 ·· 125
  网络模型与语义记忆 ·· 126
 图式和脚本 ·· 130
  图式和脚本的背景信息 ······································· 131
  图式和记忆选择 ·· 132
  图式与边界扩展 ·· 134
  图式与记忆的抽象化 ·· 135
  图式与记忆整合 ·· 136
  个体差异：居住国与性别刻板印象 ······················ 139
  关于图式的结论 ·· 139

第9章　理解语言 ··· 141
 章节简介 ··· 141
 语言的本质 ·· 142
  注意：心理语言学家是英语中心论的 ··················· 143
  心理语言学简史 ·· 143
  影响语言理解的因素 ·· 145
  语言理解的"好了–够了"理论 ····························· 147

 基本的阅读加工 ·· 151
  比较书面语言和口头语言 ··································· 152
  理解词语：理论解释 ·· 152
  对儿童阅读理解教学的启示 ································ 154
 理解语篇 ··· 155
  形成文本的完整表征 ·· 155
  在阅读过程中进行推断 ······································· 156
  教授元理解能力 ·· 158
  个体差异：干扰性话语和阅读理解 ······················ 158
  语言理解和潜在语义分析 ··································· 158

第10章　产生语言 ··· 161
 章节简介 ··· 161
 说话 ·· 162
  产生单个词语 ··· 162
  口误 ·· 162
  使用身体姿势：具身认知 ··································· 163
  产生句子 ·· 164
  产生篇章 ·· 165
 写作 ·· 167
  写作的认知成分 ·· 168
  计划正式的一个写作任务 ··································· 169
  写作中的句子产生 ··· 169
  写作的修改阶段 ·· 169
 双语和第二语言习得 ··· 170
  双语的背景资料 ·· 170
  双语的社会情境 ·· 171
  双语的优势（和少许劣势） ································ 172
  第二语言熟练程度与习得年龄的关系 ··················· 173
  个体差异：预测第二语言习得的认知因素 ············ 174
  同声传译者和工作记忆 ······································· 175

第11章 使用问题解决和创造性 ... 177
章节简介 ... 178
理解问题 ... 178
注意重要的信息 ... 179
问题表征的方法 ... 179
情境认知、具身认知和问题解决 ... 181
问题解决的策略 ... 182
类比方法 ... 183
手段-目的启发式 ... 184
爬山法启发式 ... 185
个体差异:问题解决策略的跨国家比较 ... 185
影响问题解决的因素 ... 186
专业知识 ... 186
心理定势 ... 188
功能固着 ... 188
需要顿悟和不需要顿悟的问题 ... 191
创造性 ... 192
Guilford关于创造性的经典理论 ... 193
创造性的本质 ... 193
外在动机与创造性的关系 ... 193
内部动机与创造性的关系 ... 193

第12章 使用推理和决策 ... 196
章节简介 ... 197
演绎推理 ... 197
条件推理概述 ... 198
否定句造成的困难 ... 199
抽象推理造成的困难 ... 200
信念偏向效应 ... 200
证实偏向 ... 200
决策 ... 202
代表性启发式 ... 203
个体差异:联合错误和超自然信念 ... 206
可得性启发式 ... 207
锚定和调整启发式 ... 209
框架效应 ... 211
后见之明偏向 ... 215
启发式和决策研究的当前状况 ... 216

第13章 发展认知能力 ... 218
章节简介 ... 219
记忆的生命全程发展 ... 219
婴儿的记忆 ... 220
儿童的记忆 ... 221
个体差异:儿童的智力能力与目击证人证词 ... 226
元记忆的生命全程发展 ... 229
儿童的元记忆 ... 230
老年人的元记忆 ... 231
语言的发展 ... 232
婴儿的语言 ... 233
儿童的语言 ... 235
最后一个任务 ... 238

术语表⊖

参考文献⊖

⊖⊖ 术语表、参考文献见 http://course.cmpreading.com,注册后搜索本书,可在相应的页面下载。

第1章

认知心理学简介

概览

认知是心理学中考察如何获得、存储、转换和使用信息的一个领域。人类思维的加工在2 000多年的时间里一直吸引着理论家们的好奇心。现代认知的研究可以被追溯到：①威廉·冯特（Wilhelm Wundt）对创建心理学学科的贡献；②关于记忆的早期研究；③威廉·詹姆斯（William James）关于认知加工的理论。20世纪初期，行为主义者强调可观察的行为而不是心理加工过程。但是，记忆和语言等领域的一些新的研究结果使人们意识到行为主义的局限，认知心理学在20世纪60年代逐渐盛行。

从事认知神经科学研究的人们开发了很多技术用来确定人们在完成特定认知任务的时候，大脑的哪些结构会被激活。认知心理学也受到人工智能研究的影响，而且认知心理学也是被称为认知科学的一个跨学科领域的一部分。

这一章包括了这本书中每个章节的简要介绍和认知心理学中五个主题的概述，还包括了如何充分利用这本书的一些特殊特征的小窍门。

认知心理学概述

就在此刻，你正在主动完成几个认知任务：为了理解这一段中第二句话的意思，你使用了模式识别，用这一页上形成字母的波浪线和线段的组合组成词语，你也会从记忆和关于语言的知识中搜索词语的意思，将这一段中的观点联结成具有内在一致性的信息。当你考虑自己在完成认知任务的时候，你是在进行另一种被称为元认知的认知任务，你正在考虑你的思维加工本身。你可能会做出如下推论："这本书会帮助我更有效地学习。"你也可能会用到决策，如告诉自己说："我要在吃午饭之前读完这一部分内容。"

认知（cognition），或者心理活动，描述的是知识的获得、存储、转换和使用。如果每一次你获取信息、存储信息、转换信息和使用信息的时候认知都会起作用，那么认知肯定是包括了大量的心理加工过程。这本书会考察的心理加工过程包括知觉、记忆、表象、语言、问题解决、推理和决策。

作为一个相关的概念，**认知心理学**（cognitive psychology）包含了两个意思：①它有时候是认知的同义词,指的是我们前面提到的各种心理活动;②它有时候指的是心理学中的一个特定的理论派别。具体来说,**认知理论**(cognitive approach)是强调人们的思维加工和知识的理论流派。例如,种族刻板印象的认知理论强调的问题是:刻板印象影响我们对来自不同的种族群体的人们做出的判断(Whitley & Kite,2010)。

心理学家通常会比较认知理论与当前的其他几种理论。例如,行为主义理论强调的是可观察到的行为;心理动力学理论关注的是无意识的情绪。这两种理论在解释种族刻板印象的时候会讨论到行为和情绪,而不是思维加工。

为什么你需要学习认知相关的内容呢?一个原因是认知是心理学中很重要的一部分,实际上,在过去的一小时里你所做的每一件事都需要你知觉、记忆、使用语言或者思维。你将会看到,心理学家们已经得到了关于认知心理学的每一个问题的很多信息。尽管认知心理学在每个人的日常生活中都占据着非常中心的位置,但很多大学生并不能准确地界定认知心理学这个概念(Maynard,2006;Maynard et al.,2004)。请看示例1-1。

示例 1-1
关于认知心理学的意识

在校园里找几个没有修过任何心理学课程的朋友。问他们下面这两个问题:
1. 你会如何界定"认知心理学"?
2. 你能给出认知心理学中会包括的一些话题吗?

当 Amanda Maynard 和她的合作者们(2004)让刚学心理学的学生界定"认知心理学"的时候,只有29%的人给出了适合的定义。你的朋友们给出的定义恰当吗?

学习认知的另一个原因是认知理论对心理学的其他领域有广泛的影响,如认知理论影响了临床心理学、教育心理学和社会心理学。让我们看一个认知理论影响临床心理学的例子。有一个认知任务是让人们回忆过去的特定经验,抑郁的人回忆的内容大体上倾向于是这样的,"去看我祖母";但是,不抑郁的人倾向于描述时间跨度超过一天的记忆,如"我开车穿越整个国家的那个夏天"(Wenzel,2005)。认知心理学也会影响跨学科的领域,如有一本叫作 Cognitive Neuropsychology 的期刊主要发表讨论特定神经损伤问题的文章,如病人在其他认知能力正常的情况下,无法识别人脸(Wilson et al.,2010)。

学习认知的最后一个原因是跟个人有关的。头脑是非常复杂的一种装置,你一天中的每一分钟都在使用这个装置。如果你买了一部新手机,通常会得到关于手机功能的说明手册。但是,当你出生的时候,没有人给你发一本头脑使用手册。在某种程度上,这本书是描述头脑是如何工作的相关信息的手册,像其他手册一样,这本书也会包含一些如何提高成绩的提示。

这一章主要关注三个问题。首先,我们会简单讨论一下认知心理学的历史;然后,我们会列出认知神经科学中用到的一些重要技术,以及与认知心理学有关的两种理论。最后一部分是对这本书的介绍,包括这本书的内容和主题,我也会给出有效使用这本书的一些建议。

认知心理学简史

心理学中的认知理论起源于古希腊的哲学家和19世纪开始的心理学的发展。但是,我们会看到,当代认知心理学是在60年前才出现的。

认知心理学的起源

在超过2 300年的时间里,哲学家和其他的理论家们一直在研究人类的思维加工。例如,古希腊哲学家亚里士多德(Aristotle,公元前384—公元前322)考察了知觉、记忆和心理表象,他也讨论过人类如何通过经验和观察获得知识(Barnes,2004;Sternberg,1999)。亚里士多德强调了**经验证据**(introspection)的重要性,或者说通过仔细观察和实验得到的科学证据的重要性。他对经验证据的注重和他所研究的很多问题都与21世纪的认知心理学是一致的。实际上,亚里士多德应该被称为是第一个认知心理学家(Leahey,2003)。但是,心理学作为一个独立的学科是直到19世纪后期才出现的。

威廉·冯特

研究心理学史的大多数学者都认为威廉·冯特应该是心理学的创始人(Benjamin,2009;Pickren & Rutherford,2010)。冯特(1832—1920)生活在德国的莱比锡,来自世界各地的学生都来跟他学习,他一生教了28 000名学生(Bechtel et al.,1998;Benjamin,2009;Fuchs & Milar,2003)。

冯特提出,心理学应该使用内省的方法研究心理过程，**内省**（introspection）指的是经过细心训练的观察者能够在标准的条件下有规律地分析自己的感觉，并尽可能客观地报告出来（Blumenthal，2009；Pichren & Rutherford，2010；Zangwill，2004b）。例如，观察者可能被要求在不依赖原有的关于音乐的知识的情况下，尽可能客观地报告他们对音乐和弦的反应。

冯特的内省技术对大多数现代的认知心理学家来说却是主观的。这本书的很多地方会讨论到，内省有时候是不准确的（Wilson，2009；Zangwill，2004b）。例如，你可能省察到你的眼睛正在这一页纸上平滑移动。但是，认知心理学家已经发现你的眼睛在阅读的时候实际上是以小幅跳动的方式移动的。第3章中会讲到这个问题。

早期的记忆研究者

另一个重要的德国心理学家赫尔曼·艾宾浩斯（Hermann Ebbinghaus，1850—1909），是第一个对人类记忆进行科学研究的人（Baddeley et al.，2009；Schwartz，2011）。艾宾浩斯考察了可能影响记忆成绩的各种因素，如两个项目表呈现的时间间隔。他的研究中最常使用的是无意义音节（如 DAX），而不是实际的词语。这种谨慎的选择减少了学习材料的先前经验对记忆的影响（Fuchs & Milar，2003；Zangwill，2004a）。

同一时期美国的心理学家如玛丽·卡尔金斯（Mary Whiton Calkins，1863—1930）也开展了类似的研究。例如，卡尔金斯报告了一种记忆现象，称为"新近效应"（Schwartz，2011），**新近效应**（recency effect）指的是对一系列刺激中最后呈现的几个项目的回忆是特别准确的。另外，卡尔金斯强调心理学家应该研究真实世界中的人们是如何利用认知加工的，而不是只局限于心理学实验室中（Samelson，2009）。卡尔金斯也是成为美国心理学会的第一位女性主席，她在担任主席期间，制定了教学型大学的心理学入门课程的指导方针（Calkins，1910；McGovern & Brewer，2003）。卡尔金斯在她的职业生涯中出版了4本书，发表了100多篇学术论文（Pichren & Rutherford，2010）。

艾宾浩斯、卡尔金斯和其他的一些早期的研究者们鼓舞了成百上千的人们研究既定的变量如何影响记忆，其中的一些研究发现至今在认知心理学中占据一席之地。

威廉·詹姆斯

认知心理学历史上的另一个中心人物是美国人威廉·詹姆斯（1842—1910）。詹姆斯不太看好冯特的内省技术和艾宾浩斯关于无意义音节的研究，喜欢思考日常的心理学的经验（Benjamin，2009；Hunter，2004a；Pickren & Rutherford，2010）。他最广为人知的是1890年发表的心理学教科书《心理学原理》。试一下示例1-2再接着往下读。

示例 1-2

格式塔心理学的一个例子

快速地看一眼下面的图形，然后描述你看到了什么。到我们下面讨论这个图形之前，请在心中记住你的答案。

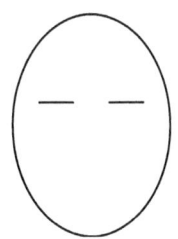

《心理学原理》清晰详细地描述了人们的日常经验（Benjamin，2009），也强调了人的头脑是有主动性的和爱追根究底的。詹姆斯的书中预示了21世纪认知心理学中的很多课题，如知觉、注意、记忆、理解、推理和舌尖现象（Leary，2009；Pickren & Rutherford，2010）。例如，看一下詹姆斯关于舌尖现象的生动描述："假设我们想要回忆一个忘记了的名字。我们的意识状态是奇怪的，好像其中有个缺口但又不是一个真正的缺口，而是一个极度活跃的缺口，名字的某种幽灵在缺口中，在某个方向召唤我们，让我们时不时觉得就快要接近那个名字的时候，它却又沉了下去，最终我们并没有找到想要的名字。"（James，1890）

行为主义

在20世纪的前50年，**行为主义**（behaviorism）是美国最突出的理论观点。根据行为主义的原则，心理学必须关注客观可见的对环境刺激的反应，而不是关注内省（Benjamin，2009；O'Boyle，2006）。最著名的早期行为主义者是美国心理学家约翰·华生（John B. Watson，1878—1958）。

华生以及其他行为主义者强调可观察的行为，他们通常都是研究动物的（Benjamin，2009）。行为主义者们认为，人们不能客观地研究如表象、观点或者思维的心理表征（Epstein，2004；Skinner，2004）。

行为主义者不研究认知心理学，但他们却对现代研究方法做出了卓越的贡献。例如，行为主义者强调**操作定义**（operational definition）的重要性，操作定义是具体准确描述一个概念是如何测量的精确定义。21世纪的心理学家们需要具体准确地描述记忆、知觉和其他的认知加工过程在实验中是怎么测量的。行为主义者们也看重仔细控制的研究，这也是当代认知研究一直保持的一个传统（Fuchs & Milar，2003）。

我们也必须感谢行为主义者们对应用心理学的重要贡献，他们提出的学习原则被广泛应用到心理治疗、商业、组织管理和教育中（Craske，2010；O'Boyle，2006；Rutherford，2009）。

格式塔理论

行为主义在美国兴盛了几十年，但它对欧洲心理学的影响是很小的（Mandler，2002）。20世纪初期欧洲心理学的一个重要发展是格式塔心理学。**格式塔心理学**（Gestalt psychology）强调人类有主动组织我们看到的东西的基本倾向性；而且，整体是大于部分之和的（Benjamin，2009）。

例如，示例1-2中的图形，你在看的时候可能看到的是一张人脸而不是简单的一个椭圆和两条直线线段。这个图形好像是有统一性和组织性的，它有一个**完形**（gestalt），或者是优于各个成分，即椭圆和两条水平线的总的品质（Fuchs & Milar，2003）。

格式塔心理学家看重心理现象的统一性，所以，他们强烈反对冯特将经验分解成独立成分的内省技术（Pickren & Rutherford，2010）。他们也批判了行为主义者将行为分解成可观察的刺激－反应单位和忽略行为背景的观点（Baddeley et al.，2009；Benjamin，2009）。格式塔心理学家提出了大量的规律来解释为什么一个模式的特定成分看起来是一起的。第2章中我们会讨论其中的一些规律，它们有助于我们快速识别视觉物体。

格式塔心理学家也强调问题解决中顿悟的重要性（Fuchs & Milar，2003；Viney & King，2003），在你尝试解决一个问题的时候，问题的每一部分可能乍看起来彼此不相关，但是随着顿悟的突然闪现，每个部分会在解决方法中结合在一起。格式塔心理学家进行了问题解决的大部分的早期研究。第11章中我们会讨论顿悟的概念，以及最近的研究进展。

弗雷德里克·巴特莱特

20世纪早期，行为主义者在美国还处于主导地位，格式塔心理学家在欧洲大陆产生了深远的影响。同一时期的英国，心理学家弗雷德里克·巴特莱特（Frederic Bartlett，1886—1969）展开了关于人类记忆的研究。他的重要著作《记忆：一个实验的与社会的心理学研究》（Bartlett，1932）被看作是认知心理学历史上最有影响的书之一（Benjamin，2009）。巴特莱特拒绝了艾宾浩斯仔细控制的研究（Pickford & Gregory，2004），而是采用了有意义的材料（如长故事）。

巴特莱特发现当人们尝试回忆那些故事的时候会出现有规律的错误。他指出，人类记忆是一个主动建构的加工过程，在记忆中我们会将碰到的信息进行解释和转换。我们寻找意义，尝试将新的信息进行整合，以便与我们自己的经验更一致（Benjamin，2009；Pickford & Gregory，2004；Pickren & Rutherford，2010）。

在20世纪30年代，美国大大忽略了巴特莱特的工作，因为绝大部分做研究的美国心理学家都把自己禁锢在行为主义上。但是，大约半个世纪之后，美国的认知心理学家发现了巴特莱特的工作，并且很欣赏他对自然材料的使用，不像艾宾浩斯使用了人造的无意义音节。巴特莱特强调基于图式的记忆理论，预示我们在第5章和第8章会讨论到的一些研究（Benjamin，2009；Pickford & Gregory，2004）。

现代认知心理学的出现

我们简单地追溯了认知心理学的历史根源，但这种新的理论是在什么时候真正"出生"的？认知心理学家们一般认为认知心理学的出现是在1956年（Eysenck & Keane，2010；Mandler，2002；Thagard，2005），在这个多产的年份，研究者们发表了大量关于注意、记忆、语言、概念形成和问题解决的书和文章。到了20世纪60年代，心理学研究中的方法论、理论和态度都发生了根本的转变（Shiraev，2011）。

对认知理论越来越多的支持有时候也被称为"认知革命"（Bruner，1997；Shiraev，2011）。让我们先看一下几个促成认知心理学逐渐兴盛的因素，然后讨论信息加工理论，是在早期认知心理学的发展中最有影响的理论之一。

促进认知心理学发展的因素

心理学家们对主导了美国心理学几十年的行为主义者的观点越来越感到失望，对记忆感兴趣的很多研究者们已经从研究动物学习转向研究人类记忆（Baddeley et al.，2009；Bower，2008）。仅仅使用行为主义的概念如可观察到的刺激、反应和强化很难解释复杂的人类行为（Mandler，2002；Neisser，1967），行为主义理论也不能提供关于很多有趣的心理加工过程的任何信息，如它没有讨论人们在解决问题的时候用到的策略和想法（Bechtel et al.，1998）。

在其他三个领域中的研究和理论发展也促进了认知理论的逐渐兴盛，例如，语言学的新发展增加了人们对行为主义者的不满（Bargh & Ferguson，2000；Bower，2008）。语言学家诺姆·乔姆斯基（Noam Chomsky，1957）做出了最重要的贡献，他认为语言的结构太复杂，而行为主义的概念根本就解释不了如此复杂的结构（Pickren & Rutherford，2010；Pinker，2002）。乔姆斯基和其他的语言学家们认为人类具有天生的能力，可以掌握语言中所有复杂多变的内容（Chomsky，2004）。这个观点明显与行为主义的观点相矛盾，行为主义认为语言获得完全可以用适用于实验室动物的学习原则来解释。

关于人类记忆的研究在20世纪50年代末也开始增多，进一步增加了研究者对行为主义的不满。心理学家们考察了记忆的组织，提出了记忆的模型，他们经常发现，识记的材料在记忆的过程中会被已有的知识改变，行为主义者的原则（如"强化"）并不能解释识记材料在记忆中发生的改变（Bargh & Ferguson，2000）。

另一股影响的力量来自关于儿童思维加工的研究。瑞士理论家让·皮亚杰（Jean Piaget，1896—1980）的著作在20世纪50年代末期的时候开始吸引美国心理学家和教育者们的目光，他的观点深深影响了发展心理学（Feist，2006；Hopkins，2011；Pickren & Rutherford，2010）。根据皮亚杰的理论，儿童为了理解重要的概念会主动地探索这个世界（Gregory，2004b）。儿童的认知策略会随着年龄的增长而改变，为了进行探索科学原理的实验，青少年常常会使用复杂的策略。

我们已经看到在语言学、记忆和发展心理学研究的影响下认知理论的成长，到了20世纪70年代中期，认知理论取代了行为主义，成为心理学研究中占主导地位的理论（Robins et al.，1999）。我们接下来看一下促进认知理论发展的另一个因素，即人们对信息加工理论的热情。

信息加工理论

从20世纪60年代开始，心理学家们提出了人类记忆的新的理论。**信息加工理论**（information-processing approach）认为：①人类的信息加工类似于计算机的操作；②认知系统中的信息加工要通过一系列的阶段，每次通过一个阶段（Gallistel & King，2009；Leahey，2003；MacKay，2004）。后面我们还会讨论到心理加工与计算机的比较。很多重要的研究者们接受了这个概念上的突破（Bower，2008）。

Richard Atkinson和Richard Shiffrin（1968）提出了信息加工的模型，这个模型在新出现的认知心理学的领域中异常受欢迎（Baddeley et al.，2009；Rose，2004）。**Atkinson-Shiffrin模型**（Atkinson-Shiffrin model）提出记忆包括一系列的独立步骤，在每个步骤中，信息从一个存储区域转移到另一个存储区域。我们将详细讨论一下这个模型，因为它在说服研究者们接受认知心理学的观点方面极具影响力。

图1-1是记忆的信息加工理论的一个例子，其中箭头表示的是信息的转移方向。环境中的外部刺激首先进入感觉记忆，**感觉记忆**（sensory memory）是相当准确地记录来自各个感官的信息的存储系统（Schwartz，2011）。在20世纪60～70年代，心理学家们常常研究视觉感觉记忆和听觉感觉记忆（Darwin et al.，1972；Parks，2004；Sperling，1960）。模型指出，信息在感觉记忆中可以存储2秒或者更短的时间，然后，大部分的信息会被遗忘。例如，你的听觉记忆简要存储了教授说过的一个句子的最后几个词，这个记忆在大约2秒之内就会消失。

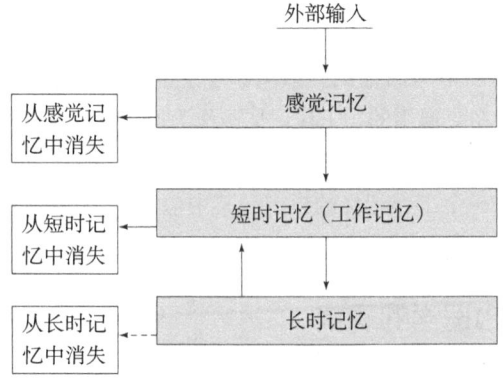

图1-1 Atkinson和Shiffrin的记忆模型

资料来源：Atkinson, R. C., & Shiffrin, R. M.（1968）. Human memory: A processed system and its control process. In K. W. Spence & J. T. Spence（Eds.）, *The psychology of learning and motivation: Advances in research and theory*（Vol. 2, pp. 89–105）. New York: Academic Press.

Atkinson-Shiffrin模型提出，一些材料会从感觉记忆中传递到**短时记忆**（short-term memory）中。短时记忆现在通常被称为**工作记忆**（working memory），只能容纳正在使用的少量的信息，短时记忆中的记忆是脆弱的，虽然不像感觉记忆中那么脆弱（Brown，2004），但这些记忆在大约30秒之内就会丢失，除非是经过某种重复。

根据记忆的信息加工模型，只有短时记忆中的一小部分信息会被传递到**长时记忆**（lone-term memory）中（Leahey，2003）。长时记忆具有非常大的容量，因为它既包括了几十年前事件的记忆，也包括了几分钟前发生的事件的记忆。Atkinson-Shiffrin模型提出，相比工作记忆中存储的信息，长时记忆中存储的信息是相对持久的。

让我们看看Atkinson-Shiffrin模型是如何解释你正在进行的任务的。例如，前一个段落中的句子可以作为"外部输入"，它们进入感觉记忆中，只有一小部分材料传递到短时记忆，然后短时记忆中的一小部分信息又被传递到长时记忆中。如果不回去看，你能记住前一段中任何一个句子中使用的确切的词语吗？

Atkinson和Shiffrin（1968）的信息加工模型在很多年中一直主宰着记忆的研究，但是它的影响现在降低了很多。例如，大部分的认知心理学家现在都认为感觉记忆只是非常简单的存储加工，属于知觉的一部分而不是真正的记忆（Baddeley et al.，2009）。

很多研究者对Atkinson和Shiffrin（1968）短时记忆与长时记忆之间的清晰的区分也提出了疑问（Baddeley et al.，2009；Brown，2004）。在这本书中，记忆相关的内容被划分成了两部分，只是为了方便而不是说明我们有两种完全不同的记忆。第4章考察了短时记忆，但我使用了现在更通用的"工作记忆"作为这一章的题目。在第4章中你会看到，英国心理学家Allan Baddeley和同事们提出了一个工作记忆的模型，其中包括几个重要的成分。第5～8章考察的是长时记忆的不同组成成分。

认知心理学的现状

在前面的部分我们讨论了Atkinson和Shiffrin（1968）的记忆模型，它是关于记忆的一个很有吸引力的观点，记忆是认知加工的中心部分。这个模型也是广为人知的信息加工理论的一个例子。但是，总体来说，人们对于信息加工模型的热情已经减退了。很多认知心理学家仍然喜欢用计算机的比喻，但是他们现在认识到，我们需要更复杂的模型来解释人类思维（Gallistel & King，2009；Leahey，2003）。

即使心理学家们不支持认知加工的特定模型，认知心理学也已经在心理学中产生了巨大的影响。例如，几乎所有的心理学家现在都认识到心理表征的重要性，心理表征是行为主义者在20世纪50年代会拒绝使用的一个概念。

但是，"纯粹行为主义"的例子现在是很难找了。例如，行为疗法学会现在被改成了行为和认知疗法学会，学会的刊物 Cognitive and Behavioral Practice 最近发表的文章都是关注实验认知行为疗法表征各种各样的来访者，如有进食障碍的人，创伤后应激障碍的老年人和严重抑郁的青少年。

认知理论也渗入到以前不强调思维加工的心理学领域，请看示例1-3。

示例 1-3
认知心理学的广泛影响

找一本其他课上用过的教科书，入门的教科书是最理想的，但发展心理学、社会心理学、变态心理学等教科书也可以。看一下标题索引，找到以"认知"或者"认知的"开头的概念，然后找到这些概念所在的页码。教科书的性质不同，你也许还会找到使用记忆、语言和知觉的概念的目录。

但是，认知心理学也受到了批判，最常见的批评是关于认知心理学的生态效度问题。如果研究中采用的条件与研究结果应用的自然环境类似，这样的研究就有很高的**生态效度**（ecological validity）。

可是，在一个认知实验中，被试可能必须记住一些不相关的英语词语，这些词语以5秒的时间间隔呈现在空荡荡的实验室中计算机的白色屏幕上；一半的人被告知要建立每个词语的生动的心理表象，另一半的人没有任何的指导语。实验的控制很仔细。

实验的结果会告诉我们关于记忆操作方式的一些信息。但是，这个任务的生态效度可能很低，因为它不适用于真实世界中人们的学习方式（Sharps & Wertheimer，2000）。当你为了即将到来的心理学考试做准备的时候，你有多大可能性会用这种方式来记忆一系列不相关的词语？

20世纪80年代之前的大部分的认知心理学家确实是在人为的实验室环境中做研究的，经常使用的实验任务都不同于日常的认知活动。但是，现在的研究者们常常研究真实生活中的问题。例如，第3章中描述了如果人们在开车的同时拿着手机打电话，就更有可能出现驾驶失误（Folk，2010）。还有，第5章和第6章讨论了提高记忆的很多种方法（Davies & Wright，2010a），第12章提供了很多如何提高决策能力的建议（Kahneman，2011）。

心理学家也研究在我们的日常社会交互中认知加工是如何起作用的（Cacioppo & Berntson，2005a；Easton & Emery，2005）。一般来说，大部分的认知心理学家认为要通过进行有生态效度的研究和实验室研究来促进认知心理学的进步。

认知神经科学的技术

认知神经科学（congnitive neuroscience）结合了认知心理学的研究方法和各种衡量大脑结构和功能的方法（Marshall，2009）。在最近几十年，研究者们考察了当人们完成各种各样认知任务的时候，大脑的哪些结构会激活（Gazzaniga et al.，2009）。

另外，心理学家使用神经科学的技术探查在与他人交互的过程中我们使用的认知加工；这个新的学科被称为**社会认知神经科学**（social cognitive neuroscience）（Cacioppo，2007；Cacioppo & Berntson，2005a；Easton & Emery，2005）。例如，研究者们已经识别出了当人们看到一个人脸图片并判断这个人是否值得信任的时候，很多的大脑结构都是活跃的（Winston et al.，2005）。

但是，有些认知加工的神经机制的解释是很难找到的。例如，花几秒钟站起来绕着你所在的房间走一圈。在你走动的时候，注意你看到的周围的环境。这种视觉活动实际上是极其复杂的，需要几十亿的神经元和至少50个大脑皮层区域的参与（Emery & Easton，2005）。

因为我们的大脑太复杂了，所以当我们在流行媒体上看到关于认知神经科学的研究总结的时候需要格外当心。例如，我发现报纸上的一篇文章宣称"科学家发现了大脑当中的幽默点"，实际上，在掌握欣赏幽默的复杂任务的时候，大量的脑区是协调合作的。

我们将讨论可以给认知心理学家提供有用信息的几种神经科学的技术。首先讨论一种研究脑损伤病人的方法，然后讨论三种可以运用于人的非损伤性的方法。正电子发射断层摄像技术和功能性磁共振成像可以提供被试完成认知任务时候的大脑活动图像，而事件相关电位技术考察了认知任务进行期间大脑产生的微小电流变化。

脑损伤

对人类来说，**脑损伤**（brain lesions）指的是大脑当中一个区域的损坏，造成损坏的最常见原因是中风、肿瘤、头部重击和意外事故。关于脑损伤的正式研究始于19世纪60年代，但重要的发展是在第二次世界大战之后，那个时期研究者考察了损伤的脑区与认知缺陷之间的关系（Farah，2004；Kolb & Whishaw，2009）。伊拉克和阿富汗战争中成千上万的有脑损伤的美国士兵也让神经学家们了解了关于特定认知缺陷的更多的知识（Department of Veterans Affairs，2010；Oakie，2005）。

脑损伤的研究确实能够帮助我们理解大脑的组织。但是，研究结果常常很难解释。例如，脑损伤不局限于一个特定的脑区，研究者们就不能将认知缺陷与特定的大脑结构相联系（Gazzaniga et al.，2009；Kalat，2009）。

在这本书中，我们偶尔会讨论关于有脑损伤的人们的研究。但是，这三种神经科学的技术提供了更明确的信息（Hernandez-Garcia et al.，2002）。

正电子发射断层摄像技术

在你完成认知任务的时候，大脑需要化学物质（如氧气）来支持神经活动。大脑本身不存储氧气，而是通过激活脑区血液流动的增加将氧气运送到需要的地方。脑成像技术直接测量了大脑活动。这些技术是基于以下的逻辑：通过测量人们在完成认知任务的同时不同脑区血流的特点特征，就能够确定哪个脑区负责当前进行的认知任务（Coren et al.，2004；Szpunar，2010）。

在**正电子发射断层摄像技术**（positron emission tomography，即PET扫描）中，研究者通过在被试进行认知任务之前给他们注射小剂量的放射性化学物质，来测量大脑血流。放射性物质通过血液流动被传送到当前认知任务激活的脑区。人们在完成任务的时候，一个特殊的摄像机会拍摄大脑不同区域中累积的放射性物质的图像。

例如，被试可能要完成两个稍微有区别的认知任务。通过比较两个大脑图像，研究者们能够确定在完成每一个任务的时候，大脑的哪一部分会被激活（Kolb & Whishaw，2011；Szpunar，2010）。PET扫描也可以用来研究注意、记忆和语言等认知加工。

PET扫描需要几秒之后才能产生图像，所以这种方法不是非常精确，如果在这短短的几秒钟时间里特定脑区的活动先是增加然后再降低，PET扫描记录的将是平均的活动水平（Hernandez-García et al., 2002）。例如，你可以在 2～3 秒内扫描整个房间，所以整个场景激活的脑区的平均活动水平将没有任何意义。另外，现在 PET 扫描比其他的成像技术使用的少了，因为它很贵而且还将人们暴露在放射性化学物质中（Kalat, 2009）。

功能性磁共振成像

PET 扫描和功能性磁共振成像都是基于比较认知活动期间的大脑图像的技术，但是，功能性磁共振成像不需要使用放射性物质（Bermúdez, 2010; Bernstein & Loftus, 2009）。

具体来说，**功能性磁共振成像**（functional magnetic resonance imaging, fMRI）是基于富氧血是大脑活动指标的原理（Cacioppo & Berntson, 2005b; Kalat, 2009; Szpunar, 2010）。研究中，被试仰卧，头部被巨大的甜甜圈形状的磁铁包围，磁场会引起氧原子的变化。一种扫描设备对被试完成认知任务期间氧原子的变化进行"拍照"。

例如，研究者使用 fMRI 技术考察了加工视觉信息的脑区，他们发现大脑的特定区域在加工字母的时候比加工数字的时候反应要强烈（Polk et al., 2002）。

fMRI 技术是在 20 世纪 90 年代基于磁共振成像发展起来的，这是医学中使用的一种技术。一般来说，fMRI 技术比 PET 扫描要好，因为它的侵害性较小，不需要注射，也不需要放射性物质（Gazzaniga et al., 2009）。另外，fMRI 技术可以测量快速发生的大脑活动，如发生在 1 秒钟之内的（Frith & Rees, 2004; Huettel et al., 2004; Kalat, 2009）。

在确定认知任务的时间序列方面，fMRI 技术比 PET 扫描更精确。fMRI 技术也可以检测到大脑在加工语言的过程中加工方式的细微变化。例如，Gernsbacher 和 Robertson（2005）使用 fMRI 技术发现，学生们在阅读句子"那个孩子在后院玩"和"一个孩子在后院玩"的时候产生了不同的大脑激活模式。

注意"一个孩子"与"那个孩子"之间在意义上的细微差别。你想过大脑会对这两个几乎相同的短语有不同的反应吗？

但是，即使是 fMRI 技术，也还没有精确到可以研究我们快速完成的认知任务中的事件序列。另外，PET 扫描和 fMRI 技术都不能确切地告诉我们一个人在想什么。例如，有的新闻评论员建议使用大脑扫描来识别恐怖分子。

当前的技术是没有办法完成这种识别的。

事件相关电位技术

我们看到，PET 扫描和 fMRI 技术都太慢了，不能提供关于大脑活动的时间性的精确信息。但是，**事件相关电位技术**（event-related potential technique, ERP technique）记录在对刺激（如听觉）的声音进行反应的时候，大脑电活动的微小变化（Bernstein & Loftus, 2009; Gazzaniga et al., 2009; Kolb & Whishaw, 2009）。

在事件相关电位技术中，研究者将电极放到人们的头皮上，每个电极记录了相应位置的头盖骨下方一组神经元产生的电活动。ERP 技术不能识别单个神经元的活动，但是它可以识别大脑特定区域在非常短的时间内产生的电活动的变化（Kutas & Federmeier, 2011）。

例如，假设你正在参加一个研究人们如何对面部活动进行反应的研究。具体来说，你被告知要观看一个时长 1 秒的视频。一个视频是一位女士正在张嘴，另一个视频是这个女士正在闭嘴。电极被贴到你的头皮上之后，你观看了很多次张嘴闭嘴的视频。完了之后，研究者将每种条件下的信号加以平均，以消除脑波的随机活动（Puce & Perrett, 2005）。

ERP 技术提供了人们在完成认知任务中脑电波变化的相当精确的图像。比如，前面提到的嘴部活动的研究。如果你要参与这个研究，你的脑电波会在你看到每一个嘴巴活动之后大约半秒后发生变化。但是，看到张嘴活动的时候，大脑反应要比看到闭嘴活动的时候剧烈（Puce & Perrett, 2005）。

为什么 ERP 的波形分析会显示在两种条件下头脑的反应是不同的？Puce 和 Perrett 提出，张嘴的活动更重要，因为它表明了一个人想要说点什么。所以，你需要注意，增大的 ERP 的波幅反映了注意的增加。但是，注意到某人已经说完话了就没那么重要了。

对神经科学技术的详细讨论已经超出了本书的内容范围，但是这些技术会在后面关于知觉、记忆和语言的章节中被提及。你也可以从其他的地方获得更多的相关信息（Gazzaniga et al., 2009; Kalat, 2009; Kolb & Whishaw, 2009）。要指出一点，虽然流行媒体宣称认知加工过程的脑机制得到了解释，但是神经学家还没有提出对任何认知加工过程的详细解释（Gallistel & King, 2009）。

促成认知心理学发展的其他领域

我们前面刚刚讨论的认知神经科学显然是对认知心理学贡献最大的领域。但是，我们也需要讨论其他两个领域的贡献，即人工智能和认知科学。

人工智能

人工智能（artificial intelligence，AI）是计算机科学的一个分支，它通过建立显示出"有智力的行为"和可以像人一样完成认知任务的计算机模型来考察人类的认知加工过程（Bermúdez，2010；Boden，2004；Chrisley，2004）。人工智能领域中的研究者们已经试图解释人类是如何识别人脸，如何建立心理表象，如何写诗，以及其他几百种认知成就（Boden，2004；Farah，2004；Thagard，2005）。

你会在这本书不同的章节中看到人工智能的相关研究，如在第8章（一般知识）、第9章（语言理解）和第11章（问题解决）中。我们先讨论一下与人工智能有关的几个重要问题：①计算机的比喻；②真正的人工智能；③计算机模拟；④联结主义理论。

计算机的比喻

在最近几十年，计算机成了人类心理的最流行的一个比喻。根据**计算机比喻**（computer metaphor）的观点，我们的认知加工过程就像计算机操作一样，计算机是一个可以快速准确地加工信息的复杂的多功能机器。前面我们注意到，信息加工理论强调的是人类认知加工与计算机操作的相似性。

当然，研究者们看到了计算机和管理人类认知加工的人类大脑在物理结构上的明显差异。但是，人类大脑和计算机操作都是根据相似的一般原理进行的。例如，人脑和计算机都能够比较符号，并且根据比较结果做出选择。另外，计算机的加工机制容量是有限的。人脑也有有限的注意容量，例如，第3章中的研究显示了人类无法在同一时间注意很多任务。

计算机模型需要描述结构和这些结构进行的加工。Thagard（2005）指出计算机模型类似于烹饪的菜谱。菜谱包括两部分：①烹饪食材，有点像模型的结构；②对食材进行烹饪的指导语，有点像模型的加工。

支持计算机理论的研究者试图设计出合适的"软件"。他们希望用正确的计算机程序和充分的计算细节来模拟人类认知加工的灵活性和有效性（Boden，2004）。

人工智能的研究者们很感激人脑与计算机的类似性，因为计算机的程序非常详细、精确、清楚、有逻辑（Boden，2004）。研究者们可以用流程图来表征计算机的功能，流程图显示了加工信息过程中要经过的一系列阶段。前面看到的图1-1就是一个简单的流程图。假设计算机和人脑在一个特定的认知任务中取得了相同的成绩，那么研究者就可以推测计算机程序是描述人类认知加工的一种适合的理论（Carpenter & Just，1999）。

每一个比喻都有局限性，计算机不能够完全重复人类的认知加工。例如，没有一个人工智能系统可以像正常人一样使用和理解语言，因为人类的背景知识是非常广泛的（Boden，2004）。另外，人类有更复杂多变的目标。如果你跟一个朋友下象棋，你可能会更关心每一局持续多长时间，关心你是否准备跟人一起吃晚饭，关心你如何与对手进行互动。但是，计算机的目标都是很简单很固定的：计算机只处理每一步棋的结果。

真正的人工智能

我们需要区分"真正的人工智能"与计算机模拟。**真正的人工智能**（pure artificial intelligence, pure AI）是设计一种程序来尽可能地完成一种认知任务，尽管计算机的加工与人类使用的加工是完全不同的。

例如，最厉害的计算机象棋程序会利用尽可能少的时间来权衡尽可能多的下法（Michie，2004）。象棋是一种极其复杂的任务，下象棋的双方一共可以给出大约 10^{128} 种可能的下法，这个数字比宇宙中所有原子的总数量还多。看一下一种称为"Hydra"的计算机象棋程序。世界上的象棋高手每下十手就会出现一个小的失误，Hydra 可以识别这个失误，象棋专家却不能，所以 Hydra 赢得了比赛（Mueller，2005）。

研究者们设计出了能够下象棋、说英语或者诊断疾病的真正的人工智能系统。但是，正如有研究者指出的那样，"我不会想要一个下象棋的程序来猜测我胸口疼痛的原因"（Franklin，1995，p11）。

计算机模拟

我们看到真正的人工智能试图取得最好的成绩。但是，**计算机模拟**（computer simulation）[或者称为**计算机模型设计**（computer modeling）]却尝试考虑到人类的局限性。计算机模拟的目标是设计一个计算机程序，可以使用与人类相同的方式来完成一个认知任务。计算机模拟会与人类一样，产生相同数量的错误，产生相同数量的正确反应（Carpenter & Just，1999；Thagard，2005）。

计算机模拟研究在记忆、语言加工、问题解决、逻辑推理等领域最活跃（Bower，2008；Eysenck & Keane，2010；Thagard，2005）。例如，Carpenter 和 Just（1999）建立了一个句子阅读的计算机模拟模型，模型的假设是人类信息加工的容量是有限的。所以，人类在读到句子的困难部分时会更慢。阅读下面这个句子：The reporter that the senator attacked admitted the error.

Carpenter 和 Just（1999）设计了他们的计算机模拟程序，考虑到了像上面的句子中所包含的相关的语言信息。模型预期句子开头和结尾的词语的加工速度会快；但是，对奇怪的有两个动词的部分"attacked admitted"的加工要慢。事实上，Carpenter 和 Just 证明了人类被试的数据准确地契合了计算机模拟的数据。

令人惊讶的是，人类可以很容易地完成一些任务，但这些任务却超出了计算机模拟的能力范围。例如，一个10岁的女孩可以在一个凌乱不堪的卧室中找她的手表，可以在运动衫的口袋里发现她的手表，可以识别表盘上的模式，然后说出时间。但是，现在还没有计算机可以模拟这个任务。计算机也无法模拟人类语言学习的复杂性，无法模拟人类在日常场景中识别物体，无法模拟人类有创造性地解决问题（Jackendoff，1997；Sobel，2001）。

联结主义理论

1986 年，James McClelland、David Rumelhart 和他们在加州大学圣迭戈分校的同事们出版了 *Parallel Distributed Processing* 这本很有影响的书（McClelland & Rumelhart，1986；Rumelhart et al.，1986）。这个理论与传统的信息加工理论不同。信息加工理论强调心理加工可以用信息加工来表征，信息以一种线性的方式通过加工系统中的一系列阶段，每次通过一个阶段。但是，信息加工理论无法解释我们是如何设法完成大多数复杂的认知任务的。

相反，**联结主义理论**（connectionist approach）认为应该用网络来解释认知加工，网络是联结在一起的类似神经元的单位；此外，很多的操作可以同时进行，而不是一次只能进行一个步骤。换句话说，人类认知加工是平行的，而不是严格的线性的（Barrett，2009；Gazzaniga et al.，2009）。还有另外两个名称说的也是联结主义，即**平行分配加工理论**（parallel distributed processing (PDP) approach）和**神经网络理论**（neural-network approach）。

联结主义理论可以用来解释为什么我们可以快速准确地完成某些认知任务。这个理论是由神经科学和人工智能的发展而生发出来的。

在 20 世纪 70 年代，神经科学家开发了用来考察大脑皮层结构的研究技术，大脑皮层是大脑的最外层，在认知结构中有最重要的作用。另一个重要的发现是神经元之间大量的联结，这个模式与很多精细的网络是类似的（Bermudez，2010；Rolls，2004；Thagard，2005）。

网络模式指出，存储在大脑中的一个项目不能在大脑皮层上针尖大小的特定位置找到（Barrett，2009；Fuster，2003；Woll，2002），这个项目存储产生的神经活动分布在一个整个的脑区中。例如，研究者无法指出你的大脑哪一小部分存储的是你认知心理学课教授的名字，但这个信息可能分布在大脑皮层一个区域中的大量神经元中。"平行分配加工"这个概念反映了大脑中神经元的发散特征。

提出联结主义理论的研究者们提出了一个模拟了大脑很多重要特征的模型（Bermudez，2010；Levine，2002；Woll，2002）。当然，这个模型只反映了大脑复杂性的一小部分。但是像大脑一样，模型中包括了简化的类似神经元的单位，大量的单位相互联结，遍布整个系统的神经活动。

在有的研究者还在了解人脑特征的时候，其他的研究者们正在发现经典的人工智能理论的局限性。人工智能理论将认知加工看成是一系列独立的操作，换句话说，认为认知加工是系列进行的。**系列加工**（serial processing）中，系统必须在完成了上一步的加工之后才能进行下一步。

每次进行一步加工的理论可能反映了当你在考虑加工过程中的每一步骤的时候进行的一系列的操作。例如，当你在解决一个有很多步骤的问题的时候，一个经典的人工智能模型可能是适合来解释你的操作的（Leahey，2003）。

但是，很难用经典的人工智能模型来解释人们快速、准确、无须意识想法的参与来完成的认知任务。例如，这些人工智能的模型无法解释你如何持续地知觉到一个视觉场景（Bermudez，2010；Leahey，2003）。抬起头来，然后立即回到你刚刚读的这一段。当你看到这个视觉场景的时候，视网膜在同一时间给大脑皮层呈现了大约 100 万个信号。如果视觉系统使用系列加工来解释这 100 万个信号，你会一直在加工这个视觉场景，而不是在阅读这个句子。

很多认知活动好像都使用了**平行加工**（parallel processing），同时处理大量的信号，而不是使用系列加工。在这些任务中，加工好像是平行的、分散的，这就解释了"平行分配加工理论"这个理论名称的由来。

很多心理学家认为联结主义理论是具有突破性的新的理论框架。在大学生关于一群人的刻板印象和儿童掌握不规则动词等非常不相关的领域中，研究者们都提出了基于联结主义理论的模型（Bermudez，2010）。他们将继续研究平行分配加工理论是否能够充分解释人类的认知加工过程中展现的各种各样的能力。

记住，联结主义理论使用人脑而不是系列加工的计算机来作为根本的模型（Woll，2002），更加复杂的设计可以让联结主义理论达到更大的复杂性、灵活性和准确性，也就能更好地解释人类的认知加工。

认知科学

认知心理学是认知科学的一部分。**认知科学**（cognitive science）是一个跨学科的领域，试图回答关于心理的一些问题。认知科学包括我们已经讨论过的三个学科，认知心理学、神经科学、人工智能，也包括哲学、语言学、人类学、社会学和经济学。当研究者们开始注意到各种不同学科之间的联系的时候，认知科学就出现了（Bermudez，2010；Sobel，2001；Thagard，2005）。

根据认知科学的观点，思维需要我们对外在世界的内部表征进行操纵。认知科学家们关注的就是这些内部表征，而行为主义者关注的只是外部世界的可观察的刺激和反应。

认知科学家们看重跨学科的研究，他们试图在不同的学科领域之间架起桥梁。认知科学中的理论和研究涉及的范围很广，没有一个人可能掌握所有的相关信息（Bermudez，2010；Sobel，2001；Thagard，2005）。但是，如果不同的学科领域保持独立，那么认知科学家们也无法获得一些重要的观点和学科之间的联系。所以，认知科学试图整合研究者们在各个相关的领域收集到的信息。

课本内容的概览

这本书包括了很多不同的心理加工过程。从知觉和记忆开始，这两种加工会促进所有其他的认知任务的完成；然后是语言，语言可能是人类需要掌握的最具有挑战性的认知任务；后面的章节讨论了"高级"的加工过程，这些高级的加工过程以前面介绍过的基本加工为基础。最后一章考察了从婴儿期到老年期的生命全程中认知的发展。让我们先简要介绍一下第2～13章中的内容；然后考察可以帮助你理解认知加工的一般特征的五个主题。最后一部分内容是如何更有效地使用这本书的一些提示。

章节简介

视觉和听觉识别（见第2章）是使用已有的知识来解释感觉器官记录的刺激的知觉加工。例如，视觉识别能够让你认出这一页上的每个字母，而听觉识别能够让你认出你听到的一个朋友跟你说的词语。

另一种知觉加工是注意（见第3章）。当你试图听一个朋友讲故事同时又阅读生物教科书的时候，你可能会注意到注意的局限性。这一章也考察了一个与注意有关的概念——意识。**意识**（consciousness）是对外部世界和关于内在世界的想法和情绪的觉察。意识的一个重要特征是我们有时候很难不去想关于不愉快的话题。

记忆（memory）是保持信息的加工过程。记忆是认知中非常重要的一个部分，需要几个章节来讨论。第4章描述的是短时记忆（工作记忆）。当你忘记了不到1分钟之前听到的某人的名字的时候，你必然是体会到了工作记忆的有限性。

第5章是记忆的第二个章节，关注的是长时记忆。诸如心境等因素会影响记住信息的能力。我们也会讨论对日常生活事件的记忆，以及人们的目击证词的准确性。

第6章是记忆的最后一个章节，提供了有助于提供记忆的建议。这一章也讨论了**元认知**（metacognition），是关于认知加工的知识。例如，如果你明天要考试，你就知道你是否能够记住元认知的概念。

第7章是**表象**（imagery），是当成绩没有呈现的时候，人对刺激的心理表征。关于表象研究的一个重要发现是心理表象是否真的与知觉图像类似。另一个重要的话题是关于物理环境的心理图像。例如，你形成对大学校园的认知地图可能显示了几栋楼是排成一线的，即使它们的实际位置可能更随机一些。

第8章是关于一般知识的。一般知识的一个领域是**语义记忆**（semantic memory），包括关于世界的事实知识和关于词语语义的知识。一般知识也包括图式。**图式**（scheme）是关于环境的一般化的信息。例如，你会有一个图式，是关于上新课的第一天会发生的一系列事件的典型序列。

第 9 章是关于语言的第一章，考察了语言理解。例如，一个朋友可能在低声嘟囔一个句子，而你可以很容易地知觉到这个信息。阅读是第 9 章的另一个话题，阅读比你想象的要复杂得多。我们也会讨论**语篇**（discourse），它是口头语言和书面语言中比句子更大的语言单位。

第 10 章是关于语言的第二章，考察了语言产生。说话的一个组成部分是它的社会情境。例如，当你跟朋友们描述一个事件的时候，你可能会检查一下以便确定他们有适合的相关背景知识。写作与说话不同，需要很多的认知加工。但是，写作和说话都需要工作记忆和长时记忆。最后一个话题是双语，尽管学习一种语言已经很难了，但很多人能够熟练地说两种或者更多的语言。

第 11 章是问题解决。假设你想解决一个问题，例如在你不理解老师的指令的情况下如何完成课堂作业。你可能使用将问题分解为小问题的策略来解决这个问题。第 11 章也会讨论创造性；如果人们被告知自己的创造性努力会得到奖励，他们的创造性就会降低。

第 12 章是演绎推理和决策。推理任务需要你从几个已知的事实中得出结论，在很多情况下，你的背景信息会干扰你得出正确的结论。决策是对不确定的事件做出判断。例如，人们在阅读了最近的坠机事件后经常会取消自己的飞行行程，尽管统计清楚地显示了开车是比坐飞机更危险的出行方式。

第 13 章考察了婴儿、儿童和老人的认知加工。这三个年龄阶段的人们会比你猜想得更厉害。例如，六个月的婴儿能够记住两个星期之前发生的事件；年龄小的儿童会准确地记得在医生办公室里发生的事件。另外，老年人在很多记忆任务中都是能胜任的，在有的任务中他们实际上比年轻人的成绩还好，如在字谜游戏中（Salthouse, 2012）。第 13 章也有助于你复习认知心理学中三个重要的话题：记忆、元记忆（关于记忆的想法）和语言。

本书的主题

这本书强调了认知加工过程中的特定主题和一致性。这些主题可以引导你的学习，并且提供了理解心理能力的复杂性的框架。这些主题表述如下。

主题 1：认知加工是主动的而不是被动的

行为主义者将人类看成是被动的有机体，等到环境中的刺激出现的时候才会做出反应。但是，认知理论提出人们主动寻求信息。此外，记忆是需要持续综合和转换知识的动态的加工过程。在你阅读的时候，会主动做出内容中没有直接提到的推论。总之，心理不是被动地汲取环境中漏掉的信息的海绵；相反，而是会进行持续的搜索和综合。

主题 2：认知加工是非常有效和准确的

例如，记忆中材料的数量是惊人的；语言发展也同样让人吃惊。例如，学前儿童可以掌握几千个新词，还可以掌握语言的复杂结构。当然，人类也会犯错误。但是，这些错误是在人们使用正确的策略的时候犯的。例如，人们常常根据是否能容易地想到相关的例子来做决定，这个策略常常会让人做出正确的决策，但偶尔也会让人做出错误的决策。

另外，人类信息加工的很多局限性可能实际上是有用的。你可能会希望自己的记忆会更准确，但是，如果你可以永远记住所有的信息，记忆中就会充满了很多不再有用的信息。试一下示例 1-4 再接着读，这是基于 Hearst（1991）的一个示例给出的。

示例 1-4
阅读异常的段落

　　How fast can you spot what is unusual about this paragraph? It looks so ordinary that you might think nothing is wrong with it at all, and, in fact, nothing is. But it is atypical. Why? Study its various parts, think about its curious wording, and you may hit upon a solution. But you must do it without aid; my plan is not to allow any scandalous misconduct in this psychological study. No doubt, if you work hard on this possibly frustrating task, its abnormality will soon dawn upon you. You cannot know until you try. But it is commonly a hard nut to crack. So, good luck!

　　我相信现在你发现答案是显而易见的。答案虽然有点怪，但却是合理的、引人注目的吗？作者的提示：我不能将我的签名加到这个段落中，还保持它的基本和谐性。

主题 3：认知加工可以更好地处理积极的信息而不是消极的信息

如果句子是肯定句，如"玛丽是诚实的"，相比较否定句如"玛丽不是不诚实的",我们就会理解得更好。此外,我们很难注意到有什么东西漏掉了,如示例1-4中显示的那样(Hearst,1991)。这个示例的答案在这一章的最后。

如果不同的任务中包括的信息是积极的情绪信息(如愉悦),而不是消极的情绪信息,我们也倾向于更好地完成包含积极情绪信息的任务。简而言之,认知加工是用来处理是什么的,而不是处理不是什么的(Hearst,1999;Matlin,2004)。

主题4:不同的认知加工之间互相联系,而不是彼此独立的

这本书用一章或者几个独立的章节来讨论每一种认知加工,但是这种组织方式不是说明每种加工是不需要来自其他加工的输入而独立起作用的。例如,决策通常要用到知觉、记忆、一般知识和语言。事实上,所有的高级心理过程都需要更基本的认知过程的整合。所以,像问题解决、逻辑推理、决策之类的任务都是极其复杂的。

主题5:很多认知加工都依赖自上而下的加工和自下而上的加工

自下而上的加工强调来自感觉接收器记录的刺激信息的重要性,自下而上的加工只利用了对刺激的低水平的感觉分析。相反,自上而下的加工强调我们的概念、预期和记忆是如何影响认知加工的,自上而下的加工需要高水平的认知,如第5章和第8章中强调的那种加工。自上而下和自下而上的加工同时起作用,确保认知加工的快速和准确。

看一下模式识别。你认出了你的姨妈部分是因为来自刺激的特定信息,你姨妈的脸、身高、体型等方面的信息。这种自下而上的加工很重要。同时,如果你去她家,并且期望她在家等你,自上而下的加工就会起作用了。

如何有效地使用这本书

这个课本中包括几个特征,是特别设计来帮助你理解和记忆课本内容的。在你阅读下面提到的每一个特征的时候,想想怎么最有效地利用这些特征。此外,第6章关注的提高记忆的方法,找到表6-1,这个表总结了很多的记忆策略,我们在第6章中会详细讨论每一种策略。但是,你会发现有的提示现在就可以帮到你。

章节简介

另一个特征是章节简介,是对这一章中所包含的内容的简短描述。章节简介是根据每一章的大纲提供的框架,也介绍了一些重要的新概念。

概览

每一章最开始的一段都是鼓励你想一下与这一章的内容有关的、自己的认知经验。通过结合大纲中的材料、简介和概览,你会更好地准备好理解每一章中讨论的研究和理论中涉及的相关信息。你可能会试图跳过章节大纲、简介和概览,但是,这三个特征会促进你的自上而下的加工。

示例

在这本书中我设计了示例,以便使讨论到的研究更有意义。这些示例中的非正式实验不需要实验设备,或者需要一点点设备。你可以自己完成大部分的实验。学生们告诉过我,这些示例让相关的内容更容易记,尤其是当他们尝试想象自己是在研究的环境中完成这些任务的时候。在第5~6章你会看到,当我们尝试将信息与自己关联起来的时候,我们会更准确地记住这些信息。

个体差异

第2~13章中的每一章都讨论了一个与认知任务中的个体差异有关的研究。**个体差异**(individual differences)指的是不同组的人在完成同一个认知任务时在方式上的有规律的变化。在1995年之前,认知心理学家们很少研究个体差异如何影响人们的思维加工。但是后来认知心理学发展了,研究的问题也增多了。

对认知任务中个体差异的探讨符合一个比较新的理论提出的观点,这个理论将心理学中的不同领域联系了起来。约翰·卡乔波(2007)在担任心理科学协会主席的时候写了一篇文章说到了这个重要的问题。心理科学协会是关注认知心理学、社会心理学和生物心理学等领域的心理学研究的组织。

卡乔波强调通过用三种观点中的一种将这些领域中的研究结合起来,心理学就会取得长足的发展。三种观点是变态心理学、个体差异和发展心理学的观点。例如,研究者们可以将一个领域(如认知心理学)与一种观点(如变态心理学)结合。

比如说有重度抑郁的人。**重度抑郁**(major depression)是一种心理障碍,主要表现是悲伤、沮丧和无望感干扰了个体完成日常心理和生理功能的能力。在早期,心理学家们很少研究在完成认知任务的时候,抑郁的人是否跟其他的人不同。但是,现实的情况却一直让人困惑,因为治疗者和抑郁患者自己都会经常注意到他们在认知任务上存在的问题。庆幸的是，现在很多心理学家开始研究心理障碍与认知成绩之间的关系（Hertel & Matthews，2011）。

不管是从实践上还是从理论上来说，这种跨学科的研究都非常重要。主题 4 强调的是认知加工之间的相互联系。所以，心理问题（如重度抑郁）的认知方面当然会与注意、记忆和其他的认知加工有关。

其他研究个体差异的研究者选择比较在人口统计学特征上不同的群体。第 7 章中，我们会看到女性和男性实际上在大多数空间能力上是相似的。

下面是这本书中会涉及的个体差异研究的内容列表。

第 2 章（识别视觉和听觉刺激）
　　精神分裂症患者的面孔识别
第 3 章（注意）
　　进食障碍与 Stroop 效应
第 4 章（使用工作记忆）
　　重度抑郁与工作记忆
第 5 章（使用长时记忆）
　　焦虑障碍与外显和内隐记忆任务的成绩
第 6 章（使用记忆策略与元认知）
　　元认知能力与批判性思维
第 7 章（使用心理表象和认知地图）
　　空间能力的性别比较
第 8 章（利用一般知识）
　　居住国与性别刻板印象
第 9 章（理解语言）
　　干扰性话语和阅读理解
第 10 章（产生语言）
　　预测第二语言习得的认知因素
第 11 章（使用问题解决和创造性）
　　问题解决策略的跨国家比较
第 12 章（使用推理和决策）
　　联合错误和超自然信念
第 13 章（发展认知能力）
　　儿童的智力能力与目击证词

应用

在你阅读每一章的时候，注意一下认知心理学的各种应用。对生态效度的强调催生了很多与我们的日常认知活动有关的研究。此外，认知的研究在教育、医学、商业、临床心理学中都有重要的用途。这些应用为心理学原理提供了具体的实例。

这些应用也应该促进你对认知心理学的理解。关于记忆的研究表明，如果信息是具体的而不是抽象的，人们识记的就会更好；如果人们能确定这些信息是否与自己有关，也会识记的更好（Paivio，1995；Rogers et al.，1977；Symons & Johnson，1997）。

深度了解

第 2 ~ 13 章都安排了"深度了解"专栏，考察的是这一章中关于一个重要的话题的研究；关注的是研究方法和研究结果。

复习题

每一章结束后你会发现一些复习题。很多问题是要求你将所学的知识运用到日常问题的解决中。其他的问题是让你将这一章中几个部分的信息进行整合的。

认知心理学的一个特殊的特征是你实际上正在使用认知来学习与认知相关的东西。这些学习的辅助材料和第 6 章中关于记忆提供的内容，应该可以帮助你更有效地使用这本书。

复习题

1. 界定概念"认知"与"认知心理学"。考虑一下你理想的职业，讨论认知心理学中的信息可以运用到这个职业的几种方式。
2. 根据每种理论对人类思维的看重，比较下面几种心理学的理论：①威廉·詹姆斯的理论；②行为主义；③格式塔心理学；④弗雷德里克·巴特莱特的理论；⑤认知的理论
3. 这一章提到了生态效度与严格控制的实验之间的权衡。首先界定生态效度和严格控制的实验。然后根据每个理论对每个概念的看重进行比较：①艾宾浩斯的记忆理论；②詹姆斯心理加工的理论；③巴特莱特的记忆理论；④行为主义理论；⑤几十年前的认知心理学的理论；⑥当前的认知心理学的理论。
4. 列出人们对认知心理学的兴趣增加对行为主义理论的需求降低的几个原因。此外，描述认知科学的领域及其包含的学科。
5. 关于认知神经科学的那一部分内容中描述了四种研究技术。针对每一种技术，回答下面的问题：①可以用

到人类被试身上吗？②产生的信息的精确性如何？③可以回答哪种类型的研究问题？

6. 什么是人工智能？信息加工理论如何与人工智能相关？选择人工智能领域的研究者们可能感兴趣的三个具体的认知加工过程，然后给出例子说明真正的人工智能和计算机模拟在研究这些认知加工的时候着眼点有什么不同。

7. 联结主义与经典的人工智能理论有什么不同？列出平行分配加工理论的三个特征。这个理论在哪些方面是基于认知神经科学的研究发现的？

8. 主题4强调认知加工之间的相互联系。想一个你最近刚解决了的问题，指出这个问题的解决方法如何依赖于知觉加工、注意和其他的认知活动。你可以借助这一章中的相关内容来回答这个问题。

9. 在第6章中你会看到，如果你仔细考虑一下这种阅读的材料，或者如果将这些材料与自己的生活相联系，那么你关于这些材料的长时记忆会更准确。复习一下"如何有效地使用这本书"的相关内容，描述你怎样利用书中的特征增强对后面章节中内容的记忆。

10. 复习一下这本书的五个主题。哪一个主题与你的经验是一致的，哪一个是不一致的？从你自己的生活中，为每一个主题想一个例子。

示例1-4的答案

在这一整段当中没有字母e。字母e是英语语言中最常用到的字母。所以，这么长一段话，没有出现一个字母e，是非常不同寻常的。这个练习表明了搜索没有出现的东西的困难性（主题3）。

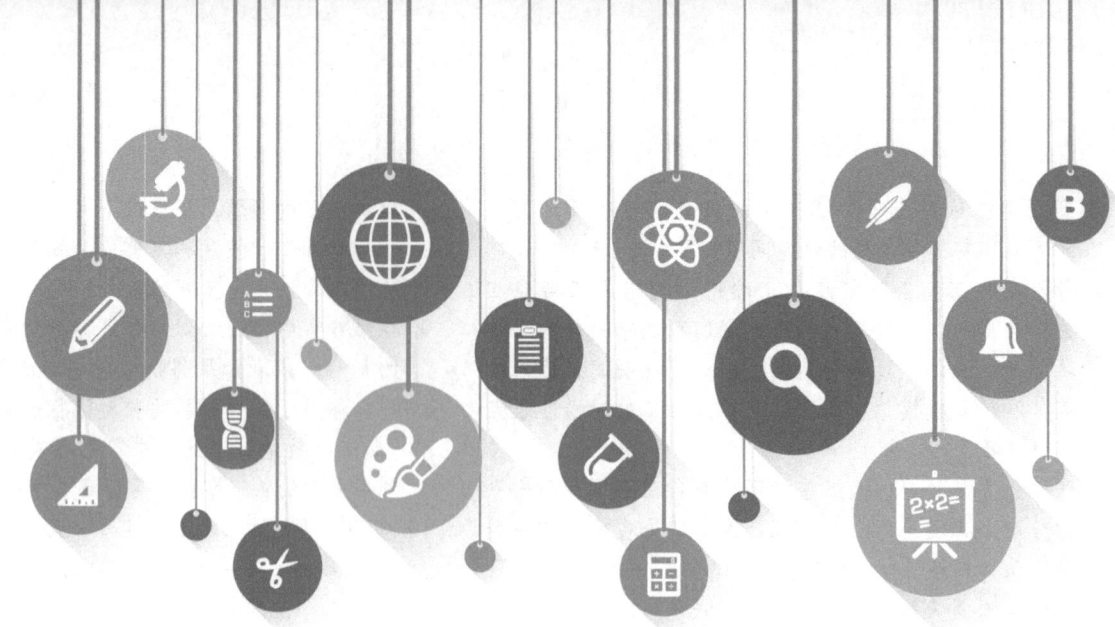

第 2 章

识别视觉和听觉刺激

概览

当你知觉某个东西的时候，你会利用以前的知识对感觉器官记录的这个刺激进行解释。第 2 章考察了视觉和听觉识别，在认知心理学中这两种加工关系非常密切。（第 3 章会考察与知觉有关的其他两个重要的话题：注意与意识。）

当你识别视觉物体的时候，你识别的是感觉刺激的复杂排列，如字母表上的字母或者人脸。我们首先简单讨论一下视觉系统；接下来考察一下视觉系统如何组织我们的视觉世界；然后我们会讨论用来解释我们是如何识别物体的两个当前的理论。

本书的主题 5 强调了自下而上加工和自上而下加工的原则。就知觉而言，自下而上的加工关注的是环境中的物理刺激；而自上而下的加工强调的是概念、期望和记忆如何影响知觉加工。我们首先考察自上而下的加工是如何有助于阅读的；然后在深度讨论中会考察过度活跃的自上而下的加工是如何

在你试图识别某人或者某个东西的时候导致识别错误的。

面孔识别在我们的社会交互中极其重要，我们对人脸的加工好像与对其他视觉刺激的加工不一样。神经科学的研究有助于解释说明面孔知觉的生物加工过程。这一部分也会讨论从身份证和安全监控系统中识别面孔的困难，然后我们会探讨有精神分裂症的人是否在识别面孔的时候会遇到困难。

语音知觉乍看上去简单，但实际上是很复杂的。例如，你需要搞清楚在什么地方一个词结束而另一个词开始，说话的人在基本语音的发音方式上都是不一样的。但是，你会利用语境和视觉线索来解释不清楚的语音。虽然口语在社会交互中也很重要，但是我们对语音的加工与对其他听觉刺激的加工是相同的。

章节简介

让我们花点时间了解一下你的知觉能力。把一只手放在眼睛的正前方，你肯定会知觉到一个包括不同特征的物体，例如，你能够很容易地确定它的大小、形状和颜色；你也会注意到你的手是一个统一的物体，清楚地位于一个远一点的界定不太清晰的背景的前面。

随着你将视线从你的手上转回到这本书上，你的

眼睛会知觉到这一页上一系列的蜿蜒曲线，但你会立即认出每一个曲线都是字母表上的一个字母。如果一个朋友从旁边走过，你会立即认出朋友的脸。视觉系统每次可以知觉不止一个形状。实际上，你可以快速地、毫不费力地在任何自然场景中识别成百上千的形状（Geisler，2008）。听觉能力也很厉害，你能够识别你朋友说的话，识别音乐，识别吱嘎响的椅子发出的声音和脚步声。

大部分人认为拥有这样的知觉能力是理所当然的（Jain & Duin，2004）。我们当然可以看到和听到。第2和第3章应该会让你信服，知觉实际上是极其复杂的人类能力。知觉可能看起来比其他的认知能力（如下象棋的能力）简单，但是在第1章中我们已经看到了，人们可以设计出比象棋大师还厉害的计算机程序，但却设计不出比学前儿童的视觉能力厉害的视觉机器。另外，你可以在大约1/10秒的时间内识别一个复杂的场景，如棒球比赛或者婚礼（Gallistel & King，2009）。

知觉加工为本书的主题2提供了清晰的证据，在这一章中你会看到我们的视觉和听觉成就是非常有效和准确的（Grill-Spector & Kanwisher，2005；Lappin & Craft，2000）。

第2章和第3章讨论的都是知觉。**知觉**（perception）就是利用已有的知识解释感觉器官记录的刺激。例如，你利用知觉解释这一页上的每一个字母。看一下你是如何知觉perception这个词的最后一个字母的。你将①眼睛记录的信息；②字母表中的字母形状的已有知识；和③当你的视觉系统已经加工了perceptio-的时候应该期待出现什么的已有知识相结合，来知觉perception的最后一个字母。

请注意，知觉结合了外部世界（视觉刺激）和内部世界（已有知识）。你将会注意到这种模式识别的加工是主题5的一个很好的例证，因为它将自下而上和自上而下的加工结合了起来。

很多大学开设了专门的关于知觉的课程，所以我们不可能在两章的内容中面面俱到。在其他的地方你也可以找到关于感觉加工的信息，如眼睛和耳朵等感觉接收器的本质；你还可以找到关于知觉的其他研究领域的相关信息（Foley & Matlin，2010；Goldstein，2010a；Wolfe et al.，2009）。这些书中考察了我们如何知觉视觉物体的重要特征，如形状、大小、颜色、质地和深度；也考察了其他的知觉系统，如听觉、触觉、味觉和嗅觉。

当前这一章只涉及了知觉加工的几个方面，开始我们先讨论识别视觉物体的相关背景信息，然后讨论视觉加工中的两个重要问题：自上而下的加工和面孔知觉。最后，我们会转到讨论听觉的知觉，考察语音知觉。这些知觉加工非常重要，因为它们提供了未加工的感觉信息，以便这些信息可以被用于更复杂的心理加工（如阅读），我们会在后面的章节中讨论阅读。

这本书中有两章是关于知觉加工的，第2章考察了我们如何识别视觉和听觉刺激；而第3章讨论了注意与意识。例如，如果你正密切注意你正在读的句子，你能够同时知觉到旁边人的谈话吗？

视觉物体识别的背景知识

在**物体识别**（object recognition）或者**模式识别**（pattern recognition）的过程中，你识别的是感觉刺激的复杂排列，你知觉到这个模式与它的背景是分离的。在你识别一个物体的时候，感觉加工会对感觉接收器提供的最初信息进行转换和组织，你也需要将感觉刺激记忆中存储的其他信息进行比较，与主题2一致，我们的物体识别是又快又准确的（Gazzaniga et al.，2009；Kersten et al.，2004）。这一章的第一部分讨论三个问题：①视觉系统；②视觉知觉的组织；③物体识别的三个理论。

视觉系统

心理学家提出了两个概念来描述知觉刺激，**远端刺激**（distal stimulus）是环境中存在的实际物体，如桌子上的钢笔；**近端刺激**（proximal stimulus）是感觉接收器记录的信息，如视网膜上形成的钢笔的图像。**视网膜**（retina）包裹着眼睛里后面的部分，它包括几百万个神经元，可以记录和传递来自外界的视觉信息。

当我们识别一个物体的时候，即使当近端刺激的可得信息是不完全的，我们也可能想方设法找出远端刺激的身份（Kersten et al.，2004；Palmer，2003；Pasternak et al.，2003）。例如，你识别出了第1章中的那个卡通人脸，即使那个脸上缺少鼻子、嘴和耳朵。Gazzaniga和同事们（2009）指出，物体识别主要依赖形状而不是颜色或者质地，即使那个卡通脸是蓝色的，你还是可以识别出来。

试一下示例2-1，是关于识别远端刺激的能力。在这个示例中，你会发现你可以识别出呈现时间大约为1/10秒的新的场景中的物体（Biederman，1995）。这意味着视觉系统能够在 1/10 秒的时间内接收远端刺激，表征十几个物体，并且识别所有这些物体吗？

👆 示例 2-1
物体的即时识别

打开电视将声音调成静音。现在闭着眼睛换台，睁开眼睛看一下然后立即闭上。重复练习几次。注意一下，即使你没有预期电视上会出现那个图像，以前也从来没见过这个形式的图像，你是如何立即识别和解释睁开眼看到的电视机屏幕上的图像的。在不到 1 秒的时间内，也不用花多大的力气，你就能够识别颜色、质地、轮廓、物体和人物。

这个示例最初是由 Irving Biederman (1995) 提出来的，他注意到人们通常可以在 1/10 秒的时间内解释一个新的场景的意义。与主题 2 一致，人类的模式识别是非常高效的。

庆幸的是，视觉系统会得到其他的构成成分的帮助（Gregory, 2004a），我们在第 1 章中学到，**感觉记忆**（sensory memory）是个容量很大的存储系统，可以相当准确地存储来自每个感觉通道的信息。具体来说，**图像记忆**（iconic memory）或者**视觉感觉记忆**（visual sensory memory）可以在刺激消失之后的短暂时间内还保持这个视觉刺激的图像（Hollingworth, 2006b; Parks, 2004; Sperling, 1960）。

视网膜所记录的视觉信息（近端刺激）必须要通过视觉通路进行传导。视觉通路即视网膜与初级视觉皮层之间的一系列神经元。**初级视觉皮层**（primary visual cortex）位于大脑的枕叶，这里是与视觉刺激的基本加工有关的大脑皮层（见图 2-1），也是来自两只眼睛的信息最初结合的地方（Briggs & Usrey, 2010）。如果你把手放在头的后部脖子上方的位置，初级视觉皮层就位于你手摸到的头盖骨的下面。

初级视觉皮层只是视觉信息在皮层内加工的第一站。例如，研究者们发现至少 30 个皮层其他区域在视觉知觉中起作用（Bruce et al., 2003; Frishman, 2001; Sillito, 2004）。当我们识别复杂物体的时候，这些超越初级视觉皮层的区域会被激活，人们正在研究这些区域的功能。例如，识别工具（如一个叉子或者剪子）的能力与顶叶的激活部分相关（Almeida et al., 2010; Mahon et al., 2010）。

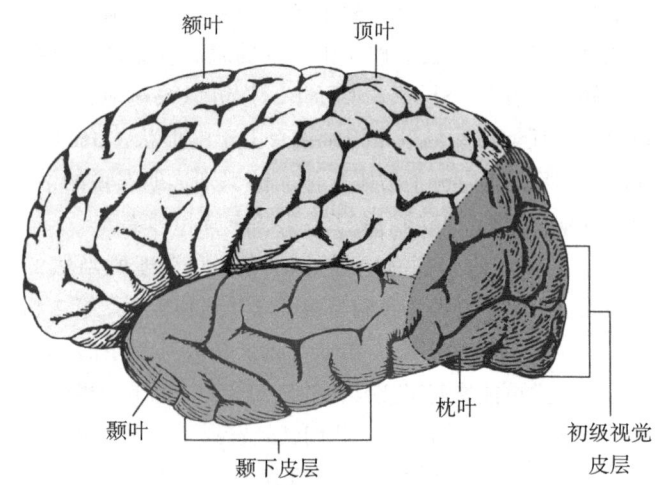

图 2-1　从左侧看到的大脑皮层的一个示意图，显示了大脑的四个叶

注意一下初级视觉皮层（这一部分讨论的）。在识别复杂物体（如人脸）的时候，颞下皮层扮演着重要的角色。

但是，研究者们还没有发现哪个脑区负责物体识别的相对加工成分（Pasternak et al., 2003; Purves & Lotto, 2003）。在这一章后面我们将要讨论到的面孔识别，会更关注这些比较"复杂"的皮层区域。

视觉知觉的组织

在这一章的最开始，我们强调了物体识别是人类的一个了不起的成就。巧合的是，视觉系统本身的结构决定了它可以对非常复杂的视觉世界进行组织（Geisler & Super, 2000; Palmer, 2003）。

第 1 章中介绍了心理学发展历史上出现的一个理论，叫作"格式塔心理学"。**格式塔心理学**（Gestalt psychology）的一个重要原则就是人类有组织所看到的东西的基本倾向，我们可以毫不费力就看到一个个的模式而不是随机的排列（I. E. Gordon, 2004; Schirillo, 2010）。例如，当两个区域有共同的边界的时候，**图形**（figure）就是拥有清晰边缘的确切形状，而范围就是"剩下的"区域，形成了图形的**背景**（ground）。格式塔心理学家指出，图形有确定的形状，而背景只是在图形后面的简单延伸。图形看起来离我们更近，比背景更突出（Kelly & Grossberg, 2000; Palmer, 2003; Rubin, 1915/1958）。即使是婴儿，也会表现出某些组织的完形原则（Quinn et al., 2002）。

在**两可图形–背景关系**（ambiguous figure-ground

relationship）中，图形与背景会不时地发生转换，图形会变成背景然后又变回图形。图 2-2 表明了非常广为人知的花瓶-面孔效应，最初你会看到黑色背景上的一个白色的花瓶，但过了一会儿你又会看到白色背景上两张黑色的脸。即使在这种模棱两可的情况下，我们的知觉系统也会对刺激进行组织，一部分突出出来而余下的部分变成了背景。我们习惯了图形-背景关系的确定性，所以在遇到图形与背景可以相互转换位置的情形时，会感到惊奇（Wolfe et al., 2009）。

是远端刺激中信息的总和。

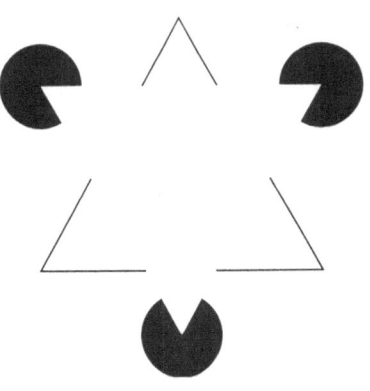

图 2-3　错觉轮廓的一个例子

视觉物体识别的理论

研究者们提出了很多关于物体识别的不同理论。根据一个早期的理论，进行物体识别的时候，视觉系统要将一个刺激与记忆中存储的一系列模板或者具体模式相比较，然后指出哪个模板与刺激匹配。但是，你每天都需要识别与经典版本非常不同的字母，尤其是在识别手写的文本的时候。例如，在图 2-4 中单词 Cognitive 中的 C 多少是有些不同的，词语 Psychology 中的字母 P 也是不同的。但是，即使你从不同的角度看到这些字母，也还是能够识别它们（Palmer, 2003）。模板理论在解释识别视觉世界中更复杂的物体时，会遇到更多的困难。知觉是一个更为灵活的系统，不单单是将模式与具体的模板匹配（Gordon, 2004；Jain & Duin, 2004；Wolfe et al., 2009）。

图 2-2　花瓶-面孔效应：两可图形-背景关系的一个例子

对图形-背景翻转的解释包括两部分：①视觉皮层的神经元适应了一个图形，如图 2-2 中的"人脸"，所以，就更有可能看到另一个图形，即"花瓶"；②另外，通过转换两种合理的解决方法，人们试图要解决视觉的这种自相矛盾（Gregory, 2004a；Long & Toppino, 2004；Toppino & Long, 2005）。

神奇的是，当一个场景中没有清晰的图形与背景的边界的时候，我们也能够知觉到图形-背景的关系。有一类视觉错觉被称为**错觉轮廓**（illusory contours）[也被称为**主观轮廓**（subjective contours）]。在错觉轮廓中，虽然刺激中没有物理边缘呈现，但我们可以看到这些边缘。例如在图 2-3 的错觉轮廓中，人们会报告看到一个倒置的三角形隐约出现在另一个三角形和三个黑色小圆形形成的轮廓前面。还有，三角形看起来比刺激的其他部分都要亮一些（Grossberg, 2000）。

在日常生活中，如果我们"填充了空白"，通常对场景知觉的会更准确。但是，在错觉轮廓的例子中，填充空白的策略就会产生知觉错误（Mendola, 2003；Purves & Lotto, 2003）。你现在明白为什么格式塔心理学家会对两可图形-背景关系和错觉轮廓那么着迷了吧（Foley & Matlin, 2010；Wolfe et al., 2009）。人类的知觉不仅仅

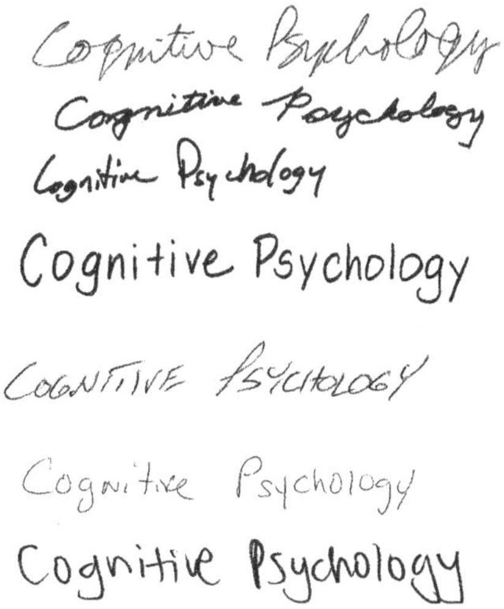

图 2-4　字母形状变化的一个例子。要特别注意在 Cognitive Psychology 中字母 P 的形状差异

其他两种理论特征更复杂，是分析和成分识别。在你阅读这两个理论的相关内容时，一定记住我们并不需要决定一个理论是正确的而另一个是错误的。人类知觉是灵活的，我们可以使用不同的理论来解释不同的物体识别任务（Mather，2006）。

特征分析理论

几个**特征分析理论**（feature-analysis theories）都提出了一个相对灵活的方法，即视觉刺激是由数量有限的几个特征或者成分组成的（Gordon，2004），每一个视觉特征都被称为**区别性特征**（distinctive feature）。例如，我们来看一下特征分析理论家们是如何来解释我们对字母表中的字母的识别方式的。他们认为我们存储了每一个字母的一系列的区别性特征，如字母 R 的区别性特征包括一个曲线，一个垂直线和一个斜线。当你看到了一个新的字母，视觉系统会指出不同的特征是出现还是没有出现，然后将特征出现与否的信息列表与记忆中存储的每个字母的特征进行比较。手写的字母可能是不同的，但每个打印的字母 R 都包括这三个特征。

试一下示例 2-2，这是埃莉诺·吉布森（Eleanor Gibson，1969）做的一个表格。特征分析理论提出，字母表中每个字母的区别性特征是不变的，不管字母是手写的、印刷的或者是打印的。这些理论也可以解释我们如何知觉各种各样的二维模式，如绘画中的图形，布料上的图样和书中的插图。但是，大部分的研究关注的是识别字母和数字的能力。

☝ **示例 2-2**
特征分析理论

特征	A	E	F	H	I	L	V	W	X	Y	Z	B	C	D	G	J	O	P	R	Q
直线																				
水平线		+	+	+		+					+				+					
垂直线		+	+	+	+	+						+		+				+	+	
斜线 /	+						+	+	+	+	+									
斜线 \							+	+	+		+								+	+
封闭曲线												+		+			+	+	+	+
交叉	+	+	+	+					+	+									+	+
对称性	+	+		+	+		+	+	+	+		+	+	+			+			

资料来源：Gibson, E. J. (1969). *Principles of perceptual learning and development*. New York: Prentice Hall.

Eleanor Gibson 提出：每个字母的区别性特征是不同的。下面的示例是她提出的字母的区别性特征表格的简化版本。注意，表格中显示了字母表中的每个字母是否包括了如下的特征：四种直线、封闭的曲线、两条线的交叉和对称性。像你看到的那样，字母 P 和字母 R 共享很多特征，但是，W 和 O 只有一个共同特征。比较下面的每对字母，看看它们共享哪些区别性特征：A 和 B；E 和 F；X 和 Y；I 和 L。

特征分析理论与心理学的研究结果是一致的，例如，埃莉诺·吉布森（1969）的研究表明：当两个字母共享很多重要特征的时候，人们需要相当长的时间来确定一个字母是否与另一个字母是不同的。根据示例 2-2 中的表格，字母 P 和 R 共享很多重要特征；Gibson 实验中的被试在判断这两个字母是否不同的时候会很慢。而 O 和 L 没有相同的重要特征，人们就可以很快判断一个字母是否与另一个字母不同。

还有的研究分析了人们写在信封上的地址中的字母和数字（Jain & Duin，2004）。例如，Larsen 和 Bundesen（1996）根据特征分析理论设计了一个模型，可以准确识别写在街道地址和邮政编码中的 95% 的数字。

特征分析理论与神经科学提供的证据也符合（Gordon，2004；Palmer，2002）。Hubel 和 Wiesel 的研究团队关注的是麻醉之后动物的初级视觉皮层的活动（Hubel，1982；Hubel & Wiesel，1965，1979，2005）。他们在动物眼睛的正前方呈现一个简单的视觉刺激，如一个垂直的光条，然后记录初级视觉皮层的一个特定神经元是如何对这个视觉刺激进行反应的，他们持续考察了这个皮层区域的各种不同的神经元是如何对视觉刺激进行反应的。

Hubel 和 Wiesel 的结果表明，当光条出现在视网膜特定区域的时候，或者光条有特定朝向的时候，每个神经元的是尤为活跃的。例如，假设光条出现在动物视网膜的特定位置，当光条垂直的时候，某个特定神经元就会产生强烈的反应。如果垂直的光条旋转 10 度，视觉皮层中与这个神经元相隔头发丝那么多距离的另一个神经元的反应变得最活跃。在我们出生的时候，视觉系统就包含了这些特征觉察器（Gordon，2004），这些觉察器帮助我们识别字母和简单模式中的特定特征。

但是，特征分析理论存在几个问题，例如，特征分析理论是用来解释相对简单的字母识别，而自然界中的形状比字母都复杂得多（Kersten et al.，2004）。你怎么识别一匹马？你是分析刺激的特征，如它的鬃毛、它的头和它的蹄子吗？一旦马移动了或者你移动了，某个重要知觉特征不是会变形吗？马和我们环境中的其他物体都包含了太多的直线和曲线，识别这些物体比识别字母要复杂得多（Palmer，2003；Vecera，1998）。

现在我们来讨论物体识别的成分识别理论。这个理论尤其重要，因为它提到了人们如何识别日常生活中的复杂刺激。

成分识别理论

Irving Biederman 和同事们提出了一个理论来解释人们如何识别三维形状（Biederman，1990，1995；Hayworth & Biederman，2006；Kayaert et al.，2003）。**成分识别理论**（recognition-by-components theory）的基本假设是，特定视角的物体可以被表征为简单三维形状被组合排列，这些简单三维形状被称为 geon。正如字母表中的字母可以组合成词语，geon 可以组合在一起形成物体（Vuong，2010）。

在图 2-5 的 A 部分你会看到五种 geon，B 部分显示了 geon 建构的六种物体。字母表中的字母可以组合成词语，根据字母的特定排列组合的不同，会形成不同意义的词语。例如，no 的意思与 on 是不同的。同样，图 2-5 中的 geon 3 和 5 可以组合成不同的物体，茶杯与水桶不同。成分识别理论强调的是两个 geon 的不同组合方式。

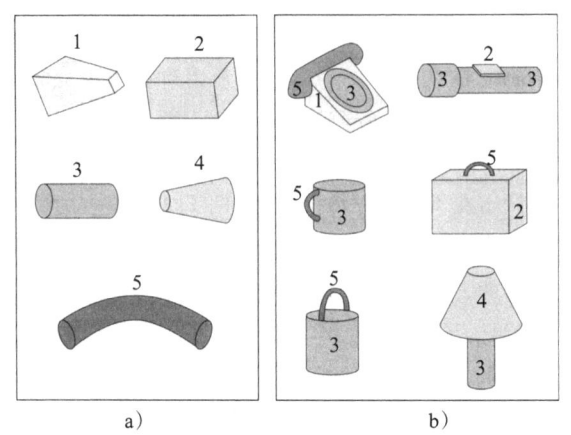

图 2-5 五种基本的 geon，如图 2-5a 和 geon 可以建构的代表性物体，如图 2-5b

资料来源：Biederman, I. (1990). Higher-level vision. In E. N. Osherson, S. M. Kosslyn, & J. M. Hollerback (Eds.), *An invitation to cognitive science* (Vol. 2, pp.41-72). Cambridge, MA: MIT.

一般来说，三个 geon 的排列组合会给人们提供足够的信息来区分一个物体。Biederman 的成分识别理论实际上是用来解释我们如何识别三维物体的特征分析理论。

Biederman 和同事们做了人类被试的 fMRI 研究，也记录了麻醉的猴子的神经元反应。他们的发现表明了初级视觉皮层之外的皮层区域会对图 2-5a 中的 geon 产生反应（Hayworth & Biederman，2006；Kayaert et al.，2003）。

另外，计算机模拟的研究说明：年龄小的儿童最开始会将每个物体表征为不可区分的完整物体，但年龄大的儿童和成人会将物体表征为 geon 的组合（Doumas & Hummel，2010）。

但是，成分识别理论也需要做出重大的修正，因为人们识别标准视角看到的物体比识别其他视角看到的物体要快得多（Friedman et al.，2005；Graf et al.，2005）。例如，如果你从一个不常用的角度看你自己的手，可能就会有点难以识别。

成分识别理论的一个修订版本被称为**观察者中心理论**（viewer-centered approach），它提出我们存储了三维物体的几个不同视角的图像，而不是一个视角的图像（Mather，2006）。假设我们从一个不常用的角度看到一个物体，这个物体与我们记忆中存储的任何物体形状都不匹配，我们就必须对物体的表象进行心理旋转，直到它与记忆中存储的某个视角的图像匹配（Tarr & Vuong，2002；Wolfe et al.，2009）。心理旋转可能需要 1～2 秒的额外时间，我们也可能识别不出这个物体（第 7 章会更详细地讨论心理旋转）。

至此，特征分析理论和成分识别理论（包括观察者中心理论）都可以解释我们卓越的物体识别能力的一部分。但是，研究者也应该探究是否这些理论可以解释我们识别比单独的茶杯和水桶更复杂物体的能力。例如，你如何能够理解辨认出你在示例 2-1 中的电视机屏幕上看到的场景中的很多复杂物体？随着研究者们进一步探讨我们如何识别真实的物体和场景，随着更复杂的研究方法的使用，物体识别的理论解释会变得越来越详细（Gordon，2004；Henderson，2005；Hollingworth，2006a，2006b；Wolfe et al.，2009）。

自上而下的加工和视觉物体识别

至此，我们只讨论了人们如何识别单独的物体，还没有讨论已有的知识与期望有助于物体识别。在现实生活中，当你试图解读速写的字母的时候，字母所在的词中的其他的字母会帮助我们解码。同样，当你尝试识别由一个窄的、弯曲的 geon 连接到一个宽的、圆柱形的 geon 组成的物体的时候，咖啡店的背景也是有用的。

主题 5 强调了两种加工的差异。我们先复习一下二者之间的区别，然后看一下两种加工如何相辅相成帮助我们在阅读加工的过程中识别词语，最后，我们看一下如果自上而下的加工过度活跃，我们会如何犯错。

自下而上和自上而下的加工的区别

这一章前面的部分关注的是自下而上的加工。**自下而上的加工**（bottom-up processing）强调的是识别物体的时候刺激的特征是重要的，具体来说，感觉接收器记录环境中的物理刺激，产生的信息之后被传递到知觉系统中更高级更复杂的水平上（Carlson，2010；Gordon，2004）。

例如，将视线从你的书上移开，集中注意力到附近的某个物体，注意它的形状、大小、颜色和其他重要的物理特征。当这些特征记录到视网膜上的时候，物体识别加工就开始了。这些信息从最基本（最下层）的知觉水平开始，被依次传递，直到大脑中超越了初级视觉皮层的更复杂的认知区域。简单的下层特征的组合有助于你识别更复杂的和完整的物体。

视觉加工的最初部分可能是自下而上的（Palmer，2002），但是，顷刻之后，第二部分的加工就开始了。物体识别中第二部分的加工是自上而下的加工。**自上而下的加工**（top-down processing）强调人们的概念、期望和记忆是如何影响物体识别的。

这些高水平的心理加工都有助于我们对物体的识别。你期待在特定位置发现特定的形状，因为你过去的经验使你预期会看到这些形状，期望可以帮助你快速地识别物体。换句话说，视觉加工更高（上层）水平上的期望会以自上而下的方式引导你对视觉刺激进行早期加工（Carlson，2010；Donderi，2006；Gregory，2004a）。

想一想自上而下的加工如何帮助你快速识别几分钟之前你选择的附近的那个特定物体。自上而下的加工会利用你对通常会出现的附近的物体的预期和记忆，然后结合来自自下而上加工的刺激的特定物理信息，结果，你就能够快速地识别这个物体（Carlson，2010）。在前面我们注意到，物体识别要求自下而上和自上而下的加工（主题 5）。请看看下面的示例 2-3，再接着往下读。

示例 2-3
背景与模式识别

你能够读出下面的句子吗？

THE MAN RAN.

你可能会想象到，当刺激进入视觉系统不到 1 秒的时候，自上而下的加工是最强的。当刺激是不完整的或者模糊的时候，自上而下的加工也很强（Groome，1999）。

自上而下的加工在视觉中是如何起作用的呢？研究者们提出，视网膜与视觉皮层之间的信息通路的特定结构可能扮演了重要的角色。这些结构可能存储了关于在特定的背景中看到不同的视觉刺激的相对可能性的信息（Kersten et al.，2004）。

认知心理学家们认为，在解释物体识别的复杂性的时候，自下而上和自上而下的加工都是必要的（Riddoch & Humphreys，2001）。例如，你辨认出了咖啡杯是因为进行了两种几乎是同时进行的加工：①自下而上的加工迫使你记录了成分特征，如杯子把儿的弧度；②咖啡店的比较让你更快地识别出杯子的把儿，是因为自上而下的加工的结果。现在我们看看自上而下的加工如何促进阅读。

自上而下的加工与阅读

从示例 2-3 中可以看到，同样一个形状，如一个模棱两可的字母，有时候可以被知觉为 H 有时候可以被知觉为 A。在这个示例中，你先开始辨认出了完整的词"THE"，你拥有的关于这个词的知识帮助你认出第二个字母是 H。同样，关于词语"MAN"和"RAN"的知识帮助你认出在不同的语境中同样的字母应该是 A。

研究者们已经表明了自上而下的加工能够影响识别很多物体的能力（Gregory，2004a；Hollingworth & Henderson，2004；Kersten et al.，2004；Kutas & Federmeier，2011；Rahman & Sommer，2008）。大部分关于物体识别的研究考察的是：在阅读中，语境如何帮助我们识别字母表中的字母。

很长时间以来，研究阅读的心理学家们已经意识到，关于识别的理论必须要包括除了刺激本身的信息之外的因素。在你阅读的时候，假设你通过分析字母的特征来识别每个字母；另外，假设每个字母都包含四个区别性特征,这是一种保守的猜测。考虑到每个词语中字母的数量和平均的阅读速度,就意味着你需要每分钟分析大约5 000个特征。这个估计出来的加工量是很高的,知觉加工根本没有办法处理这么多的信息(Dahan,2010)。

另外,即使一个词中间的几个字母被重新安排过,我们也仍然可以理解这个句子。例如,Rayner和同事们(2006)发现,大学生们阅读正常句子的速率大约是每分钟255个词,他们也可以理解混乱的句子如"The boy cuold not slove the probelm so he aksed for help."但阅读这些句子的时候阅读速率降低到每分钟227个词。

关于字母识别的研究中最经常发现的一个现象是词优效应。根据**词优效应**(word superiority effect),如果一个字母出现在一个有意义的词语中,单独呈现或者出现在无意义的字母串中的时候,我们可以更快更准确地识别出现在有意义的词语中的字母(Dahan,2010;Palmer,2002;Wecera & Lee,2010)。例如,如果字母p出现在一个词语(如plan)或者出现在随机的字母串中(如pnla)中,你可以更容易识别plan中出现的字母p。

很多研究已经证实了字母识别中自上而下的加工的重要性(Grainger & Jacobs,2005;Palmer,1999;Reicher,1969;Williams et al.,2006)。例如,词语island中的s会被快速识别,即使这个s是不发音的(Krueger,1992)。

研究者们也表明了句子的语境会促进句子中词语的识别。例如,人们能够很快地识别"(Mary drank her orange juice)。"这个句子中的词语juice(Forster,1981;Stanovich & West,1981,1983)。

让我们讨论一个关于句子中的词语识别效应的研究。Rueckl和Oden(1986)的研究表明了刺激的特征和语境的本质都会影响词语识别。换句话说,自下而上和自上而下的加工是相辅相成的。他们使用的刺激是字母或者是与字母类似的文字。例如,一列刺激是由形状完美的n、形状完美的r以及介于二者之间的三个符号组成的。图2-6的底部就是这些刺激。每一个字母或者符号会出现在字母序列"bea-s"中,结果,这个研究中有五个刺激,从"beans"到"bears"。换句话说,这个变量测量的是自下而上的加工效应。

通过使用句子框架"The _____ raised (bears/beans) to supplement his income."来改变语境。研究者们仔细选择了四个词语"训狮员"(lion tamer)、"动物园管理员"(zookeeper)、"植物学家"(botanist)、"奶农"(dairy farmer)来填空组成四个句子。你可能注意到了训狮员和动物园管理员更可能养bears(熊),而植物学家和奶农更可能种beans(豆)。他们也包括了其他类似的模棱两可的字母和句子框架,都是用了四个不同的名词或者名词短语。换句话说,这个变量测量的是自上而下的加工的效应。

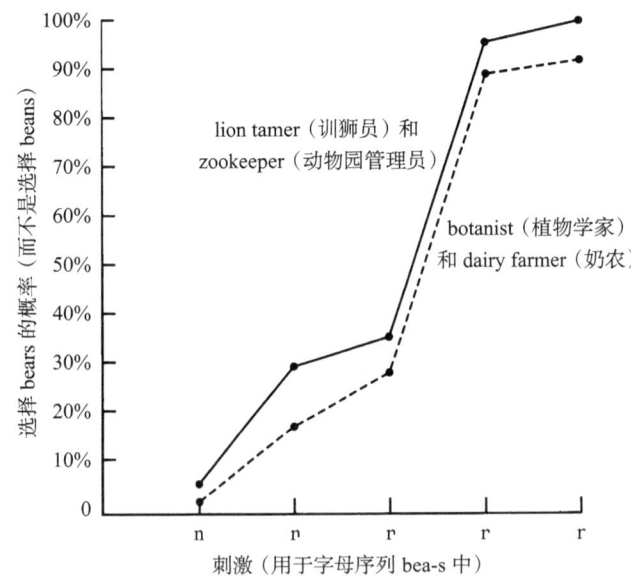

图2-6 刺激特征和句子语境对词语识别的影响
资料来源:Rueckl, J. G., & Oden, G. C. (1986). The integration of contextual and featural information during word identification. *Journal of Memory and Language*, 25, 445-460.

图2-6显示的是Rueckl和Oden(1986)的研究结果。你看到了,当字母右边的线段是短的时候,人们肯定是更可能选择"bears"。刺激的特征非常重要,因为词语识别的加工部分是自下而上的。

但是,你也会注意到在训狮员和动物园管理员的句子中比在植物学家和奶农的句子中人们更可能选择"bears",语境也是重要的,因为词语识别的加工部分是自上而下的。具体来说,关于词语的相关知识会让我们预期训狮员和动物园管理员更可能养熊而不是种豆子。

想一下语境效应如何影响阅读速度。一个词语中前面的字母会帮助你更快地识别余下的字母。还有,句子中的词语帮助你更快地识别每个词语。如果没有语境让你的阅读速度加快,你现在可能还在阅读这一章的简介部分呢。

至此,我们讨论了打印的文本,自上而下的加工可以促进这些文本的阅读速度。如果你读到某个人书写潦草的字条,会是怎样的情形呢? Anthony Barnhart和Stephen Goldinger(2010)在杂志上发的一篇文章的题目是"Interpreting chicken-scratch: Lexical access for handwritten words"。根据这篇文章,当学生们阅读潦草的、模糊不清的手写字条的时候,会比阅读清晰的打印文本时更多地使用自上而下的加工。

> ### 深度了解
> #### 物体识别中过度活跃的自上而下的加工与"聪明反被聪明误"
>
> 根据主题2,我们的认知加工是有效和准确的。但是,我们偶尔也会犯错误,这个错误常常源于"聪明反被聪明误",如过度使用自上而下的加工策略。因为过度使用自上而下的加工策略,我们有时候会出现**变化盲**(change blindness),即不能检测到物体或者场景中发生的变化。
>
> 过度使用自上而下的加工策略也会导致另一种错误,即**非注意盲**(inattentional blindness)。当我们注意一个场景中的某些事件的时候,可能就无法注意到没有预期的一个明显可见的物体的突然出现(Most et al., 2005)。现在我们讨论一下这两种视觉加工错误。
>
> **变化盲**
>
> 想象你正走在校园附近的人行道上,然后一个陌生人向你问路,就在你们交谈的时候,两个人抬着一个木门从你和陌生人之间穿过。当他们经过的时候,向你问路的陌生人换成了抬着木门的一个人(他们经过的时候,门遮住了你的视线,所以你看不到陌生人之间的转换)。你会注意到你交谈的对象已经不是同一个人了吗?你可能会回答"当然了"。
>
> 当丹尼尔·西蒙斯(Daniel Simons)和丹尼尔·莱文(Daniel Levin)(1997a, 1997b, 1998)进行这个陌生人与门的研究时,只有一半的人注意到陌生人已经被换成了另一个。当另一个陌生人直接问"你注意到我不是刚才跟你问路的那个人了吗"的时候,很多人还是一头雾水呢(Simon & Levin, 1998)。花几分钟试一下示例2-4。你可以多快探测到这两个相似场景的区别呢?
>
> **示例 2-4** 👆
> **找出两张图片的差异**
>
> 翻到这本书的彩页部分,在彩图1中,你会看到两张彩色的图片,是孩子们在公园玩。仔细看这两个场景,看看哪个特征是不同的。答案在这一章的最后。
>
> 这一章讨论的是我们如何看到物体。当知觉完整的场景时,自上而下的加工让我们假设这个场景的基本意义会保持稳定。这个假设是合理的,错误的知觉也就说得通了(Carlson, 2010; Rensink, 2010; Saylor & Baldwin, 2004)。在真实的世界中,一个人不会突然变成另一个不同的人。
>
> 实验室的研究提供了变化盲的其他例子(Moore, 2010)。例如,Rensink和同事们(1997)让被试看一张快速呈现两次的图片,然后稍有差异的另一张图片也快速呈现两次。这种图片的呈现次序会不停重复直到被试发现了变化是什么。
>
> 结果显示,当发生重要变化的时候,人们可以很快地识别出变化是什么。例如,当场景中是一个飞行员正在驾驶飞机,飞机附近或者很远的地方出现一架直升机的时候,被试需要四次重复发现变化。而对于不重要的变化,如坐在桌子旁的两个人后面的栏杆的高度变化,被试需要16.2次重复才会注意到变化。
>
> 这些结果也是说得通的(Saylor & Baldwin, 2004)。如果直升机在飞机附近和在很远的地方的话,飞行员场景的基本意义是非常不同的。而栏杆的高度不会改变桌子场景的实际意义。
>
> 其他的研究也证实人们对正在知觉的物体中的明显变化是视而不见的(Saylor & Baldwin, 2004; Scholl et al., 2004; Simons et al., 2002)。一般来说,当我们看一个包括很多物体的场景的时候,通常不会存储场景中每一个物体的详细表征(Gillam et al., 2007)。
>
> **非注意盲**
>
> 非注意盲指的是当我们注意每个东西的时候,可能无法注意到意料之外的完全可见的物体。通常,心理学家们使用变化盲来描述人们无法注意到刺激的某个部分发生了变化的现象;而使用非注意盲来描述人们无法注意到一个新的物体的出现(Moore, 2010)。但是,在这两种情况下人们在集中注意一个场景中的某些物体的时候,都会用到自上而下的加工。所以,当一个新的物体出现,而这个物体与他们的预期、概念、记忆不一致

的时候，人们常常就无法识别变化了的物体（变化盲）或者无法识别这个物体（非注意盲）。

我们讨论一个关于非注意盲的研究。Simons 和 Chabris（1999）让被试看一段两队人打篮球的视频。这些被试被告知要在心里默数其中的一队所做的击地传球和空中传球的次数。在视频开始后不久，穿着大猩猩服的一个人走入镜头并停留了 5 秒钟。46% 的被试没有注意到那个大猩猩。其他的研究证实，如果人们密切关注什么东西，就无法注意到一个新物体的呈现（Chabris & Simons, 2010；Most et al., 2001；Most et al., 2005）。Daniel Simons 的网站上有一些他做的研究中用到的刺激，包括前面讨论过的"门和陌生人的研究"和"大猩猩研究"：http://www.simonslab.com/videos.html。

你可能想象到，当任务对认知能力的要求高的时候，人们更可能会经验到非注意盲（Simons & Jensen, 2009）。如果这个研究中的任务是监控象棋比赛中的棋子的移动，而不是数传球的次数，人们是不是不太可能会出现非注意盲呢？

调和物体识别中的"聪明反被聪明误"

我们在前面看到人们常常会犯两种相似的知觉错误，变化盲和非注意盲。这本书的主题 2 指出，我们的认知加工是非常有效和准确的。我们如何调和这两种错误与主题 2 的主张之间的矛盾呢？重点是，人们没有看到的很多视觉刺激，其**生态效度**（ecological validity）都是不高的（Rachlinski, 2004）。如果研究进行的条件与研究结果推广应用的自然环境相似，这样的研究生态效度就很高。坦白来说，我都怀疑正在读这本书的人是否真有人看到过穿成大猩猩样子的人出现在篮球比赛中。

当然，你可能记得如果一件东西没在预期的位置，你找的时候会找不到。变化盲和非注意盲在我们的日常生活中也会存在。

Simons 和 Levin（1997a）强调说，在通常的视觉环境中，我们实际上是做得非常好的。如果你走在一条拥挤的市区街道上，各种各样的知觉表征会随着视线变化而快速变化。人们走路的时候的腿在动，会把背包从一个胳膊换到另一个胳膊上，会消失在交通信号牌的后面。如果你要精确追踪每一个细节，那么视觉系统很快会被这些微不足道的变化填满。但是，视觉系统在建构"要点"的时候是相当准确的，要点指的是一个场景的大体意义。你只关注看起来重要的信息，如过马路的时候你与驶向你的公共汽车之间的距离，而忽略了不重要的细节。变化盲和非注意盲表明了有一点是与主题 2 相关的：认知错误常常是源于合理的策略的使用。

我们一直在讨论如果我们没有密切注意一个物体的时候，在物体识别中会如何犯错误的研究。第 3 章中我们会更详细的讨论注意。

至此，我们讨论了视觉系统、知觉组织和物体识别的理论，也强调了知觉中自上而下加工的重要性。现在，我们会详细讨论另一个话题，物体识别的研究中最活跃的一个领域之一是面孔知觉。

面孔知觉

至此，我们对视觉识别的讨论主要关注的是我们如何知觉字母表中的字母和不同的物体。现在，我们来讨论一下最具社会交互重要性的一种识别（Sinha et al., 2010）。你如何识别你的朋友，是通过简单地观看一个人的脸来识别的吗？这个任务应该是有挑战性的，因为所有人的脸都有相同的大体形状。

更为复杂的是，即使当你从不同的角度、在一个不同寻常的环境中看到你朋友的脸，即使她的脸上眉头紧锁，你也能够认出这是你的朋友 Monica 的脸。厉害的是，你能够克服所有这些变化（Esgate & Groome, 2005；McKone, 2004；Styles, 2005）。几乎是在顷刻之间，你就知觉到这个人确实是 Monica。

在这一部分中我们会讨论四个领域的研究。首先是讨论一些实验室研究，这些研究表明我们的知觉系统加工人脸不同于加工其他的视觉刺激；接下来会讨论面孔知觉的神经科学研究；然后是面孔知觉的应用研究；最后一个问题关注的是个体差异，说明的是患精神分裂症的病人在识别面孔和面部表情的时候会有困难。

识别面孔与识别其他物体

研究者们强调大部分人加工面孔的方式不同于加工其他的刺激。换句话说，面孔知觉是有些"特殊"的（Farah, 2004；McKone, 2004）。例如，小婴儿追踪人脸图片移动比追踪任何其他类似刺激的移动更多（Bruce et al., 2003；Johnson & Bolhuis, 2000）。

同样，Tanaka 和 Farah（1993）发现被试在识别出现在完整面孔背景中的面部特征比单独呈现的面部特征更准确。例如，他们识别呈现在完整面孔中的鼻子比识别单独呈现的鼻子更准确。这些被试也判断了房子的组成部分，但是在判断房子组成部分的条件下，他们对呈现在完整房子上的部分（如窗户）和单独呈现的部分的判断是一样准确的。

我们识别房子和大部分其他物体的时候，是通过辨认组成物体的各个特征来进行的。但是，面孔显然在我们的知觉系统中拥有特殊的优先的地位。我们对面孔的识别是整体进行的，也就是说，是根据面孔的总体形状和结构进行的（Richler et al., 2011）。换句话说，我们是根据面孔的完形或者说高于各个特征的总体品质来知觉面孔的。鉴于面孔在社会交互过程中的重要性，面孔知觉的特殊地位也是说得通的（Fox, 2005；Macrae & Quadflieg, 2010；Styles, 2005）。

关于面孔识别的神经科学研究

很多面孔知觉的研究都是关于一种称为面孔失认症的缺陷的研究。有面孔失认症的人们不能通过视觉识别人脸，但他们识别其他物体的能力是相对正常的（Farah, 2004）。

看一下一个30岁出头的患有面孔失认症的女士，她最近刚取得了博士学位。她描述过她去托儿所接她儿子时候发生的事情，"在我儿子的托儿所，我走向另一个孩子，然后意识到他不是我儿子。这时候托儿所所有的员工都不可置信地看着我"（Duchaine & Nakayama, 2006, p.166）。

很多神经科学的案例研究表明，有面孔失认症的人可以轻易地识别普通的物体。例如，一个有面孔失认症的男士可以快速识别椅子、咖啡杯、毛衣，看到一个女人的笑脸，他也可以报告说她看起来是高兴的。但是，他无法认出这个女人就是他的妻子。另外，有面孔失认症的人们常常可以报告人脸上不同的部分，如鼻子、嘴和两只眼睛是彼此独立的，而不是结合在一起，组成一个统一的完整的面孔（Farah, 2004；Gazzaniga et al., 2009）。

在前面我们提到，位于大脑后部的枕叶是负责最初的、最基本的视觉加工的大脑区域，视觉信息会从枕叶传递到许多不同的脑区。负责面孔识别的脑区是颞叶皮层，位于大脑的两边（Farah, 2004；Kanwisher et al., 2001；Sinha et al., 2010）。已知的具体脑区是颞下皮层，是颞叶皮层的下端（见图2-1）。

研究者们也使用神经科学记录的技术研究了猴子，发现猴子在看另一个猴子的面孔时，其颞下皮层的特定神经细胞的反应会尤其活跃（Rolls & Tovee, 1995；Wang et al., 1996）。

第1章介绍了 fMRI 技术，它是获取人类大脑活动图像的技术。fMRI 研究表明，大脑对正常呈现的人脸的反应比对倒置呈现的人脸的反应要快（D'Esposito et al., 1999）。同样，行为研究也显示，人们识别正常的面孔比识别倒置呈现的面孔更准确，这个现象被称为**面孔倒置效应**（face-inversion effect）（Macrae & Quadflieg, 2010；Wilford & Wells, 2010；Wolfe et al., 2009）。虽然这方面的研究还很少，但却可以解释面孔知觉为什么遵循不同的规则，即强调的是整体加工而不是独立成分加工。

面孔识别的应用研究

我们在前面提到，很多认知心理学家现在强调生态效度的重要性。面孔识别的应用研究关注的是评价识别人脸的能力的真实生活情境。

Kemp 和同事们（1997）研究了超市的收银员在判断身份证上的照片方面的准确性。在研究中，他们给大学生们每人一张带有他们面部彩色照片的信用卡，然后让他们去超市里选购几样东西，结账的时候要把他们带照片的信用卡给收银员看。收银员需要决定接受还是拒绝他们的信用卡。

当学生们拿的信用卡上是自己的照片的时候，收银员93%的时间会正确接受这些信用卡。但是，当学生们拿着有别人照片的信用卡时，虽然照片与本人很相似，收银员36%的时间正确拒绝了这些卡。换句话说，他们64%的时间会让拿着别人照片的信用卡的人通过。

关于面孔识别的另一个应用研究关注的是安全监控系统。很多银行、公司和机构中会使用视频安全系统，通常录的是走进大门的人们。Burton 与同事们（1999）让人们看一个视频短片，是苏格兰格拉斯哥大学心理学系的教授们走进系里的录像。首先，所有的被试看10个教授走进系里的短片；接下来再让他们看20个教授的高清图片，其中10个教授出现在短片中，10个没有。被试要使用一个7点量表对照片进行评分，1表示他们确定没有在短片中看到过这个人，7表示他们确定在短片中见过这个人。

Burton 与同事们（1999）测试了三类被试，其中 20 个被试是被短片中的所有 10 个教授教过，20 个是没有被其中的任何一个教授教过，10 个是与这些教授都不熟悉的经验丰富的警官。

图 2-7 显示了三类被试的评分。你可以看到，与教授熟悉的学生的识别正确率很高，他们在判断 10 个出现在短片中的教授和其他 10 没有出现在短片中的教授的时候都非常自信。

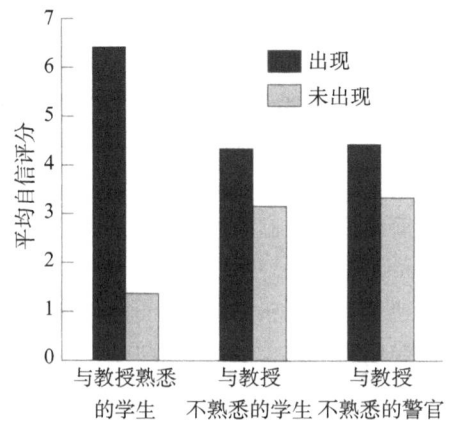

图 2-7　判断在视频中看到目标人物时，被试的自信心水平是随着观察者类别和目标人物是否真的出现在视频中变化的

资料来源：Burton, A. M., Wilson, S., Cowan, M., & Bruce, V. (1999). Face recognition in poor-quality video: Evidence from security surveillance. *Psychological Science*, 10, 243-248.

但是，当学生们与教授们不熟的时候，他们判断短片中见过的教授比没见过的教授时的自信度稍微高一点。那些经验丰富的警官的正确率并不比与教授不熟悉的学生组高。另外的研究证实，人们判断熟悉的面孔比判断不熟悉的面孔要准确得多（Bruce et al., 2001；Henderson et al., 2001）。第 5 章中我们会更详细地讨论与此有关的一个问题，目击证词。

这两个应用心理学的研究考察了人们是否能够准确匹配两张人脸图片。还有的研究考察了人们是否能够对人脸的具体特征做出准确的判断。例如，Matthew Rhodes（2009）综述了关于让被试猜测不熟悉的人的年龄的研究。一般来说，人们猜的还是相当准确的。这些研究有重要的应用价值，例如店员需要判断年轻人是否到了可以购买某些产品（如酒和烟）的年龄。

个体差异：精神分裂症患者的面孔识别

第 1 章中我们注意到，个体差异指的是不同群体的人们在完成相同的认知任务方式上的系统性变化。第 1 章中也强调，很多心理学家正在研究心理学不同分支之间的联系（Cacioppo, 2007）。跨学科研究的一个很好的例子是讨论精神分裂症与面孔识别之间的关系。

精神分裂症（schizophrenia）是最严重的心理障碍之一。精神分裂症患者通常不会表现出强烈的情绪，也可能出现幻想。对学习认知心理学的学生来说，精神分裂症患者值得关注的一个重要方面是扭曲的思维。另外，精神分裂症患者在很多认知任务上都表现很差（Reichenberg & Harvey, 2007）。

研究者们也报告过精神分裂症患者好像不能识别面孔和面部表情（Bediou et al., 2005；Hall et al., 2004；Martin et al., 2005）。但是，Edith Pomarol-Cloter 与同事们（2010）假设精神分裂症患者面孔判断的成绩差可能是由于他们在认知任务中存在的更一般的问题，而不仅仅只是面孔加工的困难。所以，他们仔细匹配了两组被试，一组是 22 个精神分裂症患者，另一组是 20 个没有精神分裂症的社区成员，两组被试在匹配的时候根据的是他们在智力测验上的得分、年龄和性别。

每个被试需要判断 60 张人脸图片，这些图片被广泛使用在面部表情的研究中。每种情绪的图片有 10 张，每张图片显示的是中等程度的一个具体的情绪。研究者们不想这个任务太简单或者太难。

图 2-8 中你可以看到，两组被试的正确率是相似的。

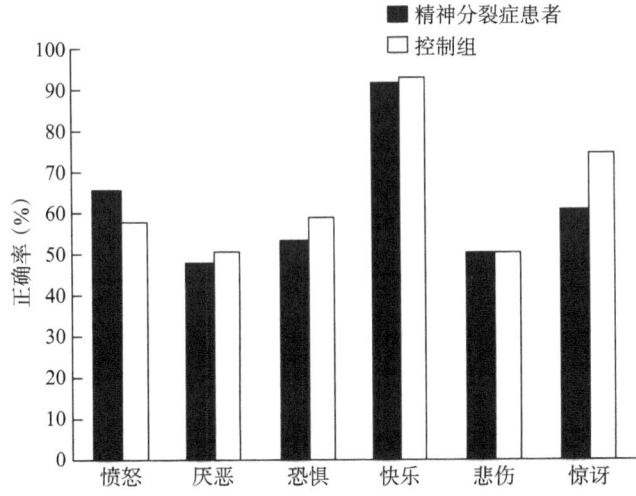

图 2-8　被试判断面部表情的正确率，随着情绪类型和被试分组（精神分裂症患者和匹配控制组）而不同

资料来源：Pomarol-Clotet, E., et al. (2010). Facial emotion processing in schizophrenia: A non-specific neuropsychological deficit? *Psychological Medicine*, 40, 911-919.

进一步的分析显示，在六种情绪中的任何一种情绪上，两组被试之间都不存在显著差异。但是，控制组的人比精神分裂症患者的反应要显著地快，这与以前的研究是一致的（Pomarol-Cloter et al., 2010）。虽然还不清楚为什么两组被试的成绩是相似的，但是智力上的匹配可能是一个重要的因素。

语音知觉

语音知觉看起来非常容易而且简单直接，直到你开始考虑为了知觉口语句子，你必须完成的每一件事情。**语音知觉**（speech perception）的过程中，听觉系统必须记录他人说话产生的声音震动，将这些震动转换成你知觉为语音的声音序列。说英语的成人每秒钟发 15 个音（Kuhl, 1994），所以你每分钟要知觉大约 900 个声音。

为了知觉到一个词，你必须从记忆中存储的成千上万个不相关的词语中区分出这个词的声音模式。如果这些任务还不具有挑战性，你还需要将说话者的声音与不相关的背景噪声进行分离。背景噪声通常包含了其他的正在同时进行的谈话和各种各样非语言的声音（Brown & Sinnott, 2006; Mattys & Liss, 2008; Plack, 2005）。实际上，我们可以知觉口头语言是一个惊人的成就。

语音知觉异常复杂，在其他的教科书中你可以找到更详细的信息（Foley & Matlin, 2010; Goldstein, 2010b; Wolfe et al., 2009）。我们在这里会讨论语音知觉的两个方面：①语音知觉的特征；②语音知觉的理论。

语音知觉的特征

下次你听收音机的时候，注意一下听到的声音，而不是词语的意义。在描述语音的时候，心理学家和语言学家使用音素的概念。**音素**（phoneme）是口语的基本单位，如 a、k 和 th。英语语言中用到 40～45 个音素，其中包括元音和辅音（Dahan, 2010）。在你听英语口语的时候，你可能认为在语流中你听到了十分简短的安静的时刻，但是，大部分的词语都是持续产生的。

让我们讨论一下语音知觉的几个重要特征。

1. 即使词与词之间没有无声的间隔，听话者也能够界定词与词之间的边界。
2. 音素发音的变化很大。
3. 听话者可以利用语境补充漏掉的声音。
4. 说话者嘴部的视觉线索帮助我们解读模糊的声音。

所有这些特征为本书的主题 2 提供了证据。虽然语音刺激是不完美的，但我们对语音的知觉是非常准确和有效的。

词语边界

你听到过使用你不熟悉的语言进行的谈话吗？那些词语好像是持续不断的，之间并没有无声的界限将词语分隔开来。你可能认为英语中词与词的边界好像更突出，就像这本书中任何两个相邻的词语之间的空白一样清晰，这些空白就是词与词之间的边界。但是，在很多情况下，口语的实际听觉刺激中并没有清晰的停顿来标记词语边界。用一个真实的物理事件（如停顿）来标记词语边界的情况不足 40%（Davis et al., 2002; McQueen, 2005; Sell & Kaschak, 2009）。

令人吃惊的是，我们很少意识到很难界定词语的边界。研究显示，语音识别系统开始会有几个不同的、关于如何将叙述分解成词语的假设；这个系统会立即毫不费力地利用我们关于语言的已有知识在合适的地方对词语进行分隔（Grossberg et al., 2004; McQueen, 2005; Pitt, 2009; Samuel, 2011）。这些知识通常都会让我们产生正确的结论。

语音发音的变化

知觉因素起初看起来并不是一个困难的任务，毕竟，我们不就是简单地听到了一个音素然后立即知觉到它吗？实际上，音素知觉不是那么容易的。例如，说话者的声音在语调和音高方面有很大的不同，而且产生音素的速度也是不一样的（McQueen, 2005; Plack, 2005; Uchanski, 2005）。

另一个原因是说话者通常不是以一种精确的方式产生音素（Foley & Matlin, 2010; Pitt, 2009; Plack, 2005）。试一下示例 2-5，可以理解这个问题，听话者必须要解码含糊不清的发音。

示例 2-5
音素发音的变化

打开收音机，选一个有人在说话的台。在听完一两个句子之后，关闭收音机，写下听到的两个句子。看一看说话的人是否正确地发了每个音素的音。例如，说话者漏掉了词语的某些部分吗（如 sposed 取代了 supposed）？他准确地发出了如 k 或者 p 的辅音吗？现在试着仔细地读出每个句子中的词语，以便每个音素能够被清晰地被识别。

音素发音变化的第三个原因是**协同发音**（coarticulation），当你发一个特定音素的时候，你的嘴型却是仍然保持着发前一个音素的形状；另外，同时你的嘴型又会为了准备后一个词的发音而变化。结果，你发出的音素的音会根据周围的音素而不时发生变化（Conway et al., 2010; Diehl et al., 2004; McQueen, 2005）。例如，音素 d 在 idle 中的发音不同于 d 在 don't 中的发音。

虽然音素发音具有非常大的变化，但我们仍然可以理解说话者要说的音素。诸如语境和嘴部的视觉线索等因素会帮助我们理解音素的读音。

语境与语音知觉

人们是主动的听话者，与主题 1 的观点一致。我们不是被动地接收语音，而是利用语境作为线索来帮助自己听清一个语音或者词语（Cleary & Pisoni, 2001; Warren, 2006）。在这一章前面的内容中我们看到，语境和其他的自上而下的加工会影响视觉知觉。自上而下的加工也会影响语音知觉（主题 5），因为我们会使用大量关于语言的知识来识别模糊不清的词语。

例如，你在听教授讲课的时候，外部的噪声有时候会掩蔽音素的声音，如人们把桌上的书碰到了地上、学生们的咳嗽声、翻书的声音、交头接耳的说话声。但不需要花费力气，你就能够建构漏掉的声音。人们表现出**音素恢复**（phonemic restoration）的能力，即能够使用语境意义作为线索补充漏掉的音素（Conway et al., 2010）。

在一个经典的研究中，Warren 和 Warren（1970）发现人们擅长根据句子的意义从几个备选项中选择正确的词语。他们给被试播放几个句子的录音：

1. It was found that the *eel was on the axle.
2. It was found that the *eel was on the shoe.
3. It was found that the *eel was on the orange.

研究者们在星号的位置插入了咳嗽声。这些口语句子除了一个地方，其他都是相同的，即句子最后一个词是不同的。结果显示，在第一个句子中人们将"词语"*eel 听成了 wheel，在第二句中听成了 heel，在第三句中听成了 peel。在这个研究中，人们可以根据句子末尾的语境线索来建构漏掉的词语，尽管语境线索出现在四个词语之后。

请注意，音素恢复只是一种错觉。人们认为他们听到了一个音素，但是真正的声音震动从来也没有传到他们的耳朵里。音素恢复现象是一个很多研究都会发现的现象（Liederman et al., 2011; Samuel, 2011; Warren, 2006）。根据语境知觉词语的能力也让我们可以克服说话者模糊不清的发音，我们在前面提到过的一个问题。

虽然研究者们提出了不同的解释来什么语境对知觉的影响，但自上而下的加工是其中很重要的一个解释（Foley & Matlin, 2010; Grossberg et al., 2004; Plack, 2005）。自上而下的加工理论认为，我们利用关于语言的已有知识促进知觉识别，不管是我们看到物体还是听到语音的时候都会利用自上而下的加工。

知觉语言不仅仅是一个被动的加工过程，即词语的声音传的耳朵，提供了自下而上的加工。相反，我们会主动利用已有的关于语言的知识来创建关于我们将会听到什么的预期。与这本书主题 5 的观点一致，自上而下的加工影响认知活动。

视觉线索有助于语音知觉

有机会的话试一下示例 2-6，这个简单的练习表明了视觉线索如何影响语音知觉（Gazzaniga et al., 2009; Smyth et al., 1994）。来自说话者嘴唇和面部的信息帮助我们识别语音信号中的模棱两可。当你看着说话者的嘴唇而不是在电话中进行交谈的时候，你对谈话听得会更准确（Massaro & Stork, 1998）。即使电话的通话质量是很高的，你也失去了嘴唇线索的帮助，嘴唇线索可以告诉你说话者讨论的是 Harry 还是 Mary。

👆 **示例 2-6**

视觉线索与语音知觉

下次你的房间里有电话和收音机的时候，试一下这个练习。将电视机调到新闻频道或者有人正对着摄像机说话的频道；将声音调低；然后打开收音机调到两个台之间的频率，这样收音机会产生刺啦刺啦的噪声。把收音机的音量调高到几乎无法理解电视机上的人在说什么的程度，收音机的"白噪声"应该差不多掩蔽了说话者的声音。面向电视机屏幕，闭上眼睛，尝试理解听到的词语。然后睁开眼睛。你会发现睁开眼睛之后，语音知觉变得更容易了吗？

研究者们也发现我们在语音知觉的过程中确实会将视觉线索和听觉线索进行整合，即使我们没有意识到视觉线索的作用（Nicholls et al., 2004）。英语、西班牙语、日语和荷兰语中都重复了这样的发现（Massaro，1998；Massaro et al.，1995）。

McGurk 和 MacDonald（1976）的经典研究表明了视觉线索对语音知觉的影响。他们给被试看一段视频，里面一个女士正在发出简单的音节如"gag"。同时，研究者给被试呈现不同的听觉信息如"bab"。视觉和听觉信息都是同一个设备发出的。

当要求被试报告他们知觉到了什么信息的时候，被试的反应通常是两种信息源的折中。被试通常会报告他们听到了词语"dad"。**McGurk 效应**（McGurk effect）指的是，当个体必须整合视觉和听觉信息的时候，视觉信息对语音知觉的影响（Beauchamp et al.，2010；Rosenblum，2005；Samuel，2011）。

Michael Beauchamp 与同事们（2010）确定了产生 McGurk 效应的大脑皮层的位置，这个脑区被称为颞上沟（在图 2-1 中，这个区域位于皮层颞叶中心横向的脑沟的右边）。这个结果是说得通的，因为已有的研究显示这个脑区需要对试听整合的其他任务的加工负责（Hein & Knight，2008）。

总之，我们会克服不理想的语音刺激产生的问题来知觉语音，即通过忽略音素发音的变化，通过利用语境信息解读模糊的音素来知觉语音。如果我们能够看着说话者产生语音，则说话者嘴唇产生的视觉信息是语音知觉的有用线索。

语音知觉的理论

语音知觉的最新理论可以分为两类。有人认为人类的神经系统中具有一个特殊的机制，可以来解释我们出色的语音知觉能力。还有人虽然也觉得语音知觉的能力值得羡慕，但他们认为处理其他认知加工的一般机制也负责语音知觉。

这一章前面的部分中，我们讨论了视觉模式识别的两个理论。可惜的是，研究者们还没有提出如此详细的理论来解释语音知觉。一个原因是人类是能够理解口头语言的唯一物种，所以，认知神经科学家在研究技术上的选择性是有限的。

特殊机制理论

根据**特殊机制理论**（special mechansim approach）[也被称为**语音特殊性理论**（speech-is-special approach）]，人类生来就有特殊的装置来解码语音刺激（Samuel，2011）。所以，我们对语音的加工比对其他听觉刺激（如乐器）的声音的加工要更快更准确。

特殊机制理论的支持者认为人类拥有**音素模块**（phonetic module）[或者**语音模块**（speech module）]，这是一种具有特定目的的神经机制，用来加工语音知觉的所有信息，而不能加工其他的听觉知觉的信息。音素模块能够帮助听话者正确知觉模糊的音素，也帮助我们分离耳朵听到的语音信息流，以便我们可以知觉到单独的音素和词语（Liberman，1996；Liberman & Mattingly，1989；Todd et al.，2006）。

语音知觉的特殊机制理论认为大脑的组织方式是不同寻常的。具体来说，处理语音知觉的模块独立于这本书中讨论的一般认知功能，如识别物体的功能、记忆事件的功能、解决问题的功能（Trout，2001）。模块理论与本书主题 4 的主张是不一致的，主题 4 认为不同的认知加工是相互联系的彼此依赖的。

类别知觉是支持音素模块理论的。在类别知觉中，研究者让人们听一些模棱两可的声音，如介于 b 和 p 之间的音。人们通常会表现出**类别知觉**（categorical perception）的现象，即他们会听到 b 的音或者 p 的音，而不是介于二者之间的一个声音（Liberman & Matingly，1989）。

在特殊机制理论最初提出来的时候，支持者认为人们在知觉语音的时候会出现类别知觉，而将非语音的声音知觉为平滑的连续体。但是，研究者们后来发现在知觉某些复杂的非语音的声音的时候，人们也会出现类别性知觉的现象（Esgate & Groome，2005）。

一般机制理论

虽然还有人支持特殊机制理论（Trout，2001），但大部分的理论家们现在都支持**一般机制理论**（general mechanism approach）（Cleary & Pisoni，2001；Conway et al.，2010；Wolfe et al.，2009）。一般机制理论认为，不用特殊的音素模块，我们也可以解释语音知觉。一般机制的支持者们认为，人类使用相同的神经机制加工语音和非语音刺激（Foley & Matlin，2010）。所以，语音知觉是一种让人称奇的习得的能力，但这种能力其实并不"特殊"。

目前的研究都支持一般机制理论。前面刚刚提到，人类在加工复杂的非语音的时候也会出现类别性加工。其他支持一般机制的研究使用了 ERP 技术，我们在第 1 章讨论过这个技术。ERP 的结果表明，在听语音和听音乐的时候，成人的脑电波会出现相同的转换序列（Patel et al., 1998)。

人们判断音素的时候会受到视觉线索的影响，如前面讨论过的 McGurk 效应，类似的研究也不支持音素模块理论（Beauchamp et al., 2010; Rosenblum, 2005; Samuel, 2011）。如果语音知觉会受到视觉信息的影响，那么我们就不能推论特殊的音素模块是用来处理语音知觉的所有信息的。

研究者们提出了几种不同的关于语音知觉的一般机制理论（Fowler & Galantucci, 2005; McQueen, 2005; Todd et al., 2006）。这些理论认为，语音知觉的加工是分阶段进行的，并且依赖其他的认知加工，如特征识别、学习与决策。

总之，我们知觉语音的能力是令人印象深刻的。但是，我们的一般知觉能力可以用来解释语音知觉能力，语音知觉与其他的认知能力是结合在一起的，而不是一种特殊的、与生俱来的语音加工机制的作用。我们区别语音的方式与其他的很多复杂的认知能力是一样的。

复习题

1. 想一个你非常了解的、从来没有修过认知心理学课程的人。你如何给这个人描述知觉呢？作为你描述的一部分，找到这个人经常会做的两个视觉任务和两个听觉任务。使用这一章中的概念描述相关的细节。
2. 想象你正试图理解你朋友课堂笔记本上书写潦草的数字。你任务那是一个 8，而不是 6 或者 3。为什么特征分析理论比需要将这个数字与特定模板进行匹配的理论更好地解释你的判断过程？
3. 从你的课本上抬起头来，注意身边的两个物体。描述每个"图形"与"背景"相对照的特征。Biederman 的成分识别理论会如何来描述你对这些物体的识别？
4. 区分视觉中的自下而上的加工和自上而下的加工。解释自上而下的加工如何帮助你识别词语"alphabet"中的字母。如果你要识别词语"alphabet"中的一个字母，词优效应是如何起作用的？如果这个词语在电脑屏幕上快速呈现，词优效应又是如何起作用的？如果你尝试理解一个朋友的难以辨认的字迹，与理解电脑屏幕上打出的词语比较，自上而下的加工是会增加还是会降低你理解手写字迹的可能性呢？
5. 这一章强调的是视觉和听觉物体识别，但是识别加工也可以被应用于其他的感觉通路。当你闻到某个气味并试图辨别这个气味的时候，自上而下的加工（如已有的知识）是如何起作用的？味觉和触觉物体识别的时候，自上而下的加工是如何起作用的呢？
6. 根据这一章中的内容，面孔识别看起来是"特殊"的，可能与其他的视觉识别任务不同。讨论一下面孔识别与其他视觉物体识别的差异，要提到比较面孔和其他视觉刺激的相关研究。一定要描述关于这个问题的神经科学的研究结果。
7. 在这一章的与个体差异有关的讨论中，我们比较了精神分裂症患者和没有精神分裂症的人们在识别面部表情的时候的差异。这个研究的结果发现了什么？为什么这个研究的结果与以前的关于精神分裂症患者的研究是不同的？
8. 我们的视觉世界和听觉世界都是很复杂的。当我们试图判断"真正的"远端刺激的时候，描述近端刺激会变得复杂的几种方式。格式塔理论如何解释视觉知觉？什么因素会帮助我们克服识别日常语音中遇到的困难？
9. 什么证据支持语音知觉的一般机制理论？比较一般机制与特殊机制理论。如何将特殊机制理论应用到对面孔识别的能力的解释上？
10. 整本书中我们都会强调能够被应用到各种日常情境中的认知心理学的研究。例如，你学到了关于面孔知觉研究的一些应用。浏览一下这一章的内容，给出至少五个关于视觉和听觉识别的应用研究。

👆 示例 2-4 的答案

要找到这两个彩色图片（在书的彩页部分）中的不同特征，就要注意看穿着黑色上衣和橙色短裤的小女孩。在一张图片中，你会看到她左脚踝上白色袜子的一部分；在另一张图片中，袜子的这部分是黑色的。

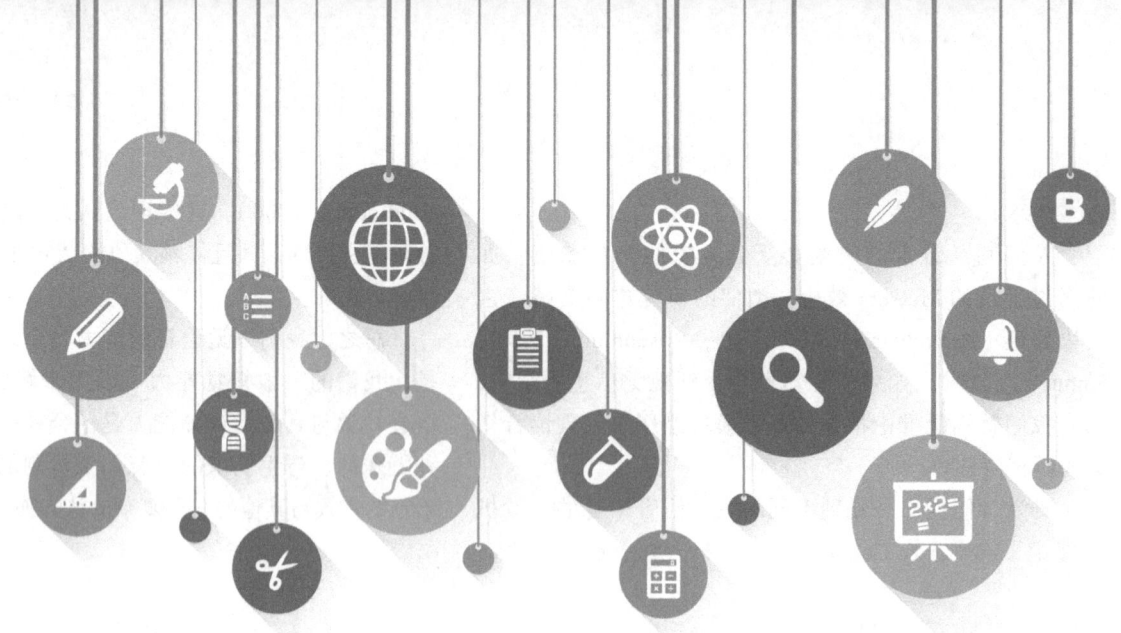

第 3 章

注　　意

概览

如果你试过有人在你旁边对着电话大喊的时候学习，你就会知道注意资源是有限的。研究表明，在分散注意任务中，任务成绩是会受到影响的；分散注意任务中要求人们同时完成两种或者多种任务。这一章也讨论了四种选择性注意的任务：① 双耳分听任务中，如果你密切注意一个谈话，通常是几乎注意不到另一个同时进行的谈话；② Stroop 任务中，如果颜色的名字（如红色）是用另一种不同颜色的墨水（如蓝色）印刷的，你是难以注意到墨水的颜色的；③ 有的视觉搜索任务比较容易，如其他的刺激是红色的 X，你就能够很容易地发现蓝色的 X；④ 阅读的时候，你会进行眼跳眼动，将眼睛移动到文本中新的位置。

这一章也讨论了关于注意的最新的理论。根据神经科学的研究，大脑中的朝向注意网络是负责视觉搜索的；而执行注意网络负责处理冲突的视觉或者听觉刺激，执行注意网络对获得学业能力也至关重要。注意的一个早期的理论解释提出，大脑通过设置瓶颈的方式来限制注意；而新的理论解释提出，通过分散注意我们能够自动化地记录某些视觉特征，但更有挑战性的任务就需要集中注意和系列加工。

意识是这一章讨论的最后一个问题。与意识有关的一个问题是，人们有时候会体验到"神游"。还有，我们常常意识不到认知加工过程是如何起作用的，也很难消除意识中的某些想法。最后，在一种称为"盲视"的很少见的情况下，视觉皮层损伤的人们也能够找到某个物体，即使他们宣称无法看到这个物体。

章节简介

花几分钟来关注一个注意加工。首先，看一下四周并试着记住尽可能多的视觉物体。例如，如果你在房间里阅读这本书，你可以注意一下周围的所有物体，一定要注意到它们的形状、大小、位置和颜色。如果你的房间就是一个普通的房间，你不久就会感到视觉注意不够用了，远远超出了它的有限性，即使你仅仅对你的房间打量了一分钟。

继续这个练习，但同时也要注意环境中的每一个声音，例如计算机发出的声音、钟表表针移动的声音和远处汽车发出的声音。接下来，试着记住所有这些视觉和听觉的刺激，同时也注意到皮肤的感觉。你能感觉到手表对手腕的压力吗？你能感觉到有点痒或者有点疼吗？如果你能够同时注意视觉、听觉和皮肤感觉，试一下将注意扩展到嗅觉和味觉。你很容易就会发现你不能在同一时刻注意所有的东西（Chun et al., 2011; Cowan, 2005）。换句话说，"我们的大脑没有这个功能"（Wolfe et al., 2009, p189）。但有趣的是，我们很少会考虑到我们的注意加工。注意就那样"发生了"，对我们来说，注意就像呼吸一样自然（LaBerg, 1995）。

注意（attention）可以被界定为心理活动的集中，可以让我们加工来自感觉世界和记忆的可得信息流中的有限的一部分（Shomstein, 2010; Syles, 2006; Weierich & Barrett, 2010），同时没有被注意的项目就会消失，无法得到更详细的加工。注意是一个非常重要的"看门人"。如果你没有注意一个特定的项目，那么这个项目基本上就不会存在于你的认知系统中。

第1章中我们就了解了威廉·詹姆斯（1890），他是认知心理学家的先锋。詹姆斯讨论了一个人在某个时刻能够注意到的想法的数量。而行为主义者是不研究注意的。但是，认知心理学家们对注意产生了很大的兴趣。实际上，从认知革命的开始到现在，他们一直认为注意是很重要的（Chun et al., 2011; Gazzaniga et al., 2009; Wright & Ward, 2008）。

与主题4一致，这一章中的很多概念与前一章中关于知觉认知的概念是相关的。你将会看到，注意任务也需要自下而上和自上而下的加工。具体来说，我们有时候集中心理活动是因为环境中的有趣的刺激捕获了我们的注意（自下而上的加工）。例如，边缘视野中的一个物体可能突然移动了，为了看得更清楚你会转头。有时候我们集中心理活动是因为想注意某个特定的刺激（自上而下的加工），例如，你可能在一间拥挤的咖啡馆里寻找一个朋友。

第2章中讨论的几个视觉现象也表明了形状知觉是如何与注意加工协同进行的。例如，两可图形-背景关系（见图2-2）中，当你注意中间白色的形状的时候，你看到的是一个花瓶；当你将注意转移到两个黑色形状的时候，看到的是两张脸。第2章中其他的相关概念包括变化盲（没有注意到物体中发生的变化）和非注意盲（没有注意到场景中心出现的新的物体）。

注意与后面将要讨论的问题也有联系。例如，注意有助于调节工作记忆中能够加工多少个项目（见第4章），

注意与长时记忆（见第5章）、概念（见第8章）、阅读（见第9章）也联系在一起。另外，第11章中讨论到，在问题解决的时候，需要注意有关的信息而忽略微不足道的细节。第12章解释了当你太关注不重要的信息的时候，是如何做出错误决策的。

我们在第一部分先讨论五种认知任务：分散注意和其他四种选择性注意任务。第二部分是关于注意的生物学解释和理论解释。最后一部分是意识，关注的是对外部世界和认知加工的觉察。

几种不同的注意加工

在你读完这一章之前，你会完成几种不同的注意任务。让我们先看几个例子，然后再详尽地界定每种注意加工。

1. 你可能使用分散注意，例如同时集中注意教授的讲授和旁边两个同学的低声谈话。但是，你会发现你不能同时准确地注意这两类信息。现实中，你可能会通过集中注意而用到某种形式的选择性注意。这个列表中余下的四个项目都需要选择性注意。

2. 你可能通过集中注意一类信息而避免分散注意的情形。我们乐观一点，假设你选择注意教授的讲解，而屏蔽双耳分听任务中所有非注意的谈话。

3. 你会看到一个关于另一种选择性注意的示例，被称为Stroop任务。大部分人在日常生活中不会遇到Stroop任务，但你会看到这个任务是可以被应用到临床心理学中的。

4. 在你寻找你做的黄色的记号，寻找你的毛衣或者一分钟之前放在桌子上的书的时候，你进行的就是视觉搜索，忽略掉不相关的刺激。

5. 最后，在阅读这本书的时候你进行的是第四种选择性注意任务，被称为眼跳眼动，眼睛会有规律地从左到右移动，以便汲取适量的新信息。

分散注意

分散注意任务（divided-attention task）中，你需要注意两种或者多种同时出现的信息，并对每种信息都做出合适的反应。在很多情况下，你的速度和正确性都会受到影响，尤其是在任务很困难的条件下。例如，两个人同时很快地对你说话（Chabris & Simons, 2010; Folk, 2010; Proctor & Vu, 2010）。

在**多任务**（multitask）的条件下，人们试图同时完成两个或者多个任务（Salvucci & Taatgen, 2008）。在完成多个任务的时候，注意的局限性、工作记忆的局限性和长时记忆都受到挑战（Logie et al., 2011）。

大部分关于分散注意的研究关注的是使用手机的同时又进行其他认知任务的人们。例如，大学生们在进行手机通话的时候，走路速度就会慢下来（Hyman, 2010）。另外，研究也发现大学生们在回复短信的时候，阅读课本的速度会明显变慢。

根据已有的研究结果，大学生们对多任务中阅读材料的测试中得分也更低（Bowman et al., 2010）。他们可能相信自己可以同时完成多个任务，但研究结果并不支持他们的错觉（Willingham, 2010）。一个总的指导原则是，如果我们一次完成一个任务，通常会完成得更快更准确（Chabris & Simons, 2010）。

关于分散注意的研究对边用手机打电话边开车的人也有启示。美国的很多州和加拿大的很多省都已经通过了法律，禁止在开车的时候使用手机打电话和发信息。研究已经发现，与开车的时候不打电话相比，那些用手机通话的人会犯更多的驾驶错误（Folk, 2010；Kubose et al., 2006；Strayer & Drews, 2007）。

在一个有代表性的研究中，Collet 与合作者们（2009）测试了模拟驾驶中边驾驶边用手机打电话的人们，他们反应的时间比那些不打电话的人们要慢 20%。

即使免提电话也会导致分散注意的问题（Chabris & Simons, 2010；Folk, 2010）。例如，Strayer 与同事们（2003）发现，在交通拥挤的条件下，用免提电话通话的人比控制组的人刹车的时候需要花更长的时间。

Strayer 与同事们还发现，用手机的人会出现一种非注意盲（见第 2 章）。例如，他们对视野中心出现的信息的注意会减少。即使使用免提电话，注意也可能会从你面前出现的危险情形中游离。

另外，如果你在开车，不要让车里的任何人用手机打电话，因为这比你跟他们之间的谈话更能分散你的注意。很显然，如果你只听到了一方的谈话，就会分心去猜测谈话的另一方说的内容，而这猜起来是很难的（Emberson et al., 2010）。

任务转换与多任务是相关的。如果你正全神贯注地写研究报告，而你的室友一直在打扰你，你可能会写得很慢，而且在前后衔接的时候犯更多的错误（Kiesel et al., 2010；Vandierendonck et al., 2010）。

分散注意任务要求人们同时注意两类或者更多的信息。而**选择性注意任务**（selective-attention task）要求人们注意某一种信息，同时忽略其他的信息（Gazzaniga et al., 2009；Wolfe et al., 2009）。

有时候你可能希望自己可以同时注意两个谈话。但是，想象一下如果你能够同时注意感觉记录的所有信息，那将多么混乱。你可能注意到几百种景象、声音、味道、气味和触觉，你将无法集中心理活动对几种感觉进行适当的反应。庆幸的是，选择性注意实际上让我们的生活变得简单了。主题 2 提出，我们的认知器官都是设计精巧的，乍看起来像是不足的一些特征，如选择性注意，实际上是有好处的（Gazzaniga et al., 2009；Shomstein, 2010）。

我们现在讨论四种不同的选择性注意任务，包括双耳分听、Stroop 效应、视觉搜索、眼跳眼动。选择性注意的研究通常都表明：人们几乎注意不到不相关的任务，即他们需要忽略的任务（MaAdams & Drake, 2002）。

双耳分听

现在我们来讨论**双耳分听**（dichotic listening），是四种选择性注意任务中的第一种。你可能一只耳朵听着手机里别人给你说的重要信息，另一只耳朵听到附近很大声的另一个谈话，这种情形被称为双耳分听。

在实验室里，双耳分听的研究中被试要戴耳机，一种信息左耳呈现，另一种信息右耳呈现。通常要求被试**追随**（shadow）一个耳朵中的信息，也就是说，他们在听这个信息的时候要跟着说话者重复。如果被试在追随的时候出现了错误，研究者就可以知道他们没有注意那个特定的信息（Styles, 2005）。

经典的研究显示，人们对非注意的另一个信息的注意是很少的（Cherry, 1953；Gazzaniga et al., 2009；McAdams & Drake, 2002）。例如，人们甚至注意不到另一个信息有时候会从英语转换为德语，但是当非注意的信息由男声变成了女声，人们会注意得到。

一般来说，人们同一时间只能加工一种信息（Cowan, 2005），但是，人们在有的情况下会加工非注意的信息，如当两种信息都呈现得非常慢的时候；当主要的任务不是很难的时候；当非注意信息的意义是即时相关的时候（Duncan, 1999；Harris & Pashler, 2004；Marsh et al., 2007）。

此外，在人们完成双耳分听的任务的时候，有时候会注意到自己的名字出现在非注意的信息中（Clump，2006；Gazzaniga et al., 2009；Wood & Cowan，1995）。你参加过聚会吗？聚会中你会被很多同时进行的谈话围绕。即使你密切注意一个谈话，你也能够注意到你的名字是否在旁边的谈话中被提及；这种现象有时候被称为**鸡尾酒会效应**（cocktail party effect）。

例如，Wood 和 Cowan（1995）在一个研究中发现大约 1/3 的被试会报告在他们需要忽略的信息中听到了自己的名字。可是，为什么 2/3 的人们忽略掉了自己的名字呢？一个可能的解释是 Wood 和 Cowan 的研究是在实验室中进行的，所以生态效度可能不高（Baker，1999）。在无结构的社会情境中，注意会更容易游离到其他的谈话中。

另外，工作记忆的容量可能有助于解释为什么有的人会听到自己的名字而有的人听不到。在第 4 章中我们会看到，**工作记忆**（working memory）是对当前加工的材料的短暂即时的记忆。Conway 与合作者们（2001）发现，工作记忆容量高的人在 20% 的次数中会注意到自己的名字，而工作记忆容量低的人在 65% 的次数中会注意到自己的名字。显然，有较低工作记忆容量的人们很难阻断不相关的信息，如他们自己的名字（Cowan，2005）。换句话说，他们在完成任务的时候更容易分心。

总之，当注意是分散的时候，人们有时候会注意到非注意信息的特征如说话者的性别和自己的名字是否被提及。另一方面，在任务困难的条件下，他们可能甚至不会注意到非注意的信息是英语还是别的语言。

Stroop 效应

至此，我们强调了听觉的一种选择性注意，使用的是双耳分听任务。其他的三种任务都是视觉的。现在试一下示例 3-1，是著名的 Stroop 效应。

示例 3-1
Stroop 效应

这个示例中你需要一个有秒针的表。翻到这本书的彩页部分，看彩图 2。注意 A 部分左上角的词语。词语"红"被印成了黄色。你的任务是大声说出这些词语印刷墨水的颜色，忽略词的意义。测量完成五次需要的总的时间（标记重复的次数），记录每次的时间。

现在进行另一个颜色命名任务。测量命名 B 部分的长方形色块需要的时间。测量完成五次需要的总的时间（标记重复的次数），记录每次的时间。

Stroop 效应是以 James R. Stroop（1935）来命名的，是他最早提出了这个任务。根据 **Stroop 效应**（Stroop effect），当字体的颜色与词语的意义不一致的时候，人们要花更长的时间命名字体的颜色；但是，当相同的颜色呈现在色块上的时候，他们可以快速命名。

在 Stroop 效应的一个典型的研究中，人们可能需要 100 秒来命名 100 字体与词义不一致的词语的颜色（如蓝色字体的词语黄色）。但是，他们只需要大约 60 秒来命名 100 个色块的颜色（C. M. MacLeod，2005）。注意为什么 Stroop 效应表明了选择性注意的作用：当受到刺激的另一个特征（如词语的意义）的干扰时，人们要花更长的时间注意刺激的颜色。

研究者们考察了 Stroop 效应的各种解释。有人认为联结主义或者平行分配加工理论可以解释 Stroop 效应（Cohen et al., 1998；C. M. MacLeod，2005）。根据平行分配加工理论，Stroop 任务同时激活了两条通路，一条通路是被命名字体颜色的任务激活的；另一条通路是被理解词语的任务激活的。当竞争性的两条通路被同时激活时，产生了干扰，所以就牺牲了任务成绩。

Stroop 效应的另一个解释是，成人有更多的机会理解词语而不是命名颜色（T. L. Brown et al., 2002；Cox et al., 2006；Luck & Vecera, 2002），更为自动化的加工（理解词语）会干扰不太自动化的加工（命名字体颜色）。所以，我们自动化地、不由自主地理解了彩图 2 中 A 部分的词语。实际上，即使你想阻止自己理解这些词语的意义也是很难做到的。例如，现在停止阅读这一段。你成功做到了吗？

很多研究者考察了 Stroop 效应的变式。例如，很多临床心理学家使用一个有关的方法，被称为**情绪 Stroop 任务**（emotional Stroop task）（C. MacLeod，2005；C. M. MacLeod，2005）。在情绪 Stroop 任务中，人们需要命名有强烈情绪意义的词语的字体颜色，他们常常需要更多的时间来命名刺激的颜色，可能是因为他们很难忽略对词语本身的情绪性反应（Most，2010）。

例如，假设有人患有**恐惧症**（phobic disorder），是对特定物体的恐惧。害怕蜘蛛的人被要求命名词语"多毛的"和"爬行"的字体颜色。有恐惧症的人们命名焦虑唤醒的词语比控制组的词语要慢，但是，没有恐惧症的人却没有表现出命名这两种词语的字体颜色的时间差异（Williams et al., 1996）。

这些结果表明，患有恐惧症的人们对与他们恐惧的物体有关的词语会产生高度唤醒，他们对这些刺激的意义有注意偏向。**注意偏向**（attentional bias）指的是人们尤其注意某些刺激或者某些特征。如在情绪 Stroop 任务中，人们较少注意词语的字体颜色。

另外，对自杀相关的词语有注意偏向的成人更可能在随后的六个月做出自杀的尝试（Cha et al., 2010）。还有研究表明，抑郁的人们需要更长的时间报告与悲伤和绝望有关的词语的字体颜色（C. MacLeod, 2005）。Stroop 任务也可以被用来评估酒精和尼古丁成瘾（Cox et al., 2006）。在下面个体差异特征中，我们会讨论有进食障碍的人们如何完成 Stroop 任务。在整本书中我们都会注意到，人类在信息加工的方式上是很不同的（Hertel & Matthews, 2011）。

个体差异：进食障碍与 Stroop 效应

我们讨论英国牛津大学 Abbie Pringle 与合作者们（2010）进行的一个研究。他们对报名参加研究的女性节食者发放了一份在线筛选问卷，发现一共有 82 个人符合非常频繁节食的特定标准。

研究者们找了一系列与情绪性相关的词语，来描述身形、体重和进食，同时找了一系列匹配的中性词语。两组词语刺激在词长和词频上都是相似的。被试们要完成关注节食的 Stroop 任务。

被试也完成了有 26 个项目的进食态度测验，这是一个评价人们是否会发展成进食障碍的标准化的测验。这个研究的结果表明，对身形词语的较慢反应可以预测女性对进食的态度。具体来说，当被试花更长的时间来理解这些有关身形的词语的时候，她们就尤其可能在进食态度测验上得高分。

Pringle 与合作者们（2010）指出，他们的研究结果与认知行为理论是一致的（Beck, 2011）。根据**认知行为理论**（cognitive-behavioral approach），心理问题来源于不合理的想法（认知的因素）与不合理的学习（行为因素）。所以，这个研究表明了女性患进食障碍的可能性与她们关于身形的词语的思维方式之间的关系。

至此，关于选择性注意的这一部分内容中讨论了双耳分听和 Stroop 效应。接下来我们会讨论视觉搜索。

视觉搜索

现在我们来讨论视觉搜索，这是选择性注意的第三个任务。在**视觉搜索**（visual search）中，观察者要在有很多分心物的视觉呈现中找到目标刺激。有的情况下，我们的生命都取决于准确的视觉搜索。例如，机场安检人员搜索旅客行李中可能隐藏的武器；放射科的医生搜索乳房 X 光照片来检测是否存在表明病人患了乳腺癌的肿瘤。

研究者们确定了很多影响视觉搜索的变量。例如，Jeremy Wolfe 与同事们（2005）发现，人们会更准确地识别经常出现的目标。如果目标在一个复杂的视觉背景中呈现的概率是 50%，被试会在 7% 的次数中漏掉目标。当目标呈现的概率只有 1% 的时候，被试会在 30% 的次数中漏掉目标。

我们将更详细地讨论两个刺激变量：我们是搜索单一的独立的特征，还是搜索联合的特征；我们搜索的目标是某个特征出现的还是不出现的。你会看到，在视觉搜索的研究中有两个心理学家是特别活跃的，即 Anne Treisman 和 Jeremy Wolfe。试一下示例 3-2，再接着往下读。

👆 示例 3-2

独立特征 / 联合特征效应

读完这一段之后，翻到彩页部分的彩图 3。首先，看标记"A 部分"的两张图片，在每一张图片中搜索蓝色的 X。注意你在完成这两个任务的时候，是否花的时间是相同的。做完之后，翻回到这一页，接着读下面的指导语。

指导语：在这第二部分中，回到彩图 3 的"B 部分"，在每一张图片中搜索蓝色的 X。注意你在完成这两个任务的时候是否花的时间是相同的，还是某个任务花费的时间要长。

1. 独立特征 / 联合特征效应。示例 3-2 是基于 Treisman 和 Gelade（1980）的一个经典研究。根据他们的研究结果，如果目标在单一特征（如颜色）上与其他同时呈现的不相关的项目不同，观察者可以很快地检测到这个目标。实际上，当目标呈现在一个 24 个项目的阵列中和呈现在一个 3 个项目的阵列中的时候，人们对目标的检测速度是一样快的（Horowitz, 2010；Styles, 2006；Treisman, 1993；Treisman & Gelade, 1980）。

你完成示例 3-2 中 A 部分的时候，你可能发现不管阵列中包含 2 个或者 23 个不相关的项目，蓝色的 X 都像是"突出出来"一样。但是，B 部分中需要你搜索的目标是两个特征的联合。当你在红色的 X 中、红色的 O 中、蓝色的 O 中搜索蓝色的 X 的时候，你可能发现你不得不每次只注意一个项目，使用系列加工。与目标相似的刺激会分散你的注意力，因为这些刺激或者是蓝色的，或者是 X 形状的（Serences et al., 2005）。

第二个任务会更复杂一些，随着分心物数量的增加，搜索到目标所需的时间也会增加（Wolfe, 2000, 2001; Wolfe et al., 2009）。所以，图 B2 的搜索时间要比图 B1 的搜索时间长。这个示例支持了独立特征 / 联合特征效应：人们通常搜索单一特征比联合特征要快（Quinlan, 2010）。

当我们后面讨论到 Anne Treisman 的特征整合理论的时候还会涉及这个领域的研究。现在试一下示例 3-3。

示例 3-3
搜索呈现和没有呈现的特征

在 a 部分中，搜索带有线段的圆。在 b 部分中，搜索没有线段的圆。

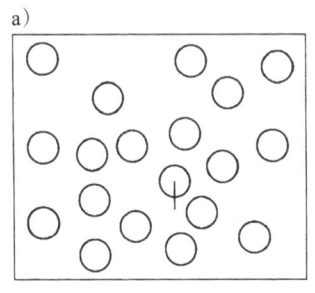
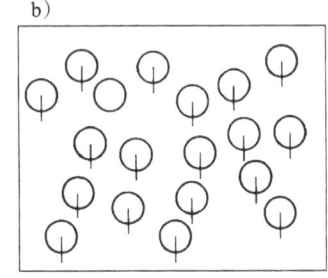

资料来源：Based on Treisman & Souther, 1985.

2. 特征呈现 / 特征不呈现效应。本书的主题 3 提出认知加工对积极信息的处理比对消极信息的处理要好。在视觉搜索中，"积极"指的是特征呈现；而"消极"指的是特征没有呈现。翻到第 1 章的示例 1-4 复习一下主题 3 的相关内容。

Treisman 和 Souther（1985）的研究也支持了主题 3，在示例 3-3 中你也可以看到。这个研究表明了**特征呈现 / 特征不呈现效应**（feature-present/feature-absent effect）：通常人们搜索呈现的特征比搜索不呈现的特征要快。

注意在示例 3-3a 中，有线段的圆看起来像是从视觉呈现中突出出来一样。搜索呈现出一个特定的特征时，搜索速度是很快的。Treisman 和 Souther（1985）发现，人们会快速搜索到一个呈现的特征（如 a 部分中有线段的圆），不管视觉呈现中包括很多不相关的项目，还是不包括不相关的项目。当人们搜索呈现的特征的时候，呈现的目标项目会自动化地捕获注意（Franconeri et al. 2005; Matsumoto, 2010; Wolfe, 2000, 2001）。实际上，这个"突出"效应是自动化的，研究者们强调搜索目标是一种严格的自下而上的加工（Boot et al., 2005）。

但是，注意当你搜索一个没有呈现的特征（如 b 部分中没有线段的圆）的时候，情况是怎样的。Treisman 和 Souther（1985）发现，没有呈现的特征的搜索时间是随着不相关项目的数量的增加而快速增加的。当人们搜索一个没有出现的特征的时候，通常要检查每一个项目，每次检查一个项目。所以，必须用到结合了自下而上和自上而下加工的注意。正如 Wolfe 在他的一系列关于特征呈现 / 特征不呈现的研究中发现的一样，这个任务是更困难的（Wolfe, 2000, 2001; Wolfe et al., 2009）。

Royden 与合作者们（2001）发现了特征呈现 / 特征不呈现效应的另一个例子。根据他们的研究，在一组静止的分心物中，人们能够快速搜索到一个移动的目标。但是，要花更长的时间搜索到一个出现在移动的分心物中的静止的目标。换句话说，找到移动的物体比找到不移动的物体要容易。

在视觉搜索的讨论中我们已经看到，相比较两个特征的联合，人们可以更快地搜索单一的特征。另外，相比较没有呈现的特征，我们可以更快地搜索到一个呈现的特征。

深度了解

阅读中的眼跳眼动

在这一章的第一部分中，我们讨论了分散注意，即同时注意两种或者多种信息。然后我们讨论了三种选择性注意：双耳分听、Stroop 效应、视觉搜索。现在我们要讨论最后一种注意任务，一种你正在进行的任务，移动眼睛理解这一页上接下来的词语。

眼动提供了我们进行各种各样不同的日常认知任务的时候，心理起作用的方式的相关重要信息（Engbert et al., 2005；Radach et al., 2004b；Yang & McConkie, 2004）。例如，研究者们研究了当我们看一个场景或者搜索一个视觉目标的时候，眼睛是如何移动的（Castelhano & Rayner, 2008；Henderson & Ferreira, 2004b；Irwin & Zelinsky, 2002）以及开车时候的眼动方式（Fisher & Pollatsek, 2007）。他们也发现了我们说话时候的眼动方式（Griffin, 2004；Meyer, 2004）。但这一部分内容关注的是阅读过程中的眼动。

我们已经讨论过阅读过程中至关重要的一种知觉加工，第 2 章中考察了人们如何识别字母表中的字母，讨论了语境如何促进单个字母和整个词语的识别。眼动是阅读过程中第二种重要的知觉加工。注意一下你在阅读这一段的时候眼睛移动的方式，你的眼睛在这一段中移动的时候会有一系列的小的跳动。

眼睛从一个位置到下一个位置的非常快速地移动被称为**眼跳眼动**（saccadic eye movement）。阅读中眼跳眼动的目的是将视网膜的中心放到你想要读的词语的位置。视网膜中心一个非常小的区域被称为中央凹，它比视网膜的其他区域的敏感性更好。所以，眼睛一定要移动，新的词语才会落到中央凹的位置（Castelhano & Rayner, 2008；Chun et al., 2011；Irwin, 2004）。眼跳眼动是主题 1 的另一个例子（主动的认知加工）；我们主动搜索新的信息，包括即将读到的材料（Findlay & Gilchrist, 2001；Radach & Kennedy, 2004）。

当你阅读一个英文的段落的时候，每一次眼跳移动的距离是 7～9 个字母（Wolfe et al, 2009）。研究者们估计人们每天要做 15 万～20 万次眼跳眼动。当眼睛移动时，人们是不能加工多少视觉信息的（Irwin, 2003；Radach & Kennedy, 2004；Weierich & Barrett, 2010）。但是，在两次眼跳期间会有**注视**（fixation）。每次注视的时候，视觉系统短暂停顿在某个位置，是为了获得对阅读理解有用的信息（Rayner, 2009）。

你可能会认为自己对所加工的材料会产生平滑的、持续的视域。但是，眼睛实际上是在眼跳和停顿之间交替的（Rayner & Liversedge, 2004；Reichle & Laurent, 2006）。

在其他的语言中，眼跳眼动是如何的呢？在第 9 章和第 10 章中讨论到的一些心理学研究通常关注的是英语，对于其他语言中的阅读理解和相关的语言加工我们知之甚少。例如，有 12 亿人在使用现代汉语，这比 3.28 亿说英语的人的三倍还要多（Ethnologue Languages of the World, 2011）。

几十年前，心理学家对中文阅读中眼跳眼动几乎不了解。但是，现在已经有了一些研究。例如，研究表明汉语阅读时候，每次眼跳移动 2～3 个汉字的距离，这是说得通的，因为相比书面英语中的每一个字母，汉语书面语言中的每一个字都富含信息（Rayner, 2009；Shen et al., 2008；Tsang & Chen, 2008）。

知觉广度（perceptual span）指的是每次注视时，我们知觉到的字母和空白的数量（Rayner & Liversedge, 2004）。研究者们发现，知觉广度的大小有很大的个体差异（Irwin, 2004）。在你阅读英语的时候，知觉广度通常包括了你正在看的字母左边的大约 4 个字母和右边大约 15 个字母（Rayner, 2009）。

注意，英语阅读中的知觉广度是左右两侧不均衡的。当阅读英语的时候，我们会寻找右边文本中阅读理解的线索，这些线索会提供某些一般的信息（Findlay & Gilchrist, 2001；Starr & Inhoff, 2004）。例如，知觉广度最右边的材料有助于让我们注意到词语之间的空白，这些空白提供了词长的信息。但是，我们通常不能识别注视点右边超过 8 个空白的词语（Rayner, 1998）。

还有的研究表明，眼跳眼动有几种可预测的方式。例如，当眼睛顺着眼跳方向向前移动的时候，是移向词语的中心而不是词语之间或者句子之间的空白处（Engbert & Krugel, 2010）。眼睛会跳过几个短词、跳过高频词或者句子中很容易被预测到的词语（Drieghe et al., 2004；Kliegl et al., 2004；White & Liversedge, 2004）。但是，如果句子中下一个词是拼写错误的或者非同寻常的，眼跳的距离就很小（Pynte et al., 2004；Rayner et al., 2004；White & Liversedge, 2004）。这些眼跳的策略都是说得通的，因为如果加工的材料是困难的，那么大的眼跳眼动是无法对信息进行加工的。

阅读能力高的人与阅读能力低的人的眼跳阅读是不同的。图 3-1 表明了这两类人在阅读同一个句子的时候的眼动差异。阅读能力高的人眼跳距离大，回视比较少。**回视**（regression）是指眼睛往回移动到句子前面的词语。当人们意识到他们没有理解正在读的信息的时候，就会使用回视（White & Liversedge, 2004）。阅读能力高的人在阅读中的停顿时间也比较短（Castelhan & Rayner, 2008）。

总之，研究表明，很多认知因素对眼跳眼动的模式和速度都有重要的影响（McDonald & Shillcock, 2003; Reichle et al., 1998）。眼跳眼动帮助我们成为更主动更灵活的阅读者（Rayner, 2009; Rayner et al., 2008）。

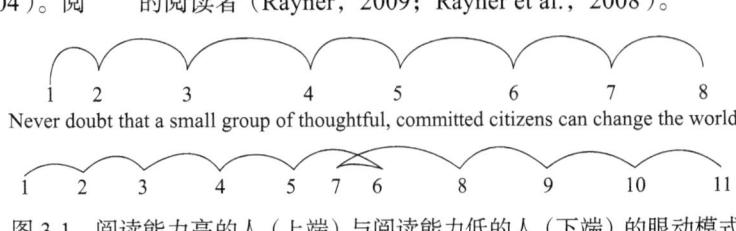

图 3-1　阅读能力高的人（上端）与阅读能力低的人（下端）的眼动模式与注视

关于注意的理论解释

至此，我们讨论了有助于调节从外在的视觉和听觉环境中接受多少信息的几种注意加工。研究者们试图通过神经科学的研究和发展理论来解释注意的特征。

关于注意的神经科学研究

近几十年来，研究者们已经发展出了多种复杂的技术方法，用以研究行为的生物基础；我们在第 1 章中介绍了多种方法。使用这些技术的研究已经确定了整个大脑中负责加工不同的注意任务的神经网络（Posner & Rothbart, 2007b）。

大脑的几个区域都与注意加工有关。但在这部分的讨论中，我们关注的是如图 3-2 所示的大脑皮层的结构。花几分钟时间比较一下图 3-2 和图 2-1，图 2-1 显示的是与物体识别最相关的大脑皮层区域。

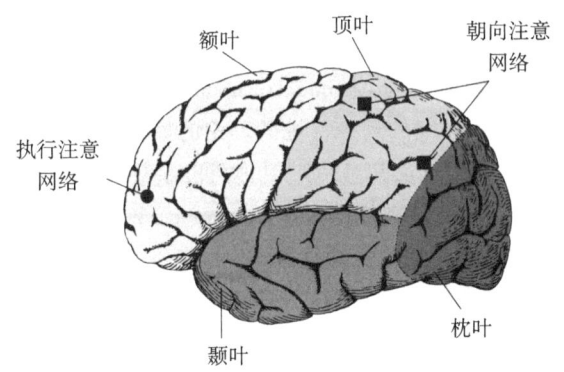

图 3-2　大脑皮层的示意图，左侧视角，显示了皮层的四个分区和与注意加工相关的重要区域

根据 Michael Posner 和 Mary Rothbart 的研究，大脑皮层中的几个系统负责加工注意的不同方面（Posner & Rothbart, 2007a, 2007b; Rothbart et al., 2011; Tang & Posner, 2009）。我们会讨论其中的两个系统：朝向注意网络与执行注意网络。

朝向注意网络

想象你正在浴室的水槽周围寻找丢失的隐形眼镜。当你选择感觉输入的信息的时候，朝向注意网络就被激活了。**朝向注意网络**（orienting attention network）负责视觉搜索中需要的注意加工，即在不同的空间位置转换注意（Chun & Wolfe, 2001; Posner & Rothbart, 2007b）。图 3-2 显示了位于顶叶皮层区域的朝向注意网络的两个重要成分。

研究者们如何确定了顶叶是我们在视觉搜索中会用到的脑区呢？几十年前，关于大脑组织的唯一线索来自脑损伤患者（Posner, 2004）。**脑损伤**（brain lesion）指的是中风、意外和其他创伤造成的特定脑区的破坏。

大脑右半球顶叶区域有脑损伤的人们很难注意到出现在视野左侧的视觉刺激。但是，左侧顶叶损伤的人们很难注意到视野右侧的视觉刺激（Luck & Vecera, 2002; Posner & Rothbart, 2007a, 2007b; Styles, 2005）。神经学家们使用**单侧空间忽略**（unilateral spatial neglect）来描述人们忽视视野中的一部分的现象。

脑损伤会产生认知缺陷。例如，左侧顶叶区域损伤的人可能注意不到盘子右边的食物。他可能只吃盘子左边的食物，可能会抱怨东西不够吃（Farah, 2000; Humphreys & Riddoch, 2001）。但是，他好像完全意识不到这种缺陷。有一个研究测试了右侧顶叶损伤的人，给他呈现一个普通的钟表图片，让他照着画下来。结果，他只画了钟表图片的一半，另一半完全是空白的（Bloom & Lazerson, 1988）。

关于朝向注意网络的最近的研究使用了 PET 扫描，研究者们通过在被试进行认知任务之前给他们注射一种放射性的化学物质来测量大脑血流。第1章中讨论过，放射性的化学物质会随着血流传递到认知任务中被激活的脑区的位置。一种特殊的摄像机会拍摄化学物质积累的图像。根据PET扫描研究的结果，人们在完成视觉搜索和注意空间位置的时候，顶叶皮层的血流会增加（Posner & Rothbart, 2007b）。

朝向注意网络从出生后第一年就开始发展。例如，四个月的时候，婴儿会将注意力从过度刺激的情境中撤回，将注意转移到另一个物体，如一个新的玩具（Posner & Rothbart, 2007a; Rothbart et al., 2011）。

执行注意网络

示例3-1中的Stroop任务主要依赖于执行注意网络，它是负责有冲突的任务中使用的注意的加工（Posner & Rothbart, 2007a, 2007b）。例如，Stroop任务中需要抑制理解词语的自动化的反应，以便可以对字体的颜色命名（Fan et al., 2002）。

一般来说，执行注意网络抑制了对刺激的自动化反应（Stuss et al., 2002）。在图3-2中你看到了，皮层前额叶是执行注意网络中尤其活跃的脑区。

执行注意网络主要包括在自上而下的注意控制中（Farah, 2000），它是在大约3岁的时候才开始发展的，比朝向注意网络的发展晚得多（Posner & Rothbart, 2007a; Rothbart et al., 2011）。Posner和Rothbart（2007b）认为，在学业能力的获得过程中执行注意网络是极其重要的，例如，在你学习阅读的时候，执行注意很重要。也有些研究表明，成人通过练习冥想可以增强执行注意网络，冥想是一种传统的中国技术（Tang & Posner, 2009）。

执行注意也有助于我们习得新的观点（Posner & Rothbart, 2007a）。例如，你在读这一段的时候，执行注意网络就在接收新的信息。希望你已经在比较执行注意网络与朝向注意网络了。阅读和理解大学教科书的加工是有挑战性的。执行注意网络的脑区位置与一般智力有关的脑区是重叠的（Duncan et al., 2000; Posner & Rothbart, 2007b）。

总之，PET扫描和其他的神经科学方法已经确定有个脑区在我们搜索物体（朝向注意网络）的时候是激活的。神经科学的已经也表明，当我们需要抑制自动化的加工的同时做出一个不明显的反应的时候（执行注意网络），另一个脑区是激活的；在学校学习的过程中执行注意网络也是激活的。

注意理论

我们先总结一个几十年前认知心理学还处于婴儿期的时候提出来的一个注意理论，然后讨论Anne Treisman的特征整合理论，这可能是当代最有影响的一个注意理论（Styles, 2005）。

早期注意理论

早期的注意理论强调人们在给定的时间内能够加工的信息量是非常有限的。这些理论中最通用的一个比喻是瓶颈（Gazzaniga et al., 2009）。瓶颈的比喻很有吸引力，因为它与我们对注意的印象是一致的，狭窄的瓶颈限制了流进流出瓶子的物体数量。

瓶颈理论（bottleneck theories）提出：在人类信息加工中也存在一个狭窄的通路，限制了我们能够注意的信息的数量。所以，当一种信息流经瓶颈的时候，另一种信息就进不去了。研究者们提出了很多不同的瓶颈理论的变式（Broadbent, 1958; Treisman, 1964）。

但是，你可能记得在关于物体识别理论的讨论中（第2章），研究者们拒绝了模板理论，因为这个理论不太灵活。同样，研究者们也抛弃了瓶颈理论，因为它低估了人类注意的灵活性（Luck & Vecera, 2002; Tsang, 2007）。神经科学的研究也表明，信息在注意加工的第一个阶段没有消失，并不像瓶颈理论认为的那样。信息是消失在从开始到结束的注意加工的多个阶段（Kanwisher et al., 2001; Luck & Vecera, 2002）。

特征整合理论。Anne Treisman提出了注意了知觉加工的一个详细的理论，她的理论的最初版本非常简单（Treisman & Gelade, 1980）。你可能会想到，这个理论的最新版本变得更复杂了（Holcombe, 2010; Quinlan, 2010）。我们会讨论特征整合理论的基本成分；关于特征整合理论的研究；特征整合理论的现状。

1. 基本成分。根据Treisman的**特征整合理论**（feature-integration theory），我们有时候看一个场景的时候，使用的是分散注意⊖，会同时加工场景中的所有部分；在有的情况下，我们用到集中注意，每次加工场景中

⊖ 在Treisman的研究中，有时候会用到"分割的注意"而不是"分散注意"。但是，为了避免这个概念与前面讨论过的关于"分割的注意"的研究，我在这本书中会使用"分散注意"。

的一个项目。Treisman 也提出分散注意和集中注意形成了一个连续体，而不是两个互相区别的类别。结果，经常用的注意加工是介于两个极端之间的。

我们先讨论一下位于注意连续体两端的两种注意加工（Treisman & Gelade, 1980; Treisman, 1993）。一种加工利用的是分散注意。**分散注意**（distributed attention）让你可以自动记录特征，在视野中使用平行加工，同时处理所有的特征。分散注意是一种水平相对较低的加工。实际上，这种加工是无须意志努力的，你甚至意识不到自己正在使用这种加工。

Treisman 理论中的第二种加工是集中注意加工。**集中注意**（focused attention）要求较慢的系列加工，每次识别一个物体。当物体变得更为复杂的时候，这种要求更高的加工是必需的。集中加工确定了哪些特征是结合在一起的，如正方形与蓝色。

2. 相关的研究。Treisman 和 Gelade（1980）通过研究两种不同的刺激情境考察了分散注意与集中注意。在他们的研究中，一种情境使用的是单独的特征（所以要用到分散注意加工），另一种情境使用的是特征的联合（所以要用到集中注意加工）。

我们先讨论一下关于分散注意研究的细节。Treisman 和 Gelade 认为，如果你使用分散注意加工单独的特征，那么你应该能够很快在邻近的不相关的项目中找到目标刺激。不管呈现的项目有多少，目标应该是看起来自动化地从视觉呈现中"突出来"的。

为了验证他们关于分散注意的假设，Treisman 和 Gelade 进行了一系列的研究。你已经做过的示例 3-2 的 A 部分就是他们研究的一部分。记住示例的结果：如果目标在一个特征（如颜色）上与所有不相关的项目不同，你就能够很快检测到目标。实际上，当目标出现在 23 个项目的阵列中和出现在 3 个项目的阵列中，你搜索到目标的速度是一样快的（Treisman, 1986; Treisman & Gelade, 1980）。分散注意能够以平行的相对自动化的方式起作用。示例 3-2 的 A 部分中的目标像是"突出来"的。

再来讨论关于集中注意的研究。在示例 3-2 的 B 部分中，你搜索的目标是特征的联合。当你在红色的 X、红色的 O、蓝色的 O 中搜索一个蓝色的 X 的时候，你需要用到集中注意。换句话说，你被迫每次将注意集中到一个项目上，进行系列加工。这个任务更加复杂。Treisman 和 Gelade（1980）及其他研究者已经发现，当集中注意任务中分心物的数量很多的时候，人们需要花更多的时间才能找到目标（Parasurman & Greenwood, 2007）。

与特征整合理论有关的另一个效应是错觉性联合。具体来说，当我们面对太多同时出现的视觉任务的时候，有时候就会形成错觉性联合（Botella et la., 2011; Treisman & Schmidt, 1982; Treisman & Souther, 1986）。**错觉性灵活**（illusory conjunction）是一种不合理的特征联合，可能结合的是一个物体的形状与附近另一个物体的颜色。例如，很多研究表明，蓝色的 N 和绿色的 T 能够产生错觉性联合，观察者实际上看到的是蓝色的 T 或者是绿色的 N（Ashby et al., 1996; Hazeltine et al., 1997; Holcombe, 2010）。

关于错觉性联合的研究证实了其他的知觉研究中得出的一个结论。与我们的通常直觉不同，人类的视觉系统实际上对物体的特征是独立加工的。例如，当你看一个红色的苹果的时候，你实际上是单独分析它的红的颜色和圆的形状。换句话说，视觉系统有时候会出现**绑定问题**（binding problem），因为它不是将物体的重要特征表征为统一的整体的（Holcombe, 2010; Quinlan, 2010; Wheeler & Treisman, 2002）。

当你使用集中注意看一个苹果的时候，你会准确地知觉到一个整合的图形，一个红色圆形物体。集中注意使绑定加工起作用（Bouvier & Treisman, 2010; Quinlan, 2010; Vu & Rich, 2010）。用一个比喻来描述就是，集中注意是某种形式的胶水，将物体的形状和颜色粘在一起。

假设研究者给你看两个图形，如一个蓝色的 N 和一个绿色的 T。假设你的注意过载或者是受到干扰的，你必须使用分散注意。在这种情况下，来自一个图形的蓝颜色可能会与另一个图形的 T 形状结合。结果，你会知觉到一个蓝色 T 的错觉性联合。

其他的研究表明，视觉系统也可以产生语言材料的错觉性灵活（Treisman, 1990; Wolfe, 2000）。例如，假设你的注意是受到干扰的，研究者给你呈现两个无意义的词语，dax 和 kay，你可能会报告看到了词语 day。当我们无法使用集中注意的时候，有时候就会产生与我们的期望一致的错觉性联合。第 2 章中强调过，自上而下的加工帮助我们摒除不合理的联合，所以，我们更可能会知觉到熟悉的联合（Treisman, 1990）。

3. 特征整合理论的现状。特征整合理论的基本成分被提出来都超过 25 年了。从那以后，研究者们进行了很多的相关研究，对最初的理论进行了修正。

在本书的很多地方我们会看到，心理学家常常会提出一个理论，最初清晰地区分了两种或者多种心理加工。但随着大量深入的研究，理论家们通常会认为现实比他们的最初的描述要复杂得多。除了特征整合理论中清晰区分的两类注意，我们发现还发现分散注意有时候类似于集中注意（Bundesen & Habekost，2005）。

另外，视觉系统会利用分散注意快速收集场景的大体要义的信息。假设你站在一个湖的附近，朝湖岸边看去。显然你不会使用集中注意去记录湖边的每一块鹅卵石。Treisman 等人认为，分散注意能够快速收集关于这些鹅卵石的平均大小的相关信息。通过这种方式，你可以形成对这个自然场景的相对准确的总体印象（Chong et al.，2008；Emmanouil & Treisman，2008；Treisman，2006）。

关于视觉注意如何收集真实场景中的相关信息，我们还知之甚少。但是，特征整合理论的最新版本提供了理解视觉注意的重要框架（Holcombe，2010；Muller & Krummenacher，2006；Quinlan，2010）。试一下示例 3-4，再接着往下读。

示例 3-4
对自动化肌肉活动的觉察

花点时间看一下你在多大程度上会意识到知觉如何完成下面的肌肉活动。在每种情况下，尽可能具体精确地描述每一种活动的每个步骤。

1. 详细描述你如何拿起笔写下你的名字。
2. 详细描述你如何从座位上站起来。
3. 详细描述你如何走过这个房间。
4. 详细描述你如何打开你住的地方的一扇门。

意识

这一章的最后一个问题，意识，是一个颇有争议的话题，其中一个原因是意识有各种各样不同的定义（Baumeister et al.，2011；Dehaene et al.，2006；Velmans，2009）。我更喜欢广义的定义：**意识**（consciousness）指的是人们对外部世界和知觉的知觉、想象、想法、记忆和情绪的觉察（Chalmers，2007；Revonsuo，2010；Zeman，2004）。

请注意，意识的内容包括对身边的世界、对视觉表象、对自己默默做出的评论、对生命中事件的记忆、对世界的信念、对今天晚些时候的活动计划、对其他人的态度的知觉（Coward & Sun，2004；Dijksterhuis & Aarts，2010）。正如 David Barash（2006）所描写的：

因此，意识不仅仅是我们讲给自己的，关于我们正在做什么、感觉到什么、想什么的一个未展开的故事，它也是我们为了解释其他人正在做什么、感觉到什么、想什么和其他人如何能够知觉到他们自己所做的努力。

意识与注意密切相关，但两种加工绝对是不同的（Dijksterhuis & Aarts，2010；Hoffman，2010；Lavie，2007）。毕竟，我们常常意识不到自己正在进行的自动化的分散注意加工。例如，你在开车的时候，碰到红灯你会自动化地把脚放到刹车踏板上。但是，你可能根本就没有意识到自己做出了这个活动，或者示例 3-4 中的其他的肌肉活动。一般来说，意识与控制的、非自动化的集中注意有关（Dehaene & Naccache，2001；Dijksterhuis & Aarts，2010；Weierich & Barrett，2010）。

第 1 章中提到，行为主义者们认为，意识等问题是不适合科学研究的，但是当认知心理学出现之后，意识又成为心理学中的研究问题（Dehaene & Naccache，2001）。在 21 世纪，意识已经变成了很多书中的流行话题（Baruss，2003；Edelman，2005；Hassin et al.，2005；Revonsuo，2010；Velmans，2009；Velmans & Schneider，2007；Zeman，2004）。

最近几年，认知心理学家们对与意识有关的三个相互联系的问题尤其感兴趣：①我们不能将某些想法带入意识层面；②我们不能从意识中将某些想法消除；③盲视揭示了有特定视觉障碍的人可以准确地完成视觉认知任务，即使他们意识不到自己完成任务的准确性。试一下示例 3-5，再接着往下读。

示例 3-5
想法抑制

这个示例需要你暂停阅读课本，放松 5 分钟。拿出纸笔记录下你任自己的思想自由驰骋时的想法，可以包括认知心理学的相关内容，但也不是必须的。详细写下你的思想自由驰骋的时候，你考虑到的每一个问题。最后提醒：在做这个练习的时候，不要想到一只白色的熊。

在多大程度上我们接近了更高级的心理加工呢？考虑一下这个情境：你正在看一本书，眼睛在页面上移动。但是，你其实正在幻想（做白日梦）……你其实没有意识到自己没在看书。在**心不在焉的阅读**（mindless reading）过程中，虽然眼睛也在一行行移动，但你没有加工阅读材料的意义。实际上，你的眼睛正在没有规律地移动，而不是使用我们前面讨论过的正常的眼跳眼动（Reichle et al., 2010）。你对更高级的心理加工是没有意识觉察的，直到你突然意识到自己没有记住任何的文本信息。

更常见的一个现象被称为**神游**（mind wandering），当思维从关注外部环境转移到关注内部加工时，就会发生（Barron et al., 2011；McVay & Kane, 2010；Smilek et al., 2010）。你可能意识不到自己的心思已经游离到了另一个话题中。

还有一个例子说明了我们不能将有些想法带入意识层面。回答下面的问题："你母亲的中间名（介于名字和姓氏之间的一个名字）是什么？""你是如何得到前一个问题的答案的？"如果你跟大多数人一样，第一个问题的答案会很快出现在你的意识中，但你可能无法解释想到答案的思维过程，那个名字好像是一下子跳到了你的记忆中。

Richard Nisbett 和 Timothy Wilson（1977）在一篇经典的文章中提到，我们常常不能直接接近思维加工。你却可以完全意识到思维加工的产物，如你母亲的中间名。但是，你通常意识不到产生这些产物的加工过程本身，如产生你母亲中间名的记忆机制。同样，人们可以正确解决一个问题，但是当让他们解释是如何找到解决方法的时候，他们会回答"我只是突然想到了"（Nisbett & Wilson, 1977）。第11章是关于问题解决的，我们会更详细地讨论意识的这个方面的特征。

心理学家们现在相信语言报告是认知加工过程的某种准确反映（Ericsson & Fox, 2011；Fox et al., 2011；Johansson et al., 2006；Wilson, 1997）。在第 6 章中我们会看到，我们可以直接接近某些思维加工。例如，你能够判断一个简单记忆任务完成得怎么样，判断的准确性是比较高的。但是，对于其他的思维加工过程，如对一篇心理学论文中的信息理解得怎么样，我们只是能够有限地接近的。示例 3-4 表明，我们意识不到已经自动化的肌肉活动的一步步的加工（Diana & Reder, 2004；Levin, 2004）。

我们需要强调关于思维加工的意识，因为它表明了认知心理学家不应该太相信人们的内省报告（Johansson et al., 2006；Nisbett & Wilson, 1977；Wegner, 2002）。例如，当几个人同时跟我说话的时候，真实的感觉就像是自己正在经历"注意瓶颈"。但是，在这一章前面的内容中我们看到，人们实际上拥有相当灵活的注意模式；真的没有经历到严格意义上的瓶颈。

在这本书中，我们会经常看到研究结果有时候与我们的内省是不一致的。这种不一致说明了认知心理学中进行客观研究的重要性。

想法抑制

我有一个朋友想戒烟，所以他很努力地想摆脱与香烟有关的任何的想法。他一想到与抽烟有关的什么东西，就会立即将这种想法从意识中去掉。但是，讽刺的是，这个策略起了相反的作用。他的头脑充满了各种各样关于香烟的想法。他基本上是没有办法去掉这些不受欢迎的想法的。当人们进行**想法抑制**（thought suppression）的时候，他们试图去掉这些与不受欢迎的刺激有关的想法、观点和图像。

关于想法抑制的研究为我朋友的经验提供了科学的支持（Erskine et al., 2010）。在示例 3-5 中你成功抑制了自己的想法吗？你在执行指导语不想白色的熊的时候有任何的困难吗？

白熊研究最初来自于文学而非科学。在俄国作家托尔斯泰年轻的时候，他哥哥就通过让他站在角落里不思考白熊的方法来折磨他（Wegner, 1996；Wegner et al., 1987）。如果你试过在节食的时候不去想吃的东西，你就会了解把这些不受欢迎的想法驱逐出意识有多么困难。

Wegner（1997b，2002）使用**心理控制的讽刺性效应**（ironic effects of mental control）来描述当我们试图控制意识内容的时候，我们的努力能够起反作用。假如你正努力要忘掉某个想法，可是，这个想法却极可能潜入意识中。换句话说，你很难压抑某些想法。

Wegner 与同事们（1987）决定测试托尔斯泰的"白熊任务"。他们让一组学生在第一个 5 分钟里不去想白熊，而在接下来的 5 分钟里可以想。这些学生非常可能在第二个 5 分钟里想到白熊，他们想到白熊的频率比控制组要高。控组的学生可以自由想象一只白熊，之前没有任何的想法抑制过程。换句话说，对想法的最初抑制会产生回弹效应。

很多研究重复了想法抑制之后的回弹效应（Purdon

et al., 2005；Tolin et al., 2002；Wegner, 2002）。另外，回弹效应不仅仅局限于与白熊有关的抑制的想法和其他一些微不足道的想法。例如，当人们被告知不要去注意疼痛刺激的时候，他们可能会变得对疼痛更易觉察。当人们试图集中注意力、避免移动、打算入睡的时候也会产生与压抑想法相同的讽刺性效应（Harvey, 2005；Wegner, 1994）。

想法抑制与临床心理学高度相关（Clark, 2005；Wegner, 1997a）。例如，假设来访者有严重抑郁，咨询师鼓励他不要去想抑郁有关的话题。但这个建议可能会产生更多数量的抑郁想法（Wenzlaff, 2005）。想法抑制与创伤后应激障碍、一般焦虑障碍、强迫障碍都有关系（Falsetti et al., 2005；Morrison, 2005；Purdon et al., 2005；Wells, 2005）。

盲视

与意识有关的第一个话题告诉我们，我们常常无法将关于认知加工的想法带入意识中；与意识有关的第二个话题会告诉我们，我们常常无法抑制意识中的某些想法。

关于盲视的研究揭示了与意识有关的第三个话题：在某些情况下，人们能够准确地完成每个认知任务，却意识不到自己对任务的完成是准确的（Rasmussen, 2006；Weiskrantz, 2007）。盲视（blindsight）指的是没有意识的一种视觉，即视皮层受到损伤的个体会报告他们无法看到呈现的物体，但却能够准确地报告物体的某些特征，如物体的位置（Kolb & Whishaw, 2009；Robertson & Treisman, 2010；Weiskrantz, 2007；Zeman, 2004）。

患有盲视的人认为他们确实是全视野或者部分视野是看不到的。换句话说，他们的意识中有"我看不见"这样的想法。在一个典型的盲视研究中，研究者在损伤皮层对应的视野位置呈现一个刺激，例如，在中心靠右10度的地方闪烁一个光点，要求患者指向光点的位置。通常患者们会报告他们看不见光点，所以只能猜一下光点的位置。

但是，令人吃惊的是，研究者们发现被试的成绩显著高于机遇水平，常常是接近完全正确的（Robertson & Treisman, 2010；Weiskrantz, 1997, 2007）。盲视的患者可以报告诸如颜色、形状、运动等视觉特征（Zeman, 2004）。

有研究表明，盲视的产生不是由于几个明显的原因。这些人确实有真正的初级视皮层的完全损伤，如中风造成的视皮层损伤（Farah, 2001；Weiskrantz, 2007）。

一个可能的解释是，视网膜上记录的大部分信息会被传递到视皮层，但有一小部分来自视网膜的信息会被传递到视皮层之外大脑的其他皮层区域（Weiskrantz, 2007；Zeman, 2004）。所以，有盲视的人即使初级视皮层损伤了，也可能根据其他皮层区域接收的信息来识别视觉刺激的某些特征。

关于盲视的研究尤其与意识相关。具体来说，它表明了视觉信息在进入意识之前必须要经过初级视皮层。但是，假设有部分信息"拐了个弯"，没有从初级视皮层路过，人们就可能不会意识到视觉经验的产生，但他确实可以知觉到这个刺激的存在（Farah, 2001；Zeman, 2004）。在第5章中讨论内隐记忆的时候，我们会看到另一个有关的现象，人们经常会记住一些信息，但意识不到有这种记忆。

总之，意识是一个有挑战性的话题。意识不是认知加工过程的完美镜像；也就是说，我们常常不能解释认知加工是如何起作用的。意识也不是一块黑板，我们不能简单地擦除意识中不想要的想法。关于盲视的研究表明，意识也是不准确的。Wegner（2002）得出结论，我们常常假设"事情就像看上去那样"（p.243）。但是，意识与现实之间的聚合经常只是一种错觉而已。

复习题

1. 什么分散注意？举几个你在过去24小时之内完成的分散注意任务的例子。研究表明，练习对分散注意的影响是什么？描述几个关于你自己经历过的练习与分散注意任务成绩的例子。
2. 什么是选择性注意？举几个你在过去24小时之内完成的选择性注意任务的例子，包括视觉和听觉的。在什么情况下你能够捕捉到你需要忽略的信息？这个注意模式与研究结果是一致的吗？
3. 这一章详细讨论了Stroop效应。你能否想到在你经常进行的学习任务中，有哪些是需要压抑最明显的答案才能做出正确反应的？在完成这些任务的时候，皮层的哪个注意系统是尤其活跃的？

4. 想象你要同时与朋友聊天和阅读杂志上一篇很有趣的文章。描述瓶颈理论与自动化和控制加工是如何解释你的任务完成情况的。描述Treisman的特征整合理论，根据已有的经验想出一个相关的例子。

5. 想象你正在这一章前面的部分搜索概念"双耳分听"。在这个任务中，你的大脑的哪个部分是激活的？假设你在学习"双耳分听"这个短语的意义，在这个任务中，你的大脑的哪个部分是激活的？描述神经科学的研究是如何分辨出注意的生物基础的。

6. 眼跳眼动在何种意义上表征了一种注意加工？描述书面英语和书面汉语的差异。两种语言的阅读者有何不同？

7. 界定"意识"。根据这一章中提供的信息，人们可以完全控制存储在意识中的信息吗？意识中的信息可以提供对认知加工过程本身的正确解释吗？意识与注意有何不同？

8. 认知心理学有很多应用价值。根据这一章中的内容，你对开车和高速路安全的建议是什么？描述这一章中的相关研究，然后列出关于注意的内容可以应用到你的工作或者爱好中的三种或者四种方式。

9. 认知心理学也可以被应用于临床心理学。讨论Stroop效应和想法抑制在心理问题和心理治疗中的应用。

10. 第2章和第3章考察的都是知觉。为了总结这一部分的知识，请尽可能详尽地描述你如何使用自下而上和自上而下的加工知觉词语中的字母。描述在选择性注意和分散注意情境下，注意加工是如何起作用的。眼跳眼动怎么会与注意有关呢？

第 4 章

使用工作记忆

概览

就在现在，从句子的开头直到你看到句子的最后一个字，你都是在使用工作记忆来记住这个句子的开头。工作记忆可以帮助你记住视觉和空间的信息，与其他认知活动协同合作，也负责计划策略的使用。

这一章的一开始我们会讨论工作记忆研究历史中的一些有影响的事件。第一部分从 George Miller 的经典观点开始，他认为即时记忆可以记住大约 7 个项目。我们也会考察其他早期的研究和理论，例如如果你看到了一系列来自同一语义类别的词语（如"水果"类），你对最后几个项目的记忆就会降低。

这一章的第二部分考察的是英国心理学家 Alan Baddeley 提出的工作记忆理论。他的研究表明人们可以同时进行语言任务和空间任务，两个任务的速度和准确性几乎不受影响。这一研究结果让 Baddeley 提出工作记忆包括两个独立的成分——语音环路和视觉空间画板，每个成分都有独立的容量。我们会考察工作记忆的两个成分以及中央执行系统，它负责协调正在进行的认知活动。我们也会讨论到情节缓冲器，这是一个暂时性的存储机制，可以将语音环路和视觉空间画板中的信息与来自长时记忆中的信息相结合。工作记忆的不同部分与学业成绩有关。这一章的最后是个体差异特征，表明了重度抑郁患者在几个领域中都会存在工作记忆的问题。

章节简介

想象自己处于这样的一个情境中：暑期实习的第一天，你到给你发电子邮件的人事部门报到。人事部门的员工说："我要介绍 Sharon Anderson 给你认识，因为你这星期大部分是跟她一起工作。她说过会儿在会议室等我们。"你们沿着楼道往前走，你试图与这位员工进行愉快地交谈。几秒钟之后，你会发现自己在想："刚才说那位女士的名字是什么来着？我怎么能忘记了呢？"

遗憾的是，有的记忆是很脆弱的，会在你用到之前就消失掉。你也会看到，研究已经证实，在你必须要记住新的信息的时候，你的记忆在持续时间和容量上都是有限的。实际上，即使延迟的时间不到 1 分钟，你的记忆也是有限的（Baddeley et al., 2009；Paas & Kester,

2006）。

在你做心算，阅读复杂的句子，进行推理任务或者解决复杂的问题的时候，你都会意识到自己记忆的局限性（Gathercole et al., 2006；Schwartz, 2011）。示例4-1表明了在两个任务中我们的记忆的局限性。试一下完成这两个任务，然后再接着往下读。

示例 4-1
短时记忆的局限

A. 试着在心里做下面的乘法题。一定不要写下任何的计算步骤，要完全"在头脑中"计算。

1. 7×9 =
2. 74×9 =
3. 74×96 =

B. 阅读下面的每一个句子，形成每个句子中描写的动作的心理表象（注意：虽然第三个句子有点难理解，但它是一个正确的句子）。

1. 修理工离开了。
2. 秘书遇见的那个图书管理员离开了。
3. 护士看不起的那个医生遇见的那个推销人员离开了。

在示例4-1中你可能会很容易地完成第一个乘法题和理解第一个句子，两个任务中的第二道题目是有挑战性的，但你仍然可以设法完成。可第三道题目超出了即时记忆的界线。

在前一章中，我们看到注意是有局限性的。例如，你很难在同时完成的两个困难的任务中分配你的注意。另外，如果你选择性地注意一个任务，通常就基本不会注意到另一个同时进行的任务。所以，注意加工限制了进入记忆的信息的数量。

这一章也强调认知加工的有限容量。但是，我们关注的是有限的记忆而不是有限的注意。具体来说，这一章要考察工作记忆。**工作记忆**（working memory）是对当前加工的有限数量的材料的简短的即时记忆；工作记忆的一部分也会主动协调正在进行的心理活动。换句话说，工作记忆让几个项目保持活跃和可得性，这样就可以将它们应用到各种不同的认知任务中（Baddeley, 2007；Baddeley et al., 2009；Hassin, 2005；Pickering, 2006b）。在当前的研究中，工作记忆的概念比另一个类似的旧概念，即**短时记忆**（short-term memory），更受欢迎（Schwartz, 2011；Surprenant, & Neath, 2009）。

这一章是关于工作记忆的内容，而第5～8章会强调长时记忆的不同方面。**长时记忆**（long-term memory）容量很大，包括对生命全程中积累的信息和经验的记忆。长时记忆中的信息量是没有限制的，实际上，在后面的章节中我们会看到，你对某个话题了解得越多，你就会学到与这个话题有关的更多的新的材料（Schwartz, 2011）。

在讨论工作记忆的时候，我们需要重复第1章中提到的与Atkinson和Shiffrin模型有关的一个观点。有的心理学家们认为，工作记忆与长时记忆基本上是相同的（Eysenck & Keane, 2010；Jonides et al., 2008；Öztekin et a., 2010）。另外，即使认为工作记忆与长时记忆是两个独立系统的心理学家们也可能会支持不同的理论解释（Atkinson & Shiffrin, 1968；Baddeley et al., 2009；Cowan, 2005；Paas & Kester, 2006；Schwartz, 2011）。

还有一点很重要，你完成日常生活中的任务常常与你完成心理学实验室里的任务是不同的。例如，在日常生活中，你的记忆常常是很厉害的，因为你可以在很短的时间内进行各种各样不同的复杂任务（Miyake & Shah, 1999）。工作记忆需要强调与你的日常生活中正在进行的任务有关的信息，它将这些信息从正在加工的海量信息中选择出来（Brown, 2004；Cowan, 2005）。

例如，在当下的时刻，你的工作记忆系统正在快速地检查关于词语、语法和概念相关的知识，以便你可以理解这个句子的意思。但是，片刻之后你可能会转到另一个完全不同的记忆任务中，你可能会盘算是否可以利用冰箱中的食材做一顿丰盛的晚饭。

所以，我们先考察关于工作记忆的一些经典研究。你会注意到，这些研究中强调的是有限记忆容量的概念（Cowan, 2005；Cowan et al., 2005）。这一章中另一个重要的问题是工作记忆的多成分模型，最初是由英国心理学家Alan Baddeley提出的，这个模型是目前最多人接受的一个关于工作记忆的理论（Eysenck & Keane, 2010）。你会看到，这个理论比其他早期的理论解释更灵活，强调记忆是主动的而不是被动的。但是，Baddeley的模型清楚地提出，工作记忆的每一个主要成分都有有限的容量。

工作记忆（短时记忆）的经典研究

这一部分我们会先讨论乔治·米勒的记忆容量有限性的观点，以及其他试图测量工作记忆有限性的早期研究。然后，我们会讨论词语意义如何影响短时记忆中存储的项目的数量；最后我们会讨论 Atkinson 和 Shiffrin 的记忆模型。

乔治·米勒的"神奇数字7"

乔治·米勒在1956年写了一篇著名的文章《神奇的数字7±2：人类信息加工能力的某些局限》。米勒考察了已有的研究，提出我们在短时记忆（这种简短的记忆当时被称为短时记忆）中只能保持有限数量的项目。具体来说，他认为人们能够记住大约7个项目（加上或者减去2个）。换句话说，我们能够记住5～9个项目。

米勒用组块的概念来描述短时记忆中信息的基本单位。**组块**（chunk）是包括几个彼此强烈相关的项目的记忆单位（Schwartz，2011）。所以，米勒认为，短时记忆可以保持大约7个组块，例如，我们可以记住7个数字的一个随机排列，或者记住7个字母的随机排列。

但是，你可以对几个相邻的数字或者字母进行组合，形成一个组块。例如，假设你的电话号码的区号是617，你学校里所有办公室的电话号码开头的几个数字都是相同的，比如346。如果617是一个组块，346是一个组块，那么电话号码617-346-3421实际上包括了6个组块（即1+1+4）。整个号码没有超出你的记忆广度。米勒（1956）的文章受到了大家的关注，神奇的数字7±2成了几乎所有学习心理学的学生都知道的一个概念⊖。

米勒的文章之所以不同寻常，是因为它发表的时候是行为主义非常流行的时候。行为主义强调的是可观察的外部事件，而米勒的文章提出，为了将刺激转换成有限数量的组块，人们要进行内部的心理加工，他的文章也强调认知加工是主动的，与主题1是一致的。我们不仅仅关注可见的刺激和可见的反应（Baddeley，1994），也会进行不可见的心理加工。米勒的工作也启发了其他的关于短时记忆的经典研究。

关于短时记忆容量的其他早期的研究

在20世纪50～70年代期间，研究者们常常用两种方法来衡量短时记忆能够存储多少信息，一种是 Brown/Peterson & Peterson 技术，另一种是基于系列位置效应（这里我们会用"短时记忆"——那个时代常用的概念，而使用现在的"工作记忆"）。我们先讨论一下这两种方法，然后会讨论语义相似性，它影响到短时记忆的容量。

Brown/Peterson & Peterson 技术

示例4-2是 Brown/Peterson & Peterson 技术的修订版，这个方法提供了关于短时记忆的很多最初的信息。英国心理学家 John Brown（1958，2004）和两位美国心理学家 Lloyd Peterson 和 Margaret Peterson（1959）分别表明了记忆中存储不到1分钟的材料通常会被忘记。所以，这个方法是以三个研究者的名字来命名的。**Brown/Peterson & Peterson 技术**（Brown/Peterson & Peterson technique）中会呈现给学生一些项目让他们记住；然后学生们要进行一个干扰任务；最后他们要回忆前面记住的项目。

👆 示例 4-2

Brown/Peterson & Peterson 技术的修订版

拿出6张索引卡片，在每张卡片的一面写下一组3个词，上下排列。在每张卡片的背面写下一个3位数。把卡片放到一边，然后开始做数字减去3的任务，从792开始，持续几分钟。

接下来，看第1张卡片有词语的那一面，看大约2秒钟；然后翻到卡片的背面，从背面看到的数字开始做数字减去3的任务。做减法的时候要尽可能快，持续大约20秒（使用有秒针的表来看时间）。然后尽可能多地写下你能够记住的词语。做完了第1张卡片，继续做剩下的5张。

1. appeal   4. flower
   simple   687   classic   573
   burden   predict
2. sober   5. silken
   persuade 254   idle   433
   content   approve

⊖ 在最近的研究中，Nelson Cowan（2005）认为，当我们讨论短时记忆的"纯粹容量"，而不讨论组块的可能性的时候，这个神奇的数字实际上应该是4。

3. descend		6. begin	
neglect	869	pillow	376
elsewhere		carton	

例如，Peterson 和 Peterson（1959）让被试学习 3 个无关的字母表中的字母，如 CHJ，然后被试看到一个三位数的数字，他们要从这个数字开始减 3。减法的进行阻止了他们对学过的三个字母进行复述 [**复述**（rehearsal）指的是默默地重复学过的项目]。最后，被试要回忆他们最开始看到的字母。在最开始的几次实验中，被试能够回忆起大部分的字母。但是，先前的字母在后来阶段就产生了干扰，回忆成绩变得很差。你从图 4-1 可以看到，5 秒钟的延迟之后，人们会忘记一半学过的字母。

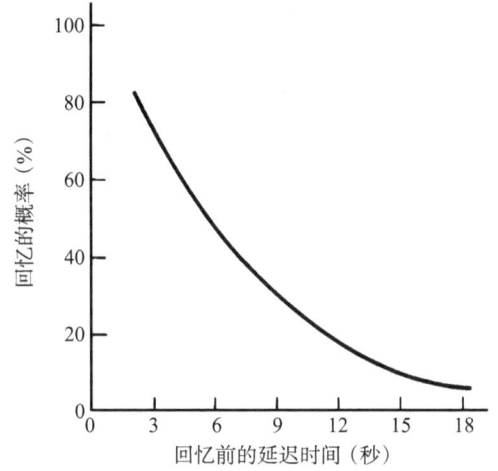

图 4-1　很多次实验之后，Brown/Peterson & Peterson 技术中被试回忆的百分数的典型结果

使用 Brown/Peterson & Peterson 技术的早期研究显示，对存储几秒钟的材料的记忆是很脆弱的。这个技术也启发了很多关于短时记忆的研究，在认知心理学的产生过程中也扮演了重要的角色（Bower，2000；Kintsch et al.，1999）。

近因效应

研究者们也使用系列位置效应来考察短时记忆。**系列位置效应**（serial-position effect）指的是词语在列表中的位置与词语回忆的概率之间的 U 形关系。图 4-2 显示的就是研究中发现的系列位置效应（Rundus，1971），这个 U 形曲线是很常见的，在最近的一些研究中也经常会发现这样的效应（Schwartz，2011；Thompson & Madigan，2005；Ward et al.，2005）。

你能够看到，U 形曲线显示了很强的**近因效应**（recency effect），即列表最后的几个项目的回忆成绩更好。很多研究者认为，对列表中最后几个词的准确记忆意味着这些项目在回忆测验的时候依然保持在短时记忆中，还有，这些项目没有进一步被转移到永久记忆中。所以，测量短时记忆容量大小的一种方法是看看词表结尾被准确记住的项目的数量（Davelaar et al.，2005；Davelaar et al.，2006；R. G. Morrison，2005）。研究者们使用系列位置曲线方法的时候，估计的短时记忆的容量是 3 ~ 7 个项目。

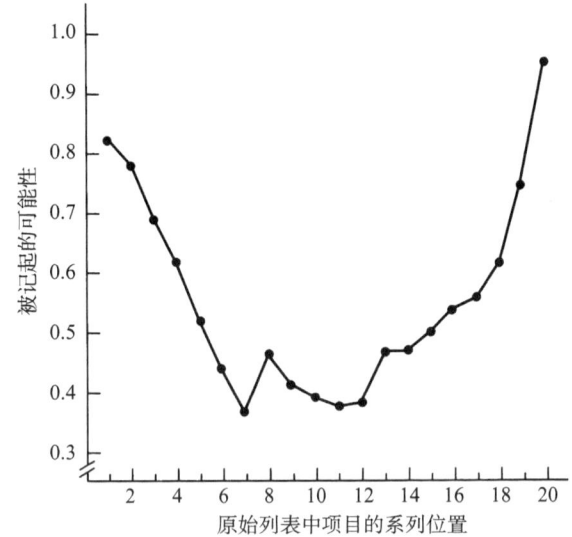

图 4-2　项目的系列位置与该项目被记起的可能性之间的关系
资料来源：Rundus, D. (1971). Analysis of rehearsal processes in free recall. *Journal of Experimental Psychology, 89,* 63-77

有时候，系列位置效应曲线也会显示强烈的**首因效应**（primacy effect），对词表开头的项目的记忆增强。开头的这些项目容易记住可能出于两种原因：①它们不需要与任何更早学习的项目进行竞争；②人们会更频繁地复述这些项目。一般来说，人们对词表开头和结尾的项目回忆得更好，而对中间项目的回忆正确率会更低。

短时记忆中项目的语义相似性

至此，我们讨论了组块策略如何增加了短时记忆中记忆的项目数量（Miller，1956）；然后我们讨论了研究者们用来测量短时记忆容量的两种方法。影响短时记忆容量的另一个因素是**语义**（semantics），即词语或者句子的意义。

看一下 Wickens 与同事们（1976）进行的一个经典研究。他们的方法中用到了记忆研究里的一个重要概念——前摄干扰。**前摄干扰**（proactive interference，PI）

指的是因为以前学习的材料对新的学习有干扰,所以人们很难记住新学习的材料。

看一下前摄干扰的例子。假设你已经在Brown/Peterson & Peterson技术中学习了3个项目：SCJ、HBR、TSV,你就很难记住第4个项目KRN,因为前面3个项目会产生干扰。但是,如果实验者将第4个项目的类别从字母换成了简单的几何形状,你的记忆就会提高。你会体验到**前摄干扰的解除**（release from proactive interference）。实际上,对新类别项目的记忆成绩几乎与第1个项目XCJ的成绩一样高。

很多实验表明,当项目类别改变的时候,如从字母换成数字,就会产生前摄干扰的解除。但是,(1976)的研究表明,当研究者改变项目的语义类别的时候也会出现前摄干扰的解除。他们的研究中使用了5个语义类别,你可以在图4-3中看到这5个类别。Wickens与同事们先让被试做3次Brown/Peterson & Peterson测验,换句话说,被试在每次实验中看到3个词语,然后是一个3位数的数字,对这个数字进行18秒的减法计算之后,要回忆看到的3个词语。

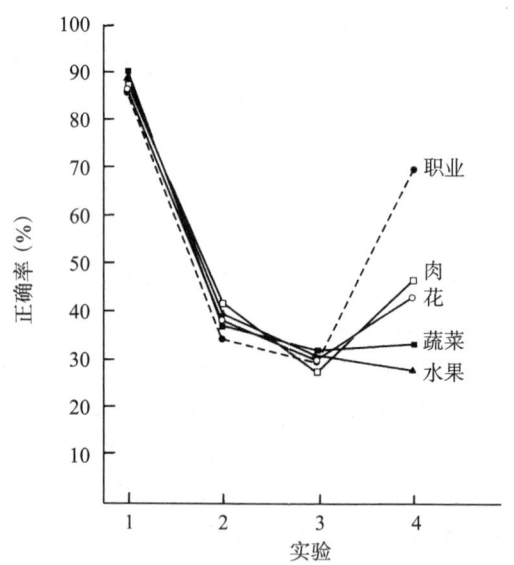

图4-3 随着语义相似性的变化,前摄干扰的解除（在第1～3次实验中,每组看到的词语都是属于相同的类别,如职业；第4次实验中看到的都是3种水果）

资料来源：Wickens, D. D., Dalezman, R. E., & Eggemeier, F. T. (1976). Multiple encoding of word attributes in memory. *Memory & Cognition, 4*, 307-310.

每次实验中被试都看到3个相关的词语,例如,在"职业"条件下,被试在第1次实验中看到"律师、消防员、教师,在第2次和第3次实验中,被试看到其他的职业。在第4次实验中,他们看到的是3种水果如"橙子、樱桃、菠萝"。在其他的条件下,被试在第3次实验的时候看到的也是3种水果。

看一下图4-3右边显示的5种条件。你不会预期第4次实验中形成的前摄干扰在控制条件下是最大的吗？在控制条件下,短时记忆中应该塞满了其他水果的名字,它们会干扰对新学习的3种水果的记忆。

在其他4种条件下人们完成得怎么样？如果在短时记忆中语义确实很重要,那么被试在这些条件下的记忆应该有赖于前3次呈现的项目与水果之间的语义相似性。例如,在前3次中看到蔬菜类别的人对第4次实验中水果的记忆应该较差,因为蔬菜和水果是相似的,它们都是可食用的,都是人们种出来的；看到花和肉类别的人们的记忆应该较好,因为花和肉都只有一个特征与水果相似；看到职业类别人们的记忆应该最好,因为职业是不可食用的,也不是种出来的。

图4-3所示的是每一个研究者都期望得到的结果。请注意,这个结果与预期是完美匹配的。一般来说,语义因素影响我们存储在工作记忆中的项目的数量。我们已经存储的词语会干扰对意义相似的新的词语的记忆。另外,语义相似性的程度与干扰的量相关。

其他的研究者们也证实了语义因素在工作记忆中的重要性（Cain, 2006；Potter, 1999；Walker & Hulme, 1999）。那么,我们已经知道了,存储在工作记忆中的项目的数量依赖于组块策略和词语的语义。很多年来,心理学家们认为影响工作记忆容量的另外一个重要因素是词语发音所需要的时间。但是,最近的研究显示,其他的变量可以解释发音时间对记忆的影响（Jalbert et al., 2011；Lovatt et al., 2002）。

Atkinson和Shiffrin的模型

20世纪50～60年代,很多心理学家进行了短时记忆有关的研究。在这个年代,Richard Atkinson和Richard Shiffrin (1968)提出了我们在第1章中讨论过的经典的信息加工模型,图1-1显示的就是他们的模型。你可以在这个图中看到,短时记忆是区别于长时记忆的。Atkinson和Shiffrin认为,短时记忆中的项目是脆弱的,除非这些项目被复述,否则会在30秒内消失。

另外,Atkinson和Shiffrin提出了**控制加工**（control process）是有目的的策略,如复述,人们可以用来提高记忆成绩（Hassin，2005；Raaijmakers & Shiffrin，2002）。这个模型最初关注短时记忆在学习和记忆中的作用，没有考察当我们完成其他认知任务的时候，短时记忆是如何起作用的（Roediger et al.，2002）。

Atkinson-Shiffrin 模型对认知心理学的发展也做出了贡献。例如，研究者们进行了很多研究来讨论短时记忆是否不同于长时记忆，这个问题至今都没有一个清晰的答案。

工作记忆的理论

多年来，研究者们充满热情地研究短时记忆的特征。但是，没有人提出过一个复杂的理论来解释短时记忆，直到英国的心理学家 Alan Baddeley 与同事们提出了工作记忆理论。你已经熟悉了影响工作记忆容量的几个因素，我们现在可以详细讨论一下这个理论了。

20 世纪 70 年代早期，Alan Baddeley 和 Graham Hitch 考察了很多关于短时记忆的研究，他们不久就意识到已有的研究中忽视了一个很重要的问题：在完成其他认知加工中，短时记忆的作用是什么？最后，他们提出短时记忆的主要功能是同时在心中保持几个相互联系的信息，这样人们就可以操纵和使用这些信息（Baddeley et al.，2009；Baddeley & Hitch，1974）。换句话说，工作记忆不仅仅是存储信息，与它的名字一致，工作记忆主动操纵这些信息（Levin et al.，2010；Schmeichel & Hofmann，2011）。

例如，如果你想理解正在读的这个句子，就需要在心中记住句子开头的几个词，直到你知道句子的结尾是什么（考虑一下：你实际上在记忆中记住了开头的词语，直到看到了词语"结尾"吗）。在这一部分中你会看到，人们在很多认知任务中都会用到这种工作记忆，如在语言理解、心算、推理和问题解决中（Baddeley & Hitch，1974；Logie，2011）。

Baddeley 提出了**工作记忆理论**（working-memory approach）：我们的即时记忆是包括多个组成部分的一个系统，在我们完成其他认知任务的时候，这个系统可以短暂地保持和操纵相关的信息。Baddeley 的工作记忆模型与早期的模型不同，因为他提出了工作记忆的多个成分（Schwartz，2011）。图 4-4 显示了 Baddeley 模型的当前版本，包括语音环路、视觉空间画板、中央执行系统和情节缓冲器，这是最近增加的一个成分（Baddeley，2000a，2000b，2001；Baddeley et al.，2009）。

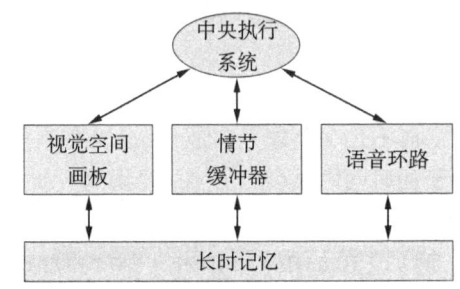

图 4-4　工作记忆理论：Alan Baddeley（2000b）工作记忆模型的简化版

注：这个图显示了语音环路、视觉空间画板、中央这些系统和情节缓冲器，也显示了它们与长时记忆的联系。

资料来源：Baddeley, A. D. (2000b). The episodic buffer: A new component of working memory? *Trends in Cognitive Sciences, 4*, 417-423.

Baddeley 的理论强调，工作记忆不仅仅是一个被动的仓库，拥有几个书架来存储被部分加工的信息，直到这些信息被转移的另外一个位置（可能是长时记忆）；相反，我们会主动操纵信息。结果，工作记忆更像一个工作台，信息材料可以被处理、结合、转换。显然，Baddeley 的模型与本书的主题 1 一致。

另外，这个"工作台"上有新的材料和从长时记忆存储中提取的旧的材料。图 4-4 中显示，工作记忆的三个成分都直接与长时记忆相关联。

我们首先讨论为什么 Baddeley 觉得他不得不推论工作记忆是包括几个成分的；而不是像 Atkinson-Shiffrin 模型认为的是一个结构单一的系统。接下来我们会逐一讨论这四个成分。第一个成分，语音环路会在深度了解的部分讨论，然后是其他的三个成分：视觉空间画板、中央执行系统和情节缓冲器。我们还会讨论工作记忆的成分是如何与学业成绩相关联的；个体差异特征部分会讨论抑郁与几种不同的工作记忆任务成绩的关系。

有单独容量的成分的证据

Baddeley 和 Hitch（1974）的一个研究提供了有力的证据表明，工作记忆不是一个单一的建构。在他们的研究中给被试呈现随机的数字串，让被试按顺序复述呈现的数字。数字串的长度 0～8 个不等。换句话说，最长的数字串达到了短时记忆的上限，即米勒（1956）提出的 7±2。同时，被试需要完成空间推理任务，即要求他们判断关于字母顺序的特定陈述是否正确。例如，假设被试看到两个字母 BA，同时看到一个陈述"A 紧跟着 B"，他们应该按"正确"做出反应；而如果他们看到两个字母 BA，同时看到一个陈述"B 紧跟着 A"，被试应该按"不正确"进行反应。

想象你自己在完成这样的任务。如果你需要不断复述 8 个数字而不是 1 个数字，你不会认为你在推理任务上需要更长的时间并且会犯更多的错误吗？令每一个人惊讶的是，人们在这两个同时进行的任务中表现得又快又准确。例如，Baddeley 和 Hitch（1974）发现，与没有复述任务相比，被试复述 8 个数字的时候，在推理任务中花的时间只多了不到 1 秒钟。而且，不管复述多少个数字，被试的错误率都是保持在大约 5%（Baddeley, 2012；Baddeley et al., 2009）。

Baddeley 和 Hitch（1974）的研究结果与 Miller（1956）提出的短时记忆存储大约 7 个项目的观点是相矛盾的。具体来说，他们认为人们确实可以同时完成两个任务，一个任务要求语言复述，另一个任务要求视觉或者空间判断。有的研究认为语言和视觉任务是会相互干扰的（Morey & Cowan, 2004；2005）。但是，大部分记忆的理论家认为工作记忆包括几个不同的成分，这些成分可以独立起作用（Baddeley et al., 2009；Davelaar et al., 2005；Miyake & Shah, 1999）。

Baddeley 与同事们提出了工作记忆的四个成分：语音环路、视觉空间画板、中央执行系统和一个整合的成分"情节缓冲器"（Baddeley, 2000a, 2000b, 2001, 2006；Baddeley et al., 2009；Gathercole & Baddeley, 1993；Logie, 1995）。我们先讨论语音环路，然后再讨论其他三个成分。

深度了解

语音环路

根据工作记忆理论，语音环路可以短时间内加工有限数量的声音。**语音环路**（phonological loop）加工语言和听到的其他声音，以及你自己发出的声音。在**不出声说话**（subvocalization）时，语音环路也是激活的，例如默读你正在看的词语的时候。我们要深入讨论一下语音环路，因为关于语音环路的研究比工作记忆其他三个成分的研究都要多（Baddeley, 2012；Baddeley et al., 2009）。

关于听觉混淆的研究。语音环路存储的信息是声音。所以，我们预期会发现人们的记忆错误来源于**听觉混淆**（acoustic confusion）；也就是说，人们更可能混淆声音相似的刺激（Baddeley, 2003；2012；Wickelgren, 1965）。

例如，Conrad 和 Hull（1964）在一个经典研究中给被试看两种英语字母表，一种字母表中的字母的名字发音都相似，如 C、T、D、G、V、B；另一种字母表中的字母的名字发音都不同，如 C、W、Q、K、R、X。第二种字母表中被试正确回忆的字母更多，这些字母表中的字母的名字发音都不相似。

有一点值得注意，在这些研究（如 Conrad 和 Hull 的研究）中，字母都是视觉呈现的。人们一定是根据字母的听觉特征将这些视觉刺激"翻译"成了听觉的形式。还有的研究考察了对词语的回忆。当词语的发音彼此不同的时候，人们会记住更多的词语；而词语的发音彼此相似的时候，记住的词语会少一些（Kintsch & Buschke, 1969）。

Dylan Jones 与同事们（2004）进行的一个研究提出了听觉混淆的不同的解释，他们认为人们在复述发音相似的项目时会混淆这些声音；但当这些项目被存储在语音环路中的时候是不会产生听觉混淆的。例如，假设你想记住前面提到的字母序列：C、T、D、G、V、B。Jones 与同事们认为，人们为了默默地重复这些字母就会发出这些字母的音，在默读的时候可能会出错而发出了错误的音，就像在读绕口令如"She sells seashells."时会出错一样。我们会在第 10 章中更详细地讨论这种语言-发音错误。

语音环路的其他应用。除了在工作记忆中扮演重要的角色，语音环路在我们的日常生活中也不可或缺（Baddeley, 2006；R. G. Morrison, 2005；Schwartz, 2011）。例如，在简单的数数任务中我们会用到语音环路，如数一下前面那个句子中词语的数量。你能够听到自己的"内部声音"在默默地数吗？现在还是数那个句子中词语的数量，但在数的同时不出声地快速说词语"the"。当语音环路被"the"占据的时候，我们甚至都不能完成简单的数数任务。

这本书的主题 4 指出，认知加工是彼此联系的，而不是单独起作用的。让我们看一下语音环路如何在其他的认知加工中扮演重要的角色。

第 5 章：工作记忆是长时记忆的"入口"。例如，考虑一下在到达长时记忆之前语音环路中经过的各种各样的语言信息。

第 6 章：当你默默地提醒自己在将来需要做的某件事，或者如何使用某种复杂的设备时，你会在**自我提示**（self-instruction）中用到语音环路。实际上，自言自语是一种有用的认知策略（Gathercole et al，2006）。

第 9 章：在你学习第一语言中的新词语的时候会用到语音环路（Baddeley et al.，2009；de Jong，2006；Knott & Marslen-Wilson，2001）。在阅读的时候也会用到语音环路。说实话，在第一次看到一个长的词，如 phonological 的时候，你不用默默地发音就可以理解这个词吗？

第 10 章：在你产生语言的时候，语音环路也起作用。例如，当你跟一个朋友讲述去年夏天的一次旅行（Acheson & MacDonald，2009）或者当你学习一种新的语言的时候（Masoura & Gathercole，2005）。

第 11 章：数学计算和问题解决任务也需要语音环路，这样你才能记住每一步的结果和其他的信息（Bull & Espy，2006）。

关于语音环路的神经科学研究

研究者们有时候使用神经科学的技术来考察语音环路。一般来说，这些研究表明了语音环路任务会激活大脑左半球额叶和颞叶的一部分（Baddeley，2006；Thompson & Madigan，2005）。这一发现是说得通的，相比大脑右半球，大脑左半球会更多地进行与语言有关的信息加工。我们在第 9 章会更详细地讨论这个问题。

我们看一下 Leonor Romero Lauro 与同事们（2010）进行的一个研究。**经颅磁刺激**（Transcranial Magnetic Stimulation，TMS）是使用磁场短暂刺激皮层特定区域的一种神经科学的技术，没有手术或者其他侵入性操作。磁刺激会短暂干扰信息加工，但不会对大脑造成伤害。Lauro 与同事们干扰了两个脑区，这样可以证实语音环路是如何加工语言信息的。

图 2-1 是一个大脑皮层结构示意图。Lauro 与同事们研究的一个脑区是左侧额叶，这是在复述语言材料的时候可能会被激活的脑区；研究的另一个脑区是左侧颞叶，这是在存储听觉信息的时候可能会激活的脑区。研究者们也采用了一套掩饰程序，与经颅磁刺激相似，但不会对信息加工产生任何干扰。

在每次经颅磁刺激或者掩饰程序之后，被试会立即看到一个句子和一张图片，句子内容或者与图片内容匹配，或者不匹配。

例如，被试可能看到一个简单的短句，"那个男孩正递给那个女人一只猫"，不匹配的图片显示的是女人正递给男孩一只猫。这个任务很简单，即使在磁刺激之后，被试也能够做出正确的反应。换句话说，左侧额叶和左侧颞叶通常不负责加工简单的短句。

第二组句子是有简单句法的长句子，如"那个女孩在吃蛋糕，那个男孩在喝牛奶"。在这种条件下，刺激被试的左侧颞叶，会产生更多的错误。显然，刺激这个区域会降低被试存储长句子中所有词语的能力，所以他们会犯更多错误。换句话说，左侧颞叶负责加工句法简单的长句子。

第三组句子是有复杂句法的长句子，如"男孩正在盯着的那只猫正在喝牛奶"。如果刺激左侧额叶或者左侧颞叶，被试都会犯更多错误。显然，磁刺激干扰了左侧额叶以有效的方式复述复杂的句法，也干扰了左侧颞叶以有效地存储这些长句子。换句话说，左侧额叶和颞叶通常负责复述和存储句法复杂的长句子。

请注意，关于语音环路的研究表明了工作记忆比单纯地存储 7±2 个项目的仓库要复杂得多。即使我们只讨论语音环路，已有的发现也很复杂。现在我们讨论工作记忆的另一个重要成分，叫作"视觉空间画板"。

视觉空间画板

Baddeley 工作记忆模型的另一个成分是**视觉空间画板**（visuospatial sketchpad），负责加工视觉与空间信息。这种工作记忆允许我们在看到复杂场景的时候收集关于物体和路标的视觉信息，也使我们可以从一个位置到另一个位置（Logie，2011；Logie & Della Sala，2005；Vandierendonck & Szmalec，2011a）。视觉空间画板还有其他不同的名字，如视觉空间工作记忆，短时视觉记忆。

在工作记忆的其他部分的讨论中，你可能会看到这些不同名字。

视觉空间画板让我们能够存储一个统一的图像，不仅包括问题的视觉形象，还包括物体在场景中的相对位置（Hollingworth，2004，2006a；Logie，2011；Vandierendonck & Szmalec，2011b）。视觉空间画板也存储来自语言描述中的视觉信息（Baddeley，2006；Pickering，2006a）。例如，当一个朋友讲故事的时候，你会发现自己正在设想他描述的场景。

在你开始阅读关于视觉空间画板的内容的时候，要记住我们在前面讨论过的 Baddeley 和 Hitch（1974）的那个经典研究。人们可以同时进行语音任务（复述8个数字）和视觉空间任务（如判断字母A和B的空间位置），而不影响两个任务的成绩。

在前面的讨论中我们看到语音环路的容量是有限的，视觉空间画板的容量也是有限的（Alvarez & Cavanaugh，2004；Baddeley，2006；Hollingworth，2004）。我记得曾经给一个中学生教几何。在她自己做题的时候，她常常会在一小片纸上做几何题。你可能会想象到，有限的空间会让她犯很多错误。同样，当太多的项目涌进视觉空间画板的时候，你不能正确地表征这些项目，也不能成功地回忆这些项目。

Alan Baddeley 描述了自己的经历，从这个经历中他明白了视觉空间任务是会彼此相互干扰的（Baddeley，2006；Baddeley et al.，2009）。作为一个英国人，他在美国住了一年并且迷上了橄榄球。有一次他在加利福尼亚的高速路上开车的时候，打开了收音机收听橄榄球比赛。为了搞明白比赛的规则，他试图形成球赛现场和球员行动的清晰详细的图像。但在产生这些图像的时候，他发现自己的车开始偏离原来的车道。

显然，Baddeley 发现自己不可能在完成一个视觉空间任务，如要求他在特定的边界内行车的同时，完成另一个需要产生包括视觉和空间成分的心理图像的任务。实际上，Baddeley 发现为了能够安全驾驶，他不得不换到音乐频道。

我们讨论了一些关于视觉编码的研究，以及视觉空间画板的其他应用相关的研究。我们也会简单地讨论相关的脑成像研究。

视觉空间画板的相关研究

Baddeley 开车过程中的双任务经验启发了他进行一些实验室的研究，证实人们很难同时进行两个视觉空间的任务（Baddeley，1999，2006；Baddeley et al.，1973）。

但是，总体来看，关于视觉空间画板的研究比关于语音环路的研究要少（Baddeley et al.，2009）。一个原因是我们没有一套标准化的视觉刺激，我们可以使用词语研究语音环路加工，但研究视觉空间画板的刺激比较难找。

另一个原因是被试（至少是西方文化中）更倾向于命名视觉形式呈现的刺激。大约从8岁开始，人们看到形状就会给出这个形状的名称，如"它是正方形里面的圆形"（Pickering，2006a）。如果你使用语言编码，可能会用语音环路而不是用视觉空间画板做进一步的加工。

研究者们如何鼓励被试采用视觉空间画板而不是语音环路呢？Maria Brandimonte 与同事们（1992）让被试们在看一个复杂视觉刺激的时候，重复一个无关音节如"la-la-la"。当语音环路被音节重复任务占据的时候，被试通常不会对刺激进行命名，而更可能采用视觉空间编码。

视觉空间画板的其他应用

学习心理学和其他社会科学的学生可能更常使用语音环路而不是视觉空间画板。而学习工程、艺术、建筑等的学生更常用到视觉编码和视觉空间画板。

但是，在我们的日常生活中，我们都会用到视觉空间画板。例如，看着你旁边的某个特定物体，闭上眼睛试着去摸这个物体。在你眼睛闭起来的时候，视觉空间画板可能让你存储了那个场景的一个简单的图像（Logie，2003）。另外，在你追踪一个移动的物体或者想找到从一个位置到另一个位置的路的时候，视觉空间画板都是激活的（Coluccia，2008；Logie，2003；Wood，2011）。这种工作记忆在很多休闲活动中也很有用，如在视频游戏、字谜和迷宫游戏中（Pickering，2006a）。

第7章中，我们会讨论视觉空间记忆的其他应用。尤其会讨论我们对视觉空间信息的心理操纵。

关于视觉空间画板的神经科学研究

一般来说，神经科学的研究表明了视觉和空间任务通常会激活大脑皮层右半球的几个脑区，而不是左半球（Gazzaniga et al.，2009；Logie，2003；Thompson & Madigan，2005）。另外，包括视觉成分的工作记忆任务会激活枕叶区域，那是负责视觉知觉的脑区（Baddeley，2011），参见图2-1。而且特定区域的大脑活动与任务的难度和任务的其他特征也有关系（Logie & Della Sala，2005）。

另外，人们在进行视觉和空间任务的时候，额叶皮层的很多区域也会被激活（Logie & Della Sala, 2005; E. E. Smith, 2000）。关于空间工作记忆的研究也表明，人们通过将选择性注意从心理表象的一个位置转移到另一个位置的方式来复述视觉空间材料（Awh et al., 1999）。结果，这种心理复述通常会激活额叶与顶叶的区域（Olesen et al., 2004; Posner & Rothbart, 2007b），这些区域是第3章中我们讨论过的与注意加工有关的脑区。

中央执行系统

根据工作记忆模型，**中央执行系统**（central executive）负责整合来自语音环路、视觉空间画板、情节缓冲器、长时记忆的信息。中央执行系统在集中注意、选择策略、转换信息、协调行为的过程中也扮演了主要的角色（Baddeley et al., 2009; Reuter-Lorenz & Jonides, 2007）另外，Baddeley（2012）认为中央执行系统有很多不同的功能，如集中注意和任务转换。所以，中央执行系统极其重要，极其复杂。但是，它也是我们了解最少的工作记忆成分（Baddeley, 2006; Bull & Espy, 2006）。

另外，中央执行系统负责抑制不相关的信息（Alloway, 2011; Baddeley, 2006, 2012; Hasher et al., 2007）。在每天的活动中，中央执行系统帮助你决定接下来要做什么，也帮助你决定不要做什么，这样你就不会偏离你的主要目标。

中央执行系统的特征

大部分的研究者强调中央执行系统负责计划与协调，不负责信息存储（Baddeley, 2000b, 2006; Logie, 2003）。你已经学过，语音环路与视觉空间画板都是专门化的存储系统。

与我们前面讨论过的两个系统相比，中央执行系统更难使用控制的技术进行研究。但是，中央执行系统在工作记忆的总体功能中肯定是起了重要的作用。Baddeley（1986）给出了一个书面的比喻。假设在分析工作记忆的时候，我们要集中分析语音环路而不是中央执行系统，这就像是我们在分析莎士比亚戏剧《哈姆雷特》的时候只分析御前大臣波洛涅斯这个微不足道的角色，而完全忽略了主要角色丹麦王子。

Baddeley（1999, 2006）提出，中央执行系统像一个组织中的执行总监那样工作。执行总监决定哪个话题值得注意，哪个话题要忽略；执行总监也负责选择策略，决定如何解决问题。同样，大脑中的中央执行系统在解决数学问题的时候也起重要的作用（Bull & Espy, 2006）。

我们会在第6章（元认知）和第11章（问题解决）中更彻底地讨论策略选择的问题。

一个好的执行总监也要知道不要继续使用一个无效的策略（Baddeley, 2001）。与组织中的执行总监一样，中央执行系统完成同时进行的几个任务的能力也是有限的。中央执行系统不能同时做出很多决策，不能在同时进行的两个项目中有效地工作。试一下示例4-3，考察的是一个熟悉的活动——白日梦。

示例 4-3

需要中央执行资源的任务

你的任务是产生一系列的随机数字。具体来说，确保你产生的数字系列中1~10的每个数字的比率差不多一样，也要确保你的数字系列中不包括有规律的重复。例如，数字4后面可以是1~10之间的任何数字。

尽可能快地在一张纸上写下一系列的数字，如以每秒钟一个数字的速度。持续做这个任务5分钟。如果你发现自己正在做白日梦，回头检查一下你产生的数字系列，你可能会发现你的数字系列可能都不是真正随机的。

中央执行系统与白日梦

让我们来看一个关于中央执行系统的代表性研究。此刻，你可能正在进行我们称为"白日梦"的活动。例如，现在你可能正在想昨天晚上看过的一个电视节目，或者在想下周末要干什么，而不是在想感觉接收器当前接收到的词语。

有趣的是，白日梦需要中央执行系统的主动参与。看一下Teasdale与同事们（1995）做的一个研究的一部分，也就是你在示例4-3中做过的。研究者们选择了一个任务，会用掉中央执行系统大部分的资源，这个任务被称为随机数字产生任务，需要被试每秒钟产生一个数字，组成随机数字系列。这个任务是有挑战性的。大约每两分钟研究者就会打断被试的任务，并要求他们写下当时心里的想法。

研究者们考察了被试报告他们正在考虑数字的试次，结果显示，在这些试次中被试能够成功地产生随机的数字系列。但是，当被试报告他们在做白日梦的时候，他们产生的数字就非常有规律。显然，白日梦占据了大部分中央执行系统的资源，使他们不能产生真正随机的数字系列。

关于中央执行系统的神经科学研究

研究者们对中央执行系统的生物基础的了解比对语音环路或视觉空间画板的生物基础的了解要少。但是，他们也积累了一些关于中央执行系统的额叶损伤的研究和神经成像的研究。

关于中央执行系统的神经科学的研究显示，当人们进行各种各样涉及中央执行系统功能的任务的时候，大脑皮层额叶区是最活跃的脑区（Baddeley，2006；Derakshan & Eysenck，2010b；Jonides et al.，2008）。另外，两侧额叶在大部分的中央执行活动中起作用（Kolb & Whishaw，2009）。

例如，假设你正在写认知心理学课的论文，在你写文章的时候，你的中央执行系统可能会抑制你去注意会干扰你的问题讨论的那些文章。当你在提纲中计划论题的顺序的时候，中央执行系统也是激活的。另外，中央执行系统引导你做出关于写论文的时间框架的决策。

每种中央执行任务本质上都是不同的，虽然它们都很困难。一旦我们清晰界定了中央执行系统完成的任务类别，我们会对中央执行系统的生物基础有更确定的理解。

情节缓冲器

在 Alan Baddeley 提出了最初的工作记忆模型大约 25 年后，他增加了工作记忆的第四个成分——**情节缓冲器**（episodic buffer, Baddeley，2000a，2000b，2006，2012；Baddeley et al.，2009；Baddeley et al.，2011）。你可以在图 4-4 中找到这个成分。情节缓冲器作为暂时性的仓库可以存储和结合来自语音环路、视觉空间画板和长时记忆的信息（第 5 章中你会看到，"情节"指的是关于发生在你身上的事件的记忆；这些记忆描述的是你生命的情节）。

为什么 Baddeley 要提出情节缓冲器呢？Baddeley 解释说，他最初的理论提出了中央执行系统计划和协调不同的认知活动（Baddeley，2006；Baddeley et al.，2009）。但是，他也指出了中央执行系统实际上不存储信息。所以，他增加了情节缓冲器作为工作记忆中负责将视觉、听觉和空间的信息与来自长时记忆中的信息相结合的成分，这有助于解决一个理论问题，即工作记忆是如何整合来自不同感觉通道的信息（Baddeley et al.，2009；Baddeley et al.，2011；Ketelsen & Welsh，2010；R. G. Morrison，2005）。

情节缓冲器主动对信息进行加工，这样你就可以解释先前的经验，可以解决新的问题，也可以计划将来的活动。例如，假设你正在考虑昨天发生的一个不幸的经历，你可能会无心地对朋友说出一些粗鲁的话语。你会回顾这一事件，想弄明白你朋友是否觉得你冒犯了他。例如，你会试图回忆那个朋友的面部表情，他的语言反应；当然，你也需要来自长时记忆中关于你朋友的习惯性行为的信息。

情节缓冲器可以让你将以前没有联系在一起的一些概念联系起来（Baddeley et al.，2009）。例如，你可能突然记起有一次一个人很粗鲁地批评了你，你会把你朋友的反应与你自己的个人经验相关联。情节缓冲器也可以让你将词语联结成有意义的组块或者短语，而你对有意义的组块或者短语的记忆比对随机词语的记忆要准确得多（Baddeley et al.，2011）。

因为情节缓冲器是相对比较新的一个成分，很少有文章是关于情节缓冲器的神经科学研究（Baddeley et al.，2010）。但是，Baddeley 与同事们都强调情节缓冲器容量有限，正如语音环路和视觉空间画板的容量有限一样（Baddeley，2000a，2006；Baddeley et al.，2011）。

另外，情节缓冲器只是一个暂时性的记忆系统，而不是相对持久的长时记忆系统。情节缓冲器让我们形成对事件更丰富、更复杂的表征，形成的复杂表征可以被存储到长时记忆中。

我们考察了 Baddeley 与同事们提出的工作记忆模型的四个成分，这个模型得到了广泛的证据支持。但是，有的心理学家也提出了不同的工作记忆理论（Conway et al.，2007；Cowan，2005，2010；Ketelsen & Welsh，2010；Logie & van der Meulen，2009）。但所有这些理论都一致认为工作记忆是复杂的、灵活的、讲求策略的。

当前关于工作记忆的观点不同于 20 世纪 50～60 年代的关于短时记忆的观点，那时候人们认为短时记忆是死板的，有固定容量的。但是，有意思的是，Baddeley 与同事们（2011）最近发表的一篇文章中使用了"组块"的概念，即 George Miller（1956）在他的经典文章中使用过的概念。Miller 的文章促进了记忆的认知理论的发展。

工作记忆与学业成绩

在过去的十年间，心理学家开始关注工作记忆的个体差异。研究显示某些工作记忆任务的成绩与学业成绩显著相关。我们讨论一下几个相关领域的研究。

1. 工作记忆任务的成绩与总体智力和学校分数相关（Baddeley et al., 2009; Cowan et al., 2007; Levin et al., 2010; Oberauer et al., 2007）。

2. 工作记忆测验尤其是语音环路测验的分数与阅读能力相关（Bayliss et al., 2005; Swanson, 2005）。

3. 中央执行任务测验的分数与语言流畅性、阅读理解能力、推理能力和记笔记的能力相关（Jarrold & Bayliss, 2007; Levin et al., 2010; Oberauer et al., 2007）。

4. **注意缺陷多动障碍**（Attention-Deficit/Hyperactivity Disorder，ADHD）是以难以集中注意、多动和冲动性为特征的心理障碍（American Psychiatric Association, 2000）。注意障碍患者在完成中央执行控制任务的时候比其他人会有更多的困难，尤其是要求他们抑制一种反应、计划一个项目或者同时完成两个任务的时候（Alloway, 2011; Baddeley et al., 2009; Barkley, 2006, 2010; Martinussen et al., 2005; Willcutt et al., 2005）。

个体差异：重度抑郁与工作记忆

在这一部分中我们将会讨论心理抑郁与工作记忆的关系。**重度抑郁**（major depression）的患者会感到悲伤、泄气、没有希望；通常会报告觉得很疲劳，对休闲活动几乎没有兴趣（American Psychiatric Association, 2000）。有10%～15%的美国成年人在人生的某个时刻会出现重度抑郁（American Psychiatric Association, 2000）。因为重度抑郁相当普遍，所以讨论抑郁与工作记忆之间的关系就显得尤为重要。

先看一下 Gary Christopher 和 John MacDonald（2005）进行的一个有代表性的研究，他们比较了抑郁和不抑郁的人们的工作记忆成绩。他们测试了35名符合重度抑郁标准的住在医院的病人和29名在这个医院工作但没有抑郁的人，两组的平均年龄是差不多的，重度抑郁患者的平均年龄是38岁，而没有抑郁的人的平均年龄是37岁。两组人的词汇能力也是差不多的。

Christopher 和 MacDonald 考察了 Baddeley 工作记忆模型中的三个主要成分。例如，他们用了两个任务来测量语音环路，一个任务是要求被试看一系列读音相似的字母如 CDP，同时重复发出"the"的音，被试要按正确的顺序记住这些字母。抑郁症患者正确记住了3.4个字母，而没有抑郁症的人正确记住了5.3个字母，他们之间的差异是显著的。

研究者们也采用了一个任务来测量视觉空间画板。首先，被试要看一系列的视觉模式，每个模式被安排在一个3×3的黑白正方形阵列中，每种模式呈现1秒钟，开始先呈现两种模式，之后模式的数量逐渐增加；然后被试看到一个"探测模式"，要报告这个模式与之前看到的模式是否相同。抑郁症患者的平均记忆广度是6.7，而没有抑郁症的人的平均广度是7.8，虽然二者之间的差异不如语音环路任务中的差异大，但仍然是显著的。

Christopher 和 MacDonald 也用了四种任务测量来评价中央执行功能，两组人在 Brown/Peterson & Peterson 任务和语言推理任务中的分数是相似的。但是，在其他两种任务中，两组人的分数出现了巨大的差异。具体来说，一个任务要求被试听一系列的字母然后以相反的顺序报告，抑郁症患者的平均记忆广度是2.8，而正常人的平均记忆广度是4.9；另一个中央执行任务要求被试回忆字母串中的最后四个字母，字母串的长度是4～8个字母，抑郁症患者的平均记忆广度是3.2，而正常人的平均记忆广度是7.4。

现在，还不清楚为什么重度抑郁症患者在某些工作记忆任务中会出现困难，而在另一些任务中却没有困难。大体的结果与临床报告是一致的：抑郁症患者通常报告说他们很难集中注意力，也倾向于拥有**反复思考的风格**（ruminative style）；他们会担心生活中所有的事情都是不对劲的（De Lissnyder et al., 2010; Nolen-Hoeksema, 2006）。而这些倾向性可能与工作记忆的问题有关。

Christopher 和 MacDonald（2005）得出结论："这些发现强调了抑郁对抑郁症患者日常认知活动的根本性影响"。日常认知活动中较差的成绩可能会进一步增加抑郁的水平。显然，临床心理学家和其他的心理健康专业人员应该了解抑郁的人们存在的这些可能的工作记忆缺陷。

复习题

1. 描述米勒关于神奇数字7±2的概念。为什么组块与这个概念相关？为什么米勒的着眼点不同于行为主义理论？Atkinson-Shiffrin 模型如何包括了有限记忆容量的观点？

2. 什么是系列位置效应？为什么这个效应与短时记忆有关？讨论另一个测量短时记忆的方法。

3. 这一章描述了Conrad和Hull（1964）的一个重要研究，显示人们在回忆字母系列C、W、Q、K、R、X的时候会回忆较多的字母；而在回忆字母系列C、T、D、G、V、B的时候回忆的字母比较少。这个研究告诉我们关于工作记忆的什么特征？如果你复述这些字母，大脑的什么部分会是最活跃的？

4. 假设你被介绍给了来自其他大学的五个学生。根据语义相似性的知识，你为什么发现在他们被介绍过了之后你很难记住他们的名字？你会如何增加记住这些学生们的名字的可能性？

5. 根据对Baddeley工作记忆理论的讨论，工作记忆不只是个被动的存储仓库，而是一个工作台，负责持续处理、结合、转换记忆材料。为什么工作台的比喻与Baddeley的模型更相关，而不是与Atkinson-Shiffrin模型更相关？

6. 这一章描述了Baddeley和Hitch（1974）的研究，表明了人们在完成空间推理任务（"A紧跟着B"任务）的同时可以记住数字。为什么这个研究表明了一个工作记忆的模型必须要包括至少两个独立的存储系统？

7. 描述你今天完成的用到语音环路、视觉空间画板、中央执行系统、情节缓冲器的任务。你能想到一个会用到所有四种工作记忆的成分和长时记忆的任务吗？

8. 中央执行系统是做什么的？关于它在工作记忆中的作用，中央执行系统的哪些任务与商业中的执行总监是相似的？

9. 找到图2-1，利用这一章中的描述，指出在下列的任务中大脑的哪些部分是活跃的：①语音环路；②视觉空间画板；③中央执行系统。

10. 几十年来，研究人类记忆的科学家们主要研究的是选修了心理学入门课程的大学生。为什么关于大学生的工作记忆研究不能被应用到患有重度抑郁的人群？

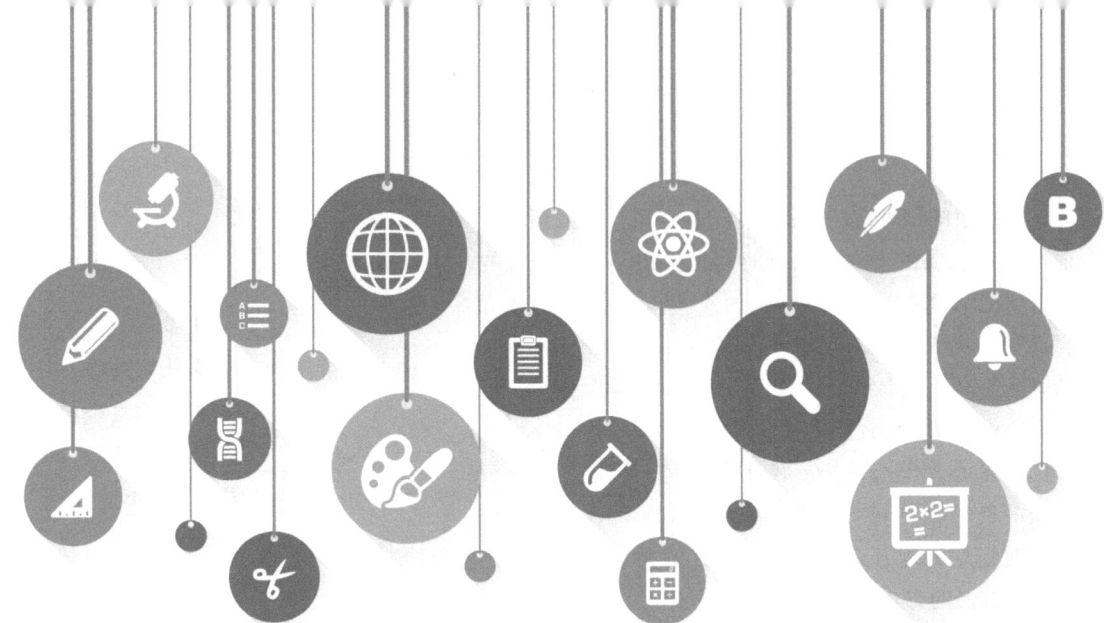

第 5 章

使用长时记忆

概览

第5章关注的是长时记忆,也就是说,在整个生命历程中收集的记忆。这一章首先考察与获取新消息有关的因素,例如,关于加工深度的研究表明,如果我们加工信息的时候加工的是信息的意义而不是表面的特征,则对信息的记忆通常更准确。如果你回到一个曾经熟悉的地方,体验到那些尘封的记忆,你就会了解另一个因素——"编码特异性"的重要性。另外,情绪因素也以不同的方式影响记忆。例如,如果你在电视上看到一个暴力节目,你对节目间歇出现的广告的记忆就比较差。

这一章的第二部分是关于记忆提取,表明了记忆的准确性取决于研究者们如何对记忆进行测量。例如,有健忘症的人在简单回忆中记得比其他人要少;但是,如果用间接的方式来测量记忆,他们与正常人的记忆是相似的。这一部分也讨论了在特定学科领域有专业知识的人的记忆能力。

这一章最后一部分讨论的是自传体记忆,即对自己的生活中日常事件的记忆。记忆会受到关于物体与事件的一般知识的影响;一般知识通常是有用的,但也可能引起记忆错误。这一部分也考察了两种监控:①源监控中,你试图弄明白你是如何习得特定信息的;②现实监控中,你试图弄明白某个特定的事件是否真的发生过。讨论指出我们的闪光灯记忆通常都不是很准确的。这一章也涉及了关于目击证人证词的研究,这些研究表明了误导的信息有时候能够改变记忆。最后,我们会讨论一个争论:人们会忘记创伤性的童年事件但在很多年之后又恢复相关的记忆吗?

章节简介

花几分钟想一下你自己的长时记忆。你能记住这个学期第一天发生的事件的细节吗?现在回忆你高中科学课老师的名字。你能记住自己五年级的好朋友的一些特征吗?记忆是我们最重要的认知能力之一。与本书的主题4一致,记忆与很多其他的认知加工密切相关(Einstein & McDaniel,2004)。

在前面的章节中你注意到了,心理学家们通常将记忆分成两类:**工作记忆**(working memory,对当前加工的策略的短暂的即时记忆）和长时记忆。第 4 章强调，工作记忆是很脆弱的，你想保持的信息会在不到一分钟的时间里从记忆中消失。

但是，第 5 章将表明**长时记忆**（long-term memory）会保持记忆材料几十年。长时记忆有很大的容量；包含了对生命历程中积累的经验和信息的记忆。

像很多心理学家一样，我不太相信工作记忆与长时记忆是两种完全不同的记忆类别。但是，我认为工作记忆与长时记忆的划分是分离关于记忆的大量研究和知识的一种很方便的方式。

心理学家通常将长时记忆进一步划分为更具体的类别。同样，进一步地划分也只是为了方便，而不是说这些分类代表了不同种类的记忆。一种广为流传的划分方法是将长时记忆分为情节记忆、语义记忆和程序性记忆（Herrmann，Yoder，et al.，2006）。让我们简单看一下长时记忆的这三个成分。

情节记忆（episodic memory）是对发生在你自己身上的事件的记忆；可以让你在主观时间上回到过去，重温生命中已经发生过的情节（Gallistel & King，2009；Surprenant & Neath，2009）。情节记忆可能是对十年前发生的事件的记忆，也可能是对十分钟之前的谈话的记忆。情节记忆是这一章主要讨论的一个问题。

语义记忆（semantic memory）描述了关于世界的有组织的知识，包括关于词语的知识和其他的事实性信息。例如，你知道词语"语义"与词语"意义"相关，你知道渥太华是加拿大的首都。这本书的第 8 章关注的是语义记忆和关于世界的一般知识。

程序性记忆（procedural memory）指的是关于如何做某事的记忆。例如，你知道怎样骑自行车，你知道怎样给朋友发送电子邮件信息。我们在这一章讨论内隐记忆的时候会提到程序性记忆的某些方面，第 6 章讨论前瞻记忆的时候也会提到。

在这一章中我们会讨论长时记忆的三个方面。第一个方面是**编码**（encoding），即在记忆中对信息进行加工和表征（Einstein & McDaniel，2004）；第二个方面是**提取**（retrieval），即在记忆存储中找到信息，并获取这些信息；第三个方面是**自传体记忆**（autobiographical memory），指的是与你自己有关的经验和信息（Brewin，2011）。第 6 章中我们会继续讨论长时记忆，强调的却是记忆提高的策略。试一下示例 5-1，再接着往下读。

👆 **示例 5-1**

加工水平

用"是"或者"否"回答下面的问题。
1. 这个词语是大写的吗？　　　BOOK
2. 这个词可以填到这个句子中吗？
"I saw a _____ in a pond."（duck）
3. 这个词与 BLUE 押韵吗？　（safe）
4. 这个词可以填到这个句子中吗？
"The girl walked down the _____."（house）
5. 这个词与 FREIGHT 押韵吗？
（WEIGHT）
6. 这个词语是小写的吗？　　　（snow）
7. 这个词可以填到这个句子中吗？
"The _____ was reading a book."
（STUDENT）
8. 这个词与 TYPE 押韵吗？　（color）
9. 这个词语是大写的吗？　　（flower）
10. 这个词可以填到这个句子中吗？"Last spring we saw a _____."　（robin）
11. 这个词与 BALL 押韵吗？（HALL）
12. 这个词语是小写的吗？　（TREE）
13. 这个词可以填到这个句子中吗？
"My _____ is 6 feet tall."
（TEXTBOOK）
14. 这个词与 SAY 押韵吗？　（DAY）
15. 这个词语是大写的吗？　（FOX）

现在，不要再回去看这些词语，尽可能记住这些词语。计算物理特征、押韵、意义任务中你正确回忆的项目的百分数。

长时记忆的编码

这一部分要讨论长时记忆编码中的三个重要问题：
1. 你更可能记住深入的、涉及意义层面加工的项目还是记住浅显的、表面加工的项目？
2. 如果编码的背景与提取的背景一致，你更可能记住学习过的项目吗？
3. 情绪因素如何影响记忆准确性？

确定你计算出了示例 5-1 的三个百分数再接着往下读。

加工水平

1972年，Gergus Craik和Robert Lockhart写了一篇关于如何编码信息的非常有影响的文章。**加工水平理论**（level-of-processing approach）认为信息的深入的、有意义的加工比浅显的、感觉水平的加工会产生更准确的回忆。这个理论也被称为**加工深度理论**（depth-of-processing approach）。

例如，在示例5-1中，当你考虑词语的意义的时候（是否这个词语可以填到一个句子里）使用的就是深度加工。加工水平理论预测，当使用深水平的、涉及词语意义的加工的时候，对词语的回忆会更准确；而当只考虑词语的物理特征（如是否是大写的字母）或者词语的读音（是否与另一个词押韵）的时候，你就不太可能回忆起这些词语。

一般来说，当人们抽取刺激的更多意义时，他们对刺激的加工水平是更深入的。当你分析意义的时候，可能会想到与刺激有关的其他的联结、表象或者过去的经验。总的来说，你会记住自己深入分析过的刺激（Healy et al., 2011；Roediger, Gallo, & Geraci, 2002）。在第6章你也会看到，大部分提高记忆的策略强调的是深入的有意义的加工。

让我们讨论关于加工水平理论的一些研究，我们首先讨论一般记忆材料的加工，然后讨论一种特殊的深水平的加工：自我参照加工。

一般识记材料的加工水平与记忆

Craik和Lockhart（1972）的文章最主要的假设是更深入的加工会产生更好的回忆。例如，在一个与示例5-1类似的研究中，Craik与Tulving（1975）发现，如果人们开始回答的问题是关于词语的意义而不是词语的物理特征，那么对词语的回忆会增加两倍。很多研究综述得出结论，语言材料的深度加工通常比浅显加工产生更好的回忆成绩（Craik, 1999, 2006; Lockhart, 2001; Roediger & Gello, 2001）。

深度加工提高了回忆成绩源于两个原因：区别性与精细加工。**区别性**（distinctiveness）指的是刺激与其他的记忆痕迹不同。假设你正在进行工作面试，你知道了其中一个面试官在决定你是否被聘用的时候尤其重要，你想记住他的名字，就需要花更多的时间深度加工他的名字。你会尝试找到他的名字里与众不同东西，使他的名字与你在面试过程中听到的其他相似的名字相区别（Worthen & Hunt, 2011）。当你有了某个名字的区别性编码，其他的不相关的名字就不太可能会产生干扰（Craik, 2006；Schacter & Wiseman, 2006；Surprant & Neath, 2009）。

深度加工的第二个因素是**精细加工**（elaboration），它要求对意义与相互联系的概念进行丰富的加工（Craik, 2006; R. E. Smith, 2006; Worthen & Hunt, 2011）。例如，如果你想理解加工水平这个概念，你需要知道这个概念如何与区别性和精细加工有关。想一下你加工示例5-1中的词语duck的方式，你可能回忆起自己最近在池塘里看到过鸭子或者看到餐馆的菜单上有烤鸭。这种语义编码促进了丰富加工的进行。但是，如果假设这个词语的加工指导语是问你它是否是大写字母，你只是会简单地回答"是"或者"否"，而不会花时间进行更多的精细加工。

我们讨论一个关于精细加工重要性的研究。Craik与Tulving（1975）让被试阅读句子然后决定句子后面的词语是否是适合句子的内容的。有的句子是简单的，如"她煮了＿＿＿＿"，有的句子是详细的，如"那只大鸟俯冲下来抓走了正在挣扎的＿＿＿＿"。句子后面的词语或者是符合本句的（如兔子），或者是不符合本句的（如岩石）。两种句子都需要深入的或者说有意义的加工，但是，但是更详细的句子产生了更准确的回忆。

还有研究表明，深度加工也增强了我们对人脸的记忆。例如，如果让人们判断面孔是否看起来诚实而不是更表面的一些特征，如鼻子的宽度，人们会识别更多的人脸（Bloom & Mudd, 1991；Sporer, 1991）。如果人们被告知要注意不同面孔之间的区别，他们对面孔的记忆也会更好（Mäntylä, 1997）。

加工水平与自我参照效应

根据**自我参照效应**（self-reference effect），如果你尝试将识记的信息与自己相联系，就会记住更多的信息（Burns, 2006；Gillihan & Farah, 2005；Schmidt, 2006）。自我参照任务促进了特殊的深度加工。我们首先看一下关于自我参照效应的代表性研究，然后讨论被试不遵从指导语的问题，最后讨论解释自我参照效应的几个因素。

1. 代表性研究。在表明自我参照效应的一个经典研究中，T. B. Rogers与同事们（1977）让被试根据具体的指导语加工每个英语词语。这些指导语包括：①加工词语的视觉特征；②加工词语的语音特征；③加工词语的语义特征。他们提出的第四类指导语是④自我参照指导语，被试要确定一个特定的词语是否可以用到自己身上。

结果显示，使用浅显加工的两个任务中词语的回忆成绩是差的，也就是加工词语的视觉特征或者听觉特征；加工语义特征的时候回忆成绩会更好；但是，自我参照任务中词语的回忆成绩比其他三种任务中都要好。

显然，当我们考虑一个词语与自身的联系时，会产生一个容易记住的编码。例如，假设你要决定词语"慷慨的"是否可以用到自己身上，你可能回忆起自己把课堂笔记借给了一个没来上课的朋友，回忆起你与朋友们分享一盒糖果——是的，"慷慨的"这个词是适合我的。自我参照任务中需要组织与精细加工，这些心理加工增加了项目回忆的可能性。

关于自我参照效应的研究也支持了本书的主题3，即认知系统处理积极的事件比处理消极的事件更有效。在自我参照的研究中，人们更可能记住可以应用到自己身上的词语，而不是不能应用到自己身上的词语（Ganellen & Carver，1985；Roediger & Gallo，2001）。

研究显示，自我参照效应是相当强的一个效应（Hward & Klein，2011；Kesibir & Oishi，2010；Rathbone & Moulin，2010）。Symons 和 Johnson（1997）集合了129个不同研究的结果来考察自我参照效应。他们进行了**元分析**（meta-analysis），这是一种综合分析关于某个问题的很多不同研究的统计方法。元分析计算的是可以告诉我们在所有的相关研究中某个变量是否有显著统计效应的统计指标。Symons 和 Johnson 的元分析证实了我们前面描述的模式：当人们使用自我参照的方法而不是其他的语义加工或者别的加工方式来加工词语的时候，会回忆起更多的项目。

2. 没有遵从指导语的被试。自我参照效应是一个稳定的效应。但是，Mary Ann Foley 与合作者们（1999）表明，这些研究可能实际上低估了自我参照的力量。具体来说，他们提出当被试被要求使用浅显的方式加工刺激的时候，他们可能会"作弊"；实际上他们是使用了自我参照的方法。

在他们的一个研究中，Foley 与合作者们（1999）要求学生们听一些熟悉的具体的名词，但是，在听到每个词语之前，他们被告知要产生不同的心理表象。如在两种条件下，学生们被要求产生的心理表象是①"想象这个物体"；②"想象你自己在使用这个物体"。

在数据的第一次分析中，Foley 与合作者们根据听到词语之前的指导语的不同对结果进行了分类。表5-1中显示了这两种条件下人们的回忆成绩是一样的。也就是说，不管是要求学生们使用浅显的加工还是使用深入的自我参照的加工，他们都记住了42%的词语。

但是，Foley 与合作者们也要求学生在学习过程中描述每个词语的视觉表象。正如研究者们预想的那样，学生们在"想象这个物体"的条件下常常会将自己也包括在表象中，所以实际上是使用了自我参照的加工。在对数据的第二次分析中，研究者根据学生们实际上使用的加工方法而不是指导语的不同对结果进行分类。你可以看到，数据的再分析表明，当学生们使用自我参照时回忆出的词语比他们想象这个物体进行回忆的时候，多了三倍。

表 5-1　不同想象条件和分析条件下，项目回忆的百分数　　　　（%）

	想象这个物体	想象你自己在使用这个物体
数据的第一次分析	42	42
数据的第二次分析	23	75

资料来源：Based on Foley et al., 1999.

Foley 与合作者们（1999）的研究具有重要的启发意义，这个研究表明了认知加工是主动的（主题1）。人们不会只是被动地、分毫不差地遵从指导语和研究者的指示。研究者们应该考虑到被试可能会对指导语进行转换，这些转换会影响研究的结果。

3. 自我参照效应产生的因素。现在我们来看另一个问题：当我们将识记的信息用到自己身上的时候，我们为什么会记得更好呢？Tulving 与 Rosenbaum（2006）强调，一种认知现象通常需要不止一个解释。我们讨论可能产生自我参照效应的三个认知因素。

第一个因素是"自我"会产生非常丰富的线索，你可以很容易地将这些线索与自己正在学习的新消息相联系。这些线索也是有区别性的，例如你的诚实的特征不同于智力的特征（Bellezza，1984；Bellezza & Hoyt，1992）。

第二个因素是自我参照的指导语让人们考虑到他们的个人特质之间是如何联系在一起的。研究显示这种精细加工会产生更准确的信息提取（Burns，2006；Klein & Kihlstrom，1986；Thompson et al.，1996）。

第三个因素是如果识记材料与自我有关，你就会更频繁地复述，在将材料与自己相关联的时候，也更可能使用丰富复杂的复述（Thompson et al.，1996）。复述策略会促进随后的回忆成绩。简而言之，这几个主要因素共同作用，使你增加记住与自己有关的材料的能力。

背景效应：编码特异性原则

你在卧室里意识到你需要去厨房拿点东西。但当你到了厨房，却又想不起你为什么来到厨房。这样的场景是不是听起来很熟悉？没有背景对你需要的东西进行编码，你就不能提取相应的记忆。你回到卧室，里面有很多背景线索，你立刻就会想到自己要的是什么。同样，考试中单独的一个问题可能看起来不熟悉，而有了合适的背景你可能会知道这个问题的答案。

这些例子都说明了**编码特异性原则**（encoding-specificity principle），这个原则指出：如果提取的背景与编码时候的背景相似，回忆成绩会更好（Baddeley et al., 2009；Surprenant & Neath, 2009；Tulving & Rosenbaum, 2006）。当编码与提取的背景不一致的时候，你更可能会忘记这些项目。编码特异性还有三个相似的名称：取决于背景的记忆、合适转换加工、背景重构（Craik, 2006；Roediger & Guynn, 1996）。接下来我们会详细讨论编码特异性的问题。先讨论有代表性的研究，然后讨论这些研究如何促使我们修改前面关于加工水平的结论。

关于编码特异性的研究

在一个有代表性的研究中，Viorica Marian 和 Caitlin Fausey（2006）测试了智利的被试，他们可以熟练使用英语和西班牙语。研究者让被试听四个故事，讨论的话题是诸如化学和历史之类的。两个故事是英语的，两个是西班牙语的。

短暂的延迟之后，被试听到关于每个故事的问题。一半的问题使用的语言与讲故事的语言一致（如西班牙语 - 西班牙语），另一半的问题使用的语言与讲故事的语言不同（如西班牙语 - 英语），被试需要用与问题中使用的语言一致的语言来回答问题。

你可以看到，图 5-1 表明了编码特异性的存在。换句话说，如果被试听到的故事和回答问题的语言相同，他们的答案会更准确。但是，如果听到的故事是一种语言，回答问题用另一种语言，他们的准确性会降低（我们会在第 10 章中更详细地讨论双语）。

背景效应如何帮助我们在日常生活中更好地完成不同的任务呢？基本上，我们常常会忘记不与我们当前的背景相关联的材料（Bjork, 2011）。毕竟，我们不需要记住大量在以前的场景中很重要的，而不再与当前任务有关的细节（Bjork & Bjork, 1988）。例如，作为大学生，你肯定不想你的记忆中充满关于你在五年级用过的数学课本的信息或者是关于你的高中毕业旅行的细节。

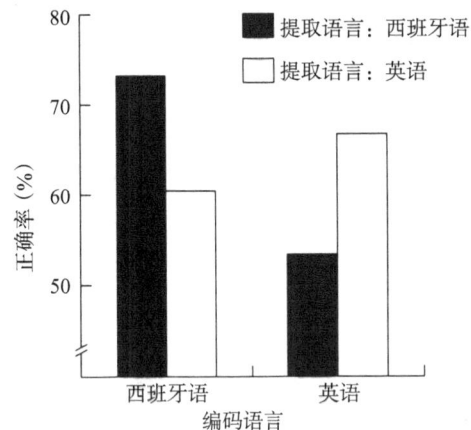

图 5-1　不同的编码语言和提取语言条件下，
正确回忆的项目的百分数

资料来源：Marian, V., & Fausey, C. M. (2006). Language-dependent memory in bilingual learning. *Applied Cognitive Psychology, 20,* 1025-1047.

编码特异性在日常生活中很容易见到，但是，日常生活中的背景效应通常与实验室里的不一致（Baddeley, 2004；Nairne, 2005）。我们将讨论两种可能的解释。

1. 不同种类的记忆任务。日常生活中的背景效应通常与实验室里的不一致的一个解释是，两种情境下测试的记忆任务是不同的（Boediger & Guynn, 1996）。为了讨论这个问题，我们需要介绍两个重要的概念：回忆与再认。在**回忆任务**（recall task）中，被试必须在脑海中重现他们学习过的项目（例如，你能回忆起精细加工的定义吗）。在**再认任务**（recognition task）中，被试必须判断他们是否见过某个特定项目（例如，词语字形在前面的章节中出现过吗）。

让我们回到编码特异性的问题。我们日常生活中的编码特异性通常描述的情境是回忆先前的经验，这些经验发生在很多年以前（Boediger & Guynn, 1996）。在这些延迟很久的日常生活中的情境中，编码特异性通常是很强的。例如，当我闻到了马鞭草花的香味，我会立即回到童年在祖母的花园里的时光，我记得跟表兄弟们走在花园里。这是一种发生在几十年前的经验。

但是，实验室研究中通常关注的是再认而不是回忆："这个词语出现在你先前看到的材料中吗？"另外，词表通常是在不到一小时之前出现过。在短暂延迟的实验室场景中，编码特异性通常比较弱。

总之，编码特异性效应更可能在下面的记忆任务中发生：①测量回忆的记忆任务；②用到真实生活事件的记忆任务；③考察发生在很久之前的事件的记忆任务。

2. 物理与心理背景。在关于编码特异性的研究中，研究者们常常只是操纵了材料编码和提取时候的物理背景。但是，物理背景可能不如心理背景重要。很可能物理细节（如房间的特征）在决定编码背景是否与提取背景匹配的时候是微不足道的。编码特异性原则可能取决于两种环境感觉起来多么相似，而不是看起来多么相似（Eich，1995）。

心理背景应该让你想起了Foley与同事们（1999）的研究，表明了被试的心理活动常常与研究者们的具体指导语不匹配。研究者们不应该仅考虑他们正在操纵的变量，他们必须注意被试的头脑中正在进行的加工。心理活动的重要性对接下来的问题也很重要，下一个问题与加工水平有关。

加工水平与编码特异性

Craik与Lockhart（1972）关于加工水平理论的最初的描述中强调了编码，或者说项目是如何进入记忆的，但没有提及提取的细节，或者说项目是如何从记忆中被恢复的。可是，根据编码特异性原则，如果提取的条件与编码的条件相匹配，人们就会记住更多的材料（Moscovitch & Craik，1976）。所以，编码特异性可以取代加工水平理论。实际上，当提取的是表面信息的时候，浅显的加工比深入的加工更有效，这与加工水平理论的最初主张是不一致的。

我们来讨论一个说明了编码与提取条件相似性的重要性的研究（Bransford et al.，1979）。假设你完成了示例5-1中的各种编码任务。但是，想象一下你要进行的测验是关于押韵的而不是回忆那些词语。例如，你可能会被问道，"词表中是否有个词语与toy押韵？"如果被试最初进行的是浅显的编码任务（如押韵）而不是深度编码任务（如意义），他们通常会在押韵的测验中做得更好。

这个研究表明，只有提取的是深入的、意义有关的特征，深入的、有意义的加工才是有效的（Roediger & Guynn，1996）。Henry Roediger（2008）写了一篇重要的文章，指出记忆的经典原则已经消失了，考虑一下加工水平效应和编码特异性效应。大多数情况下会得到这两种效应，但是，当一个重要的变量发生改变时，效应就会消失。

还有一个重要的问题：这本书的主题4指出，认知加工过程之间是相互联系的。关于编码特异性的研究强调记忆会用到问题解决，即为了决定如何存储信息，你需要弄明白提取任务的特征（Phillips，1995）。考虑一下这个问题：如果你知道将会考记忆材料的回忆，要回答每一章之后的复习题，你会怎样学习这一章中的内容？如果你要进行再认测验，如回答多项选择题，你的学习策略会不同吗？

在我们讨论新的问题之前我们要先复习一下关于编码特异性的一般结论。总之，当提取背景与编码背景相似的时候，记忆有时候而不是总是会被加强（Nairne，2005；Surprenant & Neath，2009）。但是，当回忆而不是再认项目的时候，当刺激是真实生活事件的时候，以及当项目在记忆中存储了很长的时间的时候，编码特异性更可能会产生。另外，编码特异性效应更多取决于心理背景的相似而非物理背景的相似。

我们也看到了编码特异性可以修订加工水平效应；在某些情况下，编码与提取之间的匹配比深度加工更重要。你将会看到，在我们讨论情绪是如何影响记忆的时候，背景也是一个相关的因素。试一下示例5-2，再接着往下读。

示例 5-2

识记英语词语

1____2____3____4____5____6____7____
非常愉悦　　　　　　　　　　　非常不愉悦

在一张纸上写下下列词语。然后使用上面的量表对每一个词语进行评分。

1. 希望	9. 损失	17. 侮辱
2. 傻瓜	10. 信任	18. 称赞
3. 风格	11. 偷窃	19. 惊慌
4. 兴趣	12. 自由	20. 怨恨
5. 吵架	13. 衰落	21. 旅行
6. 饥饿	14. 舒服	22. 欺诈
7. 治愈	15. 益处	23. 智慧
8. 美丽	16. 麻烦	24 吵闹

现在将这个词表遮住，休息几分钟。然后写下你记住的尽可能多的词语。

数一下下列词语中你正确记住的有几个：希望、风格、兴趣、治愈、美丽、信任、自由、舒服、益处、称赞、旅行、智慧。

数一下下列词语中你正确记住的有几个：傻瓜、吵架、饥饿、损失、偷窃、衰落、麻烦、侮辱、惊慌、怨恨、欺诈、吵闹。

你回忆的第一类的词更多还是第二类的词更多？

资料来源：Balch, W. R. (2006). Introducing psychology students to research methodology: A word-pleasantness experiment. *Teaching of Psychology, 33,* 132-134.

> **深度了解**
>
> ## 情绪、心境与记忆
>
> 在日常对话中，我们经常会互换情绪与心境的概念，这两个概念是相似的。但是，心理学家们将**情绪**（emotion）定义为对特定刺激的反应；而**心境**（mood）指的是更一般的、长久持续的经验（Bower & Forgas, 2000）。例如，即使你今天有一个积极的心境，但你也会对更衣室里闻到的让人不愉快的味道产生消极的情绪反应。我们会讨论情绪与心境影响记忆的两种方式：
>
> 1. 我们通常对令人愉悦的刺激的记忆比对其他刺激的记忆更准确。
>
> 2. 如果心境与材料的情绪特征是一致的，我们通常对材料的回忆会更准确，这个效应称为心境一致性。
>
> **对不同情绪性的项目的记忆**
>
> 1978年，我和我的合作者们提出，人们对愉悦的项目的更好记忆是更广泛的 **Pollyanna 原则**（Pollyanna Principle）的一部分（Matlin & Stang, 1978）。Pollyanna原则提出：愉悦的项目比不愉悦的项目被加工得更有效和更准确。这个原则适用于知觉、语言和决策中的各种现象（Matlin, 2004）。但是，这一章关注的是长时记忆。我们要讨论刺激的情绪性特征对长时记忆产生影响的几种方式。
>
> 1. 对愉悦项目的更准确的记忆。一个多世纪以来，心理学家们一直对情绪对记忆产生影响的方式感兴趣（Balch, 2006；Hollingworth, 1910；Thompson et al., 1996；Waring & Kensinger, 2011）。在一个典型的研究中，人们学习愉悦的、中性的、和不愉悦的词表，然后在几分钟到几个月的延迟之后回忆这些词语。在对已有研究的一个综述中，我们发现人们对愉悦的项目比消极的项目回忆得更好，尤其是如果延迟时间很长的话（Matlin, 2004；Matlin & Stang, 1978）。
>
> 例如，在关于长时记忆的52个研究中，有39个都表明人们对愉悦的项目比不愉悦的项目回忆得更准确。中性项目的回忆通常最不准确，说明了项目的情绪性的强度也很重要（Bohanek et al., 2005；Talarico et al., 2004）。换句话说，我们对愉悦刺激的回忆比对恐怖项目的回忆要好，而对恐怖项目的回忆又比对无聊的中性项目的回忆更好。
>
> 让我们看一下示例5-2，这是 William Balch（2006）进行的一个研究的简化版。数一下你记住了多少愉悦的项目，并与记住的不愉悦的项目数进行比较。你对愉悦项目的回忆比对不愉悦项目的回忆更准确吗？当 Balch 测试选修心理学课程的大学生时，他发现学生们回忆了更多的愉悦词语。
>
> 现在我们看一下中性刺激。Jill Waring 与 Elizabeth Kensinger（2011）考察了人们对图片刺激的再认，这些图片先前被判断为：①非常积极，如糖果；②非常消极，如蛇；③中性，如邮票。每个项目都呈现在一个中性的背景中，如河流。10分钟之后，被试要完成一个意料之外的再认测验。他们会看到先前呈现过的图片（包括刺激与背景），还有先前没有呈现过的图片，然后判断他们是否实际上看到过这个图片。
>
> 表5-2显示了人们对积极和消极刺激的再认成绩是一样好的，可能是因为延迟的时间短。但是，他们对中性刺激的再认成绩很低。看一下他们对背景的再认，却是中性刺激的最高。换句话说，出现了权衡。当中心的刺激是枯燥的时候，人们会更多地探查和记住背景信息。我们需要注意一点：当刺激是消极的时候，人们不能准确地记住背景信息。
>
> 我们对真实生活事件的记忆如何呢？人们对愉悦事件的记忆比对不愉悦的事件的记忆更准确（Mather, 2006；Matlin, 2004；Walker et al., 1997）。一个与此有关的发现是，驾驶员会很快地忘记他们最近发生的事故，实际上，一个研究显示在两个星期之后，驾驶员们

只记住了20%发生过的事故（Chapman & Underwood, 2000）

表 5-2　对积极、消极、中性刺激和背景场景的再认正确率　　（%）

	对刺激的正确再认	对背景的正确再认
积极刺激	70	44
消极刺激	71	37
中性刺激	56	48

资料来源：Based on Waring & Kensinger (2011).

2. 对与愉悦刺激有关的中性刺激的回忆更准确。媒体暴力是北美文化中的一个重要问题，调查表明60%的电视节目中会包含某种形式的暴力。另外，很多研究发现媒体暴力会影响儿童与大学生的侵犯行为（Bushman & Gibson, 2011；Bushman & Huesmann, 2010；Kirsh, 2011）。但是，我们讨论的是媒体暴力的另一个方面：当电视广告与暴力有关的时候，人们对广告记忆的准确性会降低吗？为了回答这个问题，Brad Bushman（1998）录了两段15分钟的视频。一段视频是《功夫梦Ⅲ》的片段，说的是暴力斗争和对财产的破坏；另一段视频是《雾锁危情》的片段，大学生们判断这段视频也是激动人心的，但它没有任何暴力。Bushman在这两段视频中都插入了一条30秒钟的关于中性物品的广告。

大学生们看暴力的或者没有暴力的视频片段，然后回忆广告中两个商标的名称，并列出他们能记住的任何东西。结果显示，学生们在两种测量中对插在非暴力片段中的广告的回忆更好。其他的研究证实愤怒和暴力通常会降低记忆的准确性（Bushman, 2005；Gunter et al., 2005）。

关心社会暴力的人们应该对Bushman的研究感兴趣，因为他们可以使用这个研究结果来说服广告商将广告放在非暴力的电视节目中。显然，广告商希望观众能够记住他们产品的名字和产品相关的信息。根据这个研究，广告商们应该犹豫要不要赞助暴力的电视节目。

3. 随着时间推移，不愉快的记忆比愉快的记忆消退得要快。W. Richard Walker与合作者们（1997）要求大学生们在14个星期的时间里每天记录一件个人事件，并对事件的愉悦性与强度进行评分。三个月之后，被试要进行第二轮的测验，研究者们将被试记录的事件读出来，被试对事件当前的愉悦性进行评分。

结果的分析发现，对一开始被认为是中性的事件的评分没有发生变化；但是，一开始被认为是愉悦的事件现在被评为不太愉快的；而对一开始被认为是不愉悦的事件现在不愉快的评分减少，即被认为是接近中性了。这个结果与Pollyanna原则是一致的：随着时间的推移，人们倾向于将不愉快的事件评价为更积极的，这种现象称为**积极性效应**（positivity effect）。

在一个相关的研究中，Walker与同事们（2003）测验了两组学生。一组学生没有抑郁倾向，另一组学生有抑郁倾向。没有抑郁倾向的学生表现出了积极性效应，而有抑郁倾向的学生对愉悦和不愉悦的事件的遗忘量是相同的。换句话说，有抑郁倾向的人们回首过去的生活时，不愉快的事件还是不愉快的。你可以想到，这个研究对临床心理学家有重要的启发（Hertel & Matthews, 2011）。治疗师应该关注抑郁来访者对过去事件的解释，也应该关注他们当前的情况。

至此，我们讨论了刺激的愉悦性如何影响记忆。我们已经看到，愉悦的刺激比不太愉悦的刺激要好：①我们对愉悦的刺激记忆得更准确；②当信息与暴力的、不愉悦的刺激相关的时候，我们倾向于忘记那些信息；③随着时间的推移，愉快的记忆变得不那么愉快，而不愉快的刺激也变得不那么不愉快。现在我们讨论一下心境与刺激情绪的匹配如何影响记忆。

心境一致性

关于心境与记忆的第二大类研究是关于心境一致性的。**心境一致性**（mood congruence）意味着如果刺激材料与你当前的心境一致，你对材料的回忆会更准确（Fiedler et al., 2003；Joorman & Siemer, 2004；Schwarz, 2001）。例如，如果你的心境是愉快的，你对愉悦材料的记忆就比对不愉悦材料的记忆更好；如果你的心境是不愉快的，你应该对不愉悦的材料的记忆更好。

Laura（1999）进行了一个研究，与Walker等人（2003）一样，他们也测试了一组有抑郁倾向的学生和一组没有抑郁倾向的学生。被试要看20个积极特征的词语和20个消极特征的词语，然后尽可能多地回忆记住的词语。

Murray与同事们发现，他们的结果与以前的研究一致，他们的结果与我们第4章中讨论过的关于抑郁与工作记忆的研究结果也一致。具体来说，没有抑郁倾向的学生总体上回忆的词语的数量比有抑郁倾向的学生多。另外，你可以从表 5-3 中看出，没有抑郁倾向的学生回忆出的积极词语比消极词语要多；而有抑郁倾向的学生回忆的消极词语比积极词语要多一些。

在这些关于心境一致性的研究中，没有抑郁倾向的人们通常回忆的积极材料比消极材料要多，而有抑郁倾向的人们倾向于回忆更多的消极材料（Fiedler et al, 2003；LeMoult et al., 2010；Mather, 2006；Schwarz, 2001）。像 Walker 等人（2003）的结果一样，这些发现对临床心理学家来说是很重要的。如果抑郁的人们倾向于忘记他们有过的积极经验，那么他们的抑郁会更加严重（Schacter, 1999）。

表 5-3　不同心境和刺激特征条件下，回忆的项目的百分数　（%）

心境类别	刺激类别	
	积极词语	消极词语
没有抑郁倾向	49	38
有抑郁倾向	35	39

资料来源：Murray et al., 1999.

长时记忆的提取

至此，在这一章中我们讨论的是编码加工，讨论了对材料进行编码的时候使用的加工水平如何影响长时记忆，编码的背景如何影响长时记忆，编码过程中与情绪或者心境有关的因素如何影响长时记忆。

当然，讨论编码的时候要提到提取；这两种加工过程是无法分离的（Hintzman, 2011）。例如，为了考察信息编码的有效性，心理学家们需要测量信息提取的准确性。另外，很多记忆错误来源于不恰当的提取策略（Einstein & McDaniel, 2004）。花几分钟时间试一下示例 5-3。

示例 5-3
外显与内隐记忆任务

拿出一张纸。然后阅读下面的词表：

picture　commerce　motion　village
vessel　window　number　horse
custom　amount　fellow　advice
dozen　flower　kitchen　bookstore

现在将词表遮住。休息几分钟，然后完成下面的任务：

A. 外显记忆任务

1. 回忆：在一张纸上写下你能够记住的尽可能多的词语。

2. 再认：在下面的词表中，圈出在上面的词表中出现的词语：

woodpile　fellow　leaflet　fitness　number butter

motion　table　people　dozen　napkin
picture　kitchen　bookstore　horse　advice

B. 内隐记忆任务

1. 词语完成：根据下面词语的部分，填充合适的字母组成完整的词语。你可以选择你想选的任何词语。

v_s_e_　l_t_e_　v_l_a_e_
p_a_t_c_　m_t_o_　m_n_a_
n_t_b_o_　c_m_e_c_　a_v_c_
t_b_e_　f_o_e_　c_r_o_
h_m_w_r_　b_o_s_o_e_

2. 重复启动：完成下面的任务。
- 命名典型的房子里的三个房间。
- 命名三种不同种类的动物。
- 命名三种不同种类的店铺。

但是，在这一章前面的一部分内容中，提取是不太重要的。现在我们会把提取放在中心的位置。首先讨论两种提取的区别，即外显和内隐记忆任务。然后通过考察健忘症与记忆专家，讨论两种极端的记忆能力。

在这一部分中，要记住主题 1：我们的认知加工是主动的，而不是被动的。是的，有时候我们可以毫不费力地从记忆中提取材料；你看到一个朋友，她的名字自然而然地就出现在你的记忆中。有时候，信息提取很费力。例如，你可能会通过重建你上一次见到一个人的背景来获取这个人的名字（Koriat, 2000；Roediger, 2000），那时候谁还在场，是多久之前见过他，是在什么地方见过。

外显与内隐记忆任务

想象这样一个场景：一个年轻的女人正毫无目的地在街上走，最后警察把她接走了。她好像有某种健忘症，因为她失去了关于自己是谁的所有记忆，她甚至记不起自己的名字，身上也没有携带任何的身份证明。警察想出了一个新的办法：他们让她拨电话号码。结果证明，她拨的是她妈妈的号码，虽然她意识不到自己拨的是谁的号码。

Daniel Schacter 讲述了这个故事来说明外显与内隐记忆测量之间的差异（as cited in Adler, 1991）。但是，对有正常记忆和有健忘症的人们来说，二者的差异都是一样的。让我们先澄清一下基本的概念，然后讨论几个研究。

定义与例子

示例 5-3 给出了两种外显记忆任务和两种内隐记忆任务的例子。试一下这个示例，然后再接着往下读。

至此，我们关注的是外显记忆任务。在一个**外显记忆任务**（explicit memory task）中，研究者直接要求你记住某些信息；你意识到自己的记忆正在接受测试，测试的内容是要求你有意提取先前学习过的某些信息（Roediger & Amir, 2005; B. L. Schwartz, 2011）。

第 4 章和第 5 章第一部分中我们讨论的几乎所有的研究都使用的是外显记忆任务。最常用的外显记忆测验是回忆，我们在前面可能注意到了，回忆任务要求你在头脑中重现先前学过的项目。另一种外显记忆任务是再认任务，你必须识别哪些项目是先前呈现过的。

相反，内隐记忆任务间接地测量记忆。在一个**内隐记忆任务**（implicit memory task）中，你先看到一些材料（通常是一系列的词语或者图片），随后在测试环节，你要完成一个认知任务，这个任务不是直接要求你回忆或者再认（Roediger & Amir, 2005; B. L. Schwartz, 2011; Whitten, 2011）。例如，在示例 5-3 的 B1 部分，你需要补充词语中缺失的字母。已有的与材料相关的经验，即在一开始你读的词表，可能会促进你对当前任务的完成（Roediger & Amir, 2005）。

在内隐记忆任务中，研究者会避免使用诸如记住或者回忆之类的词语。例如，在 Schacter 关于有健忘症的女人的故事中，拨电话号码是对内隐记忆的测试。内隐记忆显示了当你没有努力记住过去的经验时，先前经验自动产生的对你的普通行为的影响（De Houwer et al., 2009; Kihlstrom et al., 2007; Roediger & Amir, 2005）。

最初提出内隐测量的心理学家想测量的是社会心理学中的态度与信念。但是，这些方法不久之后就扩展到了认知心理学、临床心理学、健康心理学和其他的应用领域中（De Houwer et al., 2009; Lane, Kang, & Banaji, 2007）。

研究者们提出了很多方法来测量内隐记忆（Amir & Selving, 2005; Roediger & Amir, 2005; Wiers & Stacy, 2006）。你在示例 5-3 中尝试了两种方法，翻回去看一下任务 B1，如果你在记忆中存储了一开始的词表，你会更快地完成词表中出现过的词语，如 commerce、village；对于那些词表中没有出现的词语，如 letter、plastic，你的速度会慢一些。

任务 B2 是内隐记忆的另一种测量方法，称为**重复启动任务**（repetition priming task）。在重复启动任务中，当有一个线索提示你可以想到很多不同词语的时候，某个词语的最近出现会增加你想到这个词语的可能性。例如，任务 B2 中，你可能给出的词语是 kitchen、horse、bookstore，这些词语在开头的词表中出现过。你不太可能给出你没有见过的词语如 dining room、cow、drugstore。

在过去的 30 年间，内隐记忆变成了心理学中一个很受欢迎的话题（Roediger & Amir, 2005）。例如，在第 8 章中我们会看到研究者们采用内隐记忆任务测量人们对性别、种族、和其他社会类别的无意识态度（Nosek et al., 2007）。但是，内隐记忆与外显记忆不是完全不同的（Reder et al., 2009; Roediger, 2008）。

代表性的研究

不同的研究表明，成年人在外显记忆任务中常常不能记住所有的刺激。但是，他们可能会在内隐记忆任务中记住这些刺激。

关于外显与内隐记忆的一些研究表明了研究者们称之为**分离**（dissociation）的模式。当一个变量在测验 A 中产生了一个大的效应，但在任务 B 中产生的效应很小或者没有产生效应的时候，分离就产生了；当一个变量在测验 A 中产生了一种效应，而在测验 B 中产生另一种相反效应的时候，分离也会发生。分离的概念与统计中交互作用的概念类似，如果你修过统计的课程，就会熟悉交互作用的概念。

我们将讨论一个分离的例子，是关于加工水平效应的研究。在这一章的第一部分你了解到，如果人们使用深度加工来编码词语，他们通常会记住更多的词语。例如，如果被试一开始使用语义编码而不是物理特征编码，他们在外显记忆测验中会记住更多的词语。

但是在内隐记忆测验中，语义和程序性编码可能会产生相似的记忆，或者人们如果使用语义编码，他们的记忆分数可能会更低（Jones，1999；Rchardson-Klavehn & Gardiner，1998）。请注意，这些结果与分离的概念相符，因为加工深度对测试 A（外显记忆任务）的记忆分数产生了较大的积极效应，但对测试 B（内隐记忆任务）的记忆分数没有产生效应或者产生了消极的效应。

关于内隐记忆的研究表明，在实际的回忆中人们通常比他们表现出来的要知道得更多。所以，这些研究在诸如教育、临床心理学会和广告等应用领域中有重要的启发意义。

个体差异：焦虑障碍与外显和内隐记忆任务的成绩

德国耶拿大学的 Kristin Mitte（2008）教授对焦虑障碍患者的记忆模式很感兴趣。广义类别的**焦虑障碍**（anxiety disorder）包括的心理问题有：①一般性焦虑障碍（generalized anxiety disorder），指在过去至少 6 个月中，人们体验到强烈的、持久的焦虑与担心；②创伤后应激障碍（post-traumatic stress disorder），指人们会重复经历极具创伤性的事件；③社交恐惧症（social phobia），指在社会情境中人们变得格外焦虑（American Psychiatric Association，2000）。根据 Mitte 的观点，有的研究显示，与没有焦虑障碍的人们相比，焦虑障碍患者会非常准确地记住威胁性的词语。但是，有的研究却没有发现二者之间的差别。

Mitte 认为，研究的结果可能取决于记忆任务的本质。所以，她特别考察了关于内隐记忆任务的研究和两种外显记忆任务的研究（回忆与再认）。她找到了 165 篇不同的研究文章，总共测试了 9 046 个被试，大部分人的年龄是 18～60 岁之间。然后她进行了几个元分析。前面提到，元分析是总结不同研究的统计方法。不管 Mitte 如何分析内隐记忆的数据，都发现高焦虑与低焦虑人们的成绩是相似的。

两种外显记忆任务中的一种，再认任务的结果如何呢？Mitte 分析了再认记忆任务的数据，再次发现高焦虑与低焦虑人们的成绩是相似的。

但是，回忆任务的元分析显示了显著的差异。具体来说，高焦虑被试比低焦虑被试更可能回忆消极的、引发焦虑的词语，而更不可能回忆中性词语或者愉悦的词语。高焦虑被试显然记住了很多引发焦虑的词语，他们不太可能记住其他的词语。

Mitte（2008）指出，元分析不能告诉我们为什么高焦虑与低焦虑的人的回忆模式是不同的。也许是焦虑的人们更多地注意威胁性的词语，所以很容易记住这些词语。或者他们的回忆偏向与一个由威胁性词语组成的发达的概念网络相关。当焦虑的个体回忆了几个威胁性词语的时候，其他有关的词语就容易获取了。

健忘症患者

在这一部分和下一部分我们会讨论拥有不同寻常的记忆能力的人。首先讨论**健忘症**（amnesia）的人，他们有严重的情节记忆的缺陷（Buckner，2010）；然后再讨论有非常准确的记忆能力的记忆专家。

一种形式的健忘症是**逆向健忘**（retrograde amnesia），或者说失去了脑损伤之前发生的事件的记忆；尤其是损伤之前一年期间发生的事件（Gazzaniga et al.，2009；Meeter et al.，2006；Meeter & Murre，2004）。例如，一个名字的缩写是 L. T. 的女人不能回忆起让她的大脑受到损伤的意外发生之前她经历的事件，但是她对损伤之后发生的事件的记忆是正常的（Conway & Fthenaki，2000；Riccio et al.，2003）。

另一种形式的健忘症是**顺向遗忘**（anterograde amnesia），或者说失去了形成对脑损伤之后发生的事件记忆的能力（Kalat，2009）。几十年来，研究者们一直在研究一个有顺向遗忘的、名字缩写是 H. M. 的男人（James & MacKay，2001；Milner，1966）。H. M. 患有非常严重的癫痫，因此神经外科医生在 1953 年为他做了手术，具体来说，他们切除了他颞叶的一部分，也切除了他的**海马区**（hippocampus）。海马区是一个皮层下的区域，负责学习与记忆的加工（Kalat，2009）。

手术成功地治愈了 H. M. 的癫痫，但却造成了最严重的记忆损失。研究表明，H. M. 的语义记忆是正常的，他能准确地记得手术之前发生的事件。但是，他不能学习或者保持新的知识。例如，他记不住见过了谁，即使他与他们说过话，或者即使他们只是在几分钟之前刚刚离开了他的房间（Gazzaniga et al.，2009）。

研究显示，有顺向遗忘的人在外显记忆测试（如回忆）和再认中几乎想不起任何东西。也就是说，当让他们有意记住患健忘症之后发生的某个事件的时候，他们的记忆非常差。他们也不能想象在将来会发生的事件（Buckner, 2010）。毕竟，要想弄明白将来你可能做什么，就需要有关于以前发生的事件的信息。但他们根本就记不住发生了什么。

我们现在来看一下 Elizabeth Warrington 和 Lawrence Weiskrantz（1970）进行的开创性的工作。他们给患有顺向健忘症的人们呈现一个英语词表，然后进行几个回忆与再认任务。与控制组的人们相比，有健忘症的人们在两种外显记忆任务中表现得非常差。这个结果没有什么特别的。

但是，Warrington 和 Weiskrantz（1970）也进行了内隐记忆任务，任务是以猜词游戏的形式呈现的，但他们实际上考察的是人们对之前学过的词表的内隐记忆。例如，研究者以残缺不全的方式来呈现之前学过的词语，而被试很难辨认以这种方式呈现的词语。他们让被试猜测呈现的是什么词。令人惊讶的是，健忘症的被试和控制组的被试有 45% 的时间是正确的。自从这个研究发表之后，这样的结果已经被重复了很多次，不仅在视觉任务中还在听觉任务中得到了重复（Roediger & Amir, 2005；Schacter et al., 1994）。但是，也有研究者发现了不同的结果（Reder et al., 2009）。

请注意，Warrington 和 Weiskrantz（1970）的研究是分离的一个很好的例子。前面我们提到过，当一个变量在一个测试上产生的效应很大，但在另一个测试上产生的效应很小或者没有产生效应的时候，就说明存在分离。他们的研究中存在分离是因为记忆状态这个变量（健忘症与控制组）在外显记忆任务中产生了重要的效应，而在内隐记忆任务中没有产生效应。

关于健忘症患者的研究提醒我们，记忆是一种异常复杂的认知加工。具体来说，当用回忆任务来测试记忆的时候，有的人显然记不住任何的东西；但是当用另一种不同的方式来测验记忆的时候，他们实际上却做得很好。

专业知识

我们看到健忘症患者有一种的记忆缺陷，但是有**专业知识**（expertise）的人却表现出了非凡的记忆能力，以及在特定领域的有代表性的任务中一贯的非凡成绩（Ericsson, 2003a, 2003b, 2006）。K. Anders Ericsson 是目前在专业知识领域中最具有"专业知识"的心理学家。Ericsson 与他的合作者们强调，获得专业知识的关键是每天用心的密集练习（Duckworth et al., 2011；Ericsson, 2003a；Ericsson et al., 2004；Ericsson, Nandagopal, & Roring, 2009）。

我们讨论的第一个问题是人们的专业知识是背景特异性的；接下来我们会讨论记忆专家与新手在哪些方面不同；最后是考察人们如何会更准确地识别自己种族的个体而不是其他种族的个体。

专业知识的背景特异性本质

研究者们研究了很多领域的记忆专家，包括象棋、拼写竞赛、运动、芭蕾、地图、音符和记忆特别长的数字序列。大体上来看，研究者们发现了关于某个领域的知识与那个领域中记忆成绩的强烈的正相关（Duckworth et al., 2011；Schraw, 2005）。

但是奇怪的是，有人可以成为一个领域的专家，却可能没有杰出的一般记忆能力（Kimball & Holyoak, 2000；Wilding & Valentine, 1997）。Chao Lu 是一位 23 岁的中国大学生（Hu et al., 2009），2005 年他创造了一项新的吉尼斯世界纪录，正确背诵 π 的前 67 890 位数字。但是，他的平均数字记忆广度是 9.3，控制组学生们的平均数字记忆广度是 6.8～11.5。他的成功不能归功于他天生的特殊能力，而要归功于他强烈的动机。实际上，他练习了 7 年，并发展出了编码提取数字的一个详尽复杂的系统。

还有研究表明，记忆专家在智力测验上通常不会得非常高的分数（Wilding & Valentine, 1997）。例如，记忆赛马信息的专家在标准化的 IQ 测验中的分数不会很高。实际上，赛马专家的 IQ 得分是 92 分，相当于八年级学生的水平（Ceci & Liker, 1986）。他们的专业知识只是关于特定领域的。在第 11 章中我们会看到，关于某个特定领域的专业记忆知识也会有助于人们解决那个领域中的问题。

专家与新手有哪些不同

从我们已经讨论过的内容还有其他的地方我们知道，记忆专家比新手有几个优势（Ericsson & Kintsch, 1995；Ericsson & Lehmann, 1996；Herrmann, Gruneberg, et al., 2006；Herrmann, Yoder, et al., 2006；Kimball & Holyoak, 2000；McCormick, 2003；Noice & Noice, 1997；Roediger, Marsh & Lee, 2002；Schraw, 2005；Simon & Gobet, 2000；Van Overschelde et al., 2005；Wilding & Valentine, 1997）。我们将讨论专家在哪几个方面会比新手有更好的记忆策略。

1. 专家加工的是组织良好的、认真研究过的知识结构，这个知识结构在编码和提取的过程中会提供帮助。例如，象棋棋手存储了大量的常用模式，他们可以快速地获取这些模式。

2. 专家更可能会对要回忆的新材料进行组织，形成有意义的组块。在组块中，有关联的材料都组合在一起。

3. 专家对回忆的项目会形成更生动的视觉表象。

4. 专家在编码期间会强调每个刺激的区别性。前面我们看到，区别性是正确回忆的根本。

5. 专家对材料的复述更讲究策略。例如，演员是通过关注可能激发回忆的词语的方式来复述台词的。

6. 专家更擅长根据部分记住的材料来重建信息中缺失的部分。

7. 专家在预期任务的难度和监控任务的进程方面更熟练。

整个这本书中我们一直强调认知加工是主动的、有效的、准确的（主题1和主题2），认知加工会采用自上而下和自下而上的加工策略（主题5）。从上面的列表中我们可以看到，认知加工的这些特征在拥有某个领域记忆专业知识的人身上得到了很好的体现。

本族偏差

专业知识信息在面孔识别领域有重要的应用。具体来说，你一般在识别自己种族群体成员的时候比在识别另外的种族成员的时候更准确，这种现象被称为**本族偏差**（own-ethnicity bias，Brigham et al., 2007；Chiroro et al., 2008；Kovera & Borgida, 2010；Pauker et al., 2010；Walker & Hewstone, 2006）。这个效应也被称为他族效应或者跨种族效应。○

Hugenberg 与同事们（2010）指出，相比较大多数与面孔识别有关的变量的研究，本族偏差得到了更强的研究支持。本族偏差与专业知识有关，因为人们通常有更多的机会与来自自己族群的人们互动，而不是与来自其他族群的人们互动（Hugenberg et al., 2010）。频繁的经历与交互作用会发展出关于面孔识别的专业知识。

在美国进行的研究通常显示，非洲裔和欧洲裔的美国人会更准确地识别来自他们自己族群的面孔（MacLin & Malpass, 2001；Meissner et al., 2005；Wright et al., 2003）。关于欧洲裔美国人、东亚人和拉美人的面孔识别的研究也发现了相似的结果（Brigham et al., 2007；Gross, 2009；Ng & Lindsay, 1994）。

代表本族群体的面孔具有区别性。从这一章前面的讨论中你了解到，当刺激是有区别性的时候，记忆最准确。Van Wallendael 和 Kuhn（1997）发现黑人学生评价黑人的面孔比欧洲裔美国人的面孔更有区别性。但是，欧洲裔美国人评价欧洲裔美国人的面孔比黑人的面孔更有区别性。

在美国，黑人占全部人口的13%，拉美裔占16%（U.S. Census Bureau, 2012b）。在很多欧洲国家，白人形成了最大的种族群体，但是，第二大的群体不是黑人或者拉美裔人。例如，德国的很多居民有土耳其背景。一个关于白人与土耳其人的研究表明了两个群体都会有本族偏差（Sporer & Horry, 2011）。

在英国，最大的非白人群体是南亚人，他们来自印度、巴基斯坦和孟加拉国。南亚人约占了英国全部人口的4%（Walker & Hewstone, 2006）。所以，白人与南亚人打交道的经验比较少，但是南亚人与白人打交道的经验却非常多。

Pamela Walker 与 Miles Hewstone（2006）研究了英国高中生的面孔识别，这些高中生有白人和南亚人。每个学生都会看到一些修改过的人脸图片。在每个性别类别中，面孔是沿着连续体来变化的，在连续体的一端，每个面孔看起来都是南亚面孔；在另一端，每个面孔看起来都是白人面孔。中间的面孔是这两种面孔特征相结合的。学生们每次看到两张先后呈现的面孔，然后判断这两张面孔是否相同。

图 5-2 中你可以看到，白人学生对白人面孔的判断比对南亚人面孔的判断要准确；但是，南亚学生判断两种面孔的准确性是一样的。如果看一下在面孔的长时记忆中英国白人学生是否也会有本族偏差，也是挺有意思的。

当人们与来自其他族群的人有更多的接触时，我们预期会发现本族偏差降低。这个假设得到了一些研究的支持，但是支持的证据不是很强（Brigham et al., 2007；Meissner & Brigham, 2001；Wright et al., 2003）。

人们如何可以克服他族效应呢？Hugenberg 与合作者们（2010）提出，人们首先需要知道他们可能会表现出他族效应，但是如果他们努力学习与他族群体有关的面孔区别性特征，他们就能够更准确地识别来自其他族群的成员。

有的研究者考察了其他社会类别中的专业知识。例

○ 最初的概念中使用了"人种"这个词，我会把它换成比较新的词语"种族"。

如，Anastasi 和 Rhodes（2003）研究了年轻被试和老年被试。他们发现两个年龄组的被试在识别自己年龄组的人的时候更准确。下一个部分我们会讨论在目击证人证词中，其他的几个影响面孔识别的重要因素。

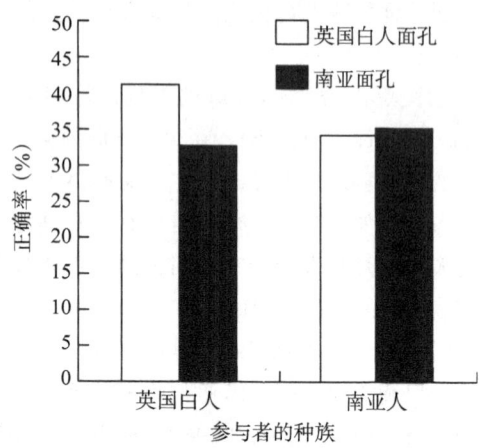

图 5-2　在不同学生族群和不同面孔族群条件下，面孔区分任务中正确反应的百分数

资料来源：Walker, P. M., & Hewstone, M. (2006). A perceptual discrimination investigation of the own-race effect and intergroup experience. *Applied Cognitive Psychology, 20,* 461-475.

自传体记忆

在这一章的开始我们注意到，自传体记忆是对与自己有关的事件与问题的记忆。自传体记忆通常包括语言叙述部分，也可能包括事件的表象，对事件的情绪反应和程序性信息（Kihlstrom, 2009）。一般来说，这个领域的研究考察的是对实验室之外自然发生的事件的回忆。实际上，自传体记忆是自我身份的一个至关重要的部分，因为它影响了个人历史和自我概念的形成（Lampinen et al. 2004；Licherman，2007；McAdams，2004）。

这一章的前两部分讨论的是长时记忆的编码与提取，主要考察的是实验室研究。一般来说，这些研究中的因变量是正确回忆的项目的数量，这是一种量化的记忆研究方法（Koriat et al., 2000）。然而，在自传体记忆中，因变量通常是记忆的准确性：回忆的事件与实际上发生的事件匹配吗？或者回忆的事件是实际上发生的事件的歪曲吗？

关于自传体记忆的研究通常有很高的生态效度（Bahrick，2005；Esgaate & Groome，2005；Lampinen et al.，2004）。我们在第 1 章学过，如果一个研究进行的条件与研究结果推广应用的自然场景相似，那么这个研究的**生态效度**（ecological validity）就比较高。

在关于自传体记忆的讨论中我们首先看一下图式。图式会影响对先前事件的记忆，以便使记忆与当前的观点更一致；接下来我们会讨论源监控，当你想记住自己在什么时间什么地方学习过特定的信息的时候会出现错误；然后关于"闪光灯记忆"的讨论考察的是对重要事件的非常生动的记忆。最后是目击证人证词，这是法庭中有重要应用价值的一个研究领域。

个体自传体记忆的讨论表明了我们对生活事件记忆的几个重要特征。

1. 虽然我们有时候会出错，但我们对各种信息的记忆常常是准确的（主题 2）。例如，成人能够回忆起他们童年住过的地方附近街道的名字和他们小学课本中的材料（Read & Connolly, 2007）。

2. 当人们的记忆确实出了错误的时候，这些错误通常是常见事件的外周细节或者具体信息，而不是重要事件的中心信息（Goldsmith et al., 2005；Tuchkey & Brewer，2003）。实际上，记不住大量微不足道的细节通常是有帮助的，因为这些细节会干扰对更重要信息的记忆（Bjork et al., 2005）。

3. 我们的记忆常常混合了来自各种各样信息源的信息；我们在提取的时候会主动构建一个统一的记忆（Davis & Loftus, 2007；Koriat, 2000）。请注意，这一建构加工过程与主题 1 是一致的：我们的认知加工通常是主动的，而不是被动的。

图式与自传体记忆

关于图式的讨论强调的是我们如何记住一般的、普通的事件。**图式**（schema）是由一般知识或者预期组成的，这些知识是从关于某人某事的过去经验中提取出来的（Davis & Loftus, 2007；Koriat et al., 2000）。例如，你可能发展了一个"吃午饭"的图式，你喜欢与同样的一群人坐在一个特定的区域，你们谈话的主题可能也是中规中矩的。你可能也发展了一个关于大学第一天上课发生的事件的图式。因为你有个人记忆，你甚至会发展一个关于自己的图式（Ross & Wang, 2010）。

我们利用图式引导回忆。随着时间流逝，虽然我们会忘记与某个特定图式不相关的事件信息，但我们依然会记得这个事件的要点（Davis & Loftus, 2007；Goldsmith et al. 2005）。第 8 章会更详细地讨论图式会如何影响不同的认知加工过程。但在这一章中，我们讨论的是与自传体记忆相关的一个话题，即一致性偏差。

在回忆的时候，我们常常会出现**一致性偏差**（consistency bias）；也就是说，我们倾向于夸大过去的感觉和信念与当前观点的一致性（Davis & Loftus, 2007; Schacter, 2001）。例如，假设今天研究者问你，当你是中学生的时候是如何看待女性主义的，你会建构你先前的情绪与价值，以便它们与你当前的情绪与价值一致。Schacter（2001）总结了一致性偏差："过去的我们取决于现在的我们。"所以，我们低估了人生历程中自己改变了多少。

一致性偏差表明，我们以与当前的自我图式一致的方式讲述自己的生命故事（Ceballo, 1999）。例如，历史学家 Emily Honig（1997）采访了参与埃尔帕索（美国得克萨斯州的一个边界城市）一个服装生产公司的罢工活动中的墨西哥族裔的工人。在罢工之后不久，这些女工将罢工看成是将她们从温顺的工厂工人转变成了无畏的、自信的活动家的人生经验。

在几年之后，Honig 又回去采访了这些人，她们记得即使是在罢工之前，自己也一直是观点明确的和不服从的。可能她们选择性地记住了罢工之前生活中观点明确的情节，这些情节与她们当前的自我图式是一致的。Honig 认为，这些墨西哥族裔的服装工人"不是在创造不存在的过去经验，她们只是在用她们当前的语言、知觉和要求来重新讲述过去的经验"。注意关于一致性偏差研究的跨学科的特点：它考察了认知心理学、人格心理学、社会心理学、历史学之间的交互。

我们已经看到图式能够影响我们对过去事件的记忆，以便这些事件看起来与我们当前的感觉、信念和行动更相似。现在我们将讨论源监控与现实监控，都考察的是我们的记忆是否与生活中发生的真实事件一致。

源监控与现实监控

你一定碰到过这样的情境：你想回忆在什么地方看到过最近看的一部电影的背景信息。一个朋友告诉你的，还是你在电影评论中看到的？试图识别特定记忆来源的加工被称为**源监控**（source monitoring, Johnson, 1997, 2002；Pansky, et al., 2005）。可惜，我们不会自发监控记忆的来源，即使这样做会让我们记得更准确（Higham et al., 2011）。

在一个典型的关于源监控的研究中，Marsh 与同事们（1997）要求大学生讨论一个开放性的问题，如让学校变得更好的方法。一星期之后，被试要进行一个源监控测验。具体来说，被试要识别问题讨论结果列表中的每一个项目是他们自己的想法还是别人的想法。有趣的是，他们很少出现源监控的错误；也就是说，他们很少把别人的想法当成是他们自己的想法。

有的源监控错误是令人费解的。例如，人们会不经意地抄袭。如在一些法律案件中，写歌的人会认为他写了一首新歌，但是这首歌的旋律可能是基于别人写过的一首歌的旋律来的（Defeldre, 2005; Dunlosky & Metcalfe, 2009）。

这一章前面提到，记忆有时候会有积极性偏差。具体来说，我们倾向于记住那些愉悦的事件。另外，随着时间流逝，消极事件会变得积极。同样，我们也会产生"一厢情愿想法偏差"，有时候会让我们在源监控中犯错误。

例如，在你决定购买 Handy Dandy 公司生产的新款智能手机之前查阅了很多的资料。几个星期之后有人问你在决定买手机之前都查阅了什么信息。你倾向于记得来自值得信赖的信息源，如《美国消费者报告》的关于 Handy Dandy 手机的最积极的评论，而不记得来自不太可靠的信息源的信息，如朋友的电子邮件（Gordon et al., 2005）。

在某些情况下，源监控的错误会产生更严重的后果。Marcia Johnson（1996, 1998, 2002）强调，源监控错误不仅会发生在个体水平，还会发生在社会水平上，而后果将是毁灭性的。2003 年，乔治 W. 布什在发布发动伊拉克战争的正当理由的时候，出现了严重的源监控失误。在 2003 年年初的国情咨文中，布什讨论了入侵伊拉克的一个重要原因。具体来说，他宣称伊拉克正在与一个非洲国家谈判购买铀的事宜（铀是制造原子能武器的化学成分）。

六个月之后，公众知道了布什的结论来源于尼日利亚的一份虚假文件。尼日利亚是位于西非中部的一个国家。中情局也宣称他们的特工曾经试图警告总统来自尼日利亚的信息是假的。另外，布什总统宣称，他的国情咨文找中情局核对过（Isikoff & Lipper, 2003）。关于"铀问题"的源监控中的几个不同的错误促使美国发动了一场昂贵的、毁灭性的战争，这场战争剥夺了成千上万美国军人和伊拉克人民的生命。

Marcia Johnson（2002）强调政府机构、媒体、公司

执行官在核对信息准确性的时候需要特别谨慎。他们的目标应该是减少源监控错误发生的频率和规模。

至此，我们考察了源监控错误的问题，即当 B 信息源提供了信息的时候，你错误地认为是 A 信息源提供的。另一个与此有关的问题是"现实监控"。在**现实监控**（reality monitoring）中，你试图识别一个事件是否真的发生过，还是只是你自己想象的（Dunlosky & Metcalfe, 2009；Reed, 2010；Schwartz, 1991）。例如，你可能认为你告诉了一个朋友一个即将发生的事件被取消了。但是，实际上你只是纠结要给她打电话还是发短信，而没有真正把信息传递出去。

在关于现实监控的一个有代表性的研究中，大学生们看到一系列熟悉的物体，如铅笔（Henkel, 2011）。对其中一半的物体，学生们要完成一个具体的动作，如掰断一支铅笔；对剩下的一半物体，学生们要想象自己完成了一个具体的动作，而实际上什么事也没做。一个星期之后，学生们要观看完成的动作的图片，如掰断的铅笔。又一个星期过后，他们要判断自己是否做过这些动作。当他们没有看到完成的动作的图片的时候，只有不到 10% 的自信他们做过那些动作；但是，当看过三遍图片之后，25% 的人相信他们实际上做过那些动作。

闪光灯记忆

稍后有时间的话请试一下示例 5-4，说的就是所谓的闪光灯记忆效应。**闪光灯记忆**（flashbulb memory）指的是对环境的记忆，在这个环境中你初次学习了一个非常令人震惊的、引发强烈情绪的事件。很多人相信他们能够正确回忆事件发生的时刻他们正在做什么的所有微不足道的细节（Brown & Kulik, 1977；Esgate & Groome, 2005）。

示例 5-4
闪光灯记忆

询问几个熟悉的人他们是否有关于一个非常令人震惊的事件的记忆。例如，告诉他们很多人相信自己能够回忆听到肯尼迪总统的死讯，或是 2001 年"9·11"恐怖袭击事件时候的环境细节。

也告诉他们有的生动的记忆是关于个体的重要事件的。让他们告诉你一个或者更多的相关记忆，尤其要注意一下他们是否回忆了任何微不足道的细节。

例如，1963 年约翰 F. 肯尼迪总统被枪击，很多年龄大的人相信他们准确地记得新闻报道的微不足道的细节（Neisser & Libby, 2000）。Brown 和 Kulik（1977）的经典研究中提出了"闪光灯记忆"的概念。

Roger Brown 和 James Kulik（1977）是最早研究各种重要的政治事件是否会触发背景丰富的记忆的人。他们报告说人们倾向于描述这样的细节，如当他们听到这一信息时，他们的位置和告诉他们这一信息的人。注意一下你的朋友在示例 5-4 的反应中是否也包括了这样的信息。

Brown 和 Kulik（1977）认为，人们的闪光灯记忆比对那些不太令人震惊的事件的记忆更准确。但是后来的研究表明，人们在回忆国家事件的细节时会犯大量的错误，尽管他们宣称自己对这些事件的记忆是非常生动的（Roediger, Marsh, & Lee, 2002；Schooler & Eich, 2000；Schwartz, 1991）。另外，人们对意料之外的事件的记忆与对令人震惊的事件的记忆一样准确（Coluccia et al., 2010；Curci & Luminet, 2009）。

还有研究者研究了人们对灾难的回忆能力，这些灾难对很多美国人来说都是历历在目的，如 2001 年"9·11"恐怖袭击事件。让我们看一下 Jennifer Talarico 和 David Rubin（2003）进行的一个重要研究，然后我们会讨论人们对特定事件记忆的其他研究。

9 月 12 日，恐怖袭击发生的第二天，Talarico 和 Rubin 让北卡罗来纳州的一个大学的学生报告他们如何知道了袭击事件的具体细节；学生们也报告了在同一时间发生的一个普通事件的相关信息。对普通事件的记忆是控制条件，可以与袭击事件的"闪光灯记忆"进行比较。

在报告了记忆细节之后，学生们被随机分配到 3 种回忆条件中。有的学生要在 1 周之后回忆，有的在 6 周之后回忆，还有的在 32 周之后回忆。在回忆测验中，Talarico 和 Rubin 问了学生们很多问题，这些问题包括他们对袭击事件的记忆细节，也包括对普通日常事件的记忆细节。Talarico 和 Rubin 将学生们的回答与 9 月 12 日得到的记忆细节进行对比，然后计算出一致的与不一致的细节的数量。

图 5-3 显示的是他们的研究结果。9 月 12 日得到的记忆细节的数量是一致性细节的基线水平。你可以看到，

在三种回忆测验中一致性是随着时间降低的。但是，恐怖袭击事件与日常普通事件的一致性降低的大小是类似的。图中显示，两种记忆中不一致细节的数量是随着时间增加而增加的。但有趣的是，所有条件下的学生都报告说他们高度相信自己对恐怖袭击事件的回忆是准确的。

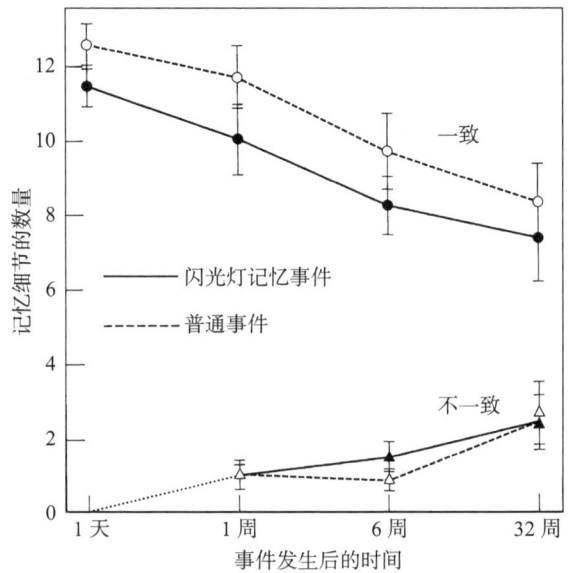

图 5-3　随着时间变化，人们报告的关于闪光灯记忆事件（2001 年 "9·11" 恐怖袭击）和普通事件的一致与不一致的记忆细节的平均数量

资料来源：Talarico, J. M., & Rubin, D. C. (2003). Confidence, not consistency, characterizes flashbulb memories. *Psychological Science, 14*, 455-461.

另一个关于 "9·11" 事件的记忆研究显示，纽约市里一个大学的学生比加利福尼亚州和夏威夷州大学里的学生回忆了更多的与灾难相关的事实细节（Pezdek，2003）。这个结果是说得通的，因为纽约市里的学生在得知袭击发生的时候离世贸中心更近，他们比其他地方的学生更了解受到事件影响的人们。另一个研究显示，人们对 "9·11" 灾难事件的记忆准确性与人口统计学变量，如性别、年龄、受教育程度等没有关系（Conway et al.，2009）。

那么，我们从关于闪光灯记忆的研究中能够得出什么结论呢？可能我们不需要提出新的机制来解释闪光灯记忆。没错，闪光灯记忆有时候比我们对普通事件的记忆更准确。但是，这些增强的记忆可以用几个标准的机制来解释，如复述频率、区别性、精细加工（Neisser，2003；Read & Connolly，2007）。另外，闪光灯记忆

和 "普通记忆" 都是随着时间流逝变得越来越不准确（Kvavilashvili et al.，2003；Read & Connolly，2007）。

目击证人证词

现在我们讨论目击证人证词，这是自传体记忆研究领域中研究的最多的一个问题。我们讨论过三个问题会影响目击证人证词，例如，人们很难识别来自其他族群的人。另外，记忆图式能够改变目击证人证词；错误的源监控也会导致目击证人证词的错误。当在另一个情境下人们被告知了某事的时候，他们可能会认为自己实际上目击了这件事。

在这一章中我们已经看到长时记忆是相当准确的，尤其是如果我们讨论的是对信息要点的长时记忆。但是，目击证人证词要求人们记住关于人或事的具体细节。在这种情况下，就更可能会出错（Castelli et al.，2006；Wells & Olson，2003）。当目击证人证词不恰当的时候，错误的人就会被关进监狱，或者最坏的情况是被判处死刑（Kovera & Borgida，2010）。

不恰当的目击证人证词

看一下 Gary Graham 的案件，他是谋杀 Bobby Lambert 的嫌疑人。事实上，警方没有 Graham 犯罪的有力证据，如 DNA 或者指纹之类的证据。当 Graham 接受法庭审判的时候，陪审团成员们被告知 Graham 有一支与杀死 Lambert 的手枪相似的枪，他们没有被告知休斯敦警察局已经判定那不是同一把枪。

另外，八个目击证人在店铺附近看到了杀人犯，但只有一个人认为 Graham 就是那个杀人犯。一个女人的证词决定了 Graham 的命运——死刑。她作证说那天晚上她看到了 Graham 的脸，在大约 30 英尺⊖的距离，看了大约 3 秒钟。Graham 的案件从来没有被复审过。Gary Graham 真的是有罪的吗？我们永远不会知道了，因为他在 2000 年 6 月 22 日被执行了死刑（Alter，2000）。像这样的报道让心理学家们开始怀疑目击证人证词的有效性（Kovera & Borgida，2010）。

现在我们讨论关于目击证人证词的研究。首先讨论当人们在目击事件之后收到误导信息的时候，证词的不准确性是如何出现的；接下来讨论影响目击证人证词准确性的几个因素；然后我们会讨论相信他们的证词正确的目击证人是否在判断中也会更准确；最后讨论恢复的记忆还

⊖　1 英尺 =0.304 8 米。——译者注

是虚假记忆的争论。

事件之后误导信息的影响

目击证人证词中的很多错误是源于不准确的信息。在**关于事件之后误导信息**（post-event misinformation effect）的影响的研究中，人们首先看一个事件发生，然后接受关于事件的误导信息，随后他们就会错误地记忆起误导信息而不是他们实际上看到的事件（Davis & Loftus, 2007；Pansky et al., 2005；Pickrell et al., 2004）。

第4章中我们讨论过**前摄干扰**（proactive interference），指的是由于以前学习过的旧材料不断干扰新的记忆，人们很难记住新材料。误导信息效应与另一种干扰类似，称为**后摄干扰**（retroactive interference），即由于新近学习的新材料不断干扰旧材料，人们很难回忆起旧材料。例如，假设一个证人目击了一场犯罪，后来在律师提问的时候提供了一些误导信息。这个证人可能记不住犯罪现场实际发生的事件，因为新的误导信息产生了后摄干扰。

在关于误导信息效应的一个经典研究中，Elizabeth Loftus与合作者们（1978）给被试看一系列的幻灯片。幻灯片显示的是一辆跑车在一个交叉路口停下，然后转弯，撞到了一个行人。一半的被试看到的幻灯片上显示了交叉路口的减速避让标志，另一半被试看到的是停车的标志。

在被试看完了幻灯片20分钟到一周的时间里，他们要做一个关于车祸细节的问卷。问卷中的一个关键问题包含了与最初的幻灯片中的细节一致的、不一致的、中性（因为幻灯片中没有包括这个信息）的信息。

例如，第一组人看到的是避让标志，他们的问题是，"红色Datsun在避让标志前停车的时候有另一辆车经过吗？（细节一致）"；第二组人的问题是，"红色Datsun在停车标志前停车的时候有另一辆车经过吗？（细节不一致）"；第三组人的问题中没有提到交通标志的类型（中性）。在回答问题的时候，所有的被试都会看到两张幻灯片，一张上面是停车标志，另一张上面是避让标志，他们要选择哪一张幻灯片是他们前面见过的。

图5-4显示，看到不一致细节的被试比其他两种条件下的被试的准确性更低，他们常常会根据问卷中提供的信息而不是最初看到的信息来选择交通标志的类型。很多研究都重复了误导的事件对信息的不利影响（Pickrell et al., 2004；Schacter, 2001；Wade et al., 2002）。

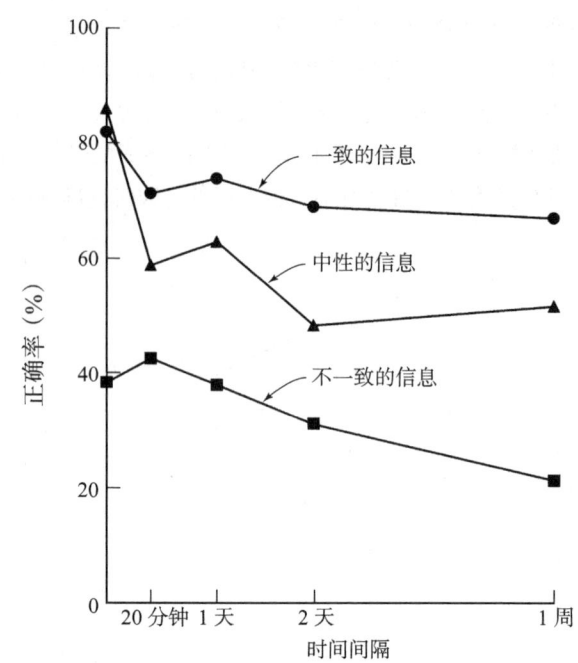

图5-4　信息类型和延迟时间对正确答案的比例的影响

资料来源：Loftus, E. F., Miller, D. G., & Burns, H. J. (1978). Semantic integration of verbal information into visual memory. *Journal of Experimental Psychology: Human Learning and Memory, 4*, 19-31.

误导信息效应至少部分来源于错误的源监控（Davis & Loftus, 2007；Schacter et al., 1998；Zhu et al., 2010）。例如，在Loftus与同事们（1978）的研究中，不一致细节条件下的事后信息会鼓励人们创建停车标志的心理表象，在测试的时候，他们就很难决定停车标志还是避让标志，是他们实际上在最开始的幻灯片中见过的。

关于误导信息效应的研究强调了记忆主动的建构性的特征。主题1指出，认知加工是主动的而不是被动的。记忆的建构主义者理论（constructivist approach）强调，我们通过整合我们知道的东西来建构知识，这样，我们对一个事件或者主题的理解才能是一致的，并且是有意义的（Davis & Loftus, 2007；Mayer, 2003；Pansky et al., 2005）。在Loftus与同事们（1978）的研究中，在不一致细节条件下的很多人通过推断车可能会在停车标志前停下来使事件讲得通。

请注意，前面讨论过的一致性偏差也是建构主义者理论的一个成分。简言之，记忆不是由存储完整的、像DVD一样可以重复播放的事实列表组成的，相反，人们会通过混合不同信息源的信息来建构记忆（Davis & Loftus, 2007；Hyman & Kleinknecht, 1999）。

影响目击证人证词准确性的因素

你应该能够想到，很多因素会影响到目击证人证词是否准确。我们已经提到了目击证人证词中可能存在的三个问题：①人们可能会创建与他们的图式一致的记忆；②人们可能会犯源监控的错误；③事后误导信息会歪曲人们的回忆。下面是几个其他的重要变量。

1. 如果目击证人看到了紧张环境中的犯罪，如有人拿着武器，他们会犯更多的错误（Kovera & Borgida, 2010）。针对美国执法人员的一个调查显示，85% 的执法人员会意识到这个问题（Wise et al., 2011）。

2. 当事件的发生与作证时间之间有很长的时间间隔的时候，目击证人出现更多的错误。随着时间流逝，大多数普通记忆的回忆正确率会降低。长时间的延迟也使证词更有可能受到事后误导信息的"污染"（Dysart & Lindsay, 2007；Kovera & Borgida, 2010；Read & Connolly, 2007）。

3. 如果误导信息是貌似真实的，目击证人会出现更多错误。例如，在 Loftus 与同事们（1978）进行的研究中，停车标志与避让标志一样，看起来都很真实，所以被试会出错。如果一个事件看起来与其他的类似经验一致，人们也可能会说这个事件在他们的生活中发生过（实际上是没有发生过的）（Casteli et al., 2006；Davis & Loftus, 2007；Hyman & Loftus, 2002）。

4. 如果有社会压力存在，目击证人会出现更多的错误（Roebers & Schneider, 2000；Roediger & McDermott, 2000；Smith et al., 2003）。当有人迫使目击证人提供具体的回答的时候（如"你具体是什么时候第一次看到了嫌疑人"），他们会出现更多错误。但是，当允许目击证人用他们自己的话报告一件事情的时候，以及当他们有足够的时间的时候，当他们可以回答"我不知道"的时候，他们的证词会更准确（Koriat et al., 2000；Wells et al., 2000）。

5. 如果有人提供了积极的反馈，目击证人会出现更多错误。例如，如果目击证人先前得到了积极反馈，即使只是简单的"好的"，他们会更确定自己决策的准确性（Douglass &Steblay, 2006；Semmler & Brewer, 2006）。在实际的嫌疑犯指认过程中，目击证人常常会听到这样的鼓励（Wells & Olson, 2003）。试一下示例5-5。

👆 **示例 5-5**

记忆词表

在这个示例中，你需要学习和回忆两个词表。在开始之前要拿出两张纸。接下来，阅读词表1，然后合上书，试着写下尽可能多的的词语。之后是词表2，在回忆完两个词表之后，检查一下准确率。你正确回忆了多少个词语？

词表1	词表2	词表1	词表2
床	水	打瞌睡	跑
休息	蒸汽	熟睡	驳船
清醒	湖泊	打鼾	溪流
疲劳	密西西比	打盹	小河
做梦	船	安静	鱼
虚弱	潮汐	打哈欠	桥
小睡	游泳	昏昏沉沉	弯曲
毯子	漂流		

记忆自信与记忆准确性的关系

在有的研究中，研究者们让被试判断对自己目击证词的准确性有多自信。有趣的是，在很多情境下，被试对他们基于误导信息的记忆与对他们真正正确的记忆是同样自信的（Kovera & Borgida, 2010；Wells & Olson, 2003）。换句话说，人们对自己目击证词的自信与目击证词的准确性之间的相关不是很强。实际上，二者之间的相关系数通常在 +0.30 ~ +0.50⊖ 之间（Leippe & Eisenstadt, 2007）。

这个研究在司法系统中有实际的应用价值。例如，一个针对美国执法人员的调查显示，只有 21% 的人知道记忆的自信度与记忆的准确性之间没有很强的相关关系（Wise et al., 2011）。陪审团成员也更可能相信一个自信的目击证人而不是一个不自信的证人（Brewer et al., 2005；Koriat et al., 2000）。但是，你现在知道了，自信的目击证人并不一定是一个准确的目击证人。

恢复的记忆与虚假记忆的争论

如果你翻开流行杂志，很少会看到关于工作记忆、编码特异性原则或者源监控的文章。但是，在最近几年，认知心理学中的一个话题在大众传媒和专业杂志上都受到欢迎，就是恢复的记忆与虚假记忆之争（Gallo, 2006；

⊖ 相关是对两个变量之间关系的统计学测量，0.00 表示的是两个变量之间没有关系，而 +1.00 表示的是两个变量之间最强的正相关关系。

Goodman et al.，2007）。例如，Smit 和 Gleaves（2007）发现，认知心理学家、治疗师、律师已经发表了超过 800 本相关的书和文章。

虽然大部分的专业人士都持中立的立场，但这些所谓的"记忆战争"还没有尘埃落定。我们会总结与这个问题有关的几个重要方面。但在继续阅读课本之前，一定要试一下示例 5-5。

论战中两种对立的观点

关于虚假记忆的大部分讨论关注的是童年时期的性虐待经验。一组研究者认为，这些记忆被忘掉了很多年，但在青春期或者成年期又得到了恢复。

根据**恢复的记忆**（recovered-memory perspective）的观点，有些在童年时期经历过性虐待的人在很多年里设法忘记了这些记忆。如果施虐者是近亲或者是值得信赖的成年人，儿童尤其可能会忘记这些创伤性事件。在后来，这些可能被忘记了的记忆可能又会涌进意识中（Brewin，2011；Cromer & Freyd，2007；Freyd et al.，2005；Freyd et al.，2010；Pezdek & Freyd，2009；Rubin et al.，2008；Smith & Gleaves，2007）。

另一组研究者对此类现象有不同的解释。我们必须强调的一点是，这些研究者们同意童年时期性虐待是一个真正需要讨论的问题。但是，他们不相信很多人报告的这些突然恢复的早期记忆的准确性。具体来说，**虚假记忆观点**（false-memory perspective）提出，大部分恢复的记忆实际上是不正确的记忆；换句话说，人们虚构了关于从来没有发生过的事件的故事（Bernstein & Loftus，2009；Davis & Loftus，2007；Reyna et al.，2007）。

出现记忆错误的可能

这一部分关于自传体记忆的讨论应该使你相信了记忆不是完美无缺的。例如，人们常常受到图式的引导，回忆并不是实际发生的事件本身。关于源监控的研究显示，人们不能绝对准确地回忆起他们是真的完成了一个动作还是只是想象自己完成了一个动作。另外，我们也会注意到，闪光灯记忆并不像很多人认为的那么准确。还有，我们看到的目击证词可能是错误的，尤其是当目击证人接受了误导信息的时候。

在回忆童年时期记忆的时候也存在同样的问题。例如，在心理治疗过程中，有的治疗师会不断暗示来访者他们可能在童年时期受到性虐待，这个暗示会与现实相混合，形成虚假记忆。这些暗示鼓励来访者创造虚假记忆，因为前面提到过当人们体验到社会压力的时候会犯更多错误（Bernstein & Loftus，2009；Schwartz，1991；Smith et la.，2003）。

我们不可能轻易决定关于童年时期受虐经验的记忆是否是正确的。毕竟，事件发生的情境不是被严格控制的，也很难得到其他的独立证据。另外，即使是目前的认知神经科学技术也不能够区分出正确的与不正确的受虐回忆（Bernstein & Loftus，2009）。

但是，心理学家们进行了很多相关的研究，并且提出了不同的理论来解释恢复的记忆和虚假记忆之争。我们先看一下支持虚假记忆的实验室研究；然后讨论相比较对中性情绪材料的虚假记忆，为什么童年时期的性虐待记忆可能需要不同种类的解释。

虚假记忆的论据

心理学的实验室研究清楚地表明了人们常常会"记得"看到了实际上从来没有出现的词语。与现实生活中性虐待的回忆相比，这些实验室研究是直接的，没有情绪参与其中。研究者们只是让被试记住他们先前看过的词表，然后客观地测量被试的记忆正确率。例如，示例 5-5 要求你记住并回忆两个词表，让你计算回忆的正确率。花点时间看看你回忆的词语中是否包括这两个词语：在词表 1 的回忆中，你写下了词语"睡觉"吗？在词表 2 的回忆中，你写下了词语"河流"吗？

如果你查看原来学习的词表，你会发现词语"睡觉"或者"河流"都没有出现在词表中。在使用了类似词表的研究中，Roediger McDermott（1995）发现被试的错误回忆率是 55%。人们犯了侵扰错误，回忆出了没有出现在学习词表中的词语。这个任务中侵扰是很常见的，因为词表中出现的每一个词语都与一个缺失的词语有关，这个缺失的词在这个研究的词表 1 中是"睡觉"，在词表 2 中是"河流"。

这个结果在使用不同的刺激和不同的测试条件的研究中被重复了很多次（Gallo，2010；Hintzman，2011；Neuschatz et al.，2007）。许多研究者认为，同样的侵扰可能会发生在人们回忆童年时期受到虐待的时候，人们可能"回忆"起与自己的实际经验有关但并没有真正发生的事件。

还有的研究表明，实验室研究中的被试能够构建童年时期从来没有真正发生过的事件的虚假记忆。研究者们发现的童年时期的虚假记忆包括：被小狗攻击，在购物中心走失，看到被魔鬼附体的人，有一块被学校医务室的护士切除的皮肤样本，吃过煮熟的鸡蛋之后得病（Bernstein et al., 2005；Geraerts et al., 2010；Gerrie et al., 2005；Hyman & Kleinknecht, 1999；Mazzoni & Memon, 2003；Pickrell et al., 2004）。

但是，我们需要强调的是，只有一小部分人实际上宣称他们记得没有发生过的事件。例如，有研究者试图植入一个虚假记忆，即被试们在六岁的时候参加过一场婚礼。这个假的故事是说，被试六岁的时候在一场婚礼中不小心撞到了放鸡尾酒的桌子，鸡尾酒洒了新娘的母亲一身。有意思的是，25%的被试最后回忆起了这个虚假记忆，即一个没有真正发生的事件（Hyman et al., 1995；Hyman & Loftus, 2002）；但是请注意，有75%的被试是拒绝"记住"这个事件的。

恢复的记忆的证据

这些关于童年期性虐待的实验室研究存在一个问题，即它们几乎没有生态效度（Freyd & Quina, 2000；Geraerts et al., 2010）。拿那些关于回忆词表的研究来说，"记得"没有出现在词表中的一个词语与童年期性虐待的虚假记忆之间几乎没有相似性（Bernstein & Loftus, 2009）。诸如碰洒了鸡尾酒之类的事件是有点令人尴尬，但这些事件中没有性的内容，也可以被公开讨论。相反，研究显示，人们不能被说服去构建关于令人尴尬的事件（如儿时有过灌肠经历）的虚假记忆（Pezdek et al., 1997）。

很多人小时候受过性虐待，他们会一直记得自己的遭遇，即使是事情过去了几十年。但是，有的人可能真的不记得受虐待的经历。例如，研究者们研究了医务人员或者司法系统记录在案的受过性虐待的人们，当他们成年之后被问到的时候，有人就记不起来了（Goodman et al., 2003；Pezdek & Taylor, 2002）。确实，有人能够忘记了自己受虐待的经历很多年，但后来又突然回忆起这些经历。

Jennifer Freyd 与同事们提出了一个理论来解释恢复记忆的现象（DePrince & Freyd, 2004；Freyd et al., 2005；Freyd et al., 2010；Pezdek & Freyd, 2009）。他们强调，童年期的性虐待经验不同于那些无恶意的生命情节，如碰洒了婚礼的鸡尾酒。他们提出了**背叛性创伤**（betrayal trauma）的概念来描述当一个值得信赖的父母或者照顾者以性虐待的方式背叛了一个孩子的时候，这个孩子会如何做出适应性的反应。这个孩子要依靠这个成年人，所以维系与这个成年人的依恋就必须要抑制虐待的记忆。

两种观点至少部分是正确的

实际上，恢复的记忆的观点和虚假记忆的观点至少部分是正确的。确实，有人真的经历过童年期的性虐待，在很多年里他们可能忘记了这个经历，直到有个关键事件又激发了他们的回忆。

相反，有的人从来没有经历过童年期的性虐待。但是，关于虐待的暗示会产生关于从来没有真正发生过的童年经验的虚假记忆。然而即使很多年后，人们也能够提供关于他们是如何被虐待的准确证词（Brainerd & Reyna, 2005；Castelli et al., 2006；Goodman & Paz-Alonso, 2006）。

在这一章中我们已经看到人类记忆是灵活的也是复杂的。这些记忆加工能够解释对事件的暂时性遗忘和对没有真正发生过的事件的构建，也能够解释对恐怖事件的相当准确的记忆。Bernstein 与 Loftus（2009）写道：

"从根本上来看，所有的记忆在某种程度上都是虚假的。记忆原本就是一个重建的加工过程，这样我们将过去的种种整合在一起形成一个完整的故事，就是我们的自传。在重构过去的加工过程中，我们根据自己对世界的了解来渲染和塑造自己的生活经验。"（p373）

资料来源：Bernstein, D. M., & Loftus, E. F. How to tell if a particular memory is true or false. *Perspectives on Psychological Science, 4,* 370-374. On page 373. Copyright © 2009. Reprinted by permission of Sage Publications.

复习题

1. 假设你负责起草一个关于公共服务的电视公告。选择一个你认为重要的问题，根据这一章的内容，描述至少五个可以帮助你做出一个令人难忘的广告的小窍门。在你的小窍门中一定要包括加工深度。
2. 什么是编码特异性？想一个关于编码特异性能够解释为什么你会暂时性地忘记某事的例子。在现实生活中和实验室里，编码特异性的效应有多强？
3. 这一章的深度了解部分考察了情绪与心境如何影响长时记忆。解释这两个因素如何与你的日常生活相关。
4. 给出过去的几天中你完成的外显与内隐记忆任务的几个例子。什么是分离？在比较正常成人与健忘症患者的研究中是如何体现分离的？

5. 虽然这本书是认知心理学,这一章讨论的几个问题却与心理学的其他领域,如社会心理学、人格心理学、变态心理学有关。总结一下相关的研究,并讨论自我参照效应、情绪与记忆、一致性偏差。

6. 界定"自传体记忆",描述这个领域中研究的几个问题。这个领域的记忆与更传统的实验室研究有什么不同?列出某种方法的优势与劣势。

7. 描述闪光灯记忆的回忆中,图式如何会产生信息的歪曲。误导的事后信息如何影响闪光灯记忆的回忆?在回答这两个问题的时候,使用前摄干扰和后摄干扰的概念。

8. 记忆的建构主义者理论强调,我们会根据新的关注点和新的信息主动修改我们的记忆。如果一个女人要构建关于童年期的虚假记忆,并且表现出强烈的一致性偏差的情况,该如何用这个理论来解释?这个理论如何与自传体记忆中讨论的其他问题相关?

9. 第6章着重讨论的是提高记忆的方法。但是,这一章也包括了一些提高记忆的相关信息或者启示。复习一下这一章的内容,列出当你为下一次的认知心理学考试做准备的时候,可能会用到的记忆提高的方法。

10. Daniel Schacter(2001)写了一本书,其中描述了几种记忆错误。但是,他认为这些记忆错误实际上是一个运转良好的记忆系统的副产品。我们课本中的哪一个主题是与他的论断有关系的?复习一下这一章的内容,列出人们可能会犯的一些记忆错误。解释一下为什么每一种记忆错误都是在大多数的日常经验中运转良好的一个记忆系统的副产品。

第6章
使用记忆策略与元认知

概览

第4章讨论了工作记忆,是关于当前正在加工的材料的短暂的即时记忆。第5章考察了长时记忆,或者说是几分钟之前、几天之前或几年之前发生的事件的记忆。这两章讨论了记忆的理论方面的内容。但是,第6章强调的是关于记忆策略和元认知的应用问题。元认知考察是关于认知加工的知识与控制。这一章的信息应该可以帮助你发展更有效的记忆策略;也可以帮助你学习如何监控自己的记忆与阅读方法。

关于记忆策略的部分首先回顾了第3～5章中包括的一些记忆策略;接下来,我们会讨论练习的不同方面如何提高记忆;然后我们看一下使用表象与组织的记忆技术和方法;这一部分的最后,我们会考察如何增强前瞻记忆,前瞻记忆是记住将来要做某事。

这一章的第二部分考察的是元认知。先讨论的是可能影响元记忆准确性的几个因素。关于元记忆的研究表明,大学生们在估计他们记忆测验总分的时候常常过度自信,会高估自己的分数。另外,大部分大学生不知道会影响记忆准确性的因素。还有,当学生们准备即将到来的考试的时候,他们需要一些策略来知道决定哪些问题需要最多的学习时间。

舌尖效应代表了元认知的另一个维度。即使人们不能够回忆起准确的目标词语,但是他们常常可以说出这些目标词语的特征,如词语的读音。另一个与此有关但不太强烈的现象是知道的感觉,它可能帮助你正确回答多项选择题。

另一个相关的话题是元理解。研究表明,学生们在判断他们是否理解了最近读过的段落时常常过度自信,高估了自己的能力。在整个这一章中,我们会考察帮助你更有效地学习课本材料的方法。这一章的最后一个问题是个体差异特征,考察的是元认知起作用的另一种方式。研究显示,强大的元认知能力可以增强批判性思维能力。

章节简介

花点儿时间想一下自己中学时期在听课、参与课堂讨论、记笔记、阅读课本上花费的海量时间。我们学校里的大部分大学生报告说，他们在课堂之外也花了成百上千个小时，用于复习准备考试和完成其他的课堂作业。

现在考虑一下中学老师教你提高记忆的策略所花的全部的时间。历史老师可能会督促学生们在考试之前很早就开始学习，而不是在考试的前一天晚上记住所有的东西；数学老师可能教过你如何记住三个基本的三角方程式的简化形式；法语老师可能提到过如果使用心理表象就可能更有效地记住词汇表。估计一下所有中学老师帮你学习如何提高记忆所花的全部的时间。

在我的认知心理学课上，当我讲到记忆策略与元认知的章节时，我让学生们做了上述练习。相比较学生们花在课堂学习与复习考试上的海量时间，我的大部分学生估计他们的所有中学老师总共花了大约1～2小时讨论记忆提高的方法。

另外，有的学生报告他们的老师推荐了与他们正在学习的人类记忆的信息相矛盾的学习策略。例如，一个学生讲了他历史老师的建议：出声重复一个句子三次，然后写三次，你就可以记住了。想一想，为什么学生们应该拒绝类似的建议？

这一章开始，我们会回顾前面章节中提到的，你已经学过的关于建议提高的策略窍门。之后，我们会看其他一些有用的记忆策略，可以让你扩大在课程资料和每日记忆任务上的记忆。

元认知通常会引导你对记忆策略的选择。元认知是你所拥有的关于认知加工的知识，及其对认知加工的控制。在这一章的第二部分中你会发现元认知如何帮助你更有效地进行认知加工。

整个这一章中你会注意到所讨论的研究都有较高的生态效度（Levin et al., 2010）。第1章和第5章中讨论过，如果研究进行的条件与研究结果应用的自然情境类似，就是具有**生态效度**（ecological validity）的研究。所以，当你读到相关研究的时候，你可以把它应用到自己的课堂学习中。

记忆策略

当你使用**记忆策略**（memory strategy）的时候，你所进行的心理活动可以提高编码与提取的效率。大部分的记忆策略有助于你记住过去学过的东西。例如，当你参加艺术史考试的时候，你的教授可能会让你回答文艺复兴与巴洛克绘画技法的差异。为了回答这个问题，你需要记住上个月教授讲过的东西和昨天晚上你看过的艺术史课本中的相关章节的信息。

第6章第一部分的大部分内容考察的是记住过去学过的东西的策略。但这一部分的最后一个问题是不同的，因为它是关于提高你记住将来要做某事的记忆的策略。

前面章节的建议：回顾

我们先讨论前面章节中学过的关于提高记忆的建议。例如，第3章中我们学到，分散注意降低了加工信息的能力，在听课和阅读课本的时候这个指导原则是很重要的（Chabris & Simon, 2010; deWinstanley & Bjork, 2002）。第3章也提到，人们在进行眼跳眼动的时候也会有问题，如眼睛会经常移动到已经看过的句子部分。

第4章指出了工作记忆的局限性。当教授讲得太快或者对幻灯片的细节讲解太简单的时候，你就会体验到工作记忆的局限性。如果遇到了这个问题，你应该弄明白如何策略性地做出反应。你可能想要在上课之前完成老师布置的阅读作业，让自己熟悉相关的概念。如果教授在课前就给了幻灯片，一定要预习一下。当学生们可以将幻灯片中的信息与课堂笔记中的信息相结合的时候，他们的考试成绩就会更好（Marsh & Sink, 2010）。

第5章提出了更多发展有效记忆策略的建议。我们看一下其中的三个：①加工水平；②编码特异性原则；③避免过度自信。首先花点时间描述每一种策略，看一下它们如何有助于更有效地准备下一次的考试。

加工水平

记忆提高的最有用的一般原则之一就是与第5章中关于加工水平的讨论有关。具体来说，关于**加工水平**（levels of processing）的研究显示，如果信息加工的水平更深，通常对信息的记忆就会更准确（Craik & Lockhart, 1972; Esgate & Groome, 2005; Roediger, 2008）。

我们注意到加工水平对学习的促进源于两个因素，精细加工与区别性。我们先讨论精细加工再讨论区别性。

如果想进行**精细加工**（elaboration），就需要集中注意某个特定概念的具体意义，也需要将这个概念与先前的知识相关联或者与你已经掌握的相互联系的一些概念相关联。例如，你要通过跟自己解释一个概念，进行丰富详细的编码（De Koning et al., 2011；Esgate & Groome, 2005；Herrmann et al., 2002）。但是，如果只使用简单的**复述**（rehearsal），或者仅仅重复学过的信息，那就是在浪费时间。

下面是精细加工的具体应用，当你想掌握复杂问题的时候可以使用这个策略。Giles Einstein 与 Mark McDaniel（2004）提出，如果你提出并回答一些"为什么问题"，你就可以更容易地学习和记住复杂的材料。为了回答这些"为什么问题"，你必须使用深度加工来考虑材料的意义，并将新材料与已有的信息相联系。

例如，假设你的美国史教授让你学习美国《权利法案》的 10 个修正条款。我记得自己当时很难记住第三个，根据这个修正条款，当要求居民为士兵提供住宿和食物的时候，一定要合理付费。这个条款很难记，因为对于 21 世纪的美国居民来说，这个条款根本没有意义。

Einstein 与 McDaniel 指出，我们需要考虑为什么这个问题在美国历史上是很重要的，以至于它要作为 10 个修正条款之一。他们认为我们应该考虑的是那个年代的美国居民，他们几乎没有什么钱，但又被迫要为革命战争中的士兵提供住宿与食物。这样我们就可以理解为什么这个条款是必需的。同样，你可以想一下在这一部分的开头，我为什么要问你关于记忆策略的"为什么问题"。

研究显示，深度加工有助于学生记住更多的心理学课程中的信息。例如，如果学生们坚持记日记，记录他们如何应用不同的人格理论描述朋友、政治人物、电视节目中的人物，他们在关于人格理论的心理学课程中就会学得更多（Connor-Greene，2000）。在这种情况下，学生们是在对材料进行精细加工，对材料进行复杂的、有意义的分析，而不是单纯地复述。

第 5 章我们强调受到水平的加工会增强记忆的两个原因是精细加工与区别性。我们讨论了精细加工，接下来讨论区别性。**区别性**（distinctiveness）指的是一个记忆痕迹与其他的记忆痕迹不同。如果信息与长时记忆中的其他记忆痕迹没有区别，人们就会忘记这个信息。

当我们识记名字的时候，区别性还是尤其重要的一个因素。例如，我经常需要回忆某人的名字，比如说我刚碰到过一个叫 Kate 的女人。我经常告诉自己"记名字很容易"，我会只记住她看起来像是我的认知心理学课堂上叫 Kate 的学生。后来，我意识到我的课堂上实际上有三个学生都叫 Kate。我的编码不够有区别性，结果我正在回忆的面孔就很容易受到其他学生面孔的干

扰。因为其他项目的干扰，我们很容易就忘记了目标名字（Craik，2006；Schacter & Wiseman，2006；Tulving & Rosenbaum，2006）。

在第 5 章我们强调过，一种特殊的深度加工收益于**自我参照效应**（self-reference effect），即通过将学习材料与自己的经验相关联来增强长时记忆。例如，我们在这本书中包含那么多的示例的一个原因就是：提供给你一些与认知心理学的重要原理有关的个人经验。

如果你在阅读课本的时候会进行自省，你可能会想如何将一些主要的概念应用到自己的生活中。例如，我希望这一章会让你学到记忆策略与元认知如何在你其他的大学课程中也会有帮助。现在试一下示例 6-1。

示例 6-1
指导语与记忆

通过几次重复每个词对中的词语来学习下面的词对表。例如，如果词对是"猫—窗户"，你就对自己说"猫—窗户，猫—窗户，猫—窗户"。只对词语进行重复，不要使用其他的学习方法。花一分钟学习下面的词表：

蛋奶糊—木材　　常春藤—母亲
监狱—小丑　　　蜥蜴—纸张
信封—拖鞋　　　剪刀—熊
羊皮—蜡烛　　　糖果—山
雀斑—苹果　　　书—画像
锤子—星星　　　树—海洋

现在，将上面的词表盖住。试着回忆尽可能多的词语：

信封—_____　　监狱—_____
雀斑—_____　　常春藤—_____
树—_____　　　羊皮—_____
糖果—_____　　书—_____
剪刀—_____　　蜥蜴—_____
蛋奶糊—_____　锤子—_____

接下来，通过形成词对中两个物体生动的交互作用的心理图像来学习下面的词表。例如，如果看到词对"猫—窗户"，你可以形成一只猫跳过关闭的窗户，玻璃碎了一地的心理表象。只形成心理表象，不要使用其他的学习方法，用一分钟学习下面的词表：

肥皂—美人鱼　　镜子—兔子

足球—湖	房子—钻石
铅笔—生菜	羊羔—月亮
汽车—蜂蜜	面包—玻璃杯
蜡烛—舞者	嘴唇—猴子
蒲公英—跳蚤	美元—大象

现在，将上面的词表盖住。试着回忆尽可能多的词语：

蜡烛—_____	美元—_____
蒲公英—_____	汽车—_____
面包—_____	嘴唇—_____
镜子—_____	铅笔—_____
羊羔—_____	肥皂—_____
足球—_____	房子—_____

最后，算一下每个词表的正确反应的数量。

在表象指导语中你回忆了更多了词语吗？你可能发现了在第一个词表中你会不可避免地使用表象的方法，因为你现在阅读的是记忆提供的方法。如果你在词表1中也使用了表象，你在两个词表上的回忆分数可能是相似的。你可以测试一个朋友。后面我们会讨论到表象如何增强记忆。

编码特异性

第5章中我们也讨论了**编码特异性原则**（encoding-specificity principle），这个原则提出，如果编码的背景与提取的背景相似，则回忆的成绩会更好。在第5章中我们注意到，关于背景效应的研究结果是不一致的（Baddeley, 2004; Nairne, 2005; Wong & Read, 2011）。例如，你在考试将要进行的特定教室里复习，可能不会提高考试分数。

但是，关于编码特异性的研究确实提供了更一般的一些策略。例如，当你新发展学习策略的时候，可以想一下下一次考试中会考些什么（Herrmann, Yoder, et al., 2006; Koriat, 2000）。假设考试中会有问答题，要求你回忆信息而不是进行再认。你在复习的时候就需要时不时地合上笔记本，来记忆你刚刚复习过的内容。在你学习这本书的时候，试着回答那些章节复习题，你也可能自己出一些问答题并写出答案，这个策略可以提高你对材料的深度加工。

避免过度自信

第5章中对自传体记忆的讨论给出了我们应该注意的问题，而不是一个具体的记忆策略。我们看到，人们常常相信他们自己对生活经验的记忆有很高的准确性。但是，即使所谓的闪光灯记忆也常常会出错。这个领域的研究显示，我们常常对自己的记忆能力过度自信。

如果我们在记忆重要的生活事件的时候都会出错，那么在记忆课堂上学习材料的时候也一定会出错。实际上，研究者们发现了**预见偏差**（foresight bias, E. L. Bjork et al., 2011; R. A. Bjork, 2011）。当人们在复习考试的时候会对自己的考试成绩过度自信，即发生预见偏差。

过度自信在这一章第二部分关于元认知的讨论中和后面的章节中也是一个重要的问题。现在试一下示例6-1，再接着往下读。

注重练习的策略

至此，我们讨论了根据前面章节中讨论的概念而发展出来的记忆提高的策略。现在我们讨论另外的一些记忆策略，首先关注的是练习。

总时间假设

第一个记忆策略听起来太显而易见，不值一提。根据**总时间假设**（total-time hypothesis），学习量取决于总的学习时间。这个假设总体上是正确的（Baddeley, 1997; Roediger, 2008）。

但是，如果你只是简单地一遍一遍重复学习材料，这样的练习是没有作用的。例如，研究者们发现，变量"学习的小时数"不是预测学生的GPA（平均绩点）的好方法；但是，当研究者也包括了学习策略的品质的时候，学习时间可以预测学生的GPA（Plant et al., 2005）。例如，使用深度加工主动学习材料一小时，通常比花2小时扫视学习材料更有效。

提取练习效应

在考试之前复习的时候，你也应该练习从长时记忆中提取信息（例如，我们在这一章的前面部分讨论的记忆提高的方法是什么）。根据**提取练习效应**（retrieval-practice effect），你想回忆记忆中的重要概念，如果在提取很困难的条件下你依然回忆起了那个概念，学习就得到了加强。研究表明，提取练习会提高考试成绩（R. A. Bjork, 2011; deWinstanley & R. A. Bjork, 2002; Herrmann et al., 2002）。

分散练习效应

根据**分散练习效应**（distributed-practice effect），如果你在一段时间内分散学习[即**间隔学习**（spaced learning）]，就会记得更多；如果你想"填鸭式地用功"，一次学习所有的材料 [即**集中学习**（massed learning）]，就会记得更少。研究通常支持在回忆与再认任务中都会有分散练习效应（Koriat & Helstrup，2007；Landauer，2011；Metcalfe，2011）。研究也证实了在学习很难掌握的真实生活材料时也会有间隔效应，例如记忆英语词汇表、数学知识和人名等材料（Carpenter & DeLosh，2005；Kornell，2009；Pashler et al.，2007；Rohrer & Taylor，2006）。

分散练习有助于长时记忆的一个原因是它引入了**适度的困难**（desirable difficulty），换句话说，是一种有点挑战性的但又不是太困难的学习情境（R. A. Bjork，2011；Koriat & Helstrup，2007；McDaniel & Einstein，2005）。假设你需要记住生物课中的一些关键概念，如果你进行自我测试，一个概念考几次，在第三次或者第四次的时候这个概念就容易记住了。

但是，如果在第二次重复之前空余几秒钟，你就得花费更多的注意力学习这个概念。另外，任务也会变得更困难一些，因为你对这个概念的记忆开始消退（R. A. Bjork，2011；Einstein & McDaniel，2004）。结果，你会出错，也不会过度相信自己已经掌握的这个概念。根据当前的研究，练习与练习之间至少一天的时间间隔在维持长时记忆保持的时候尤其有效（Bahrick & Hall，2005；Cepeda et al.，2006）。

我在这本书中也应用了分散练习效应。例如，这一章开始时预习了讨论话题的提示，包括一些你可能不太熟悉的概念的定义。概览包括了第 5 章中学过的一些概念的回顾。在第 13 章中，当我们考察儿童和老年人的记忆加工的时候，你会有另一个机会复习关于记忆的概念。

测验效应

教授们在课堂上给学生们考试是为了看看学生学到了什么。但是，研究表明了考试的另一个功能，称为**测验效应**（testing effect）。参加测验实际上是提高对学习材料的长时记忆的卓越方法（Campbell & Mayer，2009；Roediger et al.，2010；Vojdanoska et al.，2010）。

例如，Henry Roediger 与 Jeffrey Karpicke（2006b）让学生阅读一篇关于科学问题的短文，一半的学生再一次学习这篇短文，另一半的学生进行关于这篇短文内容的测验。他们在一张白纸上写下他们能记住的尽可能多的短文内容。但是，他们没有得到自己回忆准确性的反馈。研究的最后一步是所有的学生都参加一个考试，写下他们记住的短文内容。有的学生在完成上一步研究（第二次学习或者第一次测验）之后 5 分钟就进行最后的测验，有的学生在 2 天或者 1 周之后进行测验。

图 6-1 是研究的结果。你可以看到，当学生们在 5 分钟之后进行测验的时候，学习了两遍材料的学生比学了一遍又考了一遍的学生的记忆稍微好一点。但是，2 天或者 1 周的延迟之后，学了一遍又考了一遍的学生在最后的测验中的分数更高，即使他们没有得到关于自己回忆准确性的反馈。

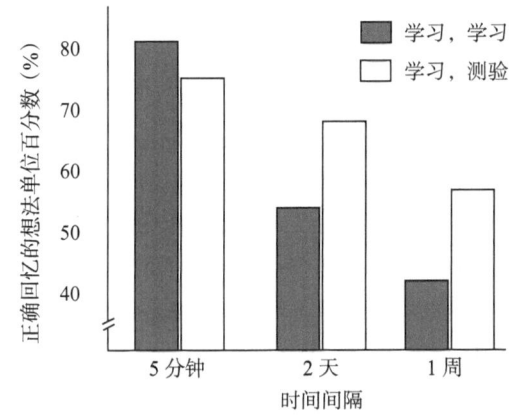

图 6-1 学习条件（重复学习与测验）与记忆保持时间对正确回忆的想法单位百分数的影响

资料来源：Roediger, H. L., Ⅲ, & Karpicke, J. D. (2006b). Test enhanced learning: Taking Memory tests improves long-term retention. *Psychological Science*, 17, 249-255.

显然，当你进行测验的时候，测验是提取相关材料的练习。另外，测验产生了深度困难。当你想回忆读过的材料时，你觉得回忆任务有点挑战性，但你不会过度自信（Pashler et al.，2007；Roediger & Karpicke，2006a，2006b；Whitten，2011）。另外，当学生们完成第二个测验的时候，他们的回忆显示了更多的组织性；而学习了两次的学生回忆材料的组织性没有变化（Zaromb & Roediger，2010）。我希望图 6-1 会鼓励你对新的概念进行自我测验，对每一章最后的章节复习题进行自我测验。

使用表象的记忆术

前一部分强调的是关于练习的记忆策略的用处。这一部分和下一部分是关于组织的，强调的是记忆术的使用。**记忆术**（mnemonic）是提高记忆的心理策略（Dunlosky & Bjork，2008b；Worthen & Hunt，2011）。有的记忆术强调的是**心理表象**（mental imagery）：我们心理表征的、没有实际呈现的物体、动作与想法。第 7 章考察了心理表象的特征。但在这一章中我们将关注表象如何增强记忆。

看一下你在尝试示例 6-1 时候的回忆成绩。这个示例是 Bower 与 Winzenz（1970）进行的研究的简化版，他们让一组被试默默地重复这些词对，另一组被试形成一个心理表象，在表象中两个词语代表的物体会产生相互作用。随后，被试看到每个词对的第一个词，他们要回忆第二个词。结果显示，形成表象的被试回忆的项目比重复的被试要多 2 倍。

视觉表象是增强记忆的一个有力策略（Davies & Wright, 2010b；Reed, 2010）。研究显示，当回忆的项目之间相互作用的时候，表象会更有效（Carney & Levin, 2001；McKelvie et al., 1994）。例如，如果你想记住词对钢琴 – 烤面包，要想象钢琴嚼着一大片烤面包。一般来说，如果形成的图像很怪异，相互作用的视觉表象就更有效（Davidson, 2006；Worthen, 2006）。想象记忆术有效的一个原因是想象的图像都很有趣，可以激发被试的积极性（Herrmann, et al., 2002）。

例如，如果你需要记住不熟悉的词汇，关键词的方法是很有用的。在**关键词**（keyword method）的方法中，你找到一个与学习的新词语的读音相似的词语（关键词），然后形成一个表象，其中关键词与新词的意义是联系在一起的。关于关键词方法的研究显示，这个方法可以帮助学生们记住新学习的英语词汇、其他语言的词汇和人名（Carney & Levin, 2001, 2011；Herrmann et al., 2002；Worthen & Hunt, 2011）。

有一年圣诞节，我家里来了一个从尼加拉瓜来的说西班牙语的客人。在西班牙语中，火鸡是 chompipe。我很难记住这个词，直到我产生了一个如图 6-2 中所示的表象，即一个火鸡把一个烟斗咬得咯咯响。

图 6-2　词对火鸡 –chompipe 的关键词表征

另一种表象的方法是建立一系列的熟悉的位置，如马路、车库、家里的前门；接下来建立你想记住的每一个项目的心理表象；然后把每个项目的心理表象放到前面想象的一个位置中。如果你想以某种顺序记住一些项目的时候，这个方法特别好用（Einstein & McDaniel, 2004；Groninger, 1971；Hunter, 2004b）。顺便试一下示例 6-2 再接着往下读。

👉 示例 6-2
记住字母列表

　　阅读下面的字母列表然后盖住，试着尽可能正确地回忆读过的字母。

　　YMC　AJF　KFB　ISA　TNB　CTV

　　阅读下面的字母列表然后盖住，试着尽可能正确地回忆读过的字母。

　　AMA　PHD　GPS　VCR　CIA　CBS

使用组织的记忆术

当人们使用**组织**（organization）作为记忆策略的时候，是将想学的材料排成有规律的顺序。这种记忆术是说得通的，因为在对项目进行分类的时候要用到深度加工（Esgate & Groome, 2005）。另外，当你建构了组织良好的框架的时候，信息的提取就更容易了（Wolfe, 2005；Worthen & Hunt, 2011）。

当你在学习强调组织的四种记忆策略的时候，你可能会发现有的方法会比其他的有用（Schwartz, 2011）。还有，你也可能发现在一个记忆任务中组块是有用的，而在另一个不同的记忆任务中分层的方法是更有效的。

组块

第 4 章讨论了一个使用组织的策略，称为**组块**（chunking），即将几个小的单位结合形成更大的单位。例如，示例 6-2 是 Bower 与 Springston（1970）进行的一个研究的修订版，他们发现当一系列的字母根据有意义的、熟悉的单位被组织起来的时候，比随机地分成三个一组的情况下，人们会记住的更多。在示例 6-2 中，你回忆的第二个列表中的字母的数量更多吗？第二个列表中的字母是根据熟悉的组块组织在一起的。

想一个你可以使用组块的方法增强学习的新的方式。例如，去年我认识一个在法国学习过的学生，她选的一门课是认知心理学，是用法语教的。其中一个课堂练习是让学生们记住大量的词语，这些词语代表了几个类别，是以随机的顺序排列的。我的这个学生在练习中得了最高分,即使她的同学们都是说法语的。她告诉我说,她是根据类别学习那些法语词汇的,所以她可能更容易地获取这些类别的内容。

分层方法

另一种组织材料的有效方式是构建一个等级模型。**等级模型**(hierarchy)是一个系统,其中所有的项目被分成一系列的类别,从最一般的类别到最具体的类别。例如,图6-3显示的是动物的等级模型的一部分。

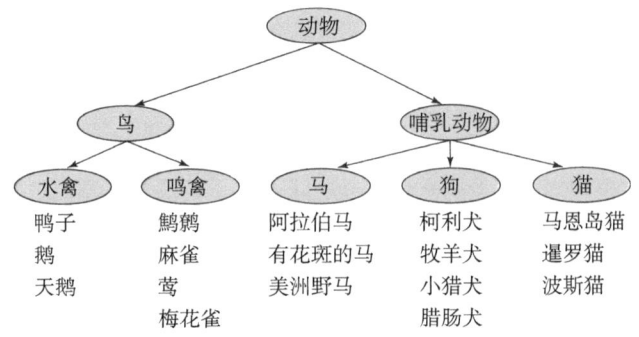

图6-3 等级模型的一个例子

Gordon Bower 与同事们(1969)让人们学习隶属于类似于图6-3中的四个等级的一些词语。有的人以有组织的方式学习,即以你在图6-3中看到的倒置的树形方式。有的人以没有组织的方式学习,他们看到相同的词语,但这些词语随机分散在树形图的不同位置。以有组织的方式学习的那组人比以没有组织的方式学习的那组人回忆的词语要多三倍多。显然结构与组织可以增强记忆(Baddeley,1999;Herrmann et al.,2002;Worthen & Hunt,2011)。

提纲是等级模型的一个例子,因为提纲中将内容分成了一般的类别,每一个一般的类别又被进一步划分成更具体的类别。因为提纲提供了你学习关于特定学科概念的组织和结构。

例如,看一下这一章开头的提纲。你会看到看过一般的类别:记忆策略与元认知。当你读完这一章的时候,看你是否能够凭记忆建构一个与图6-3类似的等级模型。以两个一般的类别开始,然后将每一个类别划分成更具体的话题,再与这一章的提纲对照一下,看自己是否漏掉了什么东西。如果你学习了每一章的提纲,你就会形成一个有组织的内容结构,可以在你考试的时候增强你的回忆能力。

根据 Regan Gurung(2003)进行的一个研究,选修心理学入门课程的大学生们报告他们在复习准备考试的时候,很少会用到章节提纲。但是,在选修更高级课程(如认知心理学)的学生可能会知道,如果他们了解了一个话题是如何组织的,他们的学习效率会更高。

首字母方法

另一个使用组织的流行的记忆术是**首字母方法**(first-letter technique),即利用你想记住的词语的第一个字母组成一个词语或者一个句子。你可以利用 ROY G. BIV 来记住彩虹的颜色的顺序:(Red, Orange, Yellow, Green, Blue, Indigo 和 Violet)。你可能在统计课中学过定名(nominal)、定序(ordinal)、定距(interval)、定比变量(ratio),它们的第一个字母组成了 noir,是法语词语"黑色"。

学生们常常使用首字母记忆术。但是,实验室研究显示,这个方法的有效性是不一致的(Herrmann et al.,2002)。在有的情况下它是有效的,其有效性可能是源于首字母常常可以加强回忆。例如,假如你在提取某个概念的时候遇到了阻碍,如果你知道这个概念的第一个字母,你会更可能提取到这个概念(Herrmann et al.,2002)。

叙事的方法

至此,我们看了关注组织的三种记忆策略:组块、分层、首字母方法。第三种方法是**叙事的方法**(narrative technique),让人们虚构将一系列词语联结在一起的故事。

在一个经典研究中,Bower 与 Clark(1969)让一组人虚构故事,将一系列的英语词语结合在一起,在控制组的人们没有任何指导语。每一组学习 12 个词表。结果显示,采用叙事方法的人们比控制组的人们回忆的词语多出 5 倍。

叙事方法是增强记忆的一个有效策略,记忆受到损伤的人也可以成功使用叙事的方法(Wilson,1995)。但是,只有在学习和回忆的时候,如果你能够很容易想出故事,类似的方法才有效。

我们复习了几类有助于你更有效地学习的记忆策略。但是,除非你实际使用了这些策略,否则你是无法提高考试成绩的。例如,几年前我教心理学导论的时候班上有个学生叫 Dave,在第一次考试中得了 D,我就在他的试卷上留了言,让他来我的办公室讨论一下学习策略。我们一起讨论了这一章当中提到的几个概念,着重强调了元认知(我们会在这一章的第二部分讨论的话题)。在第二次考试之后我检查了 Dave 的试卷,他又得了 D。后来,我问他是否使用了我们讨论过的任何方法,他回答说："没有，它们用起来太费事了，所以我用自己常用的方法复习的。"

研究表明，Dave 的观点是很普遍的一个观点，学生们常常拒绝使用对他们有帮助的方法。例如，当学生们选修心理学导论的网上课程的时候，他们只有在考试前两天才会用到那些网络材料（Maki & Maki，2000）。另外，选修传统的心理学导论课程的学生有时候会利用课本中的印成粗体的那些概念。但是，他们很少利用其他的有用特征，如提纲、章节总结，或者练习测试题（Gurung，2003，2004）。

研究显示，大学生的学习习惯、学习能力、学习态度是他们学习成绩的最强的预测变量（Hartwig & Dunlosky，2012）。例如，想象你是学校负责招生的工作人员，你的主要目标是招收入学之后可以得高分的申请者。招生办公室通常关注的是申请者的中学成绩和他们在标准测验中的分数。但是，上面提到的三个因素：学习习惯、学习能力、学习态度，在预测学生们在大学期间的成绩方面与中学成绩和标准测验分数是同样重要的（Crede & Kuncel，2008）。

深度了解

前瞻记忆

至此，第 4～6 章关注的是**回顾性记忆**（retrospective memory），即记住过去获得的信息。但是，接下来我们会关注**前瞻记忆**（prospective memory），记住在将来需要做某事。典型的前瞻记忆任务包括今天带着研究方法的课本去上课，下午去接一个在工作的朋友，记得跟一个教授约定的去他办公室讨论的时间。

大多数人认为前瞻记忆错误是最常见的记忆错误，也是最令人尴尬的记忆错误（Cook et al.，2005；Einstein & McDaniel，2004；McDaniel & Einstein，2007）。当学生们知道了这种记忆错误还有一个名字，并且其他的人也会出现前瞻记忆的问题时，他们会松一口气。

前瞻记忆认为通常包括两个成分：首先，你必须确定在将来的某个时间你想完成某个特定任务；其次，在将来的那个时间，你必须完成既定的任务（Einstein & McDaniel，2004；McDaniel & Einstein，2007）。有时候，主要的挑战在于记住活动的真正内容。你可能有过这样的体验，你知道你要做某事，但又记不住是什么事。但是，大多数时候，前瞻记忆的主要挑战是记住在将来要完成某个动作（McDaniel & Einstein，2007）。

让我们首先比较一下前瞻记忆任务与更一般的回顾性记忆任务；然后会讨论与精神恍惚有关的话题。有了这些背景知识，我们会讨论如何提高前瞻记忆的几个具体的建议。

比较前瞻记忆与回顾性记忆

前瞻记忆通常关注的是记忆，而回顾性记忆更可能关注记住信息与想法（Einstein & McDaniel，2004）。还有关于前瞻记忆的研究更强调生态效度。换句话说，研究者们设计的实验任务与我们日常生活中的前瞻记忆任务类似。

虽然前瞻记忆与回顾性记忆之间存在这些差异，但二者会受到一些相同变量的影响。例如，如果使用区别性编码和有效的提取线索，两种记忆的准确性都会提高。另外，如果提取之前的延迟时间很短，两种记忆的准确性也更高（Einstein & McDaniel，2004）。随着时间的推移，前瞻记忆与回顾性记忆有相同的遗忘率（Tobias，2009）。最后，负责前瞻记忆加工的额叶脑区在回顾性记忆中也扮演了重要角色（Einstein & McDaniel，2004）。

精神恍惚与前瞻记忆失败

前瞻记忆的一个有趣的成分是精神恍惚。大部分人不会公开自己因为精神恍惚而犯的错误。所以，你可能认为自己是唯一一个在下课回家的路上忘了买牛奶的人，唯一一个想打给 Alex 的时候却拨了 Chris 电话号码的人，唯一一个在发电子邮件的时候忘记添加重要附件的人。实际上，我记得自己在参加一个关于前瞻记忆的最新研究的心理学会议的时候，有研究者让在座的听众猜测最常见的前瞻记忆错误是什么，很多人都说是"忘记添加附件错误"。

一个问题是，典型的前瞻记忆任务代表的是分散注意的情形，你必须集中注意于当前的活动，同时也要注意你在将来需要记住的任务（Marsh et al., 2000；McDaniel et al., 2004）。当前瞻记忆的任务要求中断一个习惯性活动的时候，精神恍惚的行为尤其可能发生。假设习惯性的活动是从学校开车回家，假如今天有一个必须完成的前瞻记忆任务是在回家的路上到杂货店买牛奶。在这种情况下，长期的习惯就会战胜脆弱的前瞻记忆，就出现了精神恍惚的行为。

当你在一个非常熟悉的环境中自动化地完成一个任务的时候，更可能出现前瞻记忆错误。例如，那些想戒烟的人通常知道他们在吃完早饭之后会在厨房自动化地点上一支烟（Tobias, 2009）。为了打破抽烟的习惯，他们可能需要从厨房走到另一个不同的房间。

如果你心事重重，如果你走神了，或者如果你感到了时间压力，也更可能会出现精神恍惚的行为。在大部分的情况下，精神恍惚只是有点让人恼火。但是，有时候它可能会产生坠机、工厂生产事故和其他会影响到几百个人生命安全的灾难（Finstad et al., 2006）。例如，Dismukes 与 Nowinski（2007）研究了由于机组人员的记忆失败引起的 75 起坠机事故，其中有 74 起是由于前瞻记忆错误，1 起是由于回顾性记忆错误。

提高前瞻记忆的建议

这一章的前面部分我们讨论了用来提高回顾性记忆的很多建议。你也可以使用这些策略来提高前瞻记忆。例如，如果你产生了关于牛奶的生动的、交互的心理表象，可能就不会在路过杂货店的时候不停车了（Einstein & McDaniel, 2004）。

但是，如果你想完成一个前瞻记忆任务，你所选择的提醒线索必须是有区别性的（Engelkamp, 1998；Guynn et al., 1998）。例如，你想记住明天给 Tonya 带个口信，如果你只是复述 Tonya 的名字或者只是提醒自己要带个口信，是不会有太大帮助的。你必须形成两个成分之间强烈的联系，将 Tonya 的名字与给她带个口信联系在一起。

另一个问题是，人们常常过于相信自己可以完成一个前瞻记忆任务，毕竟，买牛奶是一个极其简单的任务，但是，记住要完成这个任务是有困难的。这本书剩下的部分中我们会看到，人们在很多认知任务中都是过度自信的。

外部的记忆辅助手段也有助于前瞻记忆任务的完成（McDaniel & Einstein, 2007）。**外部的记忆辅助手段**（external memory aid）指的是除了你自己的某种手段，可以以某种方式促进记忆（Herrmann et al., 2002；Worthen & Hunt, 2011）。外部的记忆辅助手段包括购物清单、手腕上的橡皮筋、提醒你在某个时间打一个重要电话的闹钟响铃。

外部的记忆辅助手段的放置也很重要。例如，我的外甥有时候开车到他妈妈家里吃晚饭，妈妈常常会告诉他，要记住在吃完饭回家的时候带上冰箱里的一些东西。在出现了几次前瞻记忆错误之后，他想到了一个理想的外部的记忆辅助手段：他来了之后把车钥匙放到冰箱上的一个显眼的位置（White, 2003）。请注意，他很聪明地用到了外部的记忆辅助手段，就不会在走的时候忘了拿冰箱里的东西了。

我的学生们也报告，他们常常在前瞻记忆任务中使用非正式的外部的记忆手段。当他们想记住要带一本书去上课的时候，他们会把书放在去上课的时候会经过的一个位置上。他们也会在手背上写下提醒的信息。还有学生说，他们的寝室里到处都是彩色的留言条。

但是，这些外部的记忆辅助手段只有在你用到的时候，或者它们成功地提醒了你要记住什么的时候才是有用的。现在你已经熟悉了前瞻记忆的挑战，试一下示例 6-3，然后回顾一些表 6-1 中列出的提高记忆的方法。

示例 6-3

前瞻记忆

列出在接下来的一两天中你需要完成的五个前瞻记忆任务，必须是你需要记住的自己一个人要完成的任务，而不是他人提醒完成的任务。

针对每一个任务，首先描述你通常使用的可以记住这个任务的方法，注意一下这个方法是否常常是成功的。然后，针对每一个你出现了前瞻记忆错误的任务，找到一个更有效的提醒方法（可能你忘记了，有一个要完成的前瞻记忆的任务就是这个示例）。

表 6-1　提高记忆的策略

1. 前面章节的建议：
   a. 不要将注意分散到几个同时进行的任务中。
   b. 记住工作记忆是有局限性的；找到克服工作记忆局限性的策略。
   c. 加工信息的意义而不是表面特征；强调精细编码、区别性与自我参照。
   d. 在学习的时候，通过自我提问与考试中的问题形式一样的问题来应用编码特异性原则。
   e. 不要过于相信自己对生活事件的记忆的准确性。

2. 关于练习的方法：
   a. 学习的量取决于练习所花的总时间。
   b. 如果将练习次数在一段时间之内分散开来，你会学得更有效（分散练习效应）。
   c. 通过参加关于学习材料的考试可以增强记忆。

3. 使用表象的记忆术：
   a. 使用表象，尤其是显示了需要回忆的项目之间的交互作用的表象。
   b. 使用关键词方法；例如，如果你要学习另一种语言中的词汇，知道与目标词读音相似的英语词语，然后将这个英语词语与目标词的意义相关联。

4. 使用组织的记忆术：
   a. 使用组块，将独立的项目结合成有意义的单位。
   b. 构建一个等级模型，将项目安排到一系列的类别中（如图6-3）。
   c. 用你要记住的词语的第一个字母组成一个词语或者句子（首字母方法）。
   d. 构建一个叙事或者故事，将一系列词语联系在一起。

5. 提高前瞻记忆：
   a. 形成生动的、相互作用的心理表象来提高未来的回忆。
   b. 找到一个具体的提醒线索或者外部的记忆辅助手段。

元认知

这一章的前半部分关注的是记忆策略，或者说是提高记忆的方法。后半部分关注的是元认知。我们在前面的内容中学到，**元认知**（metacognition）指的是认知加工的知识与控制。元认知的一个很重要的功能是监控记忆策略选择与使用的方式。与主题 1 的主张一致，元认知是一个极其主动的加工过程。你将会看到，元认知要求集中的思维与自我评价能力（Koriat & Helstrup, 2007）。

考虑一下你拥有的不同类别的元认知知识。例如，认知心理学课程可能会让你想到能够影响记忆的一些因素，这些因素包括一天中记忆加工的时间，记忆材料的类型、动机，还有各种各样的社会因素。

如果你仔细研究过这个课本中和认知心理学课堂上的信息，那么你对影响记忆的一般因素的了解就会比大多数人要多（Magnussen et al., 2006）。还有，你可能知道了如何控制或者调节学习策略。如果有些东西看起来很难记，你通常会花更多的时间。

元认知是一个神秘的话题，因为我们使用认知加工过程去考虑我们的认知加工；它也是一个重要的话题，因为关于认知加工的知识引导你选择合适的策略来提高未来认知加工的成绩；还因为大学学习的目标是学会如何去想，以及如何变成一个会反省的人。作为一个会反省的人，你能够想到自己做过了什么，以及将来计划要做什么（Dominowski, 2002）。

关于元认知的话题隶属于心理学中一个更大的问题，即**自我知识**（self-knowledge），它指的是人们相信的关于自己的知识（Wilson, 2009）。自我知识包括这一章中讨论的元认知，也包括关于自己的社会行为和人格的知识。另外，社会心理学家们正在开始研究人们关于自己的态度的元认知（Rucker et al., 2011）。例如，你自己可能想知道"可能我喜欢 Pat 和 Devon 是因为他们看起来有吸引力，而不是因为他们是好人。"

在我们讨论关于元认知的详细信息之前，先简单地回顾一下在前面三个章节中提到过的关于元认知的话题。例如，第 3 章中你看到了人们常常对自己的更高级的心理加工过程只有很有限的意识，结果就不能确定哪些因素实际上帮助自己解决了问题。

第 4 章考察了 Alan Baddeley（2007）的工作记忆理论。根据 Baddeley 的理论，中央执行系统在认知活动的计划中扮演了重要的角色。例如，复习考试的时候需要计划哪些问题要花最多的时间复习，中央执行系统在这个元认知任务中是至关重要的。

第 5 章讨论了在源监控任务中人们如何会遇到困难。例如，你可能记不得自己是否真的给了一个朋友一本书，还是只是想象自己这样做了。我们也注意到，人们有时候意识不到他们在闪光灯记忆和法庭作证中出现的记忆错误。

在这一章的第二部分中，我们会讨论几种重要的元认知。第一个话题是**元记忆**（metamemory），指的是人们关于记忆的知识、监控与控制（Dunlosky & Bjork, 2008a）。当你想提高自己的记忆能力的时候，元记忆是极其重要的。所以，我们会考察元记忆的几个成分，然后我们讨论另一种元认知，称为元理解。

这本书后面的章节中也会讨论到元认知的一些方面。例如，第 11 章中我们会讨论人们是否能够准确地判断自己是不是就快要解决了一个具有认知挑战性的问题。第

12章显示，我们常常过于相信自己做出了正确的决策。第13章提到了元记忆的生命全程发展。

元记忆的研究比元认知其他方面的研究要广泛得多。我们会讨论关于元记忆的5个问题。

1. 什么因素会影响人们的元记忆的准确性？
2. 注意障碍/多动症患者在元记忆任务中表现如何？
3. 人们关于可能影响记忆的因素的信念是什么？
4. 关于如何调整学习策略，人们知道什么？
5. 人们判断自己是否能够回忆起一个特定的词语，如舌尖现象中的词语的准确性如何？

影响元记忆准确性的因素

你遇到过这样的情境吗？你认为自己了解了期中考试的内容，实际上你预期自己会得一个相当高的分数。但是，当考试分数出来的时候，你发现自己只得了个C。如果这样的情境听起来是熟悉的，那么你就已经知道了在预测记忆成绩的时候，自己的元记忆不是总是正确的。

在什么情况下元记忆会真实预测实际的记忆成绩呢？这个问题的答案取决于元记忆任务的几个重要特征。我们先看一下人们对记忆测验总分的估计和对记忆测验单个题目得分的估计。

元记忆：估计总分的准确性与估计单个题目得分的准确性

一般来说，如果你让人们预测他们记忆测验的总分，人们会倾向于过度自信。但是，如果你让人们预测哪些题目他们会记住，哪些他们会忘记，他们倾向于比较准确。

在有的元记忆研究中，学生们开始要先学习一个词表，词表中词语是成对联结的，如外套—三明治。也就是说，当他们看到词语"外套"的时候，他们知道要做出的反应是"三明治"。然后，学生们要预测自己在随后的测验中正确反应的总数（Koriat, 2007；Koriat & R. A. Bjork, 2005, 2006a, 2006b）。在这种情境下，他们可能会出现预见偏差，即他们会高估自己在后来测验中做出正确答案的数量（Koriat et al., 2008）。

有一个问题是，学生们在学习的词对时对正确答案是可见的，所以他们对自己正确答案的预测可能过于乐观。同样，阅读课本的学生们在看到了关于一个概念的描述的时候，会过度相信自己能够记住这个概念（Gurung & McCann, 2011）。如果你学习技术术语或者学习另一种语言的词汇表的时候，要想到这个问题的存在。如果你使用卡片来测试自己的学习情况，可能会给出更准确的估计（Hartwig & Dunlosky, 2012）。例如，你可以把英语词语写在卡片的一面，把相应的法语词语写在另一面。

同样，假设你学完了一本心理学的课本，需要进行考试。一个好的复习计划是先阅读课本内容，合上书，总结一下自己记住的内容。你对阅读的内容就有了大体的了解。但是，当书是合上的时候，你会发现自己不能给出具体的信息。不管怎样，请核对一下自己的答案是否正确。

在有的研究中，学生们在考试完了之后估计自己的分数。例如，Dunning与合作者们（2003）让选修大二心理学课程的学生估计他们刚刚完成的一个考试的总分。然后研究者们在判完卷子之后根据实际分数把学生们分成了四组。

图6-4显示的四组的结果。四个组分别是：最低四分位点、第二四分位点、第三四分位点、最高四分位点。注意，最高分位点的学生对实际总分的估计是非常准确的，第三分位点的学生估计得也相当准确。但是，比较差的学生显然是高估了他们的成绩。例如，全班最后25%的学生高估了大约8个项目。具有讽刺意味的是，比较差的学生常常意识不到自己的局限性（Dunlosky & Metcalfe, 2009），换句话说，他们不知道自己没有记住学过的内容。

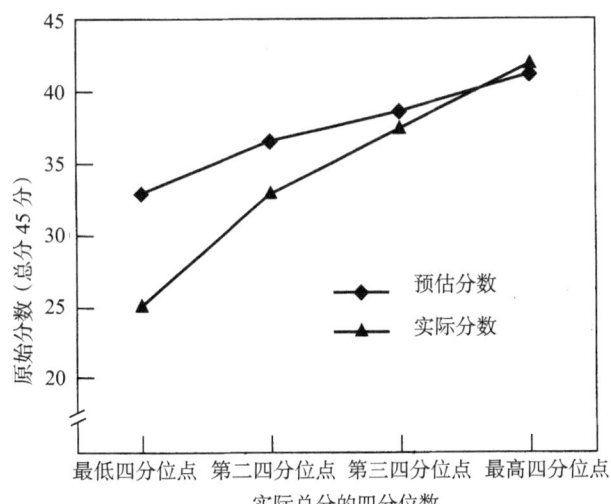

图6-4 在实际总分不同的条件下，估计的总分与实际的总分

资料来源：Dunning, D., Johnson, K., Ehrlinger, J., & Kruger, J. (2003). Why people fail to recognize their own incompetence. *Current Directions in Psychological Science, 12,* 83-87. Copyright © 2003. Reprinted by permission of SAGE Publications.

至此我们看到，当人们估计自己记住的正确项目的总数量时，倾向于过度自信。但是，当我们用不同的方式来测量元记忆时，情况会变得好一些。实际上，研究显示，当人们预测哪些项目他们能够记住哪些项目记不住时，他们的元记忆是很准确的（Koriat & Helstrup, 2007；Lovelace, 1984）。

元记忆：学完之后即时的分数估计与延迟之后的分数估计

研究者们发现，如果人们在学完项目之后立即进行分数估计，他们对单个项目记忆正确性的估计是不准确的。但是，如果经过一段时间的延迟，他们在估计哪些项目可以记住的时候就相当准确（Koriat & Helstrup, 2007；Narens et al., 2008；Roediger et al., 2010；Weaver et al., 2008）。延迟的估计更可能提供准确的记忆成绩的评估，因为他们评价的是长时记忆（Rhodes & Tauber, 2011）。在真正考试的时候，是需要从长时记忆中提取答案的。但是，即时的估计评价的是工作记忆，工作记忆在预测实际考试的回忆中不太重要。

这些发现有重要的实际应用价值。假设你正在复习笔记迎接考试，你需要决定哪些问题要花更多的工夫。在评价你的记忆之前一定要等几分钟，因为这样元记忆会更准确。

至此我们看到，如果学生们预测考试的总分，而不是预测哪些具体的项目他们能够记住，那么他们倾向于给出过于乐观的元记忆判断。我们也看到了，如果学生们在学完材料之后立即预测他们的分数，而不是在一段时间之后预测他们的分数，他们也会给出过于乐观的元记忆判断。

元记忆：估计问答题的分数与估计选择题的分数

想象一下你刚考完了一门心理学的考试，考试中包括了选择题和问答题。在你离开考场的时候，你想评估一下考试每一部分的成绩。你对选择题的估计会更准确还是对问答题的估计更准确？Ruth Maki 与同事们（2009）考察了这个问题。虽然他们的结果很复杂，但学生们一般是在估计选择题的分数时更准确。

至此，我们考察了影响元记忆准确性的三个因素。我们可以看到学生们关于记忆的估计在下列条件下一般会更准确：①他们预测单个考试项目的准确性，而不是预测总分；②他们在延迟一段时间之后预测记忆的准确性，而不是看到项目之后立即预测；③他们预测选择题的准确性，而不是预测问答题的准确性。现在让我们讨论一下是否具体的某种个体差异会影响元记忆。

关于影响记忆准确性因素的元记忆

根据已有的研究，很多大学生不太知道会影响记忆成绩的策略性因素（Diaz & Benjamin, 2011；Gurung, 2003, 2004；McCabe, 2011）。实际上，在复习考试的时候，成绩差的学生可能不会使用任何具体的记忆策略（McDougall & Gruneberg, 2002）。还有，学生们可能认为期中考试之前学习 2 小时足够了（Zinn, 2009）。但是，教授们可能建议至少需要学习 4 小时。

另外，学生们对自己记忆的觉察应该有助于他们辨别出哪些记忆策略是最好用的，哪些是没有效果的。但是，学生们倾向于认为"所有记忆策略的效果都是一样的"（Suzuki-Slakter, 1988）。例如，学生们通常认为简单的重复与关键词方法一样有效（Pressley et al., 1984, 1988）。但是，你在前面已经学过，重复是没有效果的。图 6-2 显示的就是关键词方法。

关于学习策略的研究强调了一点：要使用看起来适合的各种学习策略。然后在下一次考试的时候，确定哪些策略是最有效的。如果证明了自己的成绩能够提高，你就更可能会修正自己的策略。

你看到了，学生们可能相信有的因素对记忆没有影响，虽然这些因素实际上确实会影响记忆。让我们看一下显示了相反模式的一些研究：学生们相信有的因素会影响记忆，但这些因素实际上没有效应。例如，学生们相信相比起一个字号很小的词语，他们更可能记住一个字号很大的词语（Kornell et al., 2011；Rhodes & Castel, 2009）。还有，学生们认为如果他们听到一个说得很大声的词语，他们就更可能记住（Rhodes & Castel, 2009）。

所以，要知道，有的因素实际上对记忆没有影响。假如一个朋友跟你说了一个很有趣的新的学习方法，不要假设这个方法适合自己。但是，如果这个方法与这一章我们讨论的研究是一致的，你可能需要试一下。

元记忆与学习策略的调整

你的元记忆能力发展可能比较好，你完全知道哪些学习策略在什么样的条件下会最有效。但是，除非你可以有效地调整学习策略，花更多的时间学习更困难的话题，否则你的考试成绩依然会很差。关于学习策略调整的研究强调，在你计划如何掌握学习材料的时候，需要做出大量的决策（Koriat & Helstrup, 2007；Maetcalfe,

2000）。与主题4的主张一致，你必须经常协调至少两种认知加工：记忆与决策。

让我们看一下学生们在准备记忆测验的时候，如何决定分配学习时间的方式。你会看到，在有的情况下，学生们会花更多的时间学习困难项目；但是，当材料比较难而时间有限的时候，学生们会花最多的时间学习他们能够掌握的项目（Kornell & Metcalfe，2006）。

容易任务中的时间分配

在一个经典的研究中，Thomas Nelson 与 R. Jacob Leonesio（1988）考察了当学生们可以自由安排学习时间的时候，他们如何分配时间。在这个研究中，学生们有比较多的时间对材料进行学习。

Nelson 与 Leonesio 发现，学生们会分配更多的时间学习他们认为难掌握的项目，平均的相关系数大约为+0.30（相关系数为0表示没有相关，相关系数为+1.00表示判断为困难的项目与所用的学习时间之间完全相关）。换句话说，学生们不是被动地花相同的时间复习所有的材料。这个关于元记忆的研究揭示了人们在这个认知任务中常常会采用主动的、策略性的方法，这个发现与主题1的主张是一致的。

我读研究生时候的一个教授曾经提出了一个考察研究数据的有趣的策略（Martin，1967）。他指出，在任何时候你看到一个数字都应该问自己，"为什么这么高，为什么这么低？"在 Nelson 与 Leonesio 的研究中，相关系数是+0.30，因为学生们确实意识到困难的项目需要更多的时间学习。随后的研究也重复了这个相关关系（Nelson et al.，1994；Son & Kornell，2008；Son & Schwartz，2002）。

但是，为什么这个相关系数只有+0.30这么低呢？学生们在调整学习策略方面做得还不够好，他们花了多余的时间去学习他们已经知道了的项目，而没有花足够的时间去学习没有掌握的项目。对这些结果的一个可能的解释是，学生们还不能很准确地判断自己是否掌握了花了更多时间学习的材料（Townsend & Heit，2011）。

Lisa Son 与 Janet Metcalfe（2000）综述了关于学生学习时间分配的研究。他们发现，46篇文章中的35篇都表明了学生们花更多的时间学习困难的项目。但他们发现，所有的研究中用的材料都相对简单，如学习英语词对。还有，学生们在这些研究中都有足够的时间来学习所有的项目。Son 与 Metcalfe 推测，学生们在其他的条件下可能会选择不同的策略。

困难任务的时间分配

考虑一下这学期你参加过的考试。例如，心理学课程的考试可能要求你记住关于心理学的概念信息，而不是词对列表。另外，在真实生活中学生们的复习时间是有限的（Kornell & Metcalfe，2006）。

Son 与 Metcalfe（2000）决定设计一个类似于大学生们经常要面对的挑战性的学习情境。他们的测验材料是8个百科全书式的传记，阅读能力好的人需要大约60分钟才能全部读完。但是，为了增加任务的时间压力，研究者们只给学生们30分钟读完所有的材料。学生们学习的时候会每个传记读一段，然后对这些段落的主观难度进行打分。研究者告诉他们只有30分钟的时间读完所有的材料，他们可以选择如何分配自己的时间。

结果显示，学生们将绝大部分的时间花费在他们认为简单的传记上，而不是花费在他们认为困难的传记上。请注意，这个策略是明智的，因为他们可以在有限的时间内掌握更多的材料。

根据其他的研究，当学生们面对时间压力的时候，他们选择学习那些看起来相对容易掌握的材料（Kornell & Metcalfe，2006；Metcalfe，2002）。另外，Metcalfe（2002）测试了在某个领域有专业知识的学生。与新手相比，这些"专家"学生选择集中时间学习更有挑战性的材料。

关于学习策略调整的结论

在前面的讨论中你可以看到，学生们会以一种复杂的方式调整他们的学习策略。当有时间学会一个简单任务的时候，他们分配最多的时间学习困难的项目。当因为时间压力而使任务变得比较困难的时候，他们会调整学习策略，会在有限的时间里集中学习他们可以掌握的项目（Kornell & Metcalfe，2006）。

我们已经看到了学生们会调整自己的学习策略。另外，他们也会调整对学习策略的调整。也就是说，他们在容易任务中选择一种策略，在困难任务中选择另一种策略。Metcalfe（2000）得出的结论是："人类不是一个单纯的、被动的知识与记忆的仓库，而是会利用已知的知识去控制自己知道的和自己将要知道的"。

让我们简单复习一下关于元记忆的信息。我们考察了几个因素如何影响元记忆的准确性。但是，人们不太了解影响元记忆的因素。学生们会花更多的时间学习困难的话题，但当学习时间有限的时候他们的学习策略会发生变化。

元记忆与记住特定目标的可能性

在上一周的某个时刻,你可能会有下列一种或者两种记忆经验。

1. 舌尖效应(tip-of-the-tongue effect)描述的是知道自己正在搜索的目标词,但又不能立刻想起来的主观经验(Bacon, 2010; Brown, 2012; Schwartz & Metcalfe, 2011)。

2. 知道的感觉效应(feeling-of-knowing effect)描述的是知道某种信息,但又不能立刻想起来的主观经验(Hertzog et al., 2010; Norman et al., 2010)。

舌尖效应

舌尖效应是一种不由自主的效应;但知道的感觉是更有意识的,如果有几个可选项,你会仔细评估自己是否能够再认正确的答案,就像做多项选择题(A. S. Brown, 2012; Koriat & Helstrup, 2007)。这两种效应都会激活大脑的额叶区,额叶区在其他的元认知任务中也会被激活(Maril et al., 2005)。这两种效应与元认知有关,是因为你需要判断自己是否知道某种信息。

舌尖效应与知道的感觉都与认知心理学中其他的话题有关,如意识(第3章)、语义记忆(第8章)、语言产生(第10章)。主题4指出,认知加工是互相关联的。

试一下示例6-4,看看这些定义是否会让你产生舌尖效应。我们会首先讨论Brown与McNeill(1966)的经典研究,然后考察后来的研究和"知道的感觉"。

示例6-4

舌尖现象

看一下下面的每个定义,如果你知道定义说的是什么,就给出每个定义的合适的词语。如果你确定自己不知道,就标记为"不知道"。如果你确定知道那个词语,但现在回忆不起来,就标记为"TOT"(舌尖效应)。对标记为TOT的这些词语,给出至少一个与目标词发音相似的词语。答案在这一章的最后。检查一下你给出的相似读音的词语是否与实际的目标词类似。

1. 一个绝对的统治者,一个专制统治者。
2. 一块有空洞的石头,空洞里布满了水晶。
3. 经过地球两极与地球表面任何一点的一个大圈。
4. 因为年龄和尊严而值得尊敬或者敬畏的。
5. 每年都落叶,不是常绿的。
6. 被任命为另一个人的替身的一个人。
7. 一胎生了五个。
8. 一种特殊的领导品质,满足了大家的想象,激励了持久的忠诚。
9. 红血球中的红色物质。
10. 中生代末期灭亡的一种会飞的爬行动物。
11. 黄石国家公园中发现的一种喷泉,热水、水蒸气和泥浆会间歇性地涌出。
12. 鸟的第二个胃,有厚厚的肌肉壁。

Roger Brown与David McNeill(1966)进行了关于舌尖效应的第一个研究。他们对一个经历舌尖效应的男人的描述可能写出了当你无法从舌尖上提取词语的时候感受到的折磨:

"表示这个词语的一些迹象是不会错的。他看起来有点痛苦,就像是要打喷嚏。如果他找到了这个词语,他的痛苦就会大大减轻。"(p.326)。

在他们的研究中,Brown与McNeill给出一些不常见的英语词语的定义,如sampan(舢板)、ambergris(龙涎香)、nepotism(裙带关系),让人们识别这些词语,来产生舌尖现象。有时候人们会立刻给出正确的词语,有时候他们相信自己不知道答案是什么。但是,有时候定义会让人产生舌尖现象,研究者就让被试给出读音与目标词相似的词语,而不是意义相似的词语。例如,当目标词是sampan的时候,人们给出的读音相似的词语是:Saipan、Siam、Cheyenne、sarong、sanching、symphoon。

考虑一下为什么舌尖现象是元认知的一种。对目标词的记忆很熟悉的人们会说,"这个词就在我的舌尖上。"他们关于目标词的知识是相当准确的,因为他们能够确定目标词的第一个字母或者是其他的特征,他们可以给出与目标词读音相似的词语(Brown & McNeill, 1966)。

在Brown与McNeill的研究发表之后的几十年里,研究者们发现了关于舌尖效应的更多的信息。例如,研究显示,年轻人报告大约每星期会出现一次舌尖现象(Schwartz & Metcalfe, 2011)。但双语者经历的舌尖现象比单语者更多,一个原因是双语者在语义记忆中有更大数量的独立词语(Gollan & Acenas, 2004; Gollan et al., 2005)。

研究者也发现，在非英语语言中也存在舌尖现象，如波兰语、日语、意大利语中都有舌尖现象（A. S. Brown，2012；B. L. Schwartz，1999，2002）。非英语语言中的研究表明，人们除了知道目标词的第一个字母和音节的数目，还可以提取目标词的其他特征。例如，说意大利语的人能够提取他们正在搜索的目标词的语法性别（Caramazza & Miozzo，1997；Miozzo & Caramazza，1997）。有趣的是，聋哑人中也有一个类似的概念，**指尖效应**（tip-of-the-finger effect）指的是知道目标手势但又暂时想不起来的主观经验（A. S. Brown，2012；Schwartz & Metcalfe，2011）。

经历舌尖现象的人们常常会用到各种非语言的行为。如果有机会，让你的朋友试一下示例6-4。你会注意到你的朋友们会做出夸张的面部表情，或者抖脚，或者双手抱头。这些身体动作是**具身认知**（embodied cognition）的例子。具身认知是强调我们的抽象思维常常会通过身体行为进行表达的一种观点（Landau et al.，2010）。我们会在第10章中详细讨论具身认知。这一章我们讨论生活中使用的手势和其他的身体动作。

知道的感觉

知道的感觉指的是知道某种信息但又不能立刻想起来的主观经验。所以，你会注视着一个问题，并断定自己能够再认问题的答案，如在多项选择题的考试中看到了答案，你就能够识别出来（A. S. Brown，2012；Hertzog et al.，2010；Koriat & Helstrup，2007）。

如果人们能够提取大量的不完整信息，通常就会产生强烈的知道的感觉（Koriat & Helstrup，2007；Schwartz et al.，1997；Schwartz & Smith，1997）。例如，最近我在考虑人们为何会被小说迷住。我记得在《纽约客》杂志上读到过一篇很好的文章，作者是一个印度妇女，她说自己童年早期在美国的时候是没有多少书的，说到她开始上学之后是如何被书本迷住的。

我知道自己读过这个作者的一个长篇小说和她的一些短篇小说。但她的名字是什么来着？这个名字不在我的舌尖上，但我肯定有一种"知道的感觉"；我知道如果有可选项的话，我能够再认她的名字。谷歌拯救了我，我键入了"美籍印度裔女作家"，一个网站上出现了10可能的候选名字，其中第7个就是我要找的Jhumpa Lahiri。

在现实中，舌尖效应与知道的感觉效应很相似，虽然舌尖现象的经验可能会更强烈、更让人恼火（A. S. Brown，2012）。神经成像的研究表明，这两种效应与不同的大脑激活模式有关。例如，皮层的右前额叶的激活与舌尖现象有关；而左前额叶的激活与知道的感觉效应有关（A. S. Brown，2012；Maril et al.，2005）。

元理解

你理解前面讨论的关于舌尖现象的内容吗？你意识到你开始阅读另一个新的小话题了吗？这个话题也是元认知的一部分。在你觉得自己无法吸收更多的内容之前你还能读多久？在你考虑这些问题的时候，你进行的就是元理解。

元理解（metacomprehension）指的是关于语言理解的想法。关于元理解的大部分研究关注的是阅读理解，而不是对口头语言的理解（Maki & McGuire，2002）。记住，元认知的概念包括了元记忆与元理解，还有关于舌尖现象与知道的感觉的相关内容。

我们讨论两个与元理解有关的话题。第一个是大学生元理解的准确性如何？第二个是如何提高元理解能力？

元理解的准确性

一般来说，大学生的元理解不是非常准确的。例如，他们可能不会注意到一个段落中有一些不一致的或者缺失的信息，他们觉得自己能够理解段落的内容（Dunlosky & Lipko，2007；Dunlosky & Metcalfe，2009；Griffin et al.，2008；McNamara，2011）。

另外，学生们常常认为他们理解了读过的内容，因为他们熟悉了大体意义，但常常记不住具体的信息，他们也可能高估自己在阅读材料的考试中的成绩（Dunlosky & Lipko，2007；Maki & McGuire，2002；McNamara，2011）。

让我们更详细地看一下关于元理解的一个经典研究。Pressley与Ghatala（1988）评估了选修心理学入门课程的学生的元理解能力和他们阅读能力测验的成绩。具体来说，研究者们选择了学术能力评估测试（Scholastic Aptitude Test，SAT）中的阅读理解测验。考SAT的时候，学生们需要回忆阅读理解中的问题，阅读理解的材料通常是1~3个段落，以短文的形式出现。问题是选择题，在回答问题的时候还可以看到相应的短文，所以不需要记忆。每个问题有五个选项。所以，单凭猜测答对的概率是20%。

Pressley与Ghatala研究中的被试要完成选择题，然后对他们答对问题的确定性进行评分，如果他们完全确定答案是正确的，就报告 100%；如果他们的答案是猜的，就报告 20%；如果是其他的自信水平就给出合适的百分数。这些确定性评分是元理解的一种测量方法。

你应该注意到这个任务关注的是元理解。如果在阅读任务与选择题的呈现之间有延迟，如果在答题的时候阅读材料没有呈现，那么这样的任务可能考察的是元记忆而不是元理解。

我们看一下结果。正确回答了阅读理解问题的学生的平均确定性评分是 73%。换句话说，这些学生对答案的正确性相当自信。而错误地回答了阅读理解问题的学生的平均确定性评分是 64%。遗憾的是，二者之间的自信水平是相同的。

这些结果表明学生们常常会过度自信。一般来说，研究显示，人们在估计自己是否理解了读过的材料的时候不是非常准确的（McDaniel & Butler, 2011）。

还有研究显示，无关特征会导致学生们高估自己对课本的理解。例如，Serra 与 Dunlosky（2010）让学生们阅读关于雷雨的描述。有的学生看到材料中每一段都有一张闪电的图片，有的学生看到相同的材料但没有任何图片。与没有图片的那一组相比，看到图片的学生判断自己对材料的理解更好。但实际上两组被试的阅读测验分数是相同的。

当人们的元理解能力提高的时候，他们通常在阅读理解的测验中会得到较高的分数（Maki & McGuire, 2002；Maki et al., 2005）。根据 Maki 与合作者们（1994）的研究，能够准确评价自己理解了文本的哪一部分的人，在阅读理解测验中也会得到较高的分数。实际上，元理解的准确性与阅读理解分数是显著相关的（$r = +0.43$）。

在获得了阅读文本的经验之后，或者在得到了反馈之后，学生们会更准确地评价他们的成绩（Ariel & Dunlosky, 2011；Maki & Serra, 1992；Schooler et al., 2004）。但是，元理解能力的提高不是特别大。大学生们需要一些提示，告诉他们如何提高元理解能力，如何利用自己的阅读经验。

提高元理解能力

理想的情况是，学生们应该能够准确评价自己是否理解了读过的内容。换句话说，他们的主观评价应该与他们的客观测验成绩一致。

提高元理解能力的一个有效的方法是先读一个段落，休息几分钟，然后给自己解释这个段落的内容，不要回去看读过的材料（Chiang et al., 2010；Dunlosky & Metcalfe, 2009；McDaniel & Butler, 2011）。这个方法不仅可以提高对内容理解的判断的准确性，还可以提高阅读测验的分数（Baker & Dunlosky, 2006；Dunlosky et al., 2005；Thiede et al., 2005）。另外，当你使用这种主动阅读的时候，你很少"走神"，也不会觉察不到自己已经没在注意读的是什么了（Schooler et al., 2004）。

我们已经看到，元理解的一个成分是要求你准确地评价自己是否理解了一个书面的段落。但是，元理解也要求你调整阅读过程，以便更有效地阅读（Dunlosky & Metcalfe, 2009）。例如，在对特定的阅读策略是否是有用的觉察方面，阅读能力好和差的人是有差异的。阅读能力好的人更可能报告他们会将读到的一些观点联系在一起，他们也会根据文本的描述形成视觉表象（Kaufman et al., 1985；Pressley, 1996）。阅读能力好的人在阅读课本的时候会用自己的语言列出提纲并总结读过的内容（McDaniel et al., 1996）。

研究者们指出，学生们不会使用更复杂的元记忆策略，尤其是当工作记忆容量有限的时候。但是，这些学生可以通过再次阅读相同的材料来提高对材料的理解（Chiang et al., 2010；Griffin et al., 2008）。

示例 6-5 将帮助你想一下自己的元理解能力和一些自我管理的策略。研究者们强调，元理解和策略使用是熟练阅读的根本组成部分（McCormick, 2003；Schooler et al., 2004）。

示例 6-5

评价你的元理解能力

回答下列关于你的元理解能力的问题。如果你对这些问题的回答是"否"，那么提出一个提高自己元理解能力的计划，并在阅读下一章的时候实施你的计划。

1. 在开始阅读之前，你会评估一下自己该如何认真地对材料进行阅读吗？

2. 一般来说，你能够准确预测自己在读过的材料的测验中的成绩吗？

3. 在读完一部分之后（大约一页的内容），你会用自己的语言总结一下刚刚读过的内容吗？

4. 读完了这本书中的每一章之后，你对自己进行了新概念和复习题的测试吗？

5. 当课本中的一部分你理解不了，或者当你意识到自己没有集中注意的时候，你会重读一遍吗?

6. 你会将课本中的观点联系在一起吗?

7. 你会将课本中的观点与课堂上学到的信息联系在一起吗?

8. 当你读到一个不了解的概念的时候,你会通过查词典或者查阅课本的词汇表来了解它的意义吗?

9. 在考试之前复习课本的时候,与那些你已经掌握了的问题相比,你会花更多的时间复习你认为困难的问题吗?

10. 为了确定你下载的文章是否与你正在写的论文有关的时候,你是否会先看一下每篇文章的大体范围或者主要发现,而不是逐字逐句地阅读呢?

个体差异:元认知能力与批判性思维

至此,我们讨论了元认知的两个成分:元记忆,即关于记忆的知识、监控与控制;元理解,即关于语言理解的想法。这个个体差异特征中关注的是元认知的更一般的话题。前面我们注意到,元认知指的是关于各种认知加工能力的想法,包括元记忆与元理解。例如,在你读这一段的时候,你可能在计划读完这一部分之后是否要停下来,你也可能想弄明白元认知能力如何与批判性思维有关。

Carlo Magno 是菲律宾马尼拉德拉萨大学的心理学教授。他发表了一篇关于元认知能力与批判性思维的关系的文章(Magno,2010)。教育者和研究者提出了很多关于批判性思维的定义。但总的来说,**批判性思维**(critical thinking)要求人们通过提出好的问题,通过评价呈现的证据是否支持了得出的结论,来仔细评价一个陈述的证据(Matlin,1999;Magno,2010)。

Magno 的研究中包括了来自马尼拉周边的几所大学的 240 名学生。他使用了一个名为"元认知评价量表"(Metacognitive Assessment Inventory,MAI)的问卷。MAI 问卷是一个标准化的测验,包括 17 个问题,测量了人们关于几个认知能力的知识(如程序性知识,在第 5 章讨论过)。MAI 问卷也包括了 35 个问题来测量人们关于如何提高自己的学习能力的知识(如计划策略,在第 4 章、第 6 章、第 11 章讨论)。

一个月之后,被试又完成了 Watson-Glaser 批判性思维评价(Watson-Glaser Critical Thinking Appraisa,WGCTA)量表。WGCTA 量表包括 100 道题目,测量的是人们的批判性思维能力,如在假设识别与演绎推理中的批判性思维。第 12 章的第一部分中你会看到演绎推理的任务。

Magno 对两个量表的数据进行了分析,他发现元认知评价量表中的每一个成分都与 WGCTA 量表中多个成分显著相关。他使用一种比较新的统计方法,即结构方程模型,对数据做了进一步的分析。利用结构方程模型,研究者可以使用相关数据验证因果假设。Magno 的分析表明,8 种不同的元认知能力有助于大学生提高自己的批判性思维的能力。

思考一下这个结论:元认知能力强的学生实际上能够提高自己的批判性思维能力。请注意,这两种认知活动都鼓励人们"深入挖掘"。元认知鼓励人们主动认真地思考遇到的信息,这种主动认真地分析鼓励人们使用批判性思维,而不是在没有怀疑陈述的有效性的情况下就接受了它。

复习题

1. 这一章中强调的一个观点是深度加工能够增强记忆。复习一下记忆策略的相关内容,找出哪些研究中涉及了深度加工。解释为什么深度加工在元认知中是重要的。

2. 一般来说,当需要记住的信息量很小的时候,记忆更准确。指出为什么精细加工策略不支持这个观点。然后从这一章中选择至少两个话题,使用精细加工策略使选择的策略更容易记住。

3. 复习表 6-1 中的记忆提高策略。哪些策略是你在中学毕业之前就已经用过的?哪些是你在上大学之后复习考试的时候发现的?

4. 不看表 6-1,描述你能记住的这一章中提到的提高记忆的方法。哪些方法注重策略,哪些方法注重元认知?描述你在准备下一次认知心理学考试的时候,会使用哪些注重策略的方法和哪些注重元认知的方法。

5. 前瞻记忆与回顾性记忆有何不同?什么因素会使前瞻

记忆变得更困难？想一个你认识的经常抱怨自己出现前瞻记忆问题的人，你会给他什么提示来提高他的前瞻记忆成绩？

6. 在阅读这一章之前，即使你不知道这个概念，你考虑过元记忆的话题吗？回忆这一章中关于影响元记忆准确性因素的讨论。哪些因素与你的经验是一致的？

7. 当人们报告一个词语在舌尖上的时候，什么证据可以证明他们能够给出关于目标词的信息？为什么这个话题与元认知有关？舌尖效应与知道的感觉效应的哪些成分可能会成为未来研究中的有趣话题？

8. 这一章的几个部分都强调人们倾向于过度相信他们记住策略和理解书面材料的能力。总结相关的信息，然后描述你如何将这些信息应用到认知心理学的下一次考试的复习中。

9. 关于元认知的一些内容强调了人们如何控制与调整学习策略与阅读策略，而不单单是了解自己的认知加工过程。描述关于策略调整的研究。你上大学以来，自己的策略调整都在哪些方面发生了变化？假如你的策略调整没有变化，什么策略和学习方法是最有用的？为什么这些因素也会与更好的批判性思维能力有关？

10. 你阅读这本书的时候会用到哪种元理解任务？列出尽可能多的不同的元理解任务。你为什么会假设阅读文本段落的元理解能力不如学习词对（如示例 6-1 中描述的任务）的元记忆能力准确呢？

示例 6-4 的答案

1. 专制君主
2. 异质晶簇
3. 子午线
4. 敬仰
5. 落叶树木的
6. 代用人物
7. 五胞胎
8. 个人魅力
9. 血红蛋白
10. 翼龙
11. 间歇喷泉
12. 砂囊

第 7 章

使用心理表象和认知地图

概览

第 4～6 章讨论了我们如何记住语言材料。但是，第 7 章关注的是景象和声音，我们要考察心理表象的三个组成成分：视觉表象的特征、听觉表象的特征和认知地图。

心理学家想出了很多独特的研究方法来考察心理表象的特征。心理表象在很多方面与真实物体的知觉是相似的。例如，你可以旋转手里握着的真正物体；同样，你也可以对表象的物体进行心理旋转。这一章的第一部分也讨论了关于如何在记忆中存储心理表象的争论：表象是以图像类似的编码存储的还是以更抽象的语言类似的描述存储的？第一部分的最后一个问题考察的是在大部分的空间能力中的性别相似性。

这一章的第二部分关注的是听觉表象的特征，

听觉表象的相关研究比视觉表象要少很多。研究发现，音高的表象类似于实际的音高的知觉。研究者们也考察了音色，音色是声音的品质，可以让我们将笛子的声音与小号的声音区别开来。巧合的是，音色的表象与音色的知觉也类似。

第三个主要的问题是认知地图。认知地图是地理信息的心理表征，包括了对周围环境的视觉表象。例如，你会形成一个你的大学所在的小镇或者城市的认知地图。认知地图会有一定的有规律的变形。例如，即使当两条街道相交的夹角远不是 90 度的时候，你也会认为它们是直角交叉的。因为有了这些变形，我们的心理地图会比现实场景更有组织、更标准化。

章节简介

闭上眼睛为课本的封面创建一个心理表象，一定要包括一些细节。现在，创建一个听觉表象，你能听到一个好朋友说你名字的声音吗？最后，再闭上眼睛创建一个 "心理地图"，是一条从你目前的位置到最近的可以买到牛奶的杂货店的最直接的路。

这三个任务都需要**心理表象**（mental imagery），也称为**表象**（imagery），是当物理刺激没有呈现的时候我们对这些刺激的心理表征（Kosslyn et al., 2010）。你可以形成任何感觉经验的心理表象，但是大部分的心理学的研究考察的是**视觉表象**（visual imagery），或者是视觉刺激的心理表征。幸运的是，在过去的十年，听觉表象的相关研究越来越多，**听觉表象**（auditory imagery）是听觉刺激的心理表征。

表象不依赖于自下而上的加工。为什么这么说呢？因为在创建心理表象的时候，感觉感受器不接受任何的刺激输入（Kosslyn & Thompson, 2000）。我们在第2章和第3章中讨论过知觉加工。**知觉**（perception）利用已有的知识收集和解读感觉器官记录的刺激。与表象不同，知觉需要感觉器官，如眼睛和耳朵的感受器接收外界的信息（Kosslyn, Ganis, & Thompson, 2001）。所以，知觉包括了自上而下和自下而上两种加工过程。

在各种各样的日常认知活动中，我们都会用到心理表象（Denis et al., 2004; Tversky, 2005a）。试一下示例7-1，看看前面章节中的内容是如何与表象有关的。在后面我们将要讨论的几种认知加工过程中，表象也很重要。例如，在第11章中你会看到，表象在解决空间问题的时候是有用的，表象在你完成要求有创造性的任务中也是有帮助的。你可能会预期，在视觉空间工作记忆测验中得高分的人，也可能在需要视觉表象的任务中做得很好（Gyselinck & Meneghetti, 2011）。

示例 7-1

前面章节中与心理表象有关的内容

看一下这本书的目录，就在第1章的前面，复习第2～6章的提纲。视觉表象或者听觉表象都与每一章中的哪些内容有关？

我们最常使用的表象是哪一种呢？Stephen Kosslyn与合作者们（1990）要求学生在日记中记录他们的心理表象。学生们报告，他们大约2/3的表象是视觉表象，听觉、触觉、味觉和嗅觉的表象却比较少见。心理学家们在研究偏好中也出现了这种相似的不平衡，大部分的研究关注的是视觉表象，虽然在过去的十年中听觉表象的研究有所增加。几乎没有人研究嗅觉、味觉或者触觉表象。

有的职业也强调心理表象尤其是视觉表象的重要性（Reed, 2010）。如果飞行员的空间表象能力很差，你还会想要搭乘他的飞机吗？表象在临床心理学中也很重要，心理治疗师常常会遇到有创伤后应激障碍、抑郁或者进食障碍等心理问题的来访者。有这些心理问题的人有时候会报告他们有闯入性的、令人痛苦的心理表象，治疗师可以通过鼓励来访者创建另外的更为积极的表象来解决他们的问题（Bisby et al., 2010; Brewin et al., 2010）。

另外，空间能力在**基础学科**（STEM discipline），如科学、技术、工程和数学中极其重要（Ganis et al., 2009）。例如，阿尔伯特·爱因斯坦是过去的一百年中非常著名的天才科学家之一，爱因斯坦报告说他自己在思维加工工程中提出使用空间图像而不是语言描述（Newcombe, 2010）。

遗憾的是，美国的小学老师几乎不教孩子们如何发展空间能力。实际上，课程中只有在地理课上才重视学生们的空间能力。心理学家Nora Newcombe（2010）描述了加强小孩子空间能力的一些有趣的方法，其中一个典型的任务是要求学生心理旋转一个图像，直到它与五个选项中的一个相同。很多中学生和大学生认为他们的空间能力是不可能提高的。但是，空间能力的训练是可以提高任何年龄的人在空间任务上的成绩的（Ganis et al., 2009; Reed, 2010; Twyman & Newcombe, 2010）。

这本书的第1章回顾了心理学的历史，你可能记得威廉·冯特通常被认为是心理学的创始人，冯特和其他早期的心理学家们将表象看成是心理学中重要的一部分（Palmer, 1999）。但是，行为主义心理学家（如约翰·华生）却强烈反对关于心理表象的研究，因为表象无法与可观察的行为相联系。实际上，华生认为表象是不存在的（Kosslyn et al., 2010）。

所以，在20世纪20～60年代之间行为主义盛行的时候，北美的心理学家们是很少研究表象的（Ganis et al., 2009; Kosslyn et al., 2010）。例如，我使用PsycINFO（一个心理学文献数据库）搜索过1950～1959年十年间发表的所有杂志文章中任何提到的词语"心理表象"的地方，结果只找到了34篇文章。

但是，随着认知心理学的流行，研究者们重新发现了表象。表象成了当代认知心理学中一个重要的研究问题。特别是随着认知神经科学中更复杂的技术的发展，研究者对表象的研究也越来越多（Ganis et al., 2009; Reed, 2010）。

这一章考察了当前研究者们感兴趣的表象的三个重要的方面。首先，我们考察的是视觉表象的本质，重点是我们变换表象的方式；其次，我们要讨论听觉表象，这是认知心理学中一个相对比较新的话题；最后关注的是认知地图，是对地理信息的表征，包括对我们周围环境的表征。

视觉表象的特征

你可能会预想到，心理表象的研究很难做，因为研究者们不能直接观察到心理表象，并且表象消退得非常快（Kosslyn et al., 2003, 2006）。但是，心理学家们改变了一些原来用来研究视觉知觉的研究技术和方法，把它们应用到心理表象的研究中（Allen, 2004）。结果，大大促进了表象研究的进展。试一下示例7-2，它展示了我们稍后会讨论到的一个重要的研究方法。

示例 7-2
心理旋转

看顶端标记为 A 的两个物体中左边的那一个，试一下把它朝任何方向旋转。你能把它转到与右边的物体匹配的角度吗？三对物体中，哪一对是一样的物体，哪一对是不一样的物体？记下你的答案，我们稍后会讨论这个研究。

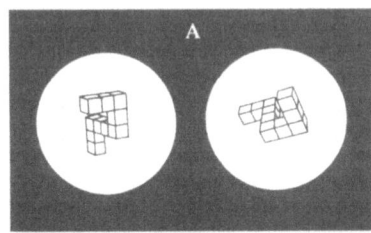
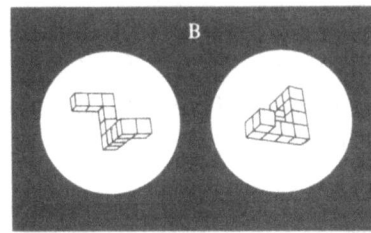
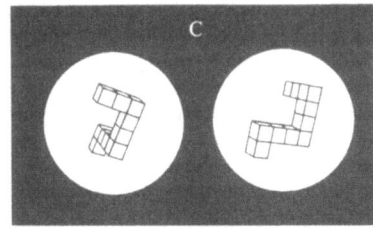

资料来源：Shepard, R. N., & Metzler, J. (1971). Mental rotation of three-dimensional objects. *Science, 171,* 701-703. Copyright 1971 American Association for the Advancement of Science.

Stephen Kosslyn 与同事们（2006）用**表象争论**（imagery debate）来指代关于表象研究中的一个重要争论：心理表象类似于知觉（使用类似物编码）还是类似于语言（使用命题性编码）。我们会介绍这个争论和一些相关的研究，然后会介绍争论的更多详细信息。

大多数理论家认为，关于心理表象的信息是通过类似物编码的形式存储的（Howes, 2007；Kosslyn et al. 2006；Reisberg et al., 2003）。**类似物编码**（analog code）是与物理刺激本身非常相似的一种表征，类似物这个词表明了相似性，如真的物体和心理表象的相似性。

根据类似物编码理论，心理表象是知觉的近亲（Tversky, 2005a）。当你看一个三角形的图形时，三角形的物理特征被记录在大脑中，记录的形式保持了三条线之间的物理关系。赞成类似物编码的人们提出，三角形的心理表象也是以相似的方式记录的，即表象中也保持了三条线之间的物理关系。

但是，赞成类似物编码的人们没有说明，人们实际上是在头脑中形成了一个图像（Ganis et al., 2009；Kosslyn et al., 2006）。还有，他们指出，人们在看一个物体的时候经常不会注意到精确的视觉细节，这些细节在这个物体的心理表象中也会被漏掉（Howes, 2007；Kosslyn et al. 2006）。

相比之下，其他的理论家们认为我们是以命题编码的方式存储表象的（Pylyshyn, 2003, 2006）。**命题编码**（propositional code）是抽象的类似语言的表征；表象的存储不是视觉的也不是空间的形式，在物理特征上与原本的刺激也不同（Ganis et al., 2009；Reed, 2010）。

根据命题编码理论，心理表象是语言的近亲，而不是知觉的近亲。例如，当存储三角形的心理表象的时候，大脑会记录一个类似语言的对线与角的描述。理论家们还没有具体指明语言描述的确切本质。但是，这个描述是抽象的，与英语或者任何一种其他的自然语言不同。大脑能够使用这种语言的描述产生视觉的表象（Kosslyn et al., 2006；Reed, 2010）。

一般来说，神经成像的研究显示，当人们在完成需要详细的视觉表象任务的时候，大脑的初级视皮层是被激活的（Ganis et al., 2009）。而初级视皮层也是我们在知觉实际的视觉物体的时候被激活的皮层区域。另外，研究者们研究了有面孔失认症的人们，在第2章中提到过，**有面孔失认症**（prosopagnosia）的人不能从视觉上识别人脸，但他们知觉其他物体的能力是基本正常的

（Farah，2004）。这些人在创建人脸的视觉表象的时候也是存在问题的（Ganis et al., 2009）。

关于类似物编码与命题编码的争论是很难解决的。研究视觉表象的大部分人支持类似物编码，可能部分是因为他们个人体验过鲜明生动的、类似图像的表象（Reisberg et al., 2003）。像心理学中其他的争论问题一样，根据具体的任务的不同，类似物编码理论和命题编码理论可能至少有部分是正确的。在你阅读下面内容的时候，拿一张计分卡来记录分别支持每一种理论的研究，这个记录会帮助你理解这一部分最后的总结。

前面说过，心理表象是一个有挑战性的研究课题，与其他的研究课题，如语言记忆相比，心理表象是难以捉摸的。研究者们利用这样的逻辑来解决这个问题：即假设心理表象真的类似于物理刺激，那么人们应该可以用判断相应物理刺激的方式来判断心理表象（Hubbard，2010）。

例如，我们能够以旋转物理刺激的方式来旋转心理表象，表象与实际物体的距离判断应该是相似的，形状判断也应该是相似的。另外，在我们知觉物理刺激的时候，心理表象应该会产生干扰，对两可图形的心理表象也应该有两种解释；当我们建构心理表象的时候，应该能够产生其他的类似视觉的效应。我们现在要讨论一下视觉表象和视觉知觉之间可能的相似性。

> ## 深度了解
>
> ### 视觉表象与旋转
>
> 假设你想研究人们是否可以用旋转物理刺激的同样方式来旋转心理表象，你可能禁不住会想，你能够简单地要求人们分析自己的心理表象，利用这些分析结果作为描述心理表象的基础。
>
> 但是，有一些原因会导致这些回顾性的分析报告可能是不正确的、有偏差的。例如，我们可能不会清楚地意识到与心理表象有关的加工（Anderson, 1998；Pylyshyn, 2006）。你可能记得第3章中关于意识的讨论，一个重要的问题是，人们对自己的认知加工过程的报告可能不是准确的。
>
> 相比其他与表象有关的话题，心理旋转问题是研究者们考察的比较多的。在这一部分中，我们先讨论Shepard 和 Metzler（1971）的研究，然后再讨论一些新近的研究，也会涉及关于心理旋转的认知神经科学的研究。
>
> **Shepard 和 Metzler 的研究**
>
> 示例 7-2 示范的就是 Roger Shepard 和他的合作者 Jacqueline Metzler（1971）做的一个经典实验。他们的推理过程是这样的：假设你手里拿着一个实际的几何物体，决定对它进行旋转。物体旋转180度的时候花的时间比旋转90度的时候花的时间要长。
>
> 假设心理表象的操作与实际物体操作的方式是相同的。那么，心理表象旋转180度，而不是旋转90度，花费的时间应该更长。在当时那个年代提出这样的问题是很有勇气的。真正的行为主义者从来不会考虑到做心理表象有关的研究。
>
> 在示例7-2中最上端的那一对物体中，左边的图形可以通过平放然后顺时针旋转来变成右边的图形，两个图形一样了，你做出"相同"的判断。通过二维旋转可以匹配这两个图形。
>
> 但是，中间的那一对物体就需要进行三维旋转，例如，你可以把物体伸向你的那一端推到你的左边，两个图形就一样了，你做出"相同"的判断。但是，最底下的那一对物体，就不能将左边的物体旋转到与右边的物体一样的角度，所以，你做出"不同"的判断。
>
> Shepard 和 Metzler（1971）让8个非常专注和投入的被试判断了1 600对这样的图形，被试被告知，如果判断两个图形是相同的，就用右手拉一个操纵杆，如果判断两个图形是不同的，就用左手拉一个操纵杆。实验者测量了每个决定所用的总时间。请注意，这里的因变量是反应时，前面几章中大部分的研究的因变量是正确率。
>
> 看一下图 7-1a，显示的是类似示例 7-1 中最上端的图形的结果，这些图形只需要二维旋转，就像旋转一个平面的图像。但是，图 7-1b 显示的是类似示例 7-1 中中间的图形的结果，这些图形要求三维旋转，类似于在深度上旋转一个物体。两个图中都显示，人们的决定时间受到匹配图形所需要的心理旋转的总时间的强烈影

响。例如，图形旋转160度需要的时间比旋转20度需要的时间多。还有，注意一下图7-1a和图7-1b的相似性。换句话说，这个研究中的被试以差不多同样快的速度完成了二维旋转和三维旋转（类似于示例7-1中最下面的物体的图形是两个不同的形状，图7-1a和图7-1b没有包括判断不同形状图形的数据）。

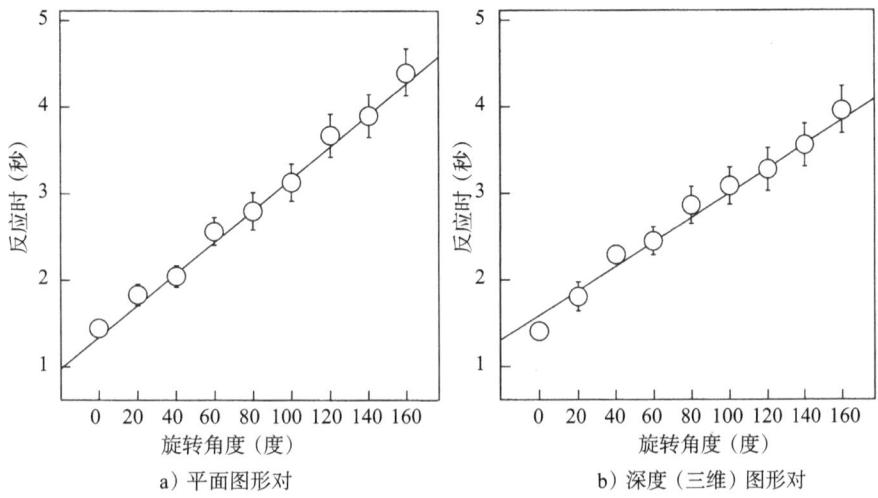

图7-1 在不同旋转角度和旋转方式条件下，决定两个图形是相同的所需要的反应时

注：圆圈的中心表示的是平均数；圆圈上下两端的短线表示的是平均数变化的指标。

资料来源：Shepard, R. N., & Metzler, J. (1971). Mental rotation of three-dimensional objects. *Science*, 171, 701-703. Copyright © 1971. American Association for the Advancement of Science.

你可以看出，两个图形都显示了旋转和反应时的关系是一条直线。这个研究支持了类似物编码的观点，因为在旋转实际物体的时候，旋转160度花的时间比旋转20度的时间要长。而命题编码会预期两种条件下的反应时应该是差不多的，因为对图形的类似语言的描述不会随着旋转量的变化而变化。

心理旋转的后续研究

心理旋转的基本结果已经被重复了很多次，使用各种不同的其他刺激，如字母表中的字母，研究者们也发现了旋转角度与反应时之间明确的关系（Bauer & Jolicoeur, 1996; Cooper & Lang, 1996; Dahlstrom-Hakki et al., 2008; Kosslyn et al., 2006; Newcombe, 2002）。也就是说，如果人们对心理表象旋转的角度很小，那么他们判断得就会更快。

如果你是左撇子，你可能想知道左右利手是否能够影响心理旋转的加工。Kotaro Takeda等人（2010）给被试看手的图片，然后识别看到的是左手还是右手。右利手的人识别右手比识别左手快；但左利手的人识别左右手一样快。而两组人识别直立的图片比识别倒置的图片要更快更准确，这个结果与以前的研究结果是一致的，因为图像旋转0度比旋转180度花的时间要少得多。

我们也知道，在心理旋转任务中，老年人比年轻人做得更慢。但是，年龄与其他的表象能力是不相关的，如与方向感和扫描心理表象的能力无关（Beni et al., 2006；Dror & Kosslyn, 1994）。

其他的研究发现，在看场景中物体的排列和将场景心理旋转180度的任务中，熟练使用美国手语的聋哑人做得更好（Emmorey et al., 1998）。为什么聋哑人在这些心理旋转任务中会做得这么好呢？聋哑人有一个优势，即他们有大量的观察说话者是如何产生手势符号的经验，然后他们必须将这些手势做180度的旋转。他们需要经常做这样的旋转，才能匹配自己在产生手语的时候会用到的视角（如果你不熟悉手语，可以站在镜子前面，看看自己和镜子里的自己在观察手部动作的时候的视角是多么不同）。

总之，关于旋转几何图形的研究为类似物编码理论提供了最强有力的支持。当我们在空间中旋转实际的物体和心理表象的时候，似乎使用的是同样的方式。在两种情况下，完成大的旋转角度比完成小的旋转角度要花更长的时间。

关于心理旋转任务的认知神经科学的研究

在早期的一个相关的神经科学的研究中，Kosslyn、

Thompson等人（2001）考察了当人们想象自己在旋转示例7-2中的图形的时候是否会用到动作皮层。他们让一组被试亲手旋转Shepard和Metzler（1971）研究中使用的几何图形，让另一组被试观看同样图形的自动旋转。接下来，两组被试都需要通过心理旋转来完成示例7-2中的匹配任务，在完成任务的同时接受PET扫描，看一下在完成心理旋转任务的时候，大脑的哪个区域被激活。

PET扫描的结果非常清楚，亲手旋转过图形的被试显示了初级运动皮层的激活，亲手旋转图形的时候，他们的初级运动皮层也被激活。但是，观看图形自动旋转的被试在心理旋转任务中没有出现初级运动皮层的激活，没有亲手尝试的经验，他们的初级运动皮层是不激活的。

在实际心理旋转中，指导语的性质也会影响皮层的激活模式。当人们接收了标准的指导语对图形进行旋转时，他们的右侧额叶和顶叶会出现强烈的激活（Wraga et al., 2005; Zacks et al., 2003）。

但是，当研究者修改了指导语之后，激活模式就不同了。在另一个条件下，研究者要求被试想象旋转自己，以便能够从不同的视角"看到"这个图形（Kosslyn et al., 2001）。这些指导语增强了左侧颞叶和部分运动皮层的激活（Wraga et al., 2005; Zacks et al., 2003）。指导语用词的细微变化能够引起心理表象任务中大脑反应的巨大变化。

关于心理旋转的研究可以应用于中风恢复的人身上。这些人可以通过亲手对实际图形进行旋转来刺激他们的运动皮层。这种形式的"练习"可以缩短他们自己恢复运动能力所需要的时间（Dijkerman et al., 2010; Ganis et al., 2009）。

视觉表象与距离

我们已经看到，关于表象的最初的研究表明了旋转心理表象与旋转物理刺激的相似性。之后，研究者们就开始考察心理表象的其他特征，如两点之间的距离和心理表象的形状。

斯蒂芬·考斯林（Stephen Kosslyn）是心理表象领域最重要的研究者之一。例如，Kosslyn与同事们（1978）的一个经典研究显示，人们要花更长的时间扫描他们创建的关于地图的心理表象中相隔很远的两点的距离。但是，人们可以很快扫描关于地图的心理表象中相隔很近的两点的距离。后来的研究证实，心理表象中扫描的距离与扫描这个距离需要的时间之间是一个线性的关系（Borst & Kosslyn, 2008; Denis & Kosslyn, 1999b; Kosslyn et al., 2006）。

但是，有些心理学家对这些研究中采用的研究方法中可能存在的问题提出了疑问。例如，表象与距离的研究结果也可以用实验者期望来解释，而不是心理表象中两点之间距离的真正影响。

实验者期望（experimenter expectancy）指的是实验者的偏见和预期会影响实验的结果。例如，当心理学家进行视觉表象研究的时候，他们知道更长的距离需要更多的扫描时间，可能研究者们将他们的期望以某种方式传递给了被试，从而被试可能有意无意地会根据研究者的预期来调整他们的搜索速度（Denis & Kosslyn, 1999a; Intons-Peterson, 1983）。

为了回应关于实验者期望的批评，Jolicoeur和Kosslyn（1985a, 1985b）重复了我们前面讨论过的心理地图的实验（Kosslyn et al., 1978）。但是，在他们的研究中，两个研究助手对关于心理表象的研究都是不熟悉的，研究助手们不知道以前的研究中发现了线性相关关系，而是接受了关于视觉表象的一个详尽的具有说服力的（但不正确）的解释。这个不正确的解释说的是：被试呈现的结果应该是呈现视觉表象距离与扫描时间之间的一种U形关系。

有趣的是，研究助手们没有得到他们被告知的要发现的U形关系，而是得到了标准的线性关系。正如以前的研究中发现的一样，被试需要更多的时间来扫描更大的心理距离。所以，实验者期望不能解释已发现的结果（Denis & Kosslyn, 1999b; Kosslyn et al., 2006）。

视觉表象与形状

至此我们看到，视觉表象与真正的物理图像在两方面都是类似的：关于物体旋转的研究和关于距离的研究。有关形状表象的研究也发现了相同的结果。

例如，在一个经典的视觉表象的研究中，Allan Paivio（1978）要求被试判断在一个想象的钟表上两个表针形成的夹角。首先，被试要想象一个标准钟表上的两个表针，然后创建一个当时间是 3:20 的时候两个表针形成的夹角的视觉表象；接着是创建一个当时间是 7:25 的时候两个表针形成的夹角的视觉表象。两个心理表象中哪一个钟表的表针形成的夹角比较小？

Paivio 也让被试做了几个标准化的测试来测量他们的视觉表象能力。从图 7-2 中可以看到，高想象能力的被试比低想象能力的被试会更快地做出哪个夹角更小的决定；当比较 3:20 的夹角和 7:25 的夹角的时候，两组被试的判断都很慢，毕竟这两个夹角是十分相似的。但是，当两个夹角的大小非常不同的时候，如 3:20 和 7:05，被试的判断会相对快一些。

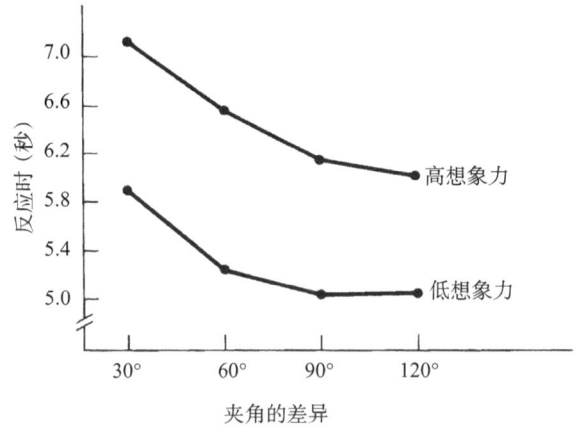

图 7-2　表针夹角的差异对高想象能力和低想象能力人们的反应时的影响

资料来源：Paivio, A. (1978). Comparison of mental clocks. *Journal of Experimental Psychology: Human Perception and Performance, 4*, 61-71.

想一想这个研究的启示。面对真实的物体，当两个角非常相似的时候，人们需要花很长的时间做决定；当两个角差别非常大的时候，人们的反应就很快。这个研究表明人们在对视觉表象进行操作的时候也出现了相同的模式。Paivio（1978）的研究支持了人们使用类似物编码而不是命题编码的观点。

关于表征复杂形状的视觉表象的研究也支持了类似物编码。Shepard 和 Chipman（1970）要求被试创建美国各个州的形状的心理表象，如科罗拉多州和俄勒冈州，然后让被试判断形成的两个心理表象在形状上的相似性。例如，在不看地图的情况下，你认为科罗拉多州和俄勒冈州有相似的形状吗？科罗拉多州和西弗吉尼亚州呢？这些被试也需要在看着实际的每个州的形状图形的条件下判断两个州的形状相似性。结果显示，在两种条件下，被试的判断是高度相似的。这再一次证明，人们对心理表象形状的判断与对物理刺激的形状的判断是相似的。

根据我们已经讨论过的相关研究，让我们复习一下关于视觉表象特征的一些结论。

1. 当人们旋转视觉表象的时候，大的旋转角度要花更长的时间，正如他们要花更长的时间将物理刺激旋转一个大的角度。

2. 人们采用相似的方式判断视觉表象和物理刺激中的两点距离长短。

3. 人们采用相似的方式判断视觉表象和物理刺激的形状。这个结论在使用简单形状（如表针形成的夹角）和复杂形状（如科罗拉多州和西弗吉尼亚州的形状）的情况下都是正确的。

现在我们来讨论表明心理表象和物理刺激之间相似性的第四个问题，即视觉表象与物理刺激之间相互干扰的相关研究。

视觉表象与干扰

很多研究显示，心理表象能够干扰实际的物理图像（Baddeley & Andrade, 1998；Craver-Lemley & Reeves, 1992；Kosslyn et al., 2006；Richardson, 1999）。我们要看一下视觉表象中有关干扰的研究。

想一下你昨天或者前天见过的一个朋友，建立一个关于这个朋友面孔的清晰的心理表象。心里想着这个表象，同时将眼睛在这一页上移动。你会发现这个任务很困难，因为你试图在视觉表象中看着你朋友的脸，同时又试图看着这一页上的字（物理刺激）。研究已经证实了视觉表象能够干扰视觉知觉。

看一下 Segal 和 Fusella（1970）进行的一个经典研究。在他们的研究中，被试要先形成一个视觉表象（如一棵树）的视觉表象，在视觉表象形成之后，研究者会呈现一个真实的物理刺激（如一个小的蓝色箭头），他们测量了被试探测物理刺激的能力。结果发现，当心理表象和物理刺激探测需要用到同一感觉通道的时候，人们在探测物理刺激的时候会有更大的困难。例如，当被试想象树的形状的时候，他们就很难探测到蓝色的小箭头。当他们想象双簧管的声音的时候，就会报告他们看到了箭头呈现。想象的声音和呈现的箭头代表了两种不同的感觉通道。

在另一个视觉干扰的研究中，Mast 和同事们（1999）让被试建立一个关于一系列平行线的视觉表象，然后将这个平行线的视觉表象旋转到对角线的方向。同时，研究者会呈现一个物理刺激（如一个小线段），要求被试判断线段是否是垂直的。结果显示，在被试关于线段朝向的判断中，想象的平行线和实际呈现的线段都出现了相似的变形。

视觉表象与两可图形

试一下示例 7-3，看看你能否重新解释这个图形。大部分的人觉得类似这样的任务很困难。研究表明，当人们要建立两可图形的心理表象时，有时候会使用类似物编码，有时候使用命题编码。

示例 7-3
表象和两可图形

看一下下面这个图形，形成一个清晰的表象。然后翻到示例 7-4 下面标有"示例 7-3 的进一步的指导语"的段落。

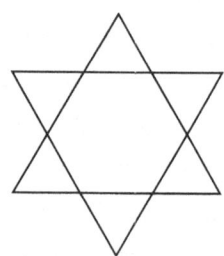

20 世纪 70 年代，Stephen Reed 就考虑到心理表象可能是有局限性的（Reed，1974，2010）。也许在有的情况下，语言也有助于我们存储视觉刺激。Reed（1974）的研究考察了人们判断一个特定的视觉模式是否是之前见过的图形的一部分的能力。Reed 呈现了一系列成对的图形，如示例 7-3 中的大卫之星一样的视觉模式，然后图形消失；在短暂的延迟之后，会呈现第二个视觉模式（如一个左右两边倾斜的平行四边形）。在一半的实验中，第二个模式确实是第一个模式的一部分，如平行四边形；在另一半的实验中，第二个模式不是第一个模式的一部分（如矩形）。

假设人们实际上在头脑中存储的心理表象就是他们看到的相应的物理刺激，那么他们应该能够提取出大卫之星的心理表象，并很快发现平行四边形是隐藏其中的。但是，Reed（1974）研究中的被试在大卫之星/平行四边形的判断中的正确率只有 14%，对所有刺激判断的正确率只有 55%，差不多与猜测概率水平一样。

考虑到在大卫之星判断中的高错误率，Reed（1974）认为：人们不可能存储像大卫之星这样的视觉表象。但他提出，人们有时候会将图形存储为命题的形式，使用的是我们前面讨论过的命题编码。

例如，假设你将示例 7-3 的描述存储为语言编码，"两个三角形，一个指向上方另一个指向下方，二者叠放在一起。"当问你这个图形中是否包含一个平行四边形的时候，你可能会去搜索语言描述，然后只搜到三角形而没有平行四边形。所以，Reed（1974）的研究支持了语言–命题编码理论而不是类似物编码理论。

还有研究考察了人们是否能够对两可图形的心理表象进行重新解释。例如，图 7-3 中的两可图形可以有两种解读方式：面向右边的兔子或者面向左边的鸭子。Chambers 和 Reisberg（1985）要求被试建立一个这个两可图形的清晰的心理表象，然后将图形拿走，让被试给出这个图形的另一个不同的解释。15 个被试没有一个人可以做到。换句话说，人们不能借助存储的心理表象来完成任务。

图 7-3　Chambers 和 Reisberg 的研究中使用的两可图形的一个例子

接下来，研究者要求被试凭记忆将这个图形画出来。他们能重新解释画出来的物理刺激吗？所有的被试看着他们画出来的图形都能够给出第二个解释。Chambers 和 Reisberg 的研究表明，较强的语言命题编码（如"面向左边的鸭子"）能够掩蔽相对较弱的类似物编码。其他研究也重复了这个结果。在看着实际呈现的两可图形的时候，被试常常比较容易对这个刺激进行翻转。但是，翻转心理表象通常更为困难（Reisberg & Heuer，2005）。试一下示例 7-4。

示例 7-4
重新解释两可刺激

想象大写字母 H，然后想象大写字母 X 直接重叠在 H 上，每个字母的四个角要完全重合。在这个心理表象中你看到了什么新的形状和物体？

（示例 7-3 的进一步指导语：不要看示例 7-3 的图形，只凭心理表象回答，有一个平行四边形包含其中吗？）

当人们考虑相对简单的图形（如钟表的两个表针）的时候，常常会使用类似物编码。但是，当图形变得复杂的时候，如在 Reed（1974）及 Chambers 和 Reisberg（1985）的研究中使用的图形，人们可能会使用命题编码。Kosslyn 与合作者们（2006）指出，心理表象的记忆容量是有限的。所以，我们可能不能以类似物编码的方式存储复杂的视觉信息，也不能对这些心理表象做出准确的判断。

如果视觉刺激是复杂的，语言标签和命题编码是尤其有用的。例如，当我在做拼图的时候，常常会发现自己会使用语言标签（如"带翅膀的角"）来寻找缺失的小块。在面对复杂形状的时候，表象的存储可能大部分是命题形式的。

Finke 和同事们（1989）在他们的研究中要求人们将两个心理表象结合在一起，如示例 7-4 中一样。他们发现，被试确实能够给出这些两可图形刺激的另外的解释，除了结合在一起的 X 和 H，他们还报告了一些新的几何图形（如三角形）、一些新的字母 M、一些新的物体（如领结）。其他的研究也证实，观察者可以在心理表象中定位相似的、没有预见的形状（Brandimonte & Gerbino, 1996；Kosslyn et al., 2006；Rouw et al., 1997）。

总而言之，关于两可图形的研究显示，人们可以使用命题和类似物编码来建立心理表象。也就是说，我们常常使用类似物编码形成类似图像的表征。但是，当刺激或者情景让我们很难使用类似物编码的时候，我们可能会使用命题编码建立语言的表征。

视觉表象与其他类似视觉的加工

至此，我们考察了视觉表象有关的各种特征，包括了旋转、距离、形状、干扰、两可图形。现在，让我们简要考虑视觉知觉的另一个不太明显的特征，以及心理表象是否也具有这个特征。

视觉知觉的研究显示，如果视觉目标呈现的时候，两边有两条垂直线，人们就会更准确地看到这个目标。

Ishai 和 Sagi（1995）的研究表明，心理表象会产生相似的掩蔽效应。也就是说，如果人们建立了视觉目标两侧的垂直线的心理表象，就能更准确地看到这个目标。

关于掩蔽效应的研究非常重要，因为其中涉及了一个研究方法中存在的问题，叫作"要求特征"。**要求特征**（demand characteristic）指的是所有可能将实验者的假设传递给被试的线索。前面你已经知道了研究方法中的另一个概念"研究者期望"，即研究者可能在实验中将他们的预期传递给被试。巧合的是，实验者期望假设是一种要求特征。

但是，实验中还存在很多种其他的要求特征。针对类似物编码理论的一些批评指出，表象实验的结果可能都可以由一种或者多种要求特征来解释（Pylyshyn, 2003, 2006）。例如，被试能够猜到实验者想要的结果，可能也会猜到视觉心理表象应该干扰视觉知觉。

然而，没有修过关于知觉的心理学课程的人们实际上是不会知道掩蔽效应的。Ishai 和 Sagi（1995）的研究中的被试不会知道被掩蔽刺激环绕的知觉目标会更容易被看到。所以，要求特征不能解释心理表象的掩蔽效应。这样，我们就更相信视觉表象可以像视觉知觉一样产生掩蔽效应。视觉表象确实类似于视觉知觉。

研究者们还考察了视觉表象在其他方面是否也类似于视觉知觉。例如，视网膜中心看到的心理表象的敏锐度比视网膜外周的要好；视觉知觉中也会有这样的现象（Kosslyn, 1983）。其他的研究表明了心理表象和视觉知觉之间更多的相似性（Kosslyn, 2001；Kosslyn & Thompson, 2000；Kosslyn et al., 2006）。

对视觉表象的解释

你已经了解了一些关于视觉表象的研究。让我们来讨论一下表象的争论，然后再简单讨论一点相关的神经科学的研究。

表象的争论

几十年来，认知心理学家一直在争论如何来解释心理表象。这一章的开始，我们介绍了表象的类似物编码和命题编码理论。既然你熟悉了相关的研究，让我们来讨论一下这个争论。两种理论在强调心理表象与物理刺激的相似性方面肯定是不同的，但二者又不是完全彼此区别的，在不同的任务中可能有不同的应用。

根据类似物编码的观点，你建立的心理表象极度类似于视网膜上实际形成的知觉图像（Ganis et al., 2009；

Kosslyn et al., 2006）。花几分钟复习一下心理旋转的相关内容，你会发现对心理表象的反应常常是类似于对物理刺激的反应。实际上，大部分的研究是支持类似物编码的理论的。当然，并没有人说视觉和心理表象是完全一样的（Kosslyn et al., 2006）。毕竟你还是很容易区分教科书封面的心理表象与封面的实际知觉。

根据命题编码的观点，心理表象是以抽象的语言形式存储，与原本的物理刺激并不相同。Zenon Pylyshyn（2003，2004，2006）一直是这个理论的最忠实的支持者。Pylyshyn认为，人们不会经验到心理表象；去争论这个问题很愚蠢。但是，Pylyshyn也说图像不是表象的必要的中心成分。

Pylyshyn认为，以心理表象的形式存储信息是不方便、甚至是不可能的。例如，人们将会需要大量的空间去存储他们宣称自己拥有的所有图像。Pylyshyn（2004，2006）也强调了知觉经验与心理表象的差异。例如，你能够重新考量和重新解释一个真正的图片。但是，在兔子/鸭子图形任务中，人们通常是不能重新解释心理表象的（Chambers & Reisberg, 1985）。

目前，类似物编码解释了最多的刺激类型和最多的任务类型。但是，对有些刺激和任务，人们可能会使用命题编码。

比较视觉表象和视觉知觉的神经科学的研究

在这一章开始的"深度了解"部分，我们讨论了心理旋转任务的神经科学的研究，心理旋转激活了大脑颞叶的部分区域和运动皮层。

现在，我们简单看一下处理心理旋转之外的课题的神经科学研究。虽然表象和知觉有很多共同的特征，但二者不是完全一样的。心理表象有赖于单独的自上而下的加工，而视觉知觉会激活视网膜中的椎体和棒体细胞。你在建立科罗拉多州形状的心理表象的时候，没有人会认为视网膜中的椎体和棒体细胞会同时记录了与科罗拉多州形状一样的刺激模式。视觉表象和视觉知觉的主观经验显然是不同的，建立视觉表象大约需要1/10秒的时间（Reddy et al., 2010）。

调查了大量的研究之后，Kosslyn与同事们（2010）得出结论：在被视觉知觉激活的脑区中，有70%～90%的脑区也会被视觉表象激活。例如，当人们损伤了视皮层的最基本的区域时，会在视觉表象和视觉知觉中出现相似的问题。还有，有的脑损伤病人不能区分视觉知觉过程中记录的颜色与心理表象过程中建立的视觉表象的颜色。

有面孔失认症的人们不能从视觉上识别人脸，即使他们可以正常地知觉其他的物体。研究显示，有面孔失认症的人们也不能使用心理表象来区分不同的面孔（Kosslyn et al., 2010）。

关于视觉表象与视觉知觉的相似性的神经科学研究非常具有说服力，因为这些研究避免了要求特征问题。Farah（2000）指出，人们很少知道在视觉加工过程中自己大脑的哪些部分通常会被激活。所以，当你在建立一个关于领结的心理表象的时候，不可能自动激活视皮层的相关细胞。

个体差异：空间能力的性别比较

心理学家在研究认知的个体差异的时候，最常关注的问题之一就是性别差异。脱口秀的主持人、政客甚至是大学校长都可以自由猜测性别之间的差异。但是，他们很少参考大量的关于性别比较的心理学研究。结果，他们就很少知道大部分认知能力上的性别差异是很小的（Hyde, 2005; Matlin, 2012; Yoder, 2013）。

第2～6章中的个体差异特征都关注的是单一的研究。但是，研究者们做了成百上千关于认知能力的性别比较的研究。例如，如果我们想了解空间能力的性别比较，就不能仅仅看一个研究。

当对于一个问题的研究足够多的时候，心理学家常常使用一种称为元分析的统计技术。**元分析**（meta-analysis）是结合关于一个问题的大量研究的统计方法，研究者首要先要找到关于一个主题的合适的研究（如语言能力的性别比较），然后将这些研究放在一起做一个元分析。

元分析产生一个称为效应量的数字，或者称为 d。例如，假设研究者做了一个包含18个研究的元分析，是关于阅读理解分数的性别比较；假设这18个研究中的每一个研究中，女性和男性的得分都非常相似，在这种情况下，d 应该接近于0。

心理学家做了大量的关于认知能力的性别比较的元分析。Janet Hyde（2005）写了一篇文章总结了所有做过的元分析。表7-1显示了在认知能力的三个主要领域中做过的元分析的效应量。

从表7-1中可以看到，语言能力的四个元分析显示了非常小的性别差异，d 值接近于0；一个元分析的 d 值是"小"的；没有元分析的 d 值是"中"或者"大"。换句话说，这些研究显示了语言能力的性别相似性。

表 7-1　三种认知能力的元分析中报告的效应量（d）的分布

	效应量的大小			
	接近于 0 ($d<0.10$)	小（$d=0.11\sim0.35$）	中（$d=0.36\sim0.65$）	大（$d=0.66\sim1.00$）
语言能力	4	1	0	0
数学能力	4	0	0	0
空间能力	0	4	3	1

资料来源：Based on Hyde (2005).

关于数学能力的四个元分析产生的 d 值接近于 0，也说明了性别相似性。数学能力的性别相似性尤其重要，因为媒体的标题通常会宣称男性的数学能力比女性好很多（Hyde，2005；Matlin，2012）。这个数学能力的性别比较元分析与另一个在 34 个国家进行的关于八年级学生的数学能力的研究是一致的。但有趣的是，在这个跨文化的研究中，16 个国家中男孩的平均成绩比女孩要高；16 个国家中女孩的平均成绩比男孩要高，2 个国家中男孩女孩的平均成绩相同（National Center for Education Statisitics，2004）。

空间能力与我们讨论的表象有关。空间能力的性别差异更大一些，但只有一个元分析产生的 d 值是"大"的。重要的一点是，空间能力代表了几种不同的能力，它不是单一的（Caplan & Caplan，2009；Chipman，2004；Tversky，2005b）。一种能力是空间形象化的能力，一个典型的任务是让人们看一个繁忙的街道的图片，找出隐藏在其中的人脸。根据 Hyde（2005）元分析的总结，空间形象化的性别差异比较小。

第二种空间能力是空间知觉能力，典型的考察空间知觉的任务是让被试坐在黑暗的屋子里，将一个光棒调整到完全垂直的位置。空间知觉的两个元分析产生的 d 值是 0.44，即中等大小的性别差异（Hyde，2005）。

第三种空间能力是心理旋转，我们在示例 7-2 中讨论过，典型的心理旋转的任务是让人们看两个几何图形，然后判断其中一个图形旋转一定的角度之后是否与另一个相同。男性比女性在这个任务上的反应更快。心理旋转的两个元分析产生的 d 值是 0.56 和 0.73（Hyde，2005）。但为了比较起见，我们需要看一下身高的性别差异，d 值是 2.0。

换句话说，心理旋转是男性可能比女性得分高的唯一一个认知能力。但是，我们也必须强调的是，有的研究报告没有发现心理旋转的性别差异。还有，有的研究发现，当指导语变化或者接受了空间能力的训练的时候，心理旋转的性别差异会消失（Matlin，2012；Newcombe，2006；Terlecki et al.，2008）。

另外，大部分空间旋转的性别差异可以这样来解释，男孩子通常在玩需要空间能力的玩具和运动中有更多的经验（Voyer et al.，2000）。换句话说，通过对女孩子进行空间动作的训练或者增加相应的经验，这个认知领域的性别差异会减少。

听觉表象的特征

我们前面只讨论了视觉表象，有时候它也被称为"心理的眼睛"。但是，很多人报告他们也经历过听觉表象。这一章的最开始提到过，听觉表象是当声音没有呈现的时候对声音的心理表征。例如，你能建立一个好朋友笑声的生动的听觉表象吗？通过你的"心理的耳朵"，你还能建立其他类型的听觉表象吗？

我们通常能够识别各种各样不同的"环境中的声音"，尽管我们可能不会用特定的名词来描述这些声音。例如，你能建立一个快要没电的汽车电池发出的声音的听觉表象吗？还有，我们通常会有不同的动物发出来的声音的听觉表象（Wu et al.，2006）。听觉表象的这部分内容将会介绍关于这个问题的相关研究。

心理学家们会哀叹听觉表象研究的缺乏（Kosslyn et al.，2010；Vuvan & Schmuckler，2011）。例如，Timothy Hubbard（2010）综述了听觉表象的研究，他文章的第一段是这样开头的："尽管表象研究的复苏开始于 20 世纪 60 年代后期和 70 年代早期，但是表象的听觉形式还是很少有人感兴趣的"。Hubbard 也发现，有的研究宣称他们发现了听觉表象存在的证据，但是这些证据都不具有说服力。从视觉表象的研究中你已经了解到，需要仔细设计研究方法，才能清楚地表明心理表象的存在。

听觉加工在我们的认知经验中扮演着重要的角色。例如，本书第 2 章中介绍了语音知觉；第 3 章考察了分散注意，例如当你同时听到两个谈话的时候就需要分散注意；第 4 章中探讨了听觉刺激的记忆和语音环路；第 5 章和第 6 章包括了听觉信息和视觉信息的记忆；第 9 章和第 10 章将会讨论听觉加工在语言理解、语言产生和双语中的作用；第 13 章中你会看到，小婴儿就能够区分相似的声音，如"bah""pah"。听觉知觉在所有这些领域中都很重要。但是，也有的研究通常关注的是物理刺激而不是我们建立的听觉表象。

听觉表象没有视觉表象生动吗？Rubin 和 Berentsen（2009）要求美国和丹麦的被试回忆他们生命历程中的一个事件，并对事件的生动性进行评分。在两个国家中，人们对视觉表象的评分都高于听觉表象。即使是这样，缺少对听觉表象的研究还是挺让人不可思议的。

研究者们已经考察了听觉表象的一些特征，如响度（Hubbard，2010；Vuvan & Schmuckler，2011）。这一部分我们会简单介绍两个问题：①听觉表象和音高；②听觉表象和音色。

听觉表象与音高

听觉表象的一个突出特征是音高。**音高**（pitch）是声音刺激的一个特征，可以用由低到高的量表来测量（Foley & Matlin，2010；Plack & Oxenham，2005）。关于音高的一个经典研究是 Margaret J. Intons-Peterson 做的，她是测量短时记忆的 Brown/Peterson & Peterson 实验技术的提出者之一。Intons-Peterson 与她的合作者们（1992）考察了人们可以在音高不同的两个听觉刺激之间的距离上多快地"移动"。

例如，Intons-Peterson 与她的合作者们要求学生们建立一个猫叫的听觉表象，然后从猫叫的表象"移动"到一个比较高点儿的听觉表象，如摔门的声音。被试在达到较高音高的时候按键反应。结果显示，学生们大约需要 4 秒的时间来完成这个较短的听觉距离。

研究者们也要求学生"移动"较长的听觉距离，例如，从猫叫的声音到警笛的声音。被试需要 6 秒的时间完成较长的听觉距离。就音高来说，两个实际的声音之间的距离确实与两个想象的声音之间的距离是相关的。

听觉表象与音色

声音的另一个重要特征是音色。**音色**（timbre）是声音的品质。例如，想象一个熟悉的声音，如笛子演奏的《生日快乐歌》，然后与小号演奏的《生日快乐歌》比较。即使当两个版本的歌曲的音高相同的时候，笛子的声音听起来更纯净一些。

Andrea Halpern 与合作者们（2004）做过的一个研究关注的是人们关于不同乐器的颜色的听觉表象。他们研究是完成了至少 5 年正规音乐训练的年轻人，这样这些被试才能熟悉 8 种乐器的音色，包括巴松、笛子、小号、小提琴。每个被试先听每种乐器的声音，直到他们能够很容易地识别所有的声音。

为了测量音色的听觉表象，Andrea Halpern 与合作者们让每个被试在两种条件下评价音色的相似性。在知觉条件下，被试听一种乐器的声音 1.5 秒，然后再换另一种乐器。他们会听到 8 种乐器的所有可能的配对呈现，听到每一对声音之后，被试要对两个知觉刺激的音色相似性评分。在想象条件下，被试会听到乐器的名字而不是乐器发出的声音，他们会听到 8 种乐器名称的所有可能的配对呈现。

结果显示，音色知觉的评分和音色表象的评分之间存在高相关（$r=0.84$）。换句话说，被试对实际乐器的音色的认知表征与想象的乐器音色的认知表征是相似的。当然，对表象感兴趣的研究者会发现其他新的课题来比较听觉知觉和听觉表象之间的关系。

认知地图

你有过这样的经验吗？你到了一个新环境，可能是你上大学的第一年，你问人家到图书馆怎么走，别人的回答是："哦，这很简单。你爬过这个山丘，沿着黑色的楼的右侧走，然后左转，会看到牛顿礼堂在右边，而图书馆就在左边。"你努力回忆他提到路线上的一些重要地点，牛顿礼堂是在学生会的旁边还是在欧文行政楼的旁边？你坚定地想要把这些新的信息整合到你模糊的心理地图中。

这一章的前两个部分考察了心理表象的一般特征，主要关注的是理论问题，即视觉和听觉的心理表象类似于对实际视觉和听觉刺激的知觉吗？

现在，我们要讨论认知地图，这是与心理表象有关的一个论题。但是，关于认知地图的研究关注的是标准地理空间的方式。更具体点说，**认知地图**（cognitive map）是地理信息的心理表征，包括了我们的周围环境的信息（Shelton & Yamamoto，2009；Wagner，2006）。请注意，这一章的前两个部分强调的是对场景和声音的心理表象，而第三部分强调的是物体之间关系的心理表象，如大学校园里的建筑物之间的关系。

我们会先讨论认知地图的相关背景知识，然后看一下距离、形状、相对位置在认知地图上是如何表征的，最后会讨论如何根据语言描述来创建心理地图。

关于认知地图的背景信息

试着想象你十分熟悉的一个家，想象你在家里走动。

你的认知地图看起来是相当准确的,还是在房间的具体大小和位置方面是有点模糊的?认知地图也可以表征更大的地理区域,如一个社区、一个城市、一个国家。一般来说,我们的认知地图表征的区域都大得一眼望不到边(Bower, 2008; Poirel et al., 2010; Wagner, 2006)。所以,我们是通过整合很多次看到的信息来创建一个认知地图的(Shelton, 2004; Spence & Feng, 2010)。一般来说,关于认知地图的研究都强调真实世界场景,强调高的生态效度。

关于认知地图的研究是空间认知的一部分。**空间认知**(spatial cognition)主要指的是三种认知活动:①关于认知地图的想法;②如何记住通过的领域;③如何在空间排列中追踪物体(Shelton, 2004; Spence & Feng, 2010)。

另外,空间认知在范围上是一个跨学科的领域。例如,计算机科学家们会建立关于空间知识的模型;语言学家会分析人们如何谈论空间排列;人类学家会研究不同的文化如何使用不同的参考框架来描述位置;地理学家会考察所有的维度,目标是建立有效的地图;在建筑学家设计建筑物的时候和城市规划师设计新社区的时候也会用到空间认知(Devlin, 2001; Tversky, 199, 2000b)。

除了与空间认知有关的理论问题,心理学家们也研究了空间认知的应用,包括与娱乐相关的问题,如视频游戏(Spence & Feng, 2010)。他们也研究了与生死有关的问题,如空中交通管制员与飞机的飞行团队之间如何交流空间信息(Barshi & Healy, 2011; Schneider et al., 2011)。

你可能会预期,空间能力的个体差异是很大的(Shelton & McNamara, 2004; Smith & Cohen, 2008; Wagner, 2006),但是,人们在判断自己找到去不熟悉地方的路的能力方面是准确的(Kitchin & Blades, 2002)。换句话说,关于空间能力的元认知可能是相当准确的。

另外,空间认知的个体差异与视觉空间画板测验上的得分是相关的(Gyselinck & Meneghetti, 2011)。空间认知的分数与这一章第一部分中讨论的空间任务的成绩也是相关的(Newcombe, 2010; Sholl et al., 2006)。例如,擅长心理旋转的人在使用地图找到特定地点的时候比其他人更熟练(Fields & Shelton, 2006; Shelton & Gabrieli, 2004)。

幸运的是,空间能力差的人也可以提高自己的成绩。假设你到了一个不熟悉的大学校园(Smith & Cohen, 2008)。你停好车之后要开始找一个大楼,如果你在往回走的路上不时转头看周围的场景,就可以提高你找到走回停车场的路的机会(Heth et al., 2002; Montello, 2005)。你可能也想到了,注意到路上的标志性地方也很重要(Ruddle et al., 2011)。这些策略会提高认知地图的准确性。

试一下示例7-5,它是基于Roskos-Ewoldsen与同事们(1998)进行的一个研究,我们稍后会讨论到。

示例 7-5

从地图上学习

花大约30秒的时间研究一下下面的图,然后完全盖住它。解决下面两个问题。

1. 想象你站在位置3,面对位置4,指向位置1。

2. 快速看一眼这个图然后盖住。想象你现在站在位置1,面对位置2,指向位置4。

认知地图通常包括测量知识,就是位置之间的关系。我们通过直接研究地图或者对环境的多次勘察来获得测量知识。现在再回到示例7-5,两个任务中哪一个更容易?如果以与面对认知地图相同的方向来获得实际地图上的空间信息,那么根据认知地图做出的判断就更容易和更准确。

示例7-5的第一个问题中,心理地图和实际地图的方向是相同的,所以任务就会相对容易。但是,在解决问题2的时候需要做心理旋转,所以任务会更困难一点。研究证实,当心理地图与实际地图的方向是一致的时候,判断是很容易的(Devlin, 2001; Montello, 2005; Montello et al., 2004)。

现在,我们将讨论认知地图如何表征三个地理特征:距离、形状和相对位置。这本书的主题2指出认知加工通常是准确的,这也可以推广应用到认知地图中。实际上,对环境的心理表征通常比较准确地反映了现实,不管认知地图描绘的是大学校园还是更大的地理区域。

但是，根据主题2，当人们出现认知错误的时候，这些错误都来源于理性的策略。人们在认知地图中犯的错误都是说得通的，因为认知地图是现实的有规律的变形（Devlin，2001；Koriat et al.，2000；Tversky，2000b）。这些错误反映了人们通常会根据相关的变量做出判断的倾向性，也反映了人们将环境判断成比实际情况更有组织和更有顺序的倾向性。

现在，我们需要介绍认知心理学中一个很有用的概念，称为"启发式"。**启发式**（heuristic）是通常但不总是会产生正确解决方法的问题解决的总策略。人们常常使用启发式做出关于认知地图的判断。结果，他们倾向于在距离、形状和相对位置上出现有规律的变形。

认知地图与距离

从图书馆到上认知心理学的教室的距离有多远？从你出生的地方到你现在在上学的大学有多少英里？人们的距离估计经常会受到下列因素的影响：①介于中间的城市的数量；②类别成员；③目的地是否是个重要的地方。

距离估计与介于中间的城市的数量

在研究认知地图中的距离的最早的一系列研究中，Thorndyke（1981）创建了一个假想地理区域的地图，有一些城市分布其间。在地图上任意两个城市之间，会坐落着0、1、2，或者3个其他的城市。被试学习这个地图，直到可以把它重新画出来，然后他们要估计两个特定城市之间的距离。

介于两个城市之间的城市的数量会影响被试的估计。例如，当两个城市之间在地图上的距离是300英里⊖的时候，如果之间没有任何其他的城市，人们会估计它们之间的距离是280英里。但是，如果之间有3个其他的城市，人们会估计它们之间的距离是350英里。请注意，这与启发式的概念是一致的。如果一个区域中的城市是随机分布的，当两个城市之间没有其他城市的时候，它们之间的距离是近一些的；但是，如果之间有3个其他城市的时候，它们之间可能会隔得比较远。

距离估计与类别成员

研究显示，我们形成的类别对距离估计有很大的影响。例如，Hirtle 和 Mascolo（1986）给被试看一个假想的城镇地图，让他们记住地图上的几个地方，然后地图拿走，被试要估计两个地方之间的距离。结果显示，人们倾向于将每个地方移向与它属于同一类别的其他地方。例如，人们常常是记得法院是在警察局和其他政府大楼附近。但是，不同类别的成员之间不会发生这样的位移。例如，人们不会将法院移动到高尔夫球场附近。

当估计更长距离的时候也会出现同样的现象（Tversky，2009）。例如，Friedman与同事们让大学生估计北美的不同城市之间的距离（Friedman et al.，2005；Friedman & Montello，2006）。来自加拿大、美国和墨西哥的学生判断被国界线隔开的两个城市之间的距离是大的。如果是同一个国家的两个城市，他们判断的平均距离是1 225英里；但是，如果两个城市在两个不同的国家，他们判断的平均距离是1 579英里。

换句话说，当两个城市被国界线隔开的时候，估计的距离差是354英里，但实际上它们之间的距离只有63英里（Friedman & Montello，2006）。当学生们估计他们自己大学校园里两个地方之间的距离的时候，也会犯相似的错误，校园的两个地方之间有一条看不见的界限（Uttal et al.，2010；Wagner，2006）。如果两栋建筑在看不见的边界的两边，学生们是不愿意说它们之间是紧挨着的。

根据**边界偏差**（border bias），如果两个地方在一个地理边界的两边，人们会估计它们之间的距离会远一些；而在边界的同一边的时候，之间的距离会被估计的近一些。边界偏差会产生长远的后果，例如，Arul Mishra 和 Himanshu Mishra（2010）让被试想象他们正考虑要在山里买一个度假用的房子，他们最终的选择会是俄勒冈州或者华盛顿州。在他们做决定的时候，一组被试被告知在距离两个度假屋200英里的地方，俄勒冈州的Wells发生了地震；另一组被试也被告知相似的信息，只是地震发生的地点是华盛顿州的Wells；第三组控制组的被试也接收到了关于Wells的信息，但是没有提到地震。

图7-4显示的是结果。即使地震中心与两个度假屋的距离是一样的，但是"俄勒冈地震组"的被试比控制组的被试多出20%的可能性选择华盛顿州的屋子。同样，"华盛顿地震组"的被试比控制组的被试多出25%的可能性选择俄勒冈的屋子。

请注意，这个研究中表明了"同一类别启发式"。如果两个城市在同一个州，而不是在相邻的两个州，猜测它们之间的距离很近通常是一个好的策略。

⊖ 1英里=1.6千米。——译者注

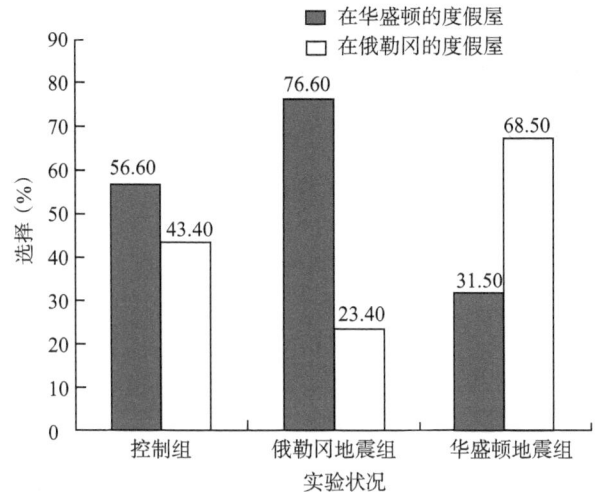

图 7-4 边界偏见的例子：根据哪个州发生了地震，选择每个度假屋的人数百分比

当人们听说了地震的时候，他们更愿意在另一个不同的州买房子，而不是在与震中距离一样远的同一个州买房子（Mishra & Mishra, 2010）。

资料来源：Mishra, A., & Mishra, H. (2010). Border Bias: The belief that State borders can protect against disasters. *Psychological Science, 21*, 1582-1586. Copyright © 2010. Reprinted by permission of SAGE Publications.

距离估计与重要地理位置

我们有几个朋友住在罗切斯特，是纽约北部的一个主要城市。我们有时候邀请他们到离罗切斯特有 45 分钟车程的杰纳苏来开会。他们会抱怨"太远了。""你们怎么不到我们这里来呢？"当我们说从杰纳苏到罗切斯特的距离与从罗切斯特到杰纳苏的距离是完全一样的时候，他们觉得很尴尬。

研究证实了**重要地理位置效应**（landmark effect），即估计去重要地方的距离会比去不重要地方的距离短的倾向（Shelton & Yamanoto, 2009；Tversky, 2005b, 2009；Wagner, 2006）。例如，McNamara 和 Divadkar（1997）让学生们记住一个地图，上面有不同物体的图片。有的图片被界定为重要地方，有的图片不是。在记住了位置之后，学生们要估计地图上两个不同物体之间的距离，以英寸为单位。

与重要地理位置效应一致，学生们的距离估计中出现了不对称性。例如，在一个研究中，学生们要估计一个非正式地图上两个物体的距离（McNamara & Divadkar, 1997）。当从一个重要地方到一个不重要的地方的时候，

他们判断的平均距离是 1.7 英寸[⊖]，但当从一个不重要地方到一个重要的地方的时候，他们判断的平均距离是 1.4 英寸。显著的目的地好像比不重要的目的地更近。这个研究也表明了我们判断距离和认知地图的其他特征的时候背景的重要性。

认知地图与形状

认知地图不仅仅表征距离，也表征形状。地图特征中的这些形状是明显的，如交叉街道形成的夹角和河流拐弯形成的曲线。研究也表明了形状的有规律的变形，即在我们建构的认知地图中，形状都是比实际形状更规则的。

夹角

看一下 Moar 和 Bower（1983）的一个经典研究，考察了人们形成的英国剑桥的认知地图，所有的被试在剑桥住了至少五年，Moar 和 Bower 让他们估计两条街道交叉形成的夹角，不能看地图。

被试们表现出了"调整"夹角到更接近于 90 度角的倾向。例如，剑桥的三条路交叉形成的实际角度是 67 度、63 度和 50 度。但是，人们估计的平均值是 84 度、78 度和 88 度。你可能记得三角形的内角之和是 180 度，但在这个研究中人们估计的角度总和是 250 度。还有研究结果显示，9 个角度中的 7 个角度都显著偏向于 90 度角。

这个结果怎么解释？Moar 和 Bower（1983）提出人们是用了启发式。当两条路在城市中心交汇的时候，通常形成 90 度的夹角。当人们使用 **90 度角启发式**（90-degree-angle heuristic）的时候，他们在认知地图中表征的夹角比实际上的夹角要更接近于 90 度。

你可能记得在第 5 章讨论记忆图式的时候提到过一个相似的概念，记住事件的图式版本比记住包括所有细节的事件的准确版本要容易。90 度角启发式在其他的场景中也被重复过（Montello et al., 2004；Tversky, 2005b；Wagner, 2006）。

拐弯

纽约州的高速公路以东西方向穿越整个州，尽管在有的地方是有一些拐弯的。对我来说，罗切斯特市南部向上的拐弯看起来是对称的，均衡地分布在城市两侧。但是，我查地图的时候发现，东边的弯度是更大的。

⊖ 1 英寸 =2.54 厘米。——译者注

研究证实了人们会使用**对称性启发式**（symmetry heuristic），记住的图形比实际上更对称、更规则（Montello et al.，2004；Tversky，2000a；Tversky & Schiano，1989）。这些研究结果都遵循一个总体的模式：地理现实的一些小的不规则被调整，这样我们的认知地图就是理想化的和标准的。

认知地图与相对位置

加利福尼亚州的圣迭戈和内华达州的里诺，哪一个城市在更西面？如果你跟 Stevens 和 Coupe（1978）研究中的被试一样，这个问题应该看起来很容易。当然是圣迭戈在更西面，因为加利福尼亚在内华达的西面。但是，如果你查一下地图，就会发现实际上里诺是在圣迭戈的西面。底特律和河对岸的加拿大安大略省的温莎市，哪一个城市在更北面？答案似乎很明显，所有加拿大的城市一定是在美国城市的北面。

Barbara Tversky（1981，1998）指出，我们在表征心理地图上的相对位置的时候会使用启发式，就像我们在表征交叉街道形成的夹角更接近于 90 度的时候使用启发式一样，也像我们表征拐弯是对称的一样。Tversky 认为，这些启发式会导致以下两种错误。

1. 我们会记得倾斜的地理结构比实际上或者更垂直或者更水平（旋转启发式）。

2. 我们会记得一系列的地理结构排列在一条直线上，而实际上不完全是（直线排列启发式）。

旋转启发式

根据**旋转启发式**（rotation heuristic），记忆中倾斜的图形会比实际上或者更垂直或者更水平（Taylor，2005；Tversky，2000b，2009；Wagner，2006）。例如，图 7-5 中显示的加利福尼亚的海岸线是倾斜的，对加利福尼亚的认知地图使用启发式的时候，我们会顺时针旋转海岸线，让它的方向变成是垂直的。所以，认知地图反映了旋转启发式的变形效应，你就会错误地推论圣迭戈是在里诺的西面。

同样，旋转启发式也鼓励你形成了美国和加拿大之间的水平边界。所以，就会做出关于底特律和温莎的错误的决定。实际上，加拿大的温莎是在底特律的南面。

让我们看一下关于旋转启发式的研究。Barbara Tversky（1981）的研究中使用了旧金山湾区的心理地图，她发现来自湾区大学的大学生中有 69% 会使用旋转启发式。当学生们形成心理地图的时候，会将海岸线进行南北方向的旋转。但是请记住，实际上有 31% 的学生是不受这个启发式的影响的。

图 7-5 圣迭戈和里诺的正确位置

这个图显示，里诺在圣迭戈的西面。但是，根据旋转启发式，我们会将加利福尼亚的海岸线旋转到接近于垂直的方向。结果，我们就会错误地认为圣迭戈在里诺的西面。

有证据显示，在其他的文化环境中，人们也会使用旋转启发式，以色列、日本和意大利的人们也倾向于对地理结构进行心理旋转，以使心理地图中的这些结构比实际上更垂直或者更水平（Glicksohn，1994；Tversky et al.，1999）。

直线排列启发式

根据**直线排列启发式**（alignment heuristic），一系列独立的地理结构会被记得是排在一条直线上的，尽管实际上不是的（Taylor，2005；Tversky，1981，2000b，2009）。为了考察直线排列启发式，Tversky（1981）给被试呈现了一对一对的城市，让他们选择其中哪一个是在北面或者在东面。

例如，罗马和费城。图 7-6 显示，罗马实际上是在费城的北面。但是，因为直线排列启发式，人们倾向于将美国和欧洲排列在一条直线上，这样它们的纬度相同。我们知道罗马是在欧洲的南部，我们也知道费城是在美国的北部。所以，我们错误地推论费城是在罗马的北面。

Tversky 的结果表明，很多学生表现出使用直线排列启发式的倾向。例如，78% 的学生判断费城在罗马的北面，12% 的学生判断它们是在相同的纬度，只有 10% 的学生正确回答出了罗马在费城的北面。Tversky 使用的所有 8 对刺激中，平均有 66% 的被试回答的都不正确。其他的研究者也证实了当比较北美北部的城市和欧洲南部的城市的时候，人们的认知地图通常是有偏差的（Friedman et al.，2002）。

旋转启发式和直线排列启发式乍听上去好像是相似的，但是旋转启发式需要顺时针或者逆时针旋转单一的海岸线、国家、建筑物或者其他的东西，以便其边界更接近垂直或者水平方向。

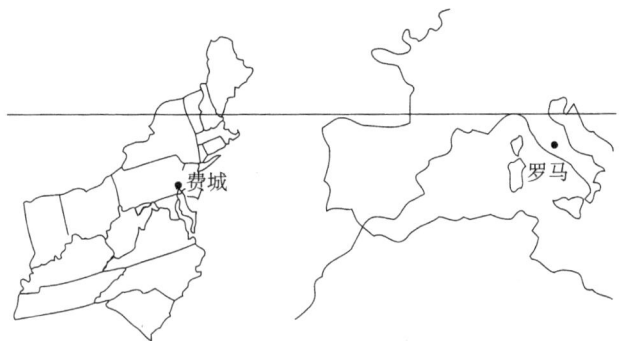

图7-6　费城和罗马的正确位置

这个图显示了费城是在罗马南面。但是，根据直线排列启发式，人们倾向于将美国和欧洲排列在一条直线上，所以，我们错误地推论费城是在罗马的北面。

相反，直线排列启发式需要将几个单独的国家、建筑物或者其他图形排成直线。然而两种启发式是相似的，因为都会让我们创建比地理现实更有序、更有组织的认知地图。

我们在这一章中讨论过的启发式是说得通的。例如，城市街道倾向于以直角相交叉。还有，挂在墙上的图片通常是垂直的而不是倾斜的。路边的房子通常都是排成直线的，这样，它们与街道的距离就会是一样的。

但是，当心理地图过于倚重这些启发式的时候，我们就会漏掉每个刺激具有独特性的重要细节。当自上而下的认知加工太活跃的时候，我们就不能充分注意到自下而上的信息。实际上，交叉道路形成的夹角可能只有70度；海岸线可能确实是南北垂直的；北美洲和欧洲两个大陆其实不是排列在同一个水平线上的。

建立认知地图

日常生活中，我们常常会阅读到或者听到对一个特定环境的描述。例如，一个朋友打电话告诉你去她家的路线，你以前从来没有去过，但你听到了她描述的路线就创建了一个认知地图。认知地图是地理知识的心理表征，包括了我们周围的环境的信息。

同样，邻居会向你描述他的车被卡车撞到的场景，或者你可能读了一本推理小说，解释了尸体发现的地点与破碎的花瓶和男管家的指纹有关。在每种情况下，你都会创建一个认知地图。

需要强调的是，我们的认知地图不是地理现实完美重现的"头脑中的地图"（Shelton & Yamamoto, 2009）。但是，认知地图确实帮助我们表征了环境中的空间信息。

当我们遇到空间环境的描述的时候，不是被动地简单存储这些独立的陈述，而是主动地创建认知地图来表征场景的相关特征，这与主题1是一致的（Carr & Roskos-Ewoldsen, 1999; Tversky, 2005a, 2005b）。还有，人们会结合独立的陈述提供的信息形成一个整合的认知地图（Newcombe & Huttenlocher, 2000）。

让我们考察一下人们是如何根据语言描述来创建认知地图的。先讨论关于这个问题的经典的研究，然后讨论空间框架模型和认知地图特征的相关信息。

Franklin 和 Tversky 的研究

Nancy Franklin 和 Barbara Tversky（1990）在一个研究中呈现了10个不同场景的语言描述，如谷仓或者旅馆的大厅的描述。例如，"你在杰斐逊广场旅馆……"每个描述中会提到5个位于显著位置的物体，与观察者的位置关系不同，如上边、下边、前边、后边、左边、右边。之所以只提到5个物体，是为了不超出记忆的人类。

在被试读完了每个描述之后，需要想象他们转身面对一个不同的物体，然后具体指出在前、后、左、右、上、下各个方向的物体都是什么。例如"头顶上边"的物体是什么？研究者测量了在所有情况下被试回答问题所用的时间。

Franklin 和 Tversky 想发现的是反应时是否会因为检测的物体的位置不同而不同。我们回答所有问题的速度是一样快的吗？他们发现，被试对上边和下边的物体的回答比较快，做出判断的时间也很短。但在决定前边和后边的物体是什么的时候需要更长的时间，决定左边和右边的物体是什么的时候所用的时间最长。其他的研究也重复了这个结果（Bryant & Tversky, 1999）。在这些研究中，人们判断垂直维度的物体比判断前后和左右维度的物体要更快。这样的结果与你的直觉是一致的吗？

Franklin 和 Tversky（1990）还让被试描述他们在完成任务的时候是怎么想的。所有的被试报告说他们建构了阅读过的环境的图像。大部分人还报告，他们建构了表征自己作为场景的观察者的视角的表象。

空间框架模型

Franklin 和 Tversk 为了解释他们的结果，提出了空间框架模型（Franklin & Tversky, 1990; Tversky, 1991, 1997, 2005a, 2005b）。**空间框架模型**（spatial framework model）认为，上下的空间维度在思维中尤其重要，前后

的维度中等重要，而左右的维度最不重要。

当我们处于一个典型的站立位置的时候，垂直（上下）维度尤其重要，有以下两个原因。

1. 垂直维度与重力有关，而其他的两个维度都没有这个优势。在我们知觉到的世界中，重力有一个重要的非对称的效应；物体只会往下落，而不会往上落。因为垂直维度与重力有关，所以应该是极其重要的，也是容易接近的。（请注意，这个非对称效应是"好的"，因为它让我们可以更快地做出判断。）

2. 直立的人体的垂直维度实际上是不对称的。也就是说，上部（头）和下部（脚）是非常容易区分的，所以我们不会将它们混淆。

这两个因素结合起来会有助于我们很快地判断上下维度。

第二重要的维度是前后维度。当我们站立的时候，前后维度与重力无关。但是，我们与前面的物体的互动比与后面物体的互动要多，就产生了不对称。人体的前面一半和后面一半也是不对称的，这样就很容易区分前后。这两个特点使前后维度的判断时间是相当快的，虽然没有上下维度快。

最不重要的维度是左右，这个维度与重力无关，我们通常对左边和右边的物体的知觉是一样的。大部分人在操纵物体的时候会出现较小的对左手或者右手的偏好。但是，这个维度的不对称程度不如前后维度。最后，身体的左边一半和右边一半大体上是对称的。我们有时候会混淆左手和右手，有时候你想要告诉别人右转的时候去说成了左转。显然，我们需要额外的时间来确定自己是没有犯错的。所以，左右维度的判断时间比上下和前后维度要长，这与其他的研究是一致的（Bower, 2008）。

研究者们还考察了人们如何加工实际地图的方向。结果表明，人们判断南北（上下）比判断东西（左右）要快很多（Newcombe, 2002；Wagner, 2006）。

总之，Franklin 和 Tversky 空间框架模型提出，对一个直立的观察者来说，垂直或者上下的维度是最显著的（Franklin & Tversky, 1990；Tversky, 2005a, 2005b）。前后维度是次要的，而左右维度是最不重要的。所以，我们的认知地图是有偏向的，这些偏向是由长时间与身体的交互作用和与外部世界物理特征的交互作用而产生的。

关于认知地图的研究有力地支持了人类认知加工的主动特征（主题1）。我们汲取信息，进行综合分析，然后超越了收到的信息本身，以便创建可以表征知识的模型（Tversky, 2005a, 2005b）。在后面的内容中你会看到，认知加工的一个重要的总体特征是做出推论的倾向，这样我们就可以得出超越当前加工的信息的结论。

情景认知理论

前面我们讨论了人们如何根据人体和居住的世界来判断空间位置（Tversky, 2009）。例如，身体有助于我们更快地判断上下维度，比较快的判断前后维度，而左右维度判断比较难。

一些认知心理学家指出，情境认知理论帮助我们对很多的认知任务下结论。例如，情境认知在我们创建心理地图（第7章）、形成概念（第8章）、解决问题（第11章）的时候都很重要。根据**情境认知理论**（situated cognition approach），我们可以利用当前环境或者情境中的有用信息。所以，知识的形成有赖于周围的环境（Robbins & Aydede, 2009；Tversky, 2009）。作为结果，我们所知道的知识取决于我们所在的情境。

Barbara Tversky（2009）指出，空间思维对人类来说非常重要。你需要知道去哪儿找到食物、水和庇护所，你需要找到回家的路。空间思维重要性的一个指标是我们使用的短语。例如，我们会说，"Things are looking up.（情况开始好转）""That was an emotional high.（那让人情绪高涨）""His spirits are down today.（他今天精神不太好）""I seem to be going around in circles.（我好像是在兜圈子）"。我们也会用空间位置图表征关系，例如族谱图、组织中的人物角色图、世界上不同语言的分类图。图 6-3 是一个有代表性的空间图形，它表示的是记忆术。

在这一章中我们强调了问题和空间排列。先是讨论了视觉表象和听觉表象的几个重要特征，然后讨论了认知地图中会导致有规律的偏差的几个因素。在第8章中，我们会从地理空间的表征转向关注语言信息的表征，包括概念和一般知识。

复习题

1. 总结关于心理表象的特征的两个理论：类似物编码和命题编码理论。描述关于心理旋转、大小、形状、重新解释两可图形和你记住的任何问题的研究结果，注意这些研究是支持两个理论中的哪一个的。
2. 这一章中的大部分内容是关于视觉表象的，关于听觉表象的内容比较少。对其他感觉通道的表象研究几乎是没有的。如何设计一个与视觉表象和听觉表象在概念上类似的研究来考察味觉表象呢？
3. 根据认知神经科学的研究，有什么证据支持视觉表象与视觉知觉类似？要求特征可能在其他的表象研究中影响到研究结果，为什么这些研究避免了要求特征的问题？
4. 关于表象和干扰的研究是如何支持视觉表象像实际知觉那样操作的观点？描述关于干扰的研究是如何支持物体信息的类似物编码的。
5. 假设你看到一个报纸标题是"研究表明男性有较好的空间能力"。根据空间能力的性别比较的研究，在阅读这篇报道的时候你应该注意些什么？
6. 这一章的第二部分总结了关于听觉表象的研究，讨论一下这些研究，指出为什么听觉表象比视觉表象更难研究。研究者们如何研究听觉表象与干扰？
7. 认知地图有时候与现实相对应，有时候又会出现一些有规律的变形。讨论人们估计心理地图上的距离时，使认知地图产生变形的因素。
8. 什么启发式导致认知地图上地理形状和相对位置的有规律的变形？这些怎么会与我们在前面章节中讨论过的自上而下的加工（第 2 章）与图式（第 5 章）的概念有关？
9. 根据 Franklin 和 Tversky 的空间框架模型，认知地图中表征的三个维度的重要性是不一样的。哪一个维度是最重要的？空间框架模型怎么解释三个维度重要性的差异的？
10. 认知心理学家常常会忽略个体差异。但是，这一章考察了在心理表象和空间认知方面个体出现差异的几种方式。描述这些相关信息，指出研究者可以考察个体差异的其他研究领域。

示例 7-1 的答案

第 2 章中，人们需要利用某种心理表象来识别一个形状（如字母表中的一个字母）或者识别一种声音（如说话的声音）；第 3 章中，当人们搜索目标的时候，可能是如示例 3-2 所示，要搜索一个蓝色的 X，必须心中有一个心理表象；第 4 章中，关于视觉空间画板的所有讨论都是根据视觉表象的；第 5 章中，视觉表象与长时记忆中面孔再认的材料有关；第 6 章中，视觉表象是回顾记忆的一种有用的记忆方法；另外，你可以使用视觉表象来加快预期记忆，即记住你在将来必须要完成的某个动作。

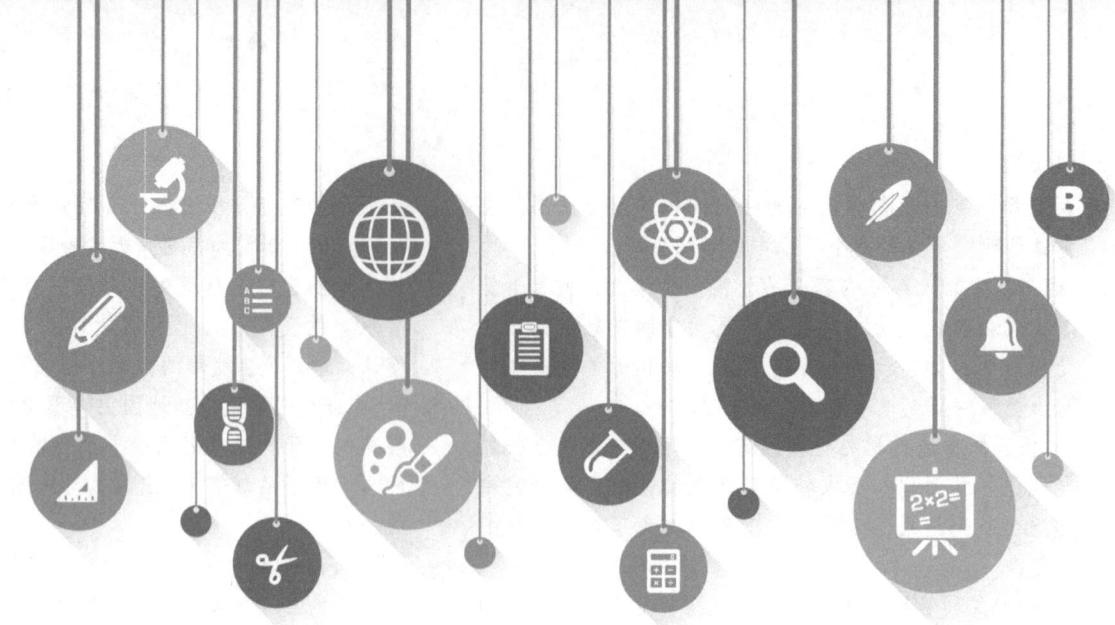

第8章

利用一般知识

概览

这一章考察背景知识，即丰富和影响记忆、空间认知和其他认知加工过程的知识。我们将探讨两个主要的问题：语义记忆和图式。

语义记忆指的是系统的关于世界的知识。我们将会讨论到三种理论，都是用来解释知识信息是如何存储的。这三种理论彼此之间有的部分是相容的，但它们分别强调了语义记忆的不同方面。例如，假如你想判断杂货店里的一个物体是否是苹果：①原型理论强调的是，要想判断一个物体是否是苹果，要将这个物体与理想的苹果，即苹果范畴中最典型的一个进行比较；②范例理论强调的是，要将这个物体与几个相似的苹果的实例进行比较，如与麦金托什苹果、艾达红苹果和富士苹果进行比较。原型理论和范例理论主要关注的是范畴或类别成员。但是，③网络模型强调的是相关项目之间的相互联结。例如，苹果可能与其他的概念相互关联，像"红色""有种子的""梨"。

图式和脚本应用于更大的知识群集。图式是关于情景和事件的一般化的知识，图式在社会心理学和临床心理学中也是非常重要的概念。有一种图式被称为脚本，脚本描述了预期的事件序列。例如，大部分人都有界定良好的"餐馆脚本"，它详细描述了你在餐馆就餐的时候可能发生的所有事件。

图式以下列几种方式影响记忆：①选择我们想要记住的材料；②扩展视觉情景的界限；③存储语言信息的大体意义；④形成记忆中单一的整合的表征。在进行这些操作的时候图式会导致错误，可是我们对信息的表征通常都是准确的。这一章最后一个话题会探讨一个在34个国家进行的性别刻板印象的研究，关注的是数学测验中性别刻板印象与性别差异的关系。

章节简介

看一下下面这个句子：

"Lisa拿着气球走在从商店回家的路上，她摔倒了，气球飘走了。"

想一想你在读到这个句子的时候假设的所有信息，

想一想你做出的推论。**推论**（inference）是原本的刺激材料中没有出现的、符合逻辑的解释和结论。例如，就"气球"这个词来看，你知道气球是几种很轻的物质做成的，里面可以充空气或者其他更轻的气体，气球的形状可能像动物或者卡通人物。但是，气球不可能是登山靴做成的，里面也不可能灌满覆盆子味的酸奶，也不可能是埃菲尔铁塔形状的。

现在，盖住这一页星号下面的内容，重新读一下上面那个关于气球的句子，想出至少5个你可能做出的推论。

****

这里是我课上的学生报告的他们做出的推论：Lisa可能是个小女孩，而不是个40岁的男人，她可能是在商店里买的气球。另外，气球上连着一根绳，但她没有握紧绳的另一端。在Lisa摔倒的时候，她可能是撒手了，气球就飞了。她的膝盖可能摔破了，也可能流血了。所以，你可以看到，一个看起来简单的句子会因为你所拥有的大量关于物体和事件的一般知识而立即变得丰富起来。

为了给这一章的学习提供一个背景，我们要简单回顾一下前面章节中讨论的一些问题，在每个问题中都凸显了一般知识的重要性。在第2～3章，我们讨论了背景知识如何影响知觉的几个成分。

- 知识有助于你知觉到视觉和听觉系统收集到的外界的刺激（第2章）。
- 当你在每次注意多于一种信息有困难的时候，知识会影响你选择哪种信息进行进一步加工，会影响你选择忽略哪一种信息（第3章）。

第4～7章讨论了外界的刺激如何被存储在记忆中。在很多情况下，以前的知识能够影响记忆的存储。这里只列出了背景知识会产生影响的几种方式，还有其他很多种没有列出。

- 知识有助于你将项目组块在一起来增加工作记忆的容量（第4章）。
- 知识提供了强化关于生命事件的长时记忆的专业技能（第5章）。
- 知识有助于更有效地组织信息，以便能够更有效地进行回忆（第6章）。
- 知识（如直线排列启发式）会影响关于空间关系的记忆，会让空间关系变得比实际上更规整（第7章）。

所有的这些认知加工都要靠一般知识。请注意，这些都表明了认知加工是相互联系的（主题4）。

这本书的前半部分是关于认知系统如何记录和加工外界的信息，它是受到一般知识影响的。一般知识可以让你得到超出刺激本身的更多的信息。例如，可以对其他相似的刺激做出预测（Landauer & Dumais, 1997；Papadopoulos et al, 2011）。但是，我们还没有讨论过关于一般知识的细节。

这一章关注的是一般知识的两个成分。

1. 首先讨论的是语义记忆。**语义记忆**（semantic memory）指的是关于世界的系统的知识。如果你是一个典型的说英语的成人，你会知道20 000～100 000个词语的意义（Baddeley et al., 2009；Saffran & Schwartz, 2003）。你也会知道关于每一个词的大量的信息。你会知道猫身上有毛皮，苹果有种子；你也知道小轿车是车辆的一种，而电梯不是。

2. 我们也讨论图式的本质，或者称为关于物体或事件的一般知识。图式帮助我们理解更多的东西，而不仅仅是一个句子中词与词之间的简单结合。

另外，这一章强调了我们无与伦比的认知能力（主题2）。我们有海量的关于世界的知识，并且能够有效准确地使用这些信息。还有，这一章证实了认知加工的主动性本质（主题1）。

在这一章中我们还会看到，在给了人们一条特定的信息之后，人们会在此基础上进行构建。实际上，他们会主动提取关于词语之间关系的存储的知识和其他可能的推论。在我们讨论人们如何利用语义记忆和图式超越给定信息的时候，我们会探索一般知识的本质。

语义记忆的结构

在前面的章节中讨论过，语义记忆指的是关于世界的系统的知识（Schwartz, 2011；Wheeler, 2000）。将语义记忆与情景记忆比较，**情景记忆**（episode memory）包含关于发生在我们身上的事件的信息。第4～6章强调的是情景记忆的不同方面。

语义与情景记忆之间的区分不是很清晰（McNamara & Holbrook, 2003）。但是，语义记忆通常指的是知识或者信息，并没有具体说明我们如何获得这些信息（Barsalou, 2009）。语义记忆的举例应该是："特古西加尔巴是洪都拉斯的首都。"与此相反，情景记忆暗含了个人经验，因为情景记忆强调了何时、何地以及这个事件是如何发生在你身上的（Corballis & Suddendorf, 2010；McNamara & Holbrook, 2003）。情景记忆的举例应该是："今天上午在政治学课上，我学到了特古西加尔巴是洪都拉斯的首都。"

在考察语义记忆的理论模型之前，我们先讨论与语义记忆有关的一些背景信息。

语义记忆的相关背景

在正常的谈话中，"语义"指的是单个词语的意义。但是，在前面的内容中你会看到，心理学家会在更广泛的意义上使用"语义记忆"这个概念（McNamara & Holbrook, 2003）。例如，语义记忆包括一般知识（如"马丁·路德·金出生于佐治亚州的亚特兰大"）；也包括心理词典或者语言知识（如"公正这个词与公平有关。"）。语义记忆还包括概念知识（如"正方形有四条边"）。

语义记忆影响绝大部分的认知活动。例如，语义记忆有助于我们判断位置、阅读句子、解决问题和做出决策。类别和概念是语义记忆中的根本成分。实际上，为了弄明白你的知识，你需要将世界分成不同的类别（Davis & Love, 2010）。

类别（category）是属于一类的一系列物体。认知系统认为，这些物体至少部分是相同的（Barsalou, 2009；Chin-Parker & Ross, 2004；Markman & Ross, 2003）。例如，称为"水果"的类别代表特定类别的食物。类别告诉我们关于类别成员的有用信息（Close et al., 2010；Murphy, 2010；Ross & Tidwell, 2010）。例如，假设你听到有人说，"红毛丹是一种水果。"你会推断你应该把它当沙拉或者甜点吃，而不是加洋葱和胡椒粉炸着吃。

心理学家使用"**概念**"（concept）这个名词来指代类别的心理表征（Muphy, 2010；Rips et al., 2012；Wisniewski, 2002）。换句话说，被称为"水果"的物理类别在大脑皮层被存储为心理表征。例如，你有"水果"的概念，即你有那个类别中物体的心理表征。

每一门课都要求你形成概念（Barsalou, 2009；Goldstone & Kersten, 2003；Hannon et al., 2010）。在艺术史课上，你可能要形成"15世纪佛兰德绘画"的概念；在西班牙语课上，你学会了一个概念，是"你用动词的尊称形式打招呼的人"。

在前面的章节中，我们讨论了认知心理学的情境认知理论。根据**情境认知的观点**（situated cognition approach），我们会使用即时环境或者情景中的信息。所以，我们的知识常常会取决于周围的环境（Robbins & Aydede, 2009；Tversky, 2009）。对一般知识而言，我们倾向于根据概念信息学习的背景来编码一个概念（Barsalou, 2009）。没有背景的丰富信息，你可能会发现当你走进艺术博物馆或者当你去拉丁美洲旅行，想要用到西班牙语的时候，就很难将课堂上学到的概念转换成真实生活情景中的概念。

语义记忆可以帮助你将生活中遇到的各种物体组织起来。即使每个物体都是不一样的，你也可能使用单一的单个词语的概念将很多相似的物体结合在一起（Milton & Wills, 2004；Wisniewski, 2002；Yamauchi, 2005）。这种编码加工在很大程度上减少了存储需要的空间，因为很多物体可以用同一个标签存储。

在你碰到一个类别的新的实例时，概念可以帮助你做出很多推论（Barsalou, 2009；Davis & Love, 2010；Jones & Ross, 2011）。例如，甚至年龄小的儿童也知道，"水果"类的成员的一个特征是"你可以吃的"。当她看到一种新的水果，就会推断它是可以吃的，通常这个推论是正确的。

在前面我们注意到，推论可以让我们超越给定的信息，大大扩展了我们的知识。否则，如果你没有任何概念，你将不得不检验你看到的每一把椅子，以便发现怎么用它（Murphy, 2002）。

至此，我们一直在讨论各种术语（如类别和概念），还有知识的情景认知理论。现在，我们要问一个重要的问题：我们是如何决定哪个物体是熟悉的？在接下来的讨论中，我们会考察语义记忆的三种理论。每一种理论在谈到相似性的本质时，都是有不同的观点。这三种理论是：原型理论、范例理论、网络模型。⊖

研究语义记忆的学者们认为，每个理论模型只是解释了语义记忆的某个方面（Markman, 2002）。实际上，不可能各种各样的概念在语义记忆中的表征都是同样的方式（Haberlandt, 1999；Hampton, 1997a）。所以，在你阅读关于这三个理论的相关内容的时候，没必要选择哪个是正确的，哪两个是错误的。

⊖ 较早的一个理论称为特征比较模型，这个理论提出：我们记忆中存储的概念都是以必要属性（特征）列表的形式存在的。现在的大部分认知心理学家都认为这个模型不够灵活，不能用它来解释真实生活中我们形成和使用的类别和概念的方式。

深度了解

原型理论与语义记忆

根据 Eleanor Rosch 提出的一个理论，我们是在原型的基础上对类别进行组织。**原型**（prototype）是一个类别最好最典型的例子，所以原型是这个类别的理想表征（Fehr & Sprecher，2009；Murphy，2002；Rosch，1973）。根据**原型理论**（prototype approach），人们是通过某个特定项目与类别原型之间的比较结果来决定这个项目是否属于一个类别。如果这个项目与原型相似，人们就会将它包括在这个类别中（Jäkel et al., 2008；Sternberg & Ben-Zeev, 2001；Wisniewski, 2002）。

例如，你会推断知更鸟是鸟，因为它与鸟的理想原型匹配。但是，假设你在判断的项目是与原型很不一样的，如判断一只蜜蜂。在这种情况下，你会把它放到另一个类别（"昆虫"类别），因为它更接近于"昆虫"类别的原型。

Rosch（1973）也强调说，一个类别的成员之间在原型化（prototypicality）方面是有差异的，或者在对类别的代表程度上是不同的。知更鸟和麻雀是典型的鸟，而鸵鸟和企鹅是不典型的。可是，情境认知强调特定背景和情境的重要性。例如，在动物园的情境中，你可能会认为鸵鸟和企鹅就是典型的代表（Schwartz, 2011）。

为了说明原型的概念，你现在想一个校园里特定学生群体中的原型或者最典型的成员，可以是修读特定专业的学生；也要想一个非原型（"你是说他是艺术专业的？他一点儿都不像艺术专业的"）。然后试一下示例 8-1 再接着看下面的内容。

示例 8-1

猜测原型评分

拿出一张纸在一列中写下 1~12 的数字，要从左上角开始写。然后看一下下面列出的 12 个项目。想一下哪个项目是类别"衣服"的最好的代表，将这个物体的名字写在 1 后面，将第二个最好的例子写在 2 后面，以此类推。

泳衣、外套、连衣裙、夹克衫、睡衣、裤子、衬衫、鞋子、短裙、袜子、毛衣、内衣

在你完成了排序之后，看一下表 8-1。你可以看到，表中列出了学生们给出的 12 种衣服的"平均原型化评分"（Rosch & Mervis, 1975）。将表中的原型化评分写到你的列表中相应的项目后面，如泳衣的原型评分是 11。对你的反应做出评价的一个方法是，分别计算你的第 1~4，5~8，9~12 个项目的总分。

你关于原型的观点与表 8-1 中的模式是一致的吗？你可能发现你的个别排序与 Rosch 和 Mervis（1975）收集的标准中被试的排序是不同的。如果是这样的话，你能提出一个解释吗？

表 8-1 三个类别词语的原型评分

项目	衣服	车辆	蔬菜
1	裤子	小轿车	豌豆
2	衬衫	卡车	胡萝卜
3	连衣裙	公共汽车	豆角
4	短裙	摩托车	菠菜
5	夹克衫	火车	花椰菜
6	外套	观光车	芦笋
7	毛衣	自行车	玉米
8	内衣	飞机	菜花
9	袜子	轮船	孢子甘蓝
10	睡衣	拖拉机	生菜
11	泳衣	手推车	甜菜
12	鞋子	轮椅	西红柿

资料来源：Rosch, E. H., & Mervis, C. B. (1975). Family resemblances: Studies in the internal structure of categorigs. *Cognitive Psychology, 7,* 573-605.

有些早期的理论提出，一个项目只要具有了类别的合适的必要充分特征，它就属于这个类别（Markman, 1999；Minda & Smith, 2011）。在这些理论中，类别成员都是很明确的。例如，"单身汉"这个类别的两个定义性特征是"男性""未婚"。但是，难道你不认为你 32 岁未婚的堂哥相比你 2 岁的侄子和年长的天主教牧师，是一个更好的单身汉的例子吗？他们这三个人都是男性未婚。所以，"必要充分"模型就需要推断这三个人都能够被归类为"单身汉"，但这个结论看起来不合理。与此相反，原型理论会认为，"单身汉"类别的所有成员不都是平等的，相比较你的侄子和牧师，你堂哥

才是单身汉的典型代表（Lakoff，1987）。

Eleanor Rosch 和她的合作者们，以及其他的研究者已经做了非常多的关于原型的特征的研究。研究结果表明，一个类别的所有成员不是都一样的（Madin & Rips，2005；Murphy，2010；Rogers & McClelland，2004）。相反，类别都是有等级结构的。**等级结构**（graded structure）的排序是从最有代表性或者典型性的成员开始，然后一直到类别的最不典型的成员。

让我们考察一下原型的几个重要特征，然后会讨论原型理论的另一个重要成分，即关注分类的几个不同水平，最后讨论原型理论如何帮助我们理解人际关系的重要方面。

原型的特征

类别的典型成员和非典型成员的差异体现在三个主要方面。你将会看到，原型在一个类别中具有特殊的优先地位。

1. 原型作为类别的实例。几个研究已经显示，人们会判断有的项目是一个概念的更好的实例，而有的项目却不是。在一个经典的研究中，Mervis 和同事们（1976）考察了一些标准，这些标准是基于人们提供的类别，如"鸟""水果""运动"的实例。研究者请另一组不同的人对每个实例进行原型评分。

根据统计分析结果，被评为最典型的项目就是类别标准中人们最常提到的项目。例如，在"鸟"的类别中，人们判断知更鸟非常典型，知更鸟也常常被列为"鸟"的实例。但是，人们在原型量表上对企鹅的评分很低，企鹅也极少会被列为"鸟"的实例。换句话说，如果有人请你说出一个类别的成员名称，你可能说出的是类别原型的名称。

另外，原型理论也可以很好地解释典型性效应（Murphy，2002；Rogers & McClelland，2004）。在研究典型性效应的程序中，要询问被试一个项目是否属于某个特定类别。**典型性效应**（typicality effect）指的是人们判断典型的项目（原型）比判断非典型的项目（非原型）要快。例如，在判断项目是否属于"鸟"类的时候，判断知更鸟比判断企鹅要快（Hampton，1997b；Heit & Barsalou，1996）。理论家们指出，典型性效应发生在日常的项目上，所以这个结果比只研究人工概念的结果更有用（Rips et al.，2012）。

我们总结一下原型的第一个特征。研究显示，人们常常把原型当作类别的实例，原型比非原型更经常地被提到。还有，人们在评价原型的时候，会做出更快的属于类别成员的判断；而评价非原型的时候，判断就比较慢。

2. 在语义启动之后，原型比非原型判断得要快。**语义启动效应**（semantic priming effect）指的是，如果一个项目之前有一个相似意义的项目，则人们对这个项目的反应就会更快。语义启动效应有助于认知心理学家理解我们如何从记忆中提取信息（McNamara，2005；McNamara & Holbrook，2003）。

研究显示，语义启动更显著地促进了人们对原型的反应，而不是对非原型的反应。例如，想象一下你正在参加一个关于启动的研究，任务是判断相似的颜色对，并回答它们是否相同。有的时候，在你判断颜色对是否相同之前会看到颜色的名称，这些是启动试次。有的时候，你看不到颜色的名称作为"提示"，这些是非启动试次。Rosch（1975）使用启动范式研究了典型颜色（如真正的亮红色）和非典型颜色（如模糊的暗红色）。

结果显示，在判断典型颜色的时候，启动是有促进作用的。具体来说，被试启动试次比非启动试次的反应更快。但是，启动抑制了非典型颜色的判断。换句话说，如果你看到词语"红色"，就会预期看到真正的亮红色；但是，如果看到的是模糊的暗红色，启动就没有任何的优势了。反而你会需要更多的时间来区分你想象的亮的、鲜活的颜色与你实际在屏幕上看到的模糊的颜色。

3. 在家族相似性的类别中，原型具有共同的属性。在我们考察这个问题之前，先要介绍一个新的术语称为**家族相似性**（family resemblance），它指的是没有任何一个单一的属性是概念的所有实例都具有的；但是，每个实例与其他的实例至少有一个共同的属性（Love & Tomlinson，2010；Milton & Wills，2004；Rosch & Mervis，1975）。

Rosch 和 Mervis（1975）考察了原型在家族相似性类别中的作用。他们请一组学生给出几个类别的成员的原型化判断，在表 8-1 中可以看到，学生们将小轿车评为车辆最对典型代表，而将轮椅评为最不典型的代表。

然后，他们有请另一组人列出每个项目所拥有的属性。结果显示，最典型的项目与类别中的其他项目有最多的共同属性。例如，小轿车（最典型的车辆）有轮子、水平移动、需要燃料。但是，轮椅与"车辆"类别其他差异的共同属性就很少。

检查一下表8-1中的"车辆"和"衣服"类别，相比较非典型的项目，最典型的项目与其他类别成员的共同属性更多吗？另外，你能够识别出有任何一个属性对每个类别来说是必要充分的吗？或者，你可以推断每个列表上的某个特定项目与其他的项目只共享一个"家族相似性"吗？

分类水平

我们刚考察了原型不同于非原型的三个特征。原型理论的第二个主要部分考察语义类别建构的方式，是就分类的不同水平来说的。

考虑一下这几个例子：假设你正面对课桌坐在一个木质的结构上，你可以用不同的名称来命名这个木质的结构，如家具、椅子、课桌椅。你也可以把你的宠物称为狗、猎狗、英国可卡犬。你可以用一个工具、螺丝刀、飞利浦牌螺丝刀把车上的镜子拧紧。

换句话说，一个物体可以在不同的水平说被分类，有的类别水平被称为**高级水平类别**（superordinate-level category），意味着它们是更高水平或者更一般的类别，"家具""动物""工具"都是高级水平类别。**基本水平类别**（basic-level category）具有中等程度的具体性，"椅子""狗""螺丝刀"都是基本水平类别。而**次级水平类别**（subordinate-level category）指的是更低水平或者更具体的类别"课桌椅""柯利犬""飞利浦牌螺丝刀"都是次级水平类别。

你在继续阅读关于原型理论描述的时候，要记住原型是不同于基本水平类别的。原型是一个类别最好的实例。相反，基本水平类别指的是一个不太一般又不太具体的类别。

基本水平类别好像具有特殊的地位（Rogers & McClellan，2004；Rosch et al.，1976；Wisniewski，2002）。一般来说，它们比高级水平类别和次级水平类别更有用。让我们看一下相比更一般或者更具体的类别水平，基本水平类别是如何具有优先性的。

1. 基本水平名称用来识别物体。尝试命名你周围可以看到的物体，你可能会使用基本水平的名称来命名这些物体。例如，你会提到笔而不是高级水平类别，如书写工具或者次级水平类别，如纸张伴侣无线笔。

Eleanor Rosch 和同事们（1976）让人们看一系列的图片并识别每一个物体。他们发现，人们通常更喜欢使用基本水平的名称。显然，基本水平的名称提供了足够的信息而又不至于过度详细（Medin et al.，2000；Murphy，2010；Rogers & McClellan，2004）。

另外，人们产生基本水平的名称比产生高级或者次级水平的名称要快（Kosslyn et al.，1995；Rogers & McClellan，2004）。还有，当人们看到高级或者次级水平的名称的时候，在随后的回忆测验中却更常记住这些名称的基本水平的概念（Pansky & Koriat，2004）。换句话说，基本水平确实具有特殊的、优先的地位。

2. 基本水平的名称更可能产生语义启动效应。Eleanor Rosch 和同事们（1976）使用语义启动的变式呈现一个物体的名字，紧接着呈现两张图片，被试的任务是判断两张图片是否相同。例如，你会听到词语"苹果"，然后看到两张一样的苹果的图片。词语的呈现会让你创建这个词语的心理表征，所以启动是有效的。形成词语的心理表征有助于你快速做出判断。

Rosch 和同事们发现，基本水平名称的启动才是有帮助的。被试在判断图片之前听到基本水平的词语（如苹果），将会做出更快的反应。但是，根据水平名称（如水果）的启动是没用的。显然，当你听到词语水果，会形成水果的一般表征，而不是形成具体的有助于判断苹果图片的表征。

3. 不同水平的分类激活了不同的脑区。使用 PET 扫描的神经科学的研究考察了是否不同的脑区负责加工不同的类别水平（Kosslyn et al.，1995；Rips et al.，2012）。在实验过程中，被试可能需要判断一个词语（如玩具、玩具娃娃、布娃娃）与一个特定的图片是否匹配。

研究显示，高级水平概念（如玩具）比基本水平概念（如玩具娃娃）更可能激活前额叶皮层。这个结果都会说得通的，因为皮层的这个部分负责加工语言和联结记忆。如果你需要判断玩具娃娃的图片是否是一种玩具，就要参考关于类别成员的记忆。

但是，这个研究也显示，次级水平的概念（如布娃娃）比基本水平的概念（如玩具娃娃）更可能激活大脑的顶叶区域。第3章中提到过，顶叶会在视觉搜索的任务中被激活。为了判断布娃娃，你就需要将注意力从物体的大体形状上转移。例如，你要完成视觉搜索的任务，这样才能决定玩具娃娃的布料和风格是否符合布娃娃的分类标准。

在社会关系中应用原型理论

语义记忆的原型理论在我们讨论社会性有关的概念，如"单身汉"和"恋爱关系"的时候很有用（Fehr，2005；Fehr & Sprecher，2009）。随着研究者们对认知心理学的兴趣的增长，他们开始意识到，不需要将认知的解释仅仅局限于非人化的概念，如衣服、蔬菜和鸟。例如，语义记忆也加工社会交互的有关概念。具体来说，原型理论有助于我们理解两种恋爱关系。第1章中我们强调过，心理学家越来越多地采用跨学科的理论（Cacioppo，2007）。例如，当前这个话题就结合了认知心理学和社会心理学。

1. 怜悯之爱的原型。Beverley Fehr和Susan Sprecher（2009）研究了怜悯之爱，即人们会为伴侣、亲近的朋友，甚至陌生人提供支持。研究者开始时让美国的大学生列出"怜悯之爱"这个概念的特征，然后将只有一个人列出的特征剔除，将相似的反应合并。接下来，他们确定了10个最常见的特征，10个中等常见的特征，10个比较少有人提到的特征。研究的下一步是让来自加拿大一所大学的学生使用9点量表评价这30个特征，1表示怜悯之爱的最差的实例，9表示最好的实例。学生们判断觉得，要保护那个人、牺牲、纯粹为最不典型特征，而信任、诚实、有同情心是最典型特征。

Fehr和Sprecher（2009）也收集了关于怜悯之爱的特征的其他信息。例如，当学生们被问到信任是否是怜悯之爱的特征时，他们的反应非常快。相反，当判断纯粹的时候，他们的反应就很慢。请注意，这是一个典型性效应的例子，人们判断典型项目比非典型项目更快。

2. 伴侣"有我在"的原型。其他人还研究了更具体的一种恋爱关系。例如，Bulent Turan和Leonard Horowitz关注的是伴侣是否是敏感的、支持的。也就是说，当需要的时候，会听到"有我在"（Horowitz & Turan，2008；Turan & Horowitz，2007）。他们要求美国大学生列出三个相关的特征，是在将来面对重大压力的时候，可能的伴侣被认为是可以做到"有我在"的。从学生们的反应中，Turan和Horowitz确定了55个突出的特征。

然后，要求第二组学生评价这些特征在面对压力的时候多么有用。例如学生们对"注意到我心境的变化并问我是否发生了什么事"这个特征评分很高，但对"不介意在公共场合与我亲密"评分很低。

根据第二组学生提供的信息，Turan和Horowitz编制了一个心理测验，称为"指标知识量表"。在诸如注意到心境变化的项目上评分高，在诸如公共场合亲热的不相关的项目上评分低的学生更容易在这个心理测验上得高分。但是，研究者需要给出测验的**效度**（validity），或者是预测在另一个情境中人们成绩的能力，也就是社会敏感性测量的有效性。

为了评价指标知识量表的效度，Turan和Horowitz测试了第三组学生。这些人需要在学期开始的时候完成量表的测试，然后参加一个倾听另一个学生倾诉的研究，这个倾诉学生实际上是研究者安排的，她记住了一个13分钟的脚本，描述的是她跟她男朋友之间出现的问题。例如，她会说男朋友是如何忘了问她关于她最近跟他说过的一个重要的工作面试。第三组学生的最后一个任务是对两人的谈话做总结，研究者根据每个学生回忆那些具体物体的好坏给他们打分。

结果显示了两个相关测量的显著的相关（r = +0.45）。具体来说，在指标知识量表上得分高的学生，也更可能记住女学生和她的男朋友之间的问题的细节。换句话说，认为伴侣应该是敏感的、支持的那些学生，也更可能记住为什么女学生的男朋友没有做到"有我在"的详细内容。

关于原型理论的结论

原型理论的一个优势是能够解释我们可以将松散结构的组群形成概念的能力。例如，当类别成员没有一个共同特征的时候，我们可以形成只共享家族相似性的刺激的概念。原型理论的另一个优势是可以应用到复杂的社会关系中，也可以应用到非生命的物体和非社会的类别中（Fehr & Sprecher，2009；Horowitz & Turan，2008；Turan & Horowitz，2007）。还有研究将原型理论应用到支配性的人格特征和抑郁经验中（Turan & Horowitz，2007）。

语义记忆的理想模型也必须包括不稳定的和变化的概念。例如，随着时间的流逝和背景的变化，我们关于原型的概念也是变化的。在示例8-1中，你注意到了1975发表的这个研究是将连衣裙列为衣服的最典型实例吗？

看一下Laura Novick（2003）做过的关于典型车辆

的研究。她发现，在2001年"9·11"恐怖袭击事件之后，美国大学生将飞机列为最典型的车辆。相反，在五年之前的一个研究中，飞机被认为是最不典型的车辆。还有，当媒体对恐怖袭击的报道减少时，飞机的典型性也降低了。实际上，袭击之后的4.5个月，飞机就不再被认为是典型的车辆了。

原型理论存在的另一个问题是，我们常常会存储关于一个类别个体实例的特定信息。所以，语义记忆的理想模型需要包括存储特定信息和原型的机制（Barsalou，1990，1992）。

原型理论解释了很多重要的现象。我们现在考察语义记忆的第二个理论，这个理论强调车辆、动物和蔬菜的概念要包含每个类别中不典型的成员，而不是只包括最典型的类别成员。

范例理论与语义记忆

范例理论认为，我们首先学习关于一个概念的某些具体实例的信息，然后通过决定新的刺激与所有这些已经习得的实例的相似程度来将其归类（Benjamin & Ross，2011；Love & Tomlinson，2010；Schwartz，2011）。每个存储在记忆中的实例都被称为**范例**（exemplar）。范例理论强调，你关于"狗"的概念要包括你知道的数量众多的狗的实例的相关信息（Benjamin & Ross，2011；Murphy，2002）。相反，原型理论会认为，你存储的狗的原型是狗的理想表征，具有平均的大小和其他平均的特征，但它没必要像你见过的某只特定的狗。

看一下另一个例子。假设你正在修心理障碍的课程，你在教科书上看到了四个个案研究，每个研究都描述了一个抑郁的人。然后你读了一篇文章，说的是一个女人的心理问题，但文章中没有具体说明她有什么障碍。你判定她属于"抑郁的人"类别，因为文章中描述的她的症状与教科书中的四个例子的特征很相似。还有，之前的一周你学习的是焦虑障碍，但这个女人的问题与你读过的焦虑障碍的个案研究中的例子是不一样的。

范例理论的一个代表性研究

范例理论成功预测了人们在人工类别有关的任务中的成绩，例如戴眼镜或者不戴眼镜的卡通面孔、微笑和皱眉的卡通面孔等（Medin & Rips，2005；Rehder & Hoffman，2005）。这个理论如何适用于我们日常生活中使用的类别呢？在进一步阅读之前，请试一下示例8-2，它是基于Evan Heit和Lawrence Barsalou（1996）做过的一个研究。

👆 示例8-2

范例和典型性

A．第一部分要求你拿出一张纸，在一列中写下数字1～7。然后，在合适的数字后面写下下面每一个类别中你心里想到的第一个实例：

1. 两栖动物
2. 鸟
3. 鱼
4. 昆虫
5. 哺乳动物
6. 微生物
7. 爬行动物

B．第二部分要求你看一下你写在纸上的每一个项目，评价在"动物"类别中每个项目有多典型，使用10点量表，1=一点也不典型；10=非常典型。例如，如果你写了了梭鱼，从1～10中选一个数字来表示梭鱼是动物的典型程度。

C．最后一部分，评价第一部分中7个类别的每个类别对其高级水平类别"动物"来说有多典型。使用与第二部分相同的评分量表。

资料来源：Partly based on a study by Heit & Barsalou, 1996.

Heit和Barsalou（1996）想确定范例理论是否能够解释几个高级水平类别如"动物"的结构。在人们做有关动物的判断时，他们的判断是根据具体实例还是一般原型来做出的？

Heit和Barsalou（1996）让一组本科生写下他们心里想到的示例8-2第一部分中7个基本水平类别的第一个实例，让另一组本科生就高级水平类别"动物"评价这些实例中每一个的典型性。例如，第二组会根据每个实例是否是"动物"概念的典型例子来对这些实例，如青蛙和火蜥蜴等进行评分，他们也会对7个基本水平类别进行评分。（在示例8-2中，我对原来的研究进行了简化，虽然可能没有很好地进行控制，但却是包括了所有的3个任务。）

Heit 和 Barsalou（1996）集合了所有的数据，他们想看一看根据示例 8-2 中第一部分产生的范例，是否能够建立一个方程来预测"动物"类别中这 7 个基本水平类别（"两栖动物""鸟""鱼"等）评分的典型性。具体来说，他们考虑到了每个范例的频率。例如，基本水平类别"昆虫"经常会产生范例"蜜蜂"，却很少产生范例"日本甲壳虫"。他们也考虑到了典型性评分，与你在示例第二部分中给出的评分相似。

范例频率和典型性的信息确实正确预测了 7 个类别中哪一个是高级水平类别"动物"中最典型的例子。实际上，预测的典型性和实际得到的典型性评分之间的相关系数达到了统计上的显著性（$r = +0.92$），表明了非常强的相关。例如，哺乳动物被认为是最典型的动物，而微生物是最不典型的。

原型理论认为，类别中只包括最典型的项目（Wisniewski, 2002）。如果这个观点是正确的，那么我们就会忘记最不典型的项目，类别就不会有根本的、重大的变化。Heit 和 Barsalou（1996）在他们研究的另一部分试图去掉方程中最不典型的范例，他们发现预测的典型性和实际得到的典型性评分之间的相关显著性下降了。

注意一下这个研究的应用价值。假设有人问你一个问题，如"在'动物'类别中，昆虫有多典型？"为了做出判断，你当然要想到一种最典型的昆虫，可能是蜜蜂和苍蝇的结合体；但是，你也会想到某些关于毛毛虫、蝗虫，甚至是日本甲壳虫的信息。

比较范例理论和原型理论

两种理论都提出，人们通过比较新项目与某个存储的类别表征来决定类别的成员归属（Markman, 1999; Murphy, 2002）。如果它们之间的相似性足够强，你就会推断新的项目确实是属于这个类别。在很多情况下，这两种理论对语义记忆的相关预测是相似的（Rips et al., 2010）。

但原型理论指出，存储的类别表征是一个类别的典型成员。相反，范例理论指出，存储的表征是一个类别很多具体成员的集合（Medin & Rips, 2005; Jäkel et al., 2008; Yang & Lewandowsky, 2004）。

还有，范例理论强调，人们不需要做任何种类的抽象加工（Barsalou, 2003; Heit & Barsalou, 1996; Knowlton, 1997）。例如，假设你读了关于抑郁病人的四个个案研究，你并不需要形成原型，即一个理想的典型的抑郁的人。范例理论认为，建构一个典型的抑郁的人会迫使你去掉每个个案中有用的、具体的数据。

但是，范例理论存在的一个问题是，随着很多类别的很多范例的存储，我们的语义记忆会很快变得拥挤不堪（Love & Tomlinson, 2010; Nosofsky & Palmeri, 1998; Sternberg & Ben-Zeev, 2001）。所以，范例理论可能更适用于成员数目相对较小的类别（Knowlton, 1997）。例如，范例理论可能更适用于类别"热带水果"，除非你是碰巧住在世界上的热带地区，不然你知道的热带水果应该不多。

相比较而言，原型理论可能更适用于有很多成员的类别。例如，诸如"水果"或者"动物"之类的大的类别中，原型可能是最有效的表征方法。尽管 Heit 和 Barsalou（1996）的研究结果令人鼓舞，但范例理论可能只是因为过于庞大而无法达成某些目的。在很多情况下，使用基于范例的分类策略是没有效率的（Erickso & Kruschke, 1998, 2002）。

还有，人们在表征类别的方式上可能存在很大的个体差异，可能有人会存储关于具体范例的信息，尤其是在他们具有专业知识的类别中。有人在建构类别的时候可能不会包括关于具体范例的信息（Thomas, 1998），而是根据更一般的原型来建构。

现实中，语义记忆似乎十分灵活。原型理论和范例理论都可能起作用，一个概念中可能包括关于原型和具体范例的信息（Love & Tomlinson, 2010; Minda & Smith, 2011; Wisniewski, 2002）。实际上，一个可能性是大脑左半球更多存储的是原型，而右半球更多存储的是范例（Bruno et al., 2003; Gazzaniga et al., 2009; Laeng et al., 2003）。人们在形成日常生活中的类别时，可能使用的是原型和范例的联合策略。

网络模型与语义记忆

原型理论和范例理论都注重的是一个项目是否属于一个类别。但是，网络模型理论更关注相关项目之间的相互联结。

花点时间想一下你关于词语"苹果"的大量的联结。我们如何找到一种有效的方法来表征存储在记忆中的苹果的不同意义呢？许多理论家都喜欢**网络模型**（network model）。这些关于语义记忆的网络模型提出了记忆中概念的网状组织，这个组织中包括很多的相互联结。

一个特定概念，如"苹果"或者"心理学"的意义取决于与它联结的其他的概念。网络模型中对每个概念的表征称为一个**节点**（node），或者是位于网络中的一个单位。当在看到或者听到一个概念名称的时候，表征这个概念的节点就会被激活；一个节点的激活会扩散到与之相联结的其他节点上，这种加工称为**扩散激活**（spreading activation）。经典的网络模型理论是 Allan Collins 和 Elizabeth Loftus（1975）提出来的。这一章我们会讨论两个比较新的的理论，Anderson 的 ACT-R 理论和平行分配加工理论。

Anderson 的 ACT-R 理论

卡内基梅隆大学的 John Anderson 和同事们建构了一系列的网络模型，他们称之为 ACT-R（Anderson，2000，2009；Anderson & Schooler，2000；Anderson & Schunn，2000；Anderson et al.，2004）。ACT-R 是"思维理性的适应性控制"（Adaptive Control of Thought-Rational）的首字母缩写。这个理论试图对各种各样的任务做出解释（Anderson，2009；Anderson et al.，2005）。

我们到目前为止所讨论的模型都有一个限定的目标，即解释认知概念是如何组织的。但是，Anderson 建立的 ACT-R 和它的各种变式是为了解释这本书中的所有问题。例如，这些问题包括记忆、学习、空间认知、语言、推理、问题解决和决策（Anderson et al.，2004；Morrison & Knowlton，2012）。

显然，试图解释认知的所有方面的理论是极其复杂的。但是，我们只关注这个理论中关于陈述性知识的具体观点。**陈述性知识**（declarative knowledge）是关于事实与事情的知识，它是这一章的精华。早期重要的网络模型关注的是每个词语形成的网络（Collins & Loftus，1975）。但 Anderson 是根据意义的更大的单位来设计的模型。根据 Anderson（1990，2009）的网络，句子的意义可以被表征为**命题网络**（propositional network），即相互联结的命题的模式。

Anderson 与他的合作者们将**命题**（proposition）定义成人们能够判断真假的知识的最小单位。例如，短语"白色的猫"不是一个命题，因为我们无法判断它是真的还是假的。根据 Anderson 的模型，下列三个陈述中的每一个都符合命题的定义。

1. Susan 给了 Maria 一只猫；
2. 这只猫是白色的；
3. Maria 是俱乐部的主席。

这三个命题可以独立出现，也可以被结合在一个句子中，如"Susan 给了 Maria 一只白色的猫，Maria 是俱乐部的主席。"

图 8-1 显示了命题网络是如何表征这个句子的。正如你看到的，句子的三个命题中每一个都被表征成了一个节点，节点之间的联结是用箭头表示的。请注意，这个网络表征了三个命题中的重要关系，但是并没有表征关键句的精确用词。命题是抽象的，它们并不表示特定系列的词语。

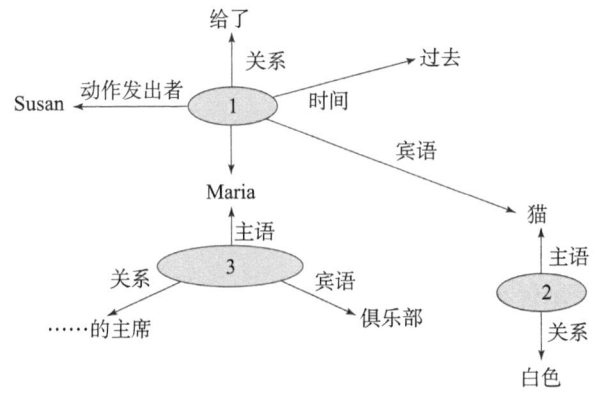

图 8-1　表征句子"Susan 给了 Maria 一只白色的猫，Maria 是俱乐部的主席。"的一个命题网络

Anderson 还提出，命题中的每一个概念都可以用单独的网络来表征。图 8-2 显示了记忆中词语"猫"的表征的一小部分。想象一下，如果将图 8-2 中网络里的每一个概念换成是表征已经习得的意义的扩展网络，那么这个命题网络看起来会是什么样的。例如，只考虑一下概念"猫粮"的意义。为了准确表征语义记忆中我们习得的每个项目的几十个联结，这些网络必须变得非常复杂。

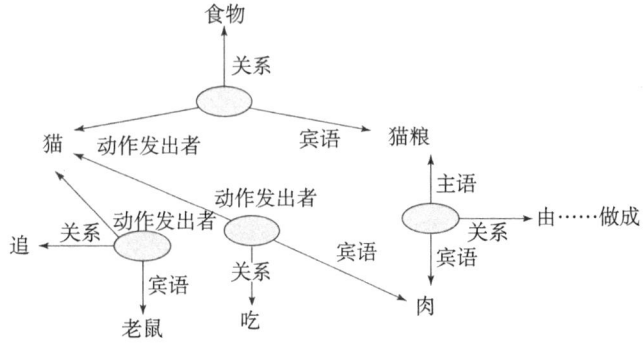

图 8-2　记忆中词语"猫"的部分表征

关于语义记忆的模型，Anderson 还提出了其他一些观点。例如，节点之间的联结使用得越经常，就会变得越强（Anderson，2000；Anderson & Schunn，2000；Sternberg & Ben-Zeev，2001）。所以，在发展广泛的语

义记忆方面，练习是很重要的（Anderson & Schooler，2000）。

人们高度称赞 Anderson 模型在整合认知加工方面的能力和它的学术性。Anderson 和同事们也利用 fMRI 进行了一些研究。例如，他们考察了大脑皮层和皮层下区域如何反映学习上的变化（Anderson et al., 2004；Anderson et al., 2005）。有一个实验任务是要求人们对一些信息进行评价，这些信息是有助于完成其他任务的重要信息。Anderson 和同事们（2008）发现，额叶的特定区域被激活了。

平行分配加工理论是接下来要讨论的，它从一开始就结合了神经科学。实际上，学者们是根据在大脑皮层发现的神经网络提出的这个理论。

平行分配加工理论

平行分配加工（parallel distributed processing，PDP）理论提出，用来表征认知加工过程的模型应该强调，外界刺激引起的激活可以在网络中扩散，这些网络将大量简单的类似神经元的单位联结在一起（Bermúdez, 2010；Rogers & McClellan, 2004, 2011）。平行分配加工理论强调的是，应该使用网络而不是大脑当中的具体区域来表征概念（Barrett, 2009）。"分配"这个词告诉我们，激活是发生在几个不同的区域的，"平行"这个词告诉我们，激活是同时发生的，而不是一个一个相继发生的。

除了"平行分配加工理论"，理论家们还常常使用其他两个名称：**联结主义**（connectionism）和**神经网络**（neural network）。提出这个理论的研究者试图在建构他们的模型的时候，考虑到人类神经元的生理特性和结构特性（Doumas & Hummel, 2012；Rogers & McClellan, 2011）。我们在第 1 章简单介绍过平行分配加工理论，现在我们会讨论更多的细节。在进一步阅读之前，试一下示例 8-3。

✋ 示例 8-3

平行分配加工

在下面的两个任务中，先阅读一系列的线索，然后尽可能快地猜测线索描述的东西是什么。

任务 A
1. 它是橙色的。
2. 它长在地底下。

3. 它是一种蔬菜。
4. 兔子典型喜欢这个东西。

任务 B
1. 它的名字以字母 p 开头。
2. 它住在谷仓围起来的院子里。
3. 它通常是黄色的。
4. 它发出"呼噜呼噜"的声音。

平行分配加工理论的提出者们认为，基于分类的早期模型是非常受限的。Timothy Rogers 和 James McClelland（2011）指出了一个有代表性的问题：建设类别是负责引导我们如何存储知识和归纳知识的，那么各种各样的类别是如何彼此交互的呢？

看一下这个例子：母鸡隶属的类别有"鸟""动物""很多人会吃的食物"。除非这些类别在某种程度上能够一起起作用，否则我们是不能真正理解"母鸡"的概念的。原型理论在很多情况下是有用的，但是平行分配加工理论提供了一个更灵活的解释，可以说明我们关于世界的知识的丰富性、灵活性和细微性。

现在，我们讨论平行分配加工理论的四个总体特征。

1. 正如这个理论的名字所表明的那样，认知加工是基于平行操作而不是序列操作的。所以，很多就会模式可以同时进行。

2. 一个网络包含基本的类似神经元的单位或者节点，这些节点相互联结在一起，这样，一个特定的节点就与其他很多的节点相联结（这个理论的另一个名字"联结主义"说的就是这点）。平行分配加工理论的提出者们认为，这些网络的激活可以解释大部分的认知加工（McNamara & Holbrook, 2003；Rogers & McClelland, 2011）。

3. 信息从一个节点到其他节点扩散的加工被称为扩散激活。在一系列节点中进行分配的加工活动模式可以表征一个概念（McClelland, 2000；Rogers & McClelland, 2011）。请注意，这个观点不同于一般知识的观点，即认为我们知道的关于某个特定的人或者物体的所有信息都被存储在大脑的某个特定区域。

4. 与情境认知的概念一致，当前的环境常常只激活一个概念意义的某些成分（Rogers & McClelland, 2011）。你如果在杂货店里逛到了卖肉的地方，你不太会将那些塑料包起来的东西与咯咯叫的、啄食食物的、下蛋的动物联系起来。

示例 8-3 的任务 A 中的每一个线索可能都会让你想

到几个可能的备选项，你可能在看了几个线索之后就想到了正确答案，即使这些线索对这个东西的描述是不完全的。但是，你不会使用系列搜索，如先搜索所有橙色的物体，然后开始搜索所有长在地底下的物体，搜索所有的蔬菜，搜索所有兔子喜欢的东西。你使用的是平行搜索，即同时考虑到所有的属性（Rogers & McClelland，2004，2011；Sternberg & Ben-Zeev，2001）。

还有，即使其中一个线索是不正确的，记忆也会很好地应对。例如，任务 B 中你搜索的是生活在谷仓院里，发出呼噜呼噜声的，名字以字母 p 开头的生物。尽管颜色是黄色的是误导的线索，但词语"猪"还是会出现在脑海中。同样，如果有人描述一个来自奥尔巴尼（纽约州的首府），跟你一起上儿童发展课的高个子男生，即使他实际上是来自雪城（纽约州的另一个城市），你也能够识别这个学生。

平行分配加工理论认为，我们关于一群人的知识可能是通过将这些人与他们的个人特征联结起来的联系来存储的。James McClelland（1981）原始的例子刻画的是犯了轻罪的两个团伙的成员，团伙的名字是 Jets 和 Sharks。我们会使用一个更简单和熟悉的例子，描述 5 个学生的特征。表 8-2 列出了这些学生的名字，他们的本科专业、年级和政治倾向。

表 8-2　大学生可能认识的有代表性的个人的特征

	名字	专业	年级	政治倾向
1	Joe	艺术	大三	自由党
2	Marti	心理学	大二	自由党
3	Sam	工程学	大四	保守党
4	Liz	工程学	大二	保守党
5	Roberto	心理学	大四	自由党

图 8-3 显示了以网络形式如何来表征这些信息。这个图只表征了大学生可能认识的很多人的一部分，以及与这个人有关的一小部分特征。想象一下，如果要表征你认识的所有人和这些人的有关特征，你得需要多么大的一张纸。

根据平行分配加工理论，在一个相互刺激的网络中，每个人的特征都是联系在一起的。如果特征之间的联系是通过多次的练习建立的，那么，一个合适的线索就能使你找到指定个体的特征（McClelland，1995；McClelland et al.，1986；Rumelhart et al.，1986）。

平行分配加工理论的一个优势是可以解释在有的信息缺失的时候，人类记忆是如何帮助我们完成任务的。具体来说，人们利用个案做出关于一般信息的推论，称为**自发归纳**（spontaneous generalization，Rogers & McClelland，2004，2011）。

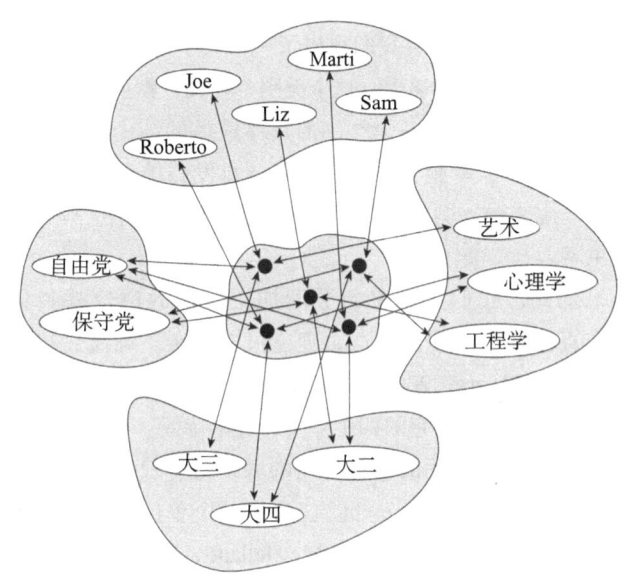

图 8-3　表征表 8-2 中的个体的单位和联系的一个例子

例如，假设记忆存储了图 8-3 中的信息和关于其他大学生的相似的信息。假设有人问你，是否学工程的大学生在政治上更倾向于保守。平行分配加工理论表明，线索"工程学专业的学生"会激活有关你认识的所有工程学专业的学生的信息，包括与他们的政治倾向有关的信息。你会回答说他们在政治上是倾向于保守的，即使你的记忆中并没有直接存储这个命题（这一章后面还有第 9 章和第 12 章会更详细地讨论我们的推论能力）。

自发归纳解释了第 5 章中我们讨论过的长时记忆中的错误和信息歪曲，也有助于解释刻板印象形成（Bodenhausen et al.，2003）。刻板印象形成是我们在稍后和在关于决策的第 12 章中会讨论的一个复杂的认知加工。平行分配加工理论强调，记忆提取的方式与我们在图书馆找到一本书的方式是不一样的，我们的记忆会对信息进行重新建构，所以有时候会包括一些不恰当的信息（McClelland，1999）。

平行分配加工理论也认为，我们可以通过做出最好猜测来填充关于某人或者某个物体的缺失信息；根据来自其他相似的人或者物体的信息，我们会做出**默认的分配**（default assignment，Rogers & McClelland，2004）。例如，假设你碰到了 Christina，她碰巧是工程学专业的学生。有人问你关于 Christina 的政治倾向，但你从来没有跟 Christina 讨论过政治。别人问的这个问题会激活网络中关于工程学专业的其他学生的政治倾向，根据默认分配，你会回答说 Christina 在政治说可能是保守的。顺便说一下，学生们有时候会混淆自发归纳和默认分配。记住，自发归纳意味着我们得出了一个关于总类别的结论，如"工程学专业的学生"这个类别。相反，默认分配指的是我们得出了关于一个类别的具体成员的结论，如一个特定的工程学专业的学生。但是，自发归纳和默认分配都会产生错误。例如，Christina 可能真是学校里反战同盟的主席。

至此，我们关于平行分配加工理论的讨论是具体的、直接的。实际上，这个理论极其复杂、难懂、抽象（Gluck & Myers，2001；Rogers & McClelland，2011）。现在，我们会讨论它的四个重要的理论特征。

1. 类似神经元的单位之间的联结是有权重的，**联结的权重**（connection weight）决定了一个单位可以传递到另一个单位的激活是多少（McClelland，1999）。随着信息的学习，权重值是会变化的。

2. 当一个单位达到了激活的关键水平，就可能影响其他的单位，或者提高其他单位的活动（如果联结权重是正的），或者抑制其他单位的活动（如果联结权重是负的）。这个设计与人类大脑中神经元的兴奋和抑制相似。顺便说一下，图 8-3 只显示了兴奋性的联结，但你可以自己想象抑制性的联结。例如，这个图中的特征"礼貌"可能与不太有教养的学生之间存在负的联结权重。

3. 一个特定项目的每一次新的经验都会通过调整联结权重来改变相关单位之间联结的强度（Barsalou，2003；McNamara & Holbrook，2003；Rogers & McClelland，2004，2011）。例如，在你阅读平行分配加工理论内容的同时，会改变平行分配加工理论这个名字与有关概念（如"网络"和"自发归纳"）之间的联结强度。下次你碰到平行分配加工理论这个名称的时候，所有这些相关的概念都可能会被激活。

4. 有时候，我们只有关于某些信息的部分记忆，而不是完整的记忆。大脑提供部分记忆的能力称为**功能弱化**（graceful degradation）。例如，第 6 章讨论过舌尖现象（tip-of-the-tongue phenomenon），当你知道自己在寻找的目标，但又无法提取实际的目标时，舌尖现象就出现了。与功能弱化一致，你可能知道目标词的第一个字母，知道它的大体读音，即使这个词没有出现在记忆中。功能弱化也解释了为什么在意外、中风和痴呆损坏了大脑皮层的功能时，大脑在某种程度上还会继续执行它的功能（Rogers & McClelland，2004）。

我们讨论了平行分配加工理论的某些最重要的特征。可见，它是认知心理学中一个重要的观点（Levine，2002；McNamara & Holbrook，2003）。这个理论的支持者认为，它看起来与大脑和神经元的设计是基本一致的（Barrett，2009；Rogers & McClelland，2011）。所以，很多人希望平行分配加工理论可以将心理学与神经科学联系起来。

研究者们认为，平行分配加工理论更适用于几种认知加工过程同时进行的任务，如在模式识别、分类和记忆搜索中。但是，很多其他的认知任务都主要是进行系列加工，在后面的章节中我们会讨论句子产生、问题解决和推理。这些加工能力的很多成分都要求系列加工而非平行加工。对这些更线性化的心理加工过程，其他的模型可能更有效。

图式和脚本

前面我们关于一般知识的讨论关注的是词语、概念，偶尔也提到了句子。但是，认知加工也要依靠更多的、更复杂的关于世界的知识（Traxler，2012）。例如，我们的知识包括关于熟悉的情境、行为和其他很多我们知道的东西的信息。这种关于情境、事件和人物的一般化的整合的知识被称为图式（Baddeley et al.，2009）。**图式**（schema）常常会影响我们理解情境或者事件的方式，可以把图式看作是表征关于他人的想法的基本材料（Landau et al.，2010）。

例如，想一下你关于五金店内部的图式，应该包括扳手、油漆桶、灌溉花园的水龙头和灯泡。店里当然不会有心理学的教科书、意大利歌剧作曲家威尔第的 DVD 或者生日蛋糕。

在心理学家们试图解释人们是如何加工复杂情境和事件的时候，图式理论是很有帮助的（Davis & Loftus，2008）。在这一部分的内容中，我们会讨论图式和它的次级类别脚本的背景信息，然后会讨论图式如何影响认知的不同成分。但是，首先你要试一下示例 8-4。

👆 示例 8-4

脚本的本质

阅读下面来自 Trafimow 和 Wyer（1993，

p368）的段落：

"做了这个之后，他发现了那篇文章。然后，他走过门口，从口袋里拿出了一块糖。接下来，他弄了些零钱并看到了他认识的一个人。随后，Joe 发现了一台机器。他意识到他有点头疼。在 Joe 放好了原件之后，他投币并按下了按钮。所以，Joe 复印了那张纸。"

现在翻到这一章后面的章节复习题，并用 5 分钟的时间阅读。然后，看一下示例 8-5 底部出现的标有"示例 8-4 的进一步指令"的段落。

图式和脚本的背景信息

图式理论认为，记忆会将关于情境的"一般"信息进行编码（Chi & Ohlsson, 2005；Davis & Loftus, 2008）。然后，我们利用这些信息来理解和记住图式的新的实例。图式能够引导再认和对新的示例的理解，是因为你对自己说："这正像当……时候发生的那样"（Endsley, 2006）。

图式是如何与这本书的主题有关系的

显然，图式理论强调自上而下的加工和自下而上的加工要协调合作，这是主题 5 突出的认知原则。图式使我们能够预测在新的情境中会发生什么事情，这些预测通常都是正确的。图式是启发式的一种，而启发式是正确的总的规则。你可能记得第 7 章中提到"启发式"的概念。例如，旋转启发式说的是我们倾向于记得加利福尼亚的海岸线是接近于垂直的而不是倾斜的。在第 12 章中我们也会讨论到各种决策启发式。

图式也强调认知加工的主动性特征（主题 1）。一个事件发生，我们会立即想这个事件如何与已建立的图式有关。如果事件与已有的图式不一致，但这个事件对我们来说又很重要，我们通常觉得必须解决这种不一致。

但是，图式有时候也会让我们偏离正轨，我们也会出错（Baddeley et al., 2009; Davis & Loftus, 2008）。但是，这些错误在图式的框架中都是说得通的。与主题 2 一致，认知加工通常是正确的，我们犯的错误也通常都是合理范围内的。

心理学中的图式

图式的概念在心理学中有很长的历史。第 1 章中我们讨论了瑞士心理学家让·皮亚杰，他在 20 世纪 20 年代研究了婴儿的认知能力，其中包括图式。第 1 章也提到了英国心理学家 Frederic Bartlett（1932）测试了成人对图式的记忆，我们稍后会进一步讨论这个研究。但是，图式在行为主义者时代是不流行的，因为行为主义者强调的是看得见的认知加工。可是在最近几十年，认知心理学家进行了数不清的关于图式的研究，因此图式变成了当代认知心理学的一个标准概念。

在社会心理学中，图式也很重要（Jackson, 2011；Landau et al., 2010；Whitley & Kite, 2010）。例如，Baldvin 和 Dandeneau（2005）考察了我们经常会有基于图式的预期，是关于在与特定个体的社会交互中会发生什么的。另外，Hong 和她的合作者们（2000）考察了有两种文化背景的个体是如何发展出与每一种文化对应的不同的图式。一个少年在学校的时候可能会通过关于美国的图式来看这个世界，但他回到家之后可能又会用到关于墨西哥的图式。

还有，注重认知－行为理论的临床心理学家可能会使用图式疗法。在**图式疗法**（schema therapy）中，为了探查来访者的核心信念和创建合理的、更有用的新策略，治疗师和来访者要共同努力。例如，想象一位女性来访者说，"我的老板表扬了我，但我不值得他表扬。"治疗师能够帮助她修正对表扬的解读（Beck, 2011）。

图式和脚本

一种常见的图式被称为脚本。**脚本**（script）是一个有特定顺序的简单有序的事件序列，与非常熟悉的动作相关（Baddeley et al., 2009；Markman, 2002）。一个脚本就是一种抽象表征，换句话说，是有内在相似性的一系列事件的一个原型。图式和脚本的概念常常是可以互换的。但是，脚本实际上是内涵比较窄的一个概念，指的是以特定顺序展开的事件序列（Woll, 2002；Zacks et al., 2001）。

想一下一个典型的脚本，描述的是在一个传统的餐馆里，客人可能预期的标准事件序列（Shank & Abelson, 1977）。"餐馆脚本"包括的事件有就座、看菜单、吃东西、付账。我们也有看牙医的脚本、去杂货店的脚本、大学里第一天上课的脚本。实际上，教育的大部分是由学习文化中期望我们遵循的脚本组成的（Shank & Abelson, 1995）。

几个研究者研究了人们的生命脚本。**生命脚本**（life script）是个人认为在他的生命历程中最重要的事件的列表。例如，Erdoğan 和他的合作者们（2008）研究了土耳其的学生的生命脚本。这些学生在他们的生命脚本中列出的积极事件远比消极事件要多，这个结果与本书的主题 3 是一致的。

另外，Steve Janssen 和 David Rubin（2011）发现，生活在同一个文化环境中的人们常常会有相似的生命脚本，他们在网上施测了一个生命脚本量表，收集了 595 个荷兰被试的数据，其中 90% 的被试是女性。他们让被试想象一个在荷兰长大的有代表性的婴儿，然后让被试列出在这个孩子的生命历程中将会发生的七个最重要的事件。有趣的是，被试的年龄对他们列出的事件没有显著的影响，特别是年龄在 16～35、36～55、56～75 的被试的列表都可能包括如下的事件：生孩子、上学、结婚、恋爱、父母去世、第一份全职工作。在丹麦进行的一个相似的研究也报告，年轻人和老年人给出了相似的生命脚本（Bohn, 2010）。

但是，违反了一个熟悉脚本可能会给人惊喜，也可能会让人不安。例如，几年前我和几个朋友在另一所大学里看过一个俄罗斯的电影。电影的开始是一个小男孩救了一只狼崽儿，他们一起长大，一起冒险。如果你是看美国的关于儿童的电影和电视长大的，你完全知道接下来会发生的故事：小男孩陷于危险中，这只狼救了他。但是，在我们看的那个俄罗斯电影里，狼却把小男孩咬死了。演到这里的时候，所有的观众都倒吸一口气，脚本的违反太让人震惊了。

提前确定脚本

一般来说，研究表明了如果提前清楚地确定了脚本，人们就会更准确地回忆起这个脚本。例如，Tramfimow 和 Wyer（1993）开发了 4 个不同的脚本，每一个都描述的是一个熟悉的动作序列：影印一张纸、兑现支票、泡茶、乘地铁。研究者们增加了一些与脚本无关的细节，如从口袋里拿出一块糖。在有的情况下，脚本确定的事件是先呈现的，在另一些情况下，脚本确定的事件是最后呈现的。例如，示例 8-4 中，你是读了脚本之后才看到了影印一张纸的信息。

在读完所有的脚本之后的 5 分钟，被试要从 4 个最初的描述中回忆事件。当脚本确定的事件先呈现的时候，被试记住了 23% 的事件；但是，当脚本事件最后呈现的时候，他们只记住了 10%。你可能想到了，如果从一开始你就了解这些事件都是标准脚本的一部分，那么序列中的事件就比较容易被记住（Davis & Friedman, 2007）。

在接下来的第二部分，我们要考察认知加工过程中图式和脚本操作的四种方式。

1. 在选择需要记忆的材料的时候。

2. 在边界扩展中（当你存储的是一个场景的时候）。

3. 在记忆抽象化的过程中（当记忆存储的是意义，而不是材料的具体细节的时候）。

4. 记忆整合的过程中（当记忆形成对材料的整体表征的时候）。

图式和记忆选择

关于图式和记忆选择的研究发现比较复杂。我们先看几个研究，然后确定出相关的总体趋势。

有机会的时候试一下示例 8-5，它是基于 Brewer 和 Treyens（1981）做的一个经典研究。研究者们要求参加研究的被试一个一个在图上所示的房间里等待，每一次，实验人员的解释是这个房间是他的办公室，他需要先去实验室看一看前面那个被试完成了没有。35 秒钟之后，实验人员请被试到附近的另一个房间，然后让他们回忆在刚才等待的房间里看到的每件东西。结果显示，人们非常可能记住的物体都是与"办公室图式"一致的，几乎每个人都记得办公桌、桌子旁边的椅子和墙壁。但是，只有少数的人记住了葡萄酒瓶和野餐篮，这些东西与办公室图式是不一致的。在时间非常有限的情况下，如待在房间里 35 秒，人们不可能有时间去加工这些与图式无关的项目。

👆 **示例 8-5**

图式与记忆

在读完了指导语之后，将这一页的文本部分都盖住，只显示图片。将图片呈现给一个朋友看，告诉他"在很短的时间内看一下这张图片，这是一个心理学教授的办公室"。半分钟之后，合上书，让你的朋友列出在图上看过的房间里的东西。

（示例 8-4 的进一步的指导语：不要再去看示例 8-4，尽可能准确地写下示例中说的故事。）

资料来源：Reprinted from Brewer, W. F. & Treyens, J. C., Role of schemata in memory for places. *Cognitive Pscycbology*, 13, Fig. 1., © 1981, with permission from Elsevier.

此外，在 Brewer 和 Treyens（1981）的研究中有人还"记住了"没有出现在房间里的与图式一致的物体。例如，几个被试说他们记得有书，虽然房间里一本书都看不到。其他的研究表明，这种与图式一致的错误的数量在两天的延迟之后会更大（Lampinen et al., 2001）。提供图式一致的项目的倾向性代表了一种有趣的记忆重建错误（Davis & Loftus, 2008; Neuschatz et al., 2007）。

同样，Neuschatz 和他的合作者们（2002）让学生们看一段一个男人在讲课的视频，发现学生们更可能犯与"讲课图式"一致的错误，如讲课的人从以前的讲课内容中参考了一个概念。学生们不太可能错误地记住与"讲课图式"不一致的事件，如讲课的人在地板上跳舞。

但是，我们有时候对与预期不一致的材料记得更好（Davis & Loftus, 2008; Lampinen et al., 2000; Neuschatz et al., 2002）。特别是当记忆材料是非常生动的和让人吃惊的时候，人们更可能记住与图式不一致的材料（Brewer, 2000）。

例如，Davidson（1994）让被试读很多的故事，描述的是众所周知的图式，如"去看电影"。结果发现，当与图式不一致的事件打断了支持的预期的故事时，人们更可能记住这些事件。例如，一个故事描述的是一个叫 Sarah 的女人要去看电影。被试就非常可能记住一个与图式不一致的句子，说的是一个孩子在电影院里跑来跑去撞到了 Sarah。但是，他们不太可能记住与图式一致的句子，说的是引座员将电影票撕成了两半，把票根给了 Sarah。顺便说一下，在继续阅读之前，试一下示例 8-6 和示例 8-7。

示例 8-6
对物体的记忆

用大约 15 秒的时间看一下下图中的物体，然后翻到后面。在示例 8-7 中的长方形上面，你会看到这个示例的指导语。

资料来源：From Intraub, H., and Richardson, M. (1989). Wide-angle memories of close-up scenes. *Journal of Experimental Psychology: Learning, Memory and Cognition*, 15, 179-187, Figure 1.© 1989 by the American Psychological Association. Reproduced with permission.

示例 8-7
建构的记忆

第一部分

读完每一个句子，然后数 5 个数，回答句子后面的问题。依次完成所有的句子。

句子	问题
那个女孩打破了走廊的窗户。	打破了什么？
前院的树荫遮住了那个正在用烟斗抽烟的男人。	在哪里？
从狂吠的狗旁边跑开的那只猫跳上了桌子。	逃离了什么？
那棵树很高。	树怎么样？
逃离狗的那只猫跳上了桌子。	在哪里？
住在隔壁的女孩打破了走廊的窗户。	住哪儿？
那只害怕的猫正在逃离狂吠的狗。	什么在逃离？
那个女孩住在隔壁。	谁？
那棵树的树荫遮住了那个正在用烟斗抽烟的男人。	什么遮住了？
害怕的猫跳上了桌子。	什么跳上桌子？
住在隔壁的女孩打破了大窗户。	打破了什么？
那个男人正在用烟斗抽烟。	谁在抽烟？
大窗户在走廊上。	在哪里？
高的树在前院。	什么在前院？
那只猫跳上了桌子。	跳到哪里？
前院那棵很高的树的树荫遮住	

那个男人。
那只狗正在狂吠。
那个窗户是大的。

遮住了什么？
正在干什么？
什么是大的？

第二部分

将前面的句子盖住。阅读下面的每一个句子，判断它是否是第一部分中的。

1. 住在隔壁的那个女孩打破了窗户。（旧的_____，新的_____）

2. 那棵树在前院。（旧的_____，新的_____）

3. 那只害怕的猫，逃离了狂吠的狗，跳上了桌子。（旧的_____，新的_____）

4. 窗户在走廊上。（旧的_____，新的_____）

5. 前院的树的树荫遮住了那个男人。（旧的_____，新的_____）

6. 那只猫逃离了那只狗。（旧的_____，新的_____）

7. 那棵很高的树的树荫遮住了正在用烟斗抽烟的男人。（旧的_____，新的_____）

8. 那只猫害怕了。（旧的_____，新的_____）

9. 住在隔壁的那个女孩打破了走廊上的大窗户。（旧的_____，新的_____）

10. 那棵很高的树的树荫遮住了打破了窗户的那个女孩。（旧的_____，新的_____）

11. 那只猫正在逃离狂吠的狗。（旧的_____，新的_____）

12. 女孩打破了大窗户。（旧的_____，新的_____）

13. 害怕的猫逃离了跳上桌子狂吠的狗。（旧的_____，新的_____）

14. 女孩打破了走廊上的大窗户。（旧的_____，新的_____）

15. 打破了走廊上窗户的那只害怕的猫爬上了树。（旧的_____，新的_____）

16. 前院那棵很高的树的树荫遮住了正在用烟斗抽烟的男人。（旧的_____，新的_____）

资料来源：Bransford, J. D., & Franks, J. J. (1971). Abstraction of linguistic ideas. *Cognitive psychology*, 2, 331-350.

（示例 8-6 的进一步的指导语：在下面的方框中凭记忆画出示例 8-6 的场景。不要再回去看那个图片。）

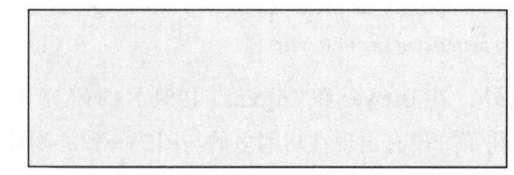

关于图式与记忆的这些研究结果可能看起来是不一致的，但是这些结果受到了一些因素的影响，如研究的细节差异和特定情节的长度（Davis & Loftus, 2007, 2008; Lampinen et al., 2000）。一般来说，这些结果表明了如下的趋势。

1. 如果信息描述的是一个微不足道的事件，并且加工时间有限，人们倾向于准确地记住与图式一致的信息（如"办公室"中的桌椅）。

2. 如果信息描述的是一个微不足道的事件，并且加工时间有限，人们记不住与图式不一致的信息（如葡萄酒瓶和野餐篮）。

3. 对于没有发生过的长的事件，人们很少会产生虚假记忆（如讲课的人没有满屋子跳舞）。

4. 当信息描述的是与标准图式不一致的主要事件时，人们可能会记住这些事件（如撞到了 Sarah 的孩子）。

图式与边界扩展

花点时间检查一下你画出来的示例 8-6 的物体，与原来图片比较一下。你的草图中包括了垃圾桶盖的底边吗？它是没有呈现在原来的图片中的。与原来的图片相比，你的图中垃圾桶周围有更多的背景吗？你的图中包括了栅栏的顶部吗？如果是的话，就出现了边界扩展。

边界扩展（boundary extension）指的是我们倾向于记得看到了场景中实际没有呈现的更多的部分（Munger et al., 2005）。我们有一个关于示例 8-6 中描述的场景的图式，可以称为"某人的垃圾区的照片"，认知加工会将不完整的物体补充完整。

请注意，前面关于图式的讨论是与语言相关的，但在边界扩展中是视觉材料。我们关于完整物体的图式帮助我们在记忆任务中填充缺失的信息。

Helene Intraub 和同事们是最先研究边界扩展现象的（Intraub, 1997; Intraub & Berkowits, 1996; Intraub et al., 1998）。例如，Intraub和Berkowits（1996）给大学生们看一系列类似示例8-6中的垃圾场景的图片，每张图片呈现的时间很短，15秒或者更短。图片消失之后立即让大学生们画出与看到的图片一样的图。所有被试的图都超出了原图中呈现的场景的边界，所以，他们为主要图形画了更多围绕的背景，他们也会描绘一个完整的图形，而不是只有图形的一部分。

根据Intraub和同事们（1998）的研究，我们通过激活知觉图式来理解图片。这个图式的特征是，图片中有一个完整的中心图形，也包括了图片边界之外的视觉信息的心理表征。当我们看现实场景的时候也使用知觉图式。为什么图式与边界扩展有关？我们会根据预期创建知觉图式，这些图式超出了图片的边界，也超出了视网膜的范围（Munger et al., 2005）。

边界扩展现象在目击证人证词中也有重要的应用，我们在第5章讨论过目击证人证词。目击证人可能记得看到了嫌疑犯面部的一些特征，即使这些特征实际上在犯罪现场是看不到的（Foley & Foley, 1998）。另外，人们在一个拥挤的场景中搜索到了一个目标之后，会记得看到过一个完整的目标，即使这个目标的一部分是被其他物体挡住的（Foley et al., 2002）。显然，不完整的图形激活了我们的想象加工来进行"填满空白"。记忆倾向于存储这些理想化的、与图式一致的图像，而不是存储图形的一部分。

图式与记忆的抽象化

抽象化（abstraction）指的是记忆加工存储的是信息的意义而不是具体的词语。例如，你可能记得关于概念"家族相似性"的很多信息，即使你不能一字不差地记住任何一个句子。

具有讽刺意味的是，"抽象化"这个词太抽象了，不过有一种方法可以记住这个词。当你阅读心理学杂志上的文章时，文章开头的摘要会总结整个文章的内容。但是，在文章中的其他部分，你不会发现与摘要中一模一样的词语。

研究显示，即使是在信息呈现仅仅几分钟之后，人们的逐字逐句的记忆或者是**机械记忆**（verbatim memory）通常很差（Koriat et al., 2000；Sachs, 1967）。但是，有的职业是需要准确的机械记忆的。例如，职业演员必须记住莎士比亚戏剧中的每一个词。但其他人在日常生活中需要机械记忆吗？我们会讨论关于记忆抽象化的两个理论：建构理论和实用理论。

建构理论

在进一步阅读之前要试一下示例8-7。这是Bransford和Franks（1971）的经典研究的简化版本。示例的第二部分中有多少句子是你在第一部分见过的？这个问题的答案在这一章的最后。

Bransford和Franks（1971）在他们的研究中给被试听来自几个不同故事中的句子，然后要求他们完成包括一些新句子的再认测验，很多新的句子是被试听到的句子的结合。但是，被试相信他们前面是听到了这些新句子的。这种错误被称为**虚报**（false alarm）。在记忆研究者，当人们"记住了"本来没有呈现的一个项目的时候，就发生了虚报。

根据Bransford和Franks的研究结果，当复杂的句子与最初的图式一致时，人们更可能会出现虚报。例如，他们看到"前院那棵很高的树的树荫遮住了正在用烟斗抽烟的那个男人"之类的句子就经常会虚报。但是，人们很少虚报与原来句子的意思不一致的句子。例如，他们很少说听到了"打破了走廊窗户的那只害怕的猫爬上了树。"随后的研究也发现了相似的结果（Chan & McDermott, 2006；Holmes et al., 1998；Jenkins, 1974）。

Bransford和Franks（1971）提出了散乱材料记忆的建构模型。根据**记忆的建构模型**（constructive model of memory），为了建构更大的观点，人们会整合各个句子的信息。后来，人们就会相信自己已经见过这些复杂的句子，因为在记忆中他们已经把各种事实联合在一起了。记忆中的句子被融合之后，我们就不能把它们与原来的成分区分开了，就逐字逐句地记住了这些成分。

记忆的建构观点强调的是我们的认知加工通常是准确的，与本书的主题1一致。句子不是被动地进入记忆，在记忆中独立地存储。相反，我们将句子联合成一个内部一致的故事，将相关的信息片段放到合适的地方。我们通常存储的是信息的摘要，而不是信息的逐字逐句的表征。

建构理论也说明了主题2，记忆通常是准确的。然而，认知加工过程中的错误都源于有用的策略。在现实生活中，有用的启发式是将句子融合在一起的。但是，如果我们不恰当地使用这个启发式，就会出错。结果证明，Bransford和Franks（1971）研究中的被试使用了现实生活中有用的建构记忆的策略。但是，在机械记忆的测试中，建构记忆的策略通常是不适用的。

实用理论

Murphy 和 Shapiro（1994）提出了句子记忆的另一个不同的观点，他们称为文本记忆的实用观点。**记忆的实用观点**（pragmatic view of memory）提出，人们可能注意信息中与他们当前目标最相关的方面。换句话说：

1. 人们知道，他们通常需要准确地记住句子的要点。
2. 人们也知道，他们通常不需要记住句子的具体用词。
3. 但是在有的情况下，他们确实需要注意到句子的具体用词，然后他们知道自己的机械记忆需要非常准确。

Murphy 和 Shapiro（1994）推测，如果一个句子中有的词语是批评和侮辱的一部分，人们尤其可能记住那些确切的词语。毕竟，从实用理论的观点来看，如果有人在侮辱你，确切的词语确实很重要。在这个研究中，被试阅读假设是一个叫 Samantha 的年轻女人写的信。一组人读的信是写给她的表哥 Paul 的，信中以温和的方式聊到了她新出生的孩子，包括几个中性的句子，如"我从来没想过这么年轻就做妈妈（It never occurred to me that I would be a mother so young）。"另一组读的信是 Samantha 写给她的男朋友 Arthur 的，给表哥 Paul 的信中出现的 10 个中性的句子现在出现在一个讽刺的背景中，虽然句子中的词语还是一样的。例如，"我从来没想过这么年轻就做妈妈。"这个句子在这封信中指的是 Arthur 幼稚的行为。

Murphy 和 Shapiro 让两组人做一个包括 14 个项目的再认测验，14 个句子中包括 5 个原来的句子，5 个形式上稍微不同的改述过的句子，如"我从来没有想过在这么年轻的时候就成了妈妈（I never thought I would be a mother at such a young age）。"还有 4 个无关的句子。表 8-3 显示的是测验结果。

表 8-3 Murphy 和 Shapiro（1994）的研究中，对测验项目做出"旧的"判断的百分比 （%）

	故事的条件	
	温和的	讽刺的
无关的句子	4	5
击中（原来的句子）	71	86
虚报（改述的句子）	54	43
击中减去虚报	17	43

资料来源：Murphy, G. L., & Shapiro, A. M. (1994). Forgetting of verbatim information in discourse. *Memory & Cognition*, 22, 85-94.

你可以看到，人们很少会将不相关的句子识别为曾经见过的。但是，正确再认（"击中"）在讽刺条件下比在温和条件下要高；还有，人们在温和条件下会比在讽刺条件下虚报更多改述的句子。

我们可以通过用击中率减去虚报率来比较两个条件下总的正确率。从表中可见，人们在讽刺条件下的逐字逐句记忆（43%）比在温和条件下（17%）要更准确。Schönpflug（2008）也报告过类似的结果。可能我们对有威胁的材料尤其敏感，所以会努力记住那些句子中的确切词语。

图式与记忆抽象化的现状

在实际生活中，记忆抽象化的建构理论和实用理论是相容的。在很多情况下，我们确实会整合单个句子的信息来建立一个图式，尤其是当我们不需要记住句子的每个确切词语的时候。但是在有的情况下，我们知道具体的词语也很重要，所以我们会密切注意句子的精确用词。如果你在排练戏剧或者在跟朋友争吵，你就不仅仅需要记住语言信息的要点，还要记住确切的词语。

请注意，记住一般描述和具体信息的结论与以前关于语义记忆的结论是相似的。在前面我们讨论过，语义记忆能够存储一般的原型和具体的基于范例的信息。但是，在进一步阅读之前，试一下示例 8-8。稍后我们会讨论与此有关的内容。

👆 示例 8-8

利用内隐联结测验评价对社会群体的内隐态度

打开互联网去看哈佛大学的一个网站 http://implicit.harvard.edu/implicit/。

你可以测一下自己对性别、种族、性取向、残疾人和老年人的态度。一定注意要尽可能快地做出反应。更慢的反应可能评价的是外显态度而不是内隐态度。

图式与记忆整合

记忆形成的另一个重要的加工是整合。**记忆整合**（memory integration）就是利用背景知识，以与图式一致的方式吸收几种知识（Hamilton, 2005; Hirt et al., 1998; Koriat et al., 2000）。所以，即使信息不是原本刺激材料的一部分，我们也可以记住这些与图式一致的信息。

但是，图式也不总是起作用。例如，假设你学了一些新的信息之后立即要进行测验，这时候背景信息可能不会改变新的信息。比较而言，当你在被要求回忆新材料之前有一两天的延迟时，与图式一致的整合才更可能发生（Harris et al.，1989）。

研究也表明，如果是完成相对简单的记忆任务，图式可能不会影响记忆。但是，当人们同时完成两个记忆任务的时候，Sherman 和 Bessenoff（1999）发现，人们会犯很多与图式一致的错误。特别是在他们的研究中，被试不正确地记住了令人愉快的词语是用来描述牧师的，而令人不愉快的词语是用来描述一个危险人物的。让我们先来看一下 Bartlett 关于文化一致性信息的整合的研究，然后讨论关于性别刻板印象的新近研究。

记忆整合的经典研究

弗雷德里克·巴特莱特（1932）是英国一位重要的研究自然语言材料记忆的学者。第 1 章中提到过，巴特莱特的理论和技术为当代认知心理学的理论奠定了基础。他也最先开始了应用认知的研究。例如，他的实验室研究可以被推广到我们日常的记忆和遗忘模式中（Davies & Wright，2010b）。

巴特莱特认为，记忆最有趣的方面是被试已有的知识和实验中呈现的材料的复杂整合。特别是，他相信个体的独特兴趣和个人背景决定了记忆的内容。

在巴特莱特（1932）广为人知的一系列研究中，他让英国的学生阅读一个叫作"幽灵的战争"的纯美国故事，然后在 15 分钟之后让他们回忆这个故事。巴特莱特发现被试倾向于漏掉从他们的观点来看说不通的材料。例如，他们常常漏掉的一部分内容是说一个幽灵袭击了某人，但这个人没有感觉到伤口的疼痛。这些学生也倾向于将故事改编成一个更熟悉的框架，这样从英国人的观点来看就说得通。在很多时候，学生们回忆的故事与英国童话故事更相似（Brewer，2000）。

在几天的延迟之后，巴特莱特让他的被试们再回忆这个故事。听过原来的故事之后，随着时间的流逝，被试在回忆的时候从自己已有的知识中获取的材料更多，而记住的原本的故事中的材料更少。

后续的研究证实，当我们阅读模棱两可或者不清楚的材料时，图式能够影响记忆（Jahn，2004；Schacter，2001）。像 Brewer（2000）强调的那样，图式的相关研究表明了我们的认知加工是如何主动地致力于搞明白令人迷惑的信息的（主题 1）。特别是自上而下的加工常常形成了我们对复杂材料的记忆（主题 5）。

研究也显示，图式会误导我们，以至于我们会犯一些有规律的错误，并且"记住"实际上没有被陈述的信息。但在我们的日常生活中，图式通常是有用的，而不是让我们达不成预期的目标。例如，背景知识可以帮助我们记忆自己文化中的故事。简单的故事都有确定的、有规则的结构（Schank & Abelson，1995）。我们在自己文化中生活的经验让我们熟悉了故事的基本结构，然后就可以用这个结构去理解听到的新的故事。一般来说，背景知识有助于我们得出正确的结论。

基于性别刻板印象的记忆整合的相关研究

关于性别刻板印象的研究为我们提供了图式如何影响结论的更多信息。**性别刻板印象**（gender stereotype）是我们有一些信念和观点，并将其与女性或者男性关联在一起（Jackson，2011；Whitley & Kite，2010）。即使性别刻板印象是部分正确的，它也不适用于具体性别的所有个体（Eagly & Carli，2007）。

在人们知道了某人的性别时，常常会推断这个人的一些个人特征。例如，人们常常认为男性比女性更具有竞争性，认为女性比男性更擅长抚养后代。有的性别刻板印象可能部分是正确的（Matlin，2012）。但是，这些刻板印象可能会阻止公司雇用一个有竞争性的女性作为高级管理人员，也可能阻止一个学校雇用一个擅长抚养后代的男性来教一年级。

在这一部分我们会讨论如何用认知心理学的研究方法来考察人们的性别刻板印象。让我们先看一下使用外显测量的研究，然后考察内隐测量如何提供关于性别刻板印象的更多的信息。

Dunning 和 Sherman（1997）利用再认的记忆任务测量了性别刻板印象。他们让学生阅读一些句子，如"办公室里的那个女人喜欢在饮水机附近聊天"。稍后，学生们进行再认记忆的测验，他们会看到一系列的句子。如果他们在前面看到过完全一样的句子，就做出"旧的"判断；否则就做出"新的"判断。

我们来看一下对与女人谈话有关的性别刻板印象一致的新句子的反应结果，即与"办公室里的那个女人喜欢在饮水机附近聊天"类似的句子。被试认为，29% 的新句子是他们看到过的。其他的新句子是与另一个性别刻板印象不一致的，如"办公室里的那个女人喜欢在饮水机附近谈论运动"。被试只认为 18% 的新句子是他们看到过的。

显然，当他们看到原来的句子，有时候会做出与刻板印象一致的推论，即女人一定是爱说闲话的；人们不太可能做出与性别不一致的推论，即女人谈论运动。Oakhill 与同事们（2005）也发现了相似的结果。

Dunning 和 Sherman（1997）的再认测验是外显记忆任务的一种。在第 5 章中我们学过，**外显记忆任务**（explicit memory task）直接要求被试记住相关的信息。例如，这个研究中的被试在判断句子是新的还是旧的时候，是知道自己在进行记忆测验的。人们可能猜到研究者在测量他们的性别刻板印象，也可能察觉到有顽固的刻板印象是不合适的（Matlin, 2012; Rudman, 2005）。

为了减少"察觉问题"，研究者设计了各种各样的内隐记忆测验，目的是利用不直接要求被试的方式来测量人们的性别刻板印象。内隐记忆测量可以防止人们提供社会赞许性的答案。

在第 5 章中讲过，**内隐记忆任务**（implicit memory task）要求人们完成一个不需要直接回忆或者再认的认知任务。当研究者们使用内隐记忆任务测量性别刻板印象时，他们测量的是特定文化中人们关于性别的一般知识。这些内隐记忆任务也测量了人们得出性别一致结论的倾向性。我们先看一下两种不同的内隐记忆任务是如何表明性别刻板印象能够影响人们的内隐记忆的。

1. 使用神经科学的技术测量性别刻板印象。Osterhout 与合作者们（1997）使用神经科学的技术测量性别刻板印象。你在第 1 章中学到过，ERP 技术可以记录对刺激进行反应的时候，大脑电活动的细微增加。有人测试过阅读句子"我喜欢加了奶油和狗的咖啡"的时候人们的脑电活动，"狗"这个词引起了快速的 ERP 的变化。

为了考察性别刻板印象，Osterhout 与合作者们（1997）呈现了与性别刻板印象一致的一些句子，例如"The nurse prepared herself for the operation（女护士为手术做了准备）"。这些与刻板印象一致的句子不会引发 ERP 的变化。现在试一下示例 8-8，已经做过的可以忽略。

但是，与刻板印象不一致的句子，如"The nurse prepared himself for the operation（男护士为手术做了准备）"会引起 ERP 的显著变化。在读到"护士"这个词的时候，人们做出了性别刻板印象推论，即护士一定是女性。随后，出乎意料的，与刻板印象不一致的词语引起了 ERP 的变化。在一个与此相关的研究中，White 与同事们（2009）发现了相似的结果，刻板印象不一致的词对引起了更大的 ERP 的变化。

2. 使用内隐联结测验来测量性别刻板印象。Brian Nosek、Mahzarin Banaji、Anthony Greenwald（2002）使用了另一种不同的方法来测量内隐性别刻板印象。特别是他们考察了数学与男性关联，艺术与女性关联的性别刻板印象。假设如果他们问被试（耶鲁大学的学生）一个外显的问题，如"数学与男性的关联比女性要强吗"，这些学生最可能的回答是"不是"。当学生们被问到这样一个外显的问题时，他们就有时间进行分析，并记得"是"的回答不是太合适的。

Nosek 和同事们使用了内隐联结测验（Greenwald & Nosek, 2001; Greenwald et al., 1998; Nosek et al., 2007）。这是一种内隐任务，要求人们完成一个任务，但他们不会知道这个任务测量的是什么。**内隐联结测验是**（implicit association test, IAT）基于这样的原则，即人们在心理配对两个相关的词语比配对两个不相关的词语要容易得多。

在内隐联结测验任务中，被试坐在呈现一系列词语的计算机屏幕前。在一个典型的试次中，词对是与性别刻板印象一致的，被试被告知如果屏幕上呈现的词语（如计算或者数字）与数学相关就按左键，如果呈现的词语（如叔叔或者儿子）与男性相关也按左键；但是如果呈现的词语（如诗歌或者舞蹈）与艺术相关，或者呈现的词语（如姑姑或者女儿）与女性相关就要按右键。

在整个实验过程中，被试要尽可能快地做出反应，这样他们就不会有意识地去考虑他们的反应。在完成内隐联结测验的时候，有强烈性别刻板印象的人们会认为数学与男性是属于同一类别的，而艺术与女性是属于另一个类别的。所以，他们在第一部分的任务中就会反应很快。

然后，词的配对变成了与性别刻板印象不一致的，即如果呈现的词语与数学和女性有关，被试要按左键；如果词语与艺术和男性有关，被试按右键。有强烈性别刻板印象的人在联结数学相关的词语与女性以及艺术相关的词语与男性的时候会有困难。所以，他们在任务第二部分的反应就会很慢。

Nosek 与他的合作者们（2002）发现，相比与刻板印象不一致的配对（第二部分），与刻板印象一致的配对（第一部分）中，学生们的反应更快。换句话说，大部分耶鲁大学的学生相信数学与男性、艺术与女性应该一起出现。

Nosek 与他的合作者们（2002）也分析了认为自己是女性主义者，并认为数学与男性强烈相关的女性的数据。这些人尤其不会把自己与数学关联在一起。可悲的是，在学习数学专业的女性身上也发现了这种反对数学的倾向。换句话说，性别刻板印象不是单纯的认知倾向。

相反，刻板印象有影响人们的自我形象和学业胜任感的力量。

心理学家也设计了其他的内隐测量来考察性别刻板印象和其他种类，如种族的刻板印象（Ito et al., 2006；Lane, Banaji, & Greenwald, 2007；Reynolds et al., 2006）。另外，如果你对社会心理学与认知心理学之间的联系感兴趣，你可以去读几本书（Jackson, 2011；Whitley & Kite, 2010）。

个体差异：居住国与性别刻板印象

虽然内隐联结测验非常流行，但大部分的研究都是在美国做的。你可能想知道在其他国家是否也存在同样的性别刻板印象。幸运的是，有关跨文化的研究考察的就是这个问题。Brain Nosek 与同事们（2009）与来自34 个国家的研究者们一起收集了性别刻板印象的相关信息。[○]

让我们看一下这个在很多不同国家进行的研究。研究中的大部分国家都是在欧洲，有的代表了西欧的国家，如葡萄牙、挪威和德国；有的代表了东欧的国家，如波兰、罗马尼亚和匈牙利；也包括了三个北美的国家：加拿大、墨西哥和美国。还有来自澳大利亚、中国和日本的数据。

研究者们想确定性别刻板印象的国家差异是否与女性和男性在一个认知测验上得分的国家差异相关。他们使用的认知测验是"2003 国际数学与科学评测趋势"（2003 Trends in International Mathematics and Science Study，TIMSS）。很幸运的是，34 个国家八年级女性和男性的平均测验成绩是可以找到的。Nosek 与同事们（2009）利用这些数据计算了每个国家的"男性优势"，具体来说，就是男性的平均 TIMS 成绩减去女性的平均 TIMS 成绩。

另外，研究者们也记录了每个国家内隐联结测验的平均分数，因为网上的这个测验有 17 种语言的版本，34 个国家中的大约 300 000 人完成了内隐联结测验。

结果显示，性别刻板印象的内隐联结测验得分高的国家也可能在数学和科学 TIMS 测验上有最高的"男性优势"分数。具体来说，内隐联结测验分数与数学分数的相关是 +0.34，与科学分数的相关是 +0.39。换句话说，在性别刻板印象最强烈的国家，男性在数学和科学上的成绩要比女性好。顺便说一下，美国和加拿大在内隐联结测验和男性优势上的得分都是中等。

你在心理学的其他课程中学过，相关关系的数据是比较难解释的。但是，Nosek 与同事们（2009）写道，"对显著相关的可能的解释是，在特定的国家中参加考试的八年级学生和完成了内隐联结测验的被试会受到相同的社会文化背景的影响"。这一章的题目是"一般知识"，既然是一般知识，那么人们的语义记忆和图式中包括了性别差异的信息，但是性别差异的大小在每个国家是不一样的。

关于图式的结论

总之，图式能够影响记忆对材料的最初选择、对视觉场景的存储、对信息的抽象化和对材料的最后整合加工。但是，我们需要强调的是，认知加工通常是准确的，与主题 2 一致。例如：

1. 我们常常会选择记住与图式不一致的材料。
2. 有时候我们可能会记住实际上只看到了一个物体的一部分，而不是整个的物体。
3. 我们经常回忆出信息的确切词语，而不是只存储信息的抽象化。
4. 记忆中的成分在存储的时候可以彼此独立，而不是被整合在一起。

是的，图式明显会影响记忆。但是，图式的影响不是完全彻底的。主题 5 提出，认知加工受到自下而上加工的引导，也受到自上而下加工的引导。所以，除了与背景知识匹配的图式一致的特征，我们也会选择、记住视觉场景和语言信息，并整合每个刺激的很多独有的特征。

复习题

1. 为类别"家庭宠物"想一个原型，将之与非典型的家庭宠物相比较。在下列几个方面比较这两个动物：①他们是否会被当成类别的范例；②在启动之后可以多快对它们做出判断；③每个动物与大多数其他家庭

○ 第 7 章中的个体差异特征考察的是空间能力的性别比较。第 8 章中考察的是不同国家有不同的关于数学与科学的性别刻板印象。这两个话题有关系，但也不尽相同。

宠物共有的特征。

2. 考虑一下基本水平类别"硬币"、高级水平类别"钱"和次级水平类别"2005年的硬币"。对三种水平的类别进行描述，然后解释在我们识别物体的时候，基本水平的类别如何具有特殊的地位。描述一个最喜欢使用高级水平名称和次级水平名称的人。想一个你比普通学生拥有更多知识的领域；什么时候你最可能使用次级水平的描述？

3. 描述语义记忆的原型理论和范例理论。它们的共同点和差异是什么？根据这一章中讨论的内容，在试图进行物体归类的时候，你什么时候更可能使用原型理论？什么时候更可能使用范例理论？在每种情况下，都请提供一个来自日常生活经验的例子。

4. 假设在一个真假判断的测验中，你读到了下面的句子："脚本是一种图式。"描述你是如何根据范例理论和网络模型来加工这个问题的。

5. 想一种可以用类似于图8-3中的图表来表征的信息，如流行歌手或者著名小说家。然后举例说明下列的概念如何被应用到这个特定的图表中：自发归纳、默认分配、功能退化。

6. 如果要求你在5分钟内描述平行分配加工理论的特征，你会说些什么？举例说明，并说一下这个理论为什么被称为"平行分配加工"。第5章讨论了专业知识的话题，考虑一个特定的领域，你有专业知识而你的朋友没有。在关于发展出的网络类型方面，你和你的朋友有多不同？

7. 描述你非常熟悉的三个脚本。这些脚本是如何被看作是启发式，而不是关于下次你自己处于脚本中描述的情境中的时候将要发生的事件的预期？

8. 你可能有一个关于"牙医诊所"的清楚图式。关注一下"图式和记忆选择"这一部分，指出在什么情况下你会记住①与图式一致的材料；②与图式不一致的材料。当你试图重构躺在诊所椅子上看到的场景时，边界扩展是如何起作用的？

9. 外显记忆任务中有什么证据支持性别刻板印象，鼓励我们做出与刻板印象一致的推论？第7章中讨论的要求特征是如何与外显记忆任务有关的？讨论在关于推论的讨论中提到的两种内隐记忆任务，解释为什么在测量人们的刻板印象时，内隐任务比外显任务更有效。

10. 想一个在你的生命中经常发生的图式或者脚本。解释这个图式或者脚本如何在四种不同的加工中影响记忆：记忆选择、边界扩展、记忆抽象、记忆整合。也考虑一下记忆怎么在有时候喜欢图式一致的信息，但有时候又喜欢与图式不一致的信息。在什么情况下记忆正确地反映了自下而上的加工。

👆 示例8-7的答案

第2部分中每个句子都是新的。

第 9 章

理解语言

预览

第9和第10章考察的是我们如何加工语言。第9章注重的是倾听和阅读过程中的语言理解，而第10章强调的是语言产生（即说话和写作）和双语，其中双语加工既包括语言理解又包括语言产生。

第9章的开始我们先来探讨语言的本质。事实上，大部分心理语言学家研究的都是使用英语交流和阅读的人。在第一部分我们先看一下语言的结构，心理语言学的发展简史和影响语言理解的几个因素。此外，我们将讨论人们为什么不是想方设法地去理解他们听到或读到的语言的每个成分，却只是追求获得对语言的"刚刚好"的理解。最后，我们会深入讨论语言的神经科学研究。

第二部分将探讨的是阅读加工。我们先比较书面和口头语言，然后讨论词汇再认的理论。此外，我们会谈到阅读加工研究对阅读教学的启示。教阅读的老师们面临一个非常有挑战性的任务，因为英语有很多不规则性。

本章的最后一部分不再关注小的语言单位的理解，而是转向段落或者说比句子更大的语言单位。段落理解的重要元素包括：形成一个紧密结合的段落表征，对段落中没有提及的信息做出推论，教授元理解能力。我们也会涉及分心与阅读理解之间的关系。此外，我们会谈到关注书面语言理解的人工智能项目。

章节简介

试着想象一个没有语言的世界。实际上，你可以想一下如果明天一早起床发现所有的语言都被禁止了，那你的生活会发生怎样的变化。就连言语动作和手语也都被禁止了，因为这些都是语言的替代形式。电话、电视、收音机、报纸、书籍和电子交流都变得毫无用处，几乎所有的大学课程都消失了。你也不能自言自语，因此你不可能追忆过去，不可能提醒自己必须完成的任务，也不可能为将来做打算。你与他人的相互作用降到最低，因为语言在人际交互中是如此重要（Fiedler et al., 2011；Heine, 2010）。

实际上，没有语言社会也无法正常运转。正如Steffensen（2011）所说，"语言的作用如同以空气为介质的神经突触，它有助于人与人之间的和谐共处，从而使我们更聪明、更有创造力、更灵活，就像大脑远比一堆神经元更聪明和灵活"。

像许多其他的认知能力一样，语言很少得到它应受到的重视（Harley，2008）。只要有人动动嘴和其他的发音器官，你听到了，就可以理解这个人想传达的信息。同样，你也可以毫不费力地张开嘴，瞬间说出句子来。这是我们认知加工熟练性的有力证明（主题2）。另外，你可以认识使用手语的人，即使待在一个大房间的两头，耳朵听不见的人们之间也可以熟练交流（Tomasello，2008；Traxler，2012）。

语言能力的另一个显著的特点是我们掌握成百上千词汇的能力。在第8章中我们知道，美国人的平均词汇量是2万～10万个（Baddeley et al.，2009；Harley，2008；Saffran & Schwartz，2003）。

认知心理学家强调，人类的语言加工是地球上能发现的最复杂的加工之一（Tomasello，2008）。语言加工包括了非常多的不同的能力，比如列举几个在理解口语句子时需要的能力：①编码说话者声音的能力，②编码印刷语言的视觉特征的能力，③获取词汇意义的能力，④理解决定词序的规则的能力，⑤只根据说话者的语调辨别一个句子是疑问句还是陈述句的能力。

而且，当你听着一个人以每秒说三个词的速度说话时，你也有办法完成所有这些语言加工的任务（Vigliocco & Hartsuiker，2002）。实际上，讲话有难度到可以作为一个奥林匹克的比赛项目，只是大多数人都掌握了这项技能（Bock & Garnsey，1998；Tomasello，2008）。现在试一下示例9-1。

示例9-1
其他认知加工如何对语言加工做出贡献

看一下以下你已经读过的章节，列出每一章中至少一个与语言有关的话题。答案在本章结尾。

第2章：识别视觉和听觉刺激
第3章：注意
第4章：使用工作记忆
第5章：使用长时记忆
第6章：使用记忆策略与元认知
第7章：使用心理表象和认知地图
第8章：使用一般知识

另外，语言产生是无穷无尽的。例如，想一下在英语中你可能产生的有20个词的句子的数量。你大约需要10 000 000 000 000年（地球年龄的2 000倍）才能把它们都说完（Miller，1967；Pinker，1993）。

在第9章和第10章，我们将讨论**心理语言学**（psycholinguistics），这是一个交叉学科，研究人们如何使用语言来交流想法（Corballis，2006；Harley，2008）。我们在成千上万不同的场景中使用语言，从法庭到动画片中都有使用。而且语言加工是不同的认知加工过程之间相互关联的最好的例子，认知加工的关联性是本书的第四个主题。实际上，到目前为止我们在本书中讨论的每一个话题都有助于语言加工。如果你试过回答示例9-1的问题，就会注意到这一点。

关于语言的这两章内容应该也让你信服，人类是主动的信息加工者（主题1）。我们不是被动地聆听语言，而是积极主动地利用已有的知识，采用各种策略，形成预期，得出结论。当我们说话的时候，可以很容易地传达复杂的信息。语言不仅是我们最出色的认知成就，也是认知加工中最社会化的部分（Fiedler et al.，2011）。

这一章着重讲语言理解。在简单地讨论语言的本质之后，我们会讨论基础阅读和理解口头话语的更复杂的加工。第10章从语言理解转到了语言产生，会考虑两种语言产生的任务：说和写。有了语言理解和语言产生的背景知识，接下来会讨论双语。双语者都是奥林匹克语言竞赛的赢家，他们可以使用两种或者多种语言轻松地交流。

语言的本质

心理语言学家为语言研究中的概念开发了专门的词汇表。我们来介绍一下。**音素**（phoneme）是口头语言的基本单位，像a、k、th等都是音素。英语有大约40个音素（Mayer，2004；Traxler，2012）。如果改变单词中的一个音素，这个单词的意义也会变化（Harley，2008）。例如，"kiss"和"this"两个词的意思是不同的。

相似地，**语素**（morpheme）是词义的基本单位。如"reactivated"包含四个语素：re-、active、-ate和-ed，其中每个语素都有自己的意义。很多语素可以独立成词（如giraffe），但有些语素必须与其他语素相结合才有意义，如re-表示重复动作。你可能猜到了，**词语形态学**（morphology）是关于语素的研究，考察的是我们如何将语素结合组成单词（Harley，2008）。

心理语言学的另一个重要成分是句法。**句法**（syntax）指的是制约我们组词成句的语法规则（Owens，2001；Harley，2008）。**语法**（grammar）是一个更熟悉和使用更广泛的概念，包括词形学和句法，所以语法研究的是单词和句子的结构（Evans & Green，2006）。

语义学（semantic）是心理语言学中研究单词和句子意义的学科（Carroll，2004）。有一个相关的概念是**语义记忆**（semantic memory），就是关于世界的有组织的知识。我们在前几章尤其是第8章中专门讨论过语义记忆。

另一个重要的概念是**语用学**（pragmatic），是关于语言使用中需遵循的社会规则的知识；语用学会考虑听者的看法（Bardovi-Harlig，2010；Harley，2008）。想一下你会如何给一个12岁的孩子和给你的大学同学解释"句法"这个概念。语用学是语言学中最关注社会交互的学科（Holtgraves，2010），它在我们讨论语言产生的时候至关重要（第10章），但语用因素也会影响语言理解。

通过回顾本章第一部分中介绍的这些概念，你可以看到心理语言学研究的问题很广泛，包括语音、不同水平的语义、语法和社会因素。我们先讨论一下当前心理语言学研究中存在的一个问题，然后再讨论语言本质的其他方面，即心理语言学的简史、影响语言理解的因素、不完美语言的相关信息和神经语言学。

注意：心理语言学家是英语中心论的

几个心理学家和语言学家指出了心理语言学研究中的偏向，那就是大部分研究者关注的是人们如何理解和使用英语。因此，有的研究发现可能只适用于说英语的人而不是所有人（Harley，2008；Kaplan，2010b；Share，2008）。语言学家们估计全世界正在使用的语言大约有7 000种，可惜这么多的心理语言学研究就只关注其中一种（Harley，2008；Ku，2006；Lupyan & Dale，2010；Tomasello，2008）。

如果你的母语是英语，那你关于语言的想法可能都是以英语为中心的。如果你去使用另一种语言的地方旅行，你会觉得惊奇。记得我去西班牙格拉纳达的时候，听到有导游（看起来是西班牙人）用西班牙语和日语给她的游客们介绍景点。我当时很吃惊，因为她居然不用英语就可以直接把西班牙语翻译成日语。

只关注英语确实可惜，因为英语是一种"独特的语言"。称语言为"独特的语言"基于两个重要的理由：一个理由是英语的语法相对简单，部分原因是一种语言的使用者的数量与语言本身的复杂性之间是负相关的关系（Lupayn & Dale，2010）；另一个理由是英语比其他的主要语言有更多的不规则发音（Share，2008；Traxler，2012；Ziegler et al.，2010）。我们将在讨论基本阅读的时候提到，英语中的字母串可以有不同的发音。如"though"和"thought"的前六个字母是相同的，但两个词的发音却截然不同，意思也不同。

除此之外，英语单词的意义与单词中音节的相对音高没有关系。但是，在中文普通话中，"ma"的发声是单一音高（一声）时指的是"母亲"，而这个音节的发声先降后升（三声）时指的是"马"（Field，2004）。英语中，通过使用升调形成一个疑问句，孩子都可以轻易做到。但芬兰的孩子们却不能这么做，因为芬兰语中不是使用这样的方法来问问题的（Harley，2008）。

说到语言之间的差异，还有一个例子是塞索托语，这是非洲南部的人们使用的语言，它比英语有更多的被动语态（Bornkessel & Schlesewsky，2006）。你们也可能至少了解一种欧洲语言其名词是有语法性别的，而英语名词没有。

人们使用的语言不同使大脑加工也不同。说英语的人在听到一些复杂的句子时，额叶的特定区域会激活，但是说德语的人听到这些句子的德语翻译时，相同的脑区并没有反应（Bornkessel & Schlesewsky，2006）。

总而言之，不同语言之间在非常多的维度上存在差异（Share，2008；Tomasello，2003）。显然，心理语言学家如果想确定哪些语言规律是普适性的，就需要在除英语之外的其他语言中做更广泛的研究。

心理语言学简史

我们来看一下心理语言学历史中的一些重要事件。古希腊和印度的哲学家曾经辩论过语言的本质（Chomsky，2000）。几个世纪之后，威廉·冯特和威廉·詹姆斯都研究过人类出色的语言能力（Carroll，2004；Levelt，1998）。

但是，心理语言学作为一个学科可以追溯到20世纪60年代，那时候心理语言学家开始探索心理学的研究是否可以支持语言学家乔姆斯基的理论（Harley，2008；McKoon & Ratcliff，1998）。下面简单介绍一下乔姆斯基的理论，他的理论引起的反响，以及一个比较新的、强调意义的理论。

乔姆斯基的理论

人们通常认为一个句子就是一张纸上按顺序排成一行的一系列单词。诺姆·乔姆斯基（Noam Chomsky, 1957）因为提出了句子远比我们看到或者听到的要复杂的观点而在心理学家和语言学家中掀起了巨大的研究热情。

本书在第1章就讨论了乔姆斯基在关于语言的心理学中所做的工作。实际上，乔姆斯基的理论促成了行为主义的衰落。行为主义者强调的是语言行为中可观察到的方面（Harley, 2008）。而乔姆斯基却认为，只有心理表征的各种规则和原理组成的一个复杂的系统才能解释我们出色的语言能力（Chomsky, 2006）。他显然是现代语言学中最有影响力的理论家（N. Smith, 2000; Harley, 2008）。

乔姆斯基提出，人类拥有天生的语言能力。也就是说，我们有对抽象语言规则的先天的理解。因此，儿童不需要学习那些适用于所有语言的基本概念（Chomsky, 2006; Field, 2004）。

当然，儿童需要学习很多他们的母语的表面特征。例如，说西班牙语的儿童需要学会 ser 和 estar 之间的区别。西班牙语的语言空间的划分与英语是不太一样的，儿童在英语中只学习一种形式的动词"to be"。乔姆斯基还认为，所有的儿童都有牢固的先天的语言能力，这种能力使他们可以产生和理解他们从没听过的句子（Chomsky, 2006）。

乔姆斯基（1975）也提出语言加工是**模块化的**（modular），人们的一系列特定的语言能力独立于其他的认知加工能力，如记忆和决策（Harley, 2008; Nusbaum & Small, 2006）。我们曾经讨论过一个相关的概念"语音模块"，与口语知觉有关。因为语言加工是模块化的，乔姆斯基（2002; 2006）认为，小孩子习得复杂的语言结构比掌握其他的简单任务（如心算）要早好多年。

与乔姆斯基的理论不同，标准的认知理论认为语言加工不是模块化的，而是与工作记忆等其他认知加工相互联结的（Harley, 2008）。根据这个观点，我们加工语言很熟练，是因为我们强大的大脑能够掌握很多认知任务，语言只是其中之一，它跟记忆和问题解决等其他的任务是一样的（Carroll, 2004; Harley, 2008; Tomasello, 2003）。

另外，乔姆斯基（Chomsky, 1957, 2006）指出了句子的深层结构和表层结构之间的区别。**表层结构**（surface structure）是由实际说出来或者写出来的词语表征的，而**深层结构**（deep structure）是句子潜在的、抽象的意义（Garnham, 2005; Harley, 2008）。人们使用**转换规则**（transformational rule）将深层结构转换为表层结构。

两个句子可以有非常不同的表层结构，但可以有非常相似的深层结构。例如，这两个句子：① "Sara threw the ball"；② "The ball was thrown by Sara"。

可以看出两个句子的表层结构有多么不同，两个句子中没有一个词的位置是相同的，而且第二个句子中有三个词并没有在第一个句子中出现。但是，说英语的人实际上觉得两个句子的核心意思是一致的（Harley, 2008）。事实上，在看到"The ball was thrown by Sara."这个句子40分钟之后，人们可能会报告他们看到的是另一个意义相似的句子"Sara threw the ball"（Radvanskey, 2008）。

乔姆斯基（Chomsky, 1957, 2006）也指出两个句子可以有相同的表层结构，却有不同的深层结构，这样的句子被称为**歧义句**（ambiguous sentence）。例如，我住在纽约上州郊区的一个小镇约克镇附近，有一天我开车经过约克镇市政厅外的公告板，看到上面有一条消息显示"爸爸（POP）可以开车了"。我还疑惑谁的爸爸被允许开车了，为什么以前禁止他开呢？说实话，直到第二天我才知道了这条消息的另一个意思（说的是社区筹款人）。

稍后我们会更详细地讨论歧义，但语境通常会帮我们解决这些歧义。下面是三个歧义句，每个句子都有两种意思：

The shooting of the hunters was terrible.（注："shooting"有"射击"和"电影电视拍摄"两个意思。）

They are cooking apples.（注："cooking"这里可以是形容词"煮熟的"，也可以是动词"正在煮"。）

The lamb is too hot to eat.（注："lamb"可以是"羊羔"，也可以是"羊羔肉"。）

乔姆斯基理论的反响

最初，心理学家们对乔姆斯基的语法理论反响热烈（Bock et al. 1992; Williams, 2005）。但有些研究并不支持他的理论，例如乔姆斯基预期人们会花更长的时间加工需要多次转换的句子，而实际的研究结果并不支持这个预期（Carroll, 2004）。另外，乔姆斯基的理论认为，所有的语言共享语法的普遍模式（Juffs, 2010）。但研究表明，许多非欧洲的语言没有这些模式（Everett, 2005,

乔姆斯基较新版本的理论提供了更为复杂的语言分析，如他后来提出了年轻的语言学习者会对语言的结构做出有限数量的假设（Chomsky，1981，2000；Harley，2001）。他的新理论也强调句子中单个词语包含的信息，如"discuss"这个词表达了词本身的意思，但同时也指定了它后面必须要有一个名词（Ratner & Gleason，1993）。若一个句子以"Rita 讨论了……"开始，则这个句子的剩余部分必须包括一个名词短语，如"那本小说"。

强调意义的心理语言学理论

从 20 世纪 70 年代开始，许多心理学家对乔姆斯基的语法理论感到沮丧（Harley，2008；Herriot，2004）。他们着手发展新的理论，注重人类心理和语义学，而非语言的结构（Tanenhaus，2004；Treiman et al.，2003）。

几个心理学家都提出了关注意义的理论（如 Kintsch，1998；Newmeyer，1998；Tomasello，2003）。这里我们只简单介绍一个有代表性的，即语言的认知功能理论。

认知功能理论（cognitive-functional approach）强调人类语言在日常生活中的功能是与他人交流思想。正如它的名称所示，这个理论也强调我们的注意、记忆等认知加工与语言理解和语言产生交织在一起。

Michael Tomasllo（2003，2008）指出，小孩子有非常强大的认知能力和社会学习能力，在他们掌握语言的那几年，他们听到大人们说过上百万个句子。在 13 章中我们将看到，他们分析这些句子，并使用灵活的策略创造大量复杂的语言（Kuhl，2006）。

Tomasllo（1998a，1998b）也指出，成人使用语言也是战略性的，我们组织语言的时候就会关注让听者注意到我们想强调的信息。尝试一下示例 9-2，这是一个认知功能理论的具体实例(Tomasello，1998a)。

👆 示例 9-2
语言的认知功能理论

想象一下你亲眼看到一件事，一个叫弗莱德的人用石头打破了窗户。有一个人当时没在现场，但要问你关于这件事的信息。针对下面的每一个句子，写出那个人可能问你的问题，这些问题将会提示你根据句子的特定措辞进行回答。例如，简单地回答"弗莱德打破了窗户"可能是由"弗莱德做了什么"这个问题提示的。

1. 弗莱德用石头打破了窗户。
2. 石头打破了窗户。
3. 窗户被打破了。
4. 是弗莱德打破了窗户。
5. 弗莱德打破的是窗户。
6. 弗莱德所做的是打破了窗户。

资料来源：Based on Tomasello, 1998a, p.483.

注意一下示例中每个句子是如何强调同一事件的不同方面的。这样，你的每个问题就会关注稍微不同的点。简而言之，认知功能理论认为，人们为了交流微妙的想法，可以创造性地使用语言。我们将在第 10 章中更详细地探讨语言的社会使用。

影响语言理解的因素

20 世纪 60 年代初，心理学家就开始研究影响语言理解的因素。大体上，在 4 种情况下人们理解句子会有困难：①句子含有否定词"不"；②句子是被动而不是主动语态；③句子的句法复杂；④句子有歧义。

否定句

报纸的专栏中出现这样的句子："佐治亚拒绝挑战禁止同性协会的全民公决"。这个句子我们需要读几遍才能了解它表达的基本信息：佐治亚州将要禁止同性协会吗？关于否定句的研究结果很清楚，如果一个句子含有否定词如"不"或者"不是"，或者暗示否定的词（如拒绝），加工这个句子比加工相似的肯定句需要更长的时间（Williams，2005）。

Clark 和 Chase（1972）在一个经典的研究中呈现一张图片是一个星号放在一个加号的上面，然后他们让人们判断一些描述图片的句子是否正确，如"星号在加号的上面"。当需要判断的句子是肯定句的时候，被试的反应很快；如果句子包含了否定形式"不"（如"加号不在星号上面"），他们的反应就慢很多。同时，被试在判断肯定句的时候犯的错误也比判断否定句的时候要少。这些结果与本书的主题 3 是一致的：认知加工处理积极信息比处理消极信息要有效。

你们可以想象得到，随着否定词数量的增加，读者对句子的理解会变差。如当人们判断句子"几乎没有人强烈反对地球是平的"的时候，他们的成绩只比随机水平稍微好一点（Sherman，1976，p.145）。这些结果在诸如教育、广告和调查等很多领域都有实用价值（Kifner，1994；Lenzner et al.，2010）。

被动语态

我们前面讨论过,乔姆斯基(1957,1965)指出,句子的主动和被动形式只是句子的表层结构的不同,即使它们的深层结构可能相似。但是,主动形式更重要。如果我们想生成一个被动形式的句子,就需要增加额外的词语。你可能想到了,英语中主动语态比被动语态使用得更经常(Fiedler et al., 2011)。

主动语态也更容易理解(Christianson et al., 2010;Garnham, 2005;Williams, 2005)。Ferreira 和同事们(2002)让人们判断一系列句子是否看上去合理,被试对主动语态的句子如"那个男人咬了那只狗"做"不合理"的判断时很准确;但当相同的句子转换成了被动态"那只狗被那个男人咬了",他们的正确率会降低到大约75%。

当前大部分关于写作风格的手册都会推荐使用主动语态。美国心理学会的手册指出,理解主动语态的句子,如"Nuñez(2009)设计了这个实验"相对容易,而理解被动语态的句子,如"这个实验是 Nuñez(2009)设计的"就比较困难。

复杂句法

人们理解复杂句法的句子,如有嵌套结构的句子时有困难。在嵌套结构中,一个短语嵌在另一个短语中。当读者尝试读一个有嵌套结构的句子时,会觉得记忆容量不够(Lenzner et al., 2010;Rayner & Clifton, 2002)。例如,下面的句子摘自一篇对日本电影《细雪》(The Makioka Sisters)的评论:

这些是有点概略的对照,前者似乎是美德与含蓄的典范,通过她姐妹们安排的几个可能的丈夫她微妙地抗争着——刚过30岁的她就被认为是已经过了自己的鼎盛时期,她天生的羞涩也妨碍了她继续前行——而后者反映了一个快速现代化的世界,在那里正式的婚姻和完全的子女般的虔诚都变成了不合时宜的概念。(Bingham, 2011, p.65)

资料来源:Bingham, A.(2011)."The Makioka Sisters". *Cineaste*, 36(4), 65-66.

注意两个破折号之间的嵌套短语。在你读嵌套短语的同时,你的工作记忆需要记住句子的第一部分,然后你需要将句子的最后一部分与第一部分联系起来。

下次你写论文的时候,要记住否定、被动语态和复杂句法这三个因素是如何影响语言理解的。可能的话,请遵循下列原则:①使用肯定句而不是否定句;②使用主动句而不是被动句;③使用相对简单的句子而不是有复杂句法的句子。

歧义

假如你在当地的报纸上看到这样的标题"Swedish Queen Silvia hurt evading New York photographer"(瑞典王后西尔维娅伤了正在躲避的纽约摄影师,或者是,瑞典王后西尔维娅在躲避纽约摄影师的时候受伤了)。你开始可能会想一个主张和平国家的王后为什么想要伤害一个摄影师,然后你才意识到受伤的那个人其实是西尔维娅王后。正如你想到的,一个句子如果包含歧义词或者歧义的句子结构,那么理解起来就会很困难(Harley, 2010;Lenzner et al., 2010)。实际上,我们讨论过歧义句与乔姆斯基的语言理论有关系。现在,我们来看一下人们是如何理解歧义句的。

心理学家们设计了几种方法来测量包含歧义词或者短语的句子的理解难度(Harley, 2010;MacDonald, 1999;Rodd et al., 2002)。例如,一种方法测量了被试在阅读句子时,眼睛的注视点从一个词移动到下一个词之前短暂停留的时间总和(Pexman et al., 2004;Rayner et al., 2005)。如在填写问卷调查表的时候,人们通常花更长的时间来加工歧义词(Lenzner et al., 2010)。

心理学家们也提出了很多理论来解释听话者是如何加工歧义词的(Traxler, 2012;Van Orden & Kloos, 2005)。当前的研究支持如下的解释:当人们碰到一个潜在的歧义词,歧义项目的所有众所周知的意思都被激活,与此同时,人们根据一定的条件选择一个特定的意思,选择的条件包含①如果这个意思比另外一个意思更常用;②如果句子余下的部分与这个意思一致(Hurley, 2011;Morris & Binder, 2001;Sereno et al., 2003)。

如可能的歧义句"Pat took the money to the bank"。这里,"bank"作为"金融机构"的意思会有最大程度的激活,毕竟这是"bank"最常用的解释,而钱的背景信息也会使人想起这个意思。"bank"的备选意思(如河岸、血液银行)也会有一些最小程度的激活,但在短短的不到一秒钟的时间之后,这些备选的意思会被抑制,而变得不再活跃(Fetzer & Oishi, 2011;Traxler, 2012)。

到目前为止我们讨论了歧义词。但有时候歧义是句子的结构造成的,尤其是那些没有标点的句子(Rayner et al., 2003)。读一下这个句子:

"After the Martians invaded the town that the city

bordered was evacuated."（Tabor & Hutchins，2004，p. 432）

你发现自己很快读下来，但却突然不知所云了是吗？那你是用一种错误的方法去理解了。如果你读了一长串的词都与你最初对句子的解读是一致的，这种情况下的歧义句往往是最难理解的。相反，你可以用几个词来快速纠正你最初的理解错误。如果上面那个长句子的意思不清楚，看看你是否理解这个短一点的：

"After the Martians invaded the town was evacuated."（Tabor & Hutchins，2004，p. 432）

Rueckl（1995）说："歧义是生活的事实。值得欣慰的是，人类的认知系统具备各种功能来处理生活中的歧义"。实际上，我们可以理解歧义句，就像我们可以理解被动语态的句子和复杂句法的句子。只是当我们遇到简单直白的语言时，我们会反应得更快更准确。现在你熟悉了歧义的概念，试一下示例9-3。

示例 9-3
寻找歧义语言

歧义在英语中经常会出现（Rodd et al., 2002）。报纸标题可能是发现歧义词和短语的最好地方。毕竟，标题都需要非常简短，它们常常要省略掉那些可以避免歧义的附加词语。下面是我的同事们、学生们和我曾经看到过的真实的报纸标题：

1. Eye drops off shelf.
2. Squad helps dog bite victims.
3. British left waffles on Falkland Islands.
4. Bombing Rocks Hope for Peace.
5. Clinton wins budget；more lies ahead.
6. Miners refuse to work after death.
7. Kids make nutritious snacks.
8. Local high school dropouts cut in half.
9. Iraqi head seeks arms
10. Oklahoma is among places where tongues are disappearing.

接下来的几周，找一下你常读的报纸上有没有歧义标题。注意一下你对歧义部分的第一个解释是否是对歧义短语的正确解释。如果你发现了任何让人好奇的歧义，请发给我。我的地址是：Department of Psychology, SUNY Geneseo, Geneseo, NY 14454。

语言理解的"好了－够了"理论

心理学家写了几千篇关于语言理解的论文，大体上，这些论文表明人们通常设法进行快速的阅读。如，读下面的句子：

"The authorities needed to decide where to bury the survivors."（当局需要决定在哪里埋葬幸存者们。）

当大部分的人快速阅读这个句子的时候，他们最初会认为它看起来完全没问题。如果再仔细读一下，你会发现问题在哪。Fernanda Ferreira 和她的同事们认为我们使用"好了－够了理论"加工语言（如Christianson et al., 2010；Ferreira et al., 2002；Swets et al., 2008）。根据语言理解的**"好了－够了理论"**（the good-enough approach），我们经常只加工句子的一部分而不是这个句子。与本书的主题2一致，部分加工的策略通常很管用。例如当我最初看到这个关于葬礼的句子，它看上去完全正确，但我没有注意到自下而上的加工，所以我漏掉了"幸存者"这个词。

Ferreira 和她的同事们强调说，人们通常不会努力形成对听到和读到的每一个句子的最准确和最详细的解释。第2章中指出，大学生能以每分钟255字的速率阅读普通的句子（Rayner et al., 2006），如果你需要停下来思考每个句子中每个词的意思，你永远也不可能完成任何阅读作业。

在第7章和第8章，我们讨论了启发式的概念。**启发式**（heuristic）是总的规则，它通常是正确的。语言理解的"好了－够了理论"也是一种启发式（Ferreira & Patson, 2007）。在很多情况下，我们读得很快，并且试图抓住每个句子的大体的意思。我们的语言知识通常可以让我们做出正确的解释，但有时候也会导致语言理解的错误（Harley, 2008）。

深度理解

神经语言学

神经语言学（neurolinguistics）是探讨大脑如何加工语言的学科。这个领域的研究在近几年变得越来越活跃，显示了语言的神经基础是非常复杂的。但遗憾的是，主流的新闻报道通常过度简单地报道神经语言学家报告的复杂结果（Borst et al., 2011；Schumann, 2010）。在这一部分，我们将讨论四个话题：①患失语症的人；②语言加工的半球特异性；③对没有语言障碍的人的神经成像研究；④对促进交流的反射系统的研究。

患失语症的人

神经语言学的最初的研究始于19世纪初，那时候早期的研究者们研究的是有语言障碍的个体。实际上，在20世纪70年代早期之前，几乎所有关于神经语言学的科学发现都来自于患失语症的人。**失语症**（aphasia）患者有交流困难，因为大脑的言语区域损伤了。言语区域的损伤通常是中风患者肿瘤引起的（Gazzaniga et al., 2009；Saffran & Schwartz, 2003）。图9-1展示了语言加工有关的两个脑区。

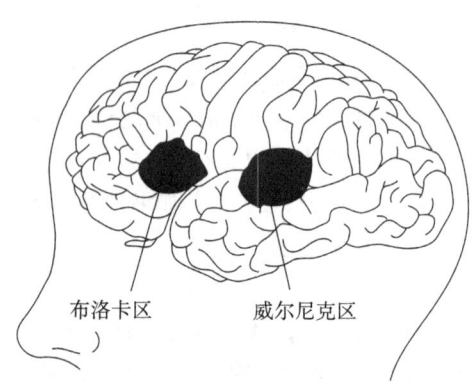

图9-1 布洛卡区和威尔尼克区：与失语症有关的两个脑区

布洛卡区位于大脑额叶，布洛卡区的损伤通常导致说话犹豫，使用孤立的单词和简短的短语（Dick et al., 2001；Gazzaniga et al., 2009）。例如，一个患布洛卡失语症的患者在尝试描述他中风的事实时，是这样的：

"好吧……呃……中风和呃……我……tawanna男人……热水浴缸和……和那……两天呃……医院和呃……救护车。"（Dick et al., 2001, p.760）

布洛卡失语症（Broca's aphasia）的主要特征是语言表达障碍，或者说语言产生困难。这些症状是讲得通的。布洛卡区是负责运动肌运动的大脑区域之一，为了产生出声话语，必须运动嘴唇和舌头。所以，这些人有出声话语产生困难就说得通了。

但是，患布洛卡失语症的人也可能有语言理解困难（Dick et al., 2001；Martin & Wu, 2005）。例如，他们可能不理解"他给她的孩子看照片"和"他给她看孩子的照片"之间的差别（Jackendoff, 1994, p.149）。

语言加工的另一个脑区是威尔尼克区。**威尔尼克区**（Wernicke's area）位于大脑的后部。这个区域的损伤通常导致严重的语言理解障碍（Gazzaniga et al., 2009；Harley, 2001）。实际上，患**威尔尼克区失语症**（Wernicke's aphasia）的人们在语言理解中遇到的困难是，他们无法理解基本的指令如"指着电话"或者"给我看一下那个手表的图片"。

但是，患威尔尼克失语症的很多人除了有语言理解的障碍，也有语言产生的困难。尤其是他们的口头语言常常又长又让人费解。与布洛卡失语症的患者相比，他们通常有较少的停顿（Gazzaniga et al., 2009；Harley, 2001）。下面是威尔尼克失语症的患者试图描述他中风的事实：

"只是突然有一种感力，所有的努觉都随之而去。它甚至踩在我的角上。他们把它们从你知道的地球上带走了。他们使我最喜欢的九变得严苛，现在我已经被森林的树干治愈了，将永远持续。"（Dick et al., 2001, p.761）

大约一个世纪以来，我们就了解了关于布洛卡区和威尔尼克区的基本信息。但是，研究者已经表明，两种失语症比人们原来以为的要相似得多（Gazzaniga et al., 2009；Harley, 2008）。

布洛卡和威尔尼克失语症比研究者认为的要相似得多，我们讨论一下另一个原因，它与以英语为中心的研究存在的问题有关。①说英语的人在使用名词做句子主语和宾语的时候，会用相同的名词形式。假如研究者考察说英语的威尔尼克失语症患者的口头语言产生，在这个特定的语法任务上，这些患者不会有问题。②相反，在德语和捷克语等语言中，在名词做句子的宾语而不是主语的时候，需要在名词的词尾加上字母。有意思的是，说德语和捷克语的威尔尼克失语症患者常常不能给名词加上恰当的词尾，他们的语言产生就会有问题。

简而言之，两种失语症都会造成语言产生和理解的困难，当我们研究英语之外的其他语言时，失语症更有可能造成语言产生和理解的困难。（Dick et al., 2001）。

大脑半球特异性

在这一部分的开头我们提到过，早期的研究者们研究的是有失语症的人，研究者们也注意到有语言障碍的人通常是大脑的左半球比右半球有更严重的损伤。20世纪中期的时候，人们对特异性进行了更系统的研究。**大脑特异性**（lateralization）指的是每个半球有不同的功能。

如果你曾经在通俗杂志或者网站而不是在学术期刊上读到过大脑特异性的文章，你可能会看到这样的陈述"语言加工位于大脑左半球"，但这样的陈述过于绝对。是的，大部分神经语言学的研究发现了左半球比右半球有更大的激活（Borst et al., 2011；Gazzaniga et al., 2009；Traxler, 2012）。可仍然有约5%右利手和50%左利手的人的语言加工位于右半球或者均衡地使用两个半球（Kinsbourne, 1998）。

对绝大多数人来说，左半球确实负责大部分的语言加工工作。在口头语言知觉中，左半球会被激活，然后快速选择对每个声音最可能的解释（Gernsbacher & Kaschak, 2003；Scott, 2005）。在阅读和理解陈述句的时候，左半球也非常活跃（Gernsbacher & Kaschak, 2003）。另外，有画面感的句子也会激活左半球（Just et al., 2004）。

很多年来，人们认为右半球在语言加工中不起主要作用。但我们现在知道，右半球也可以完成语言加工的一些任务。例如，注意信息的情绪色彩时，右半球会变得活跃起来（Gernsbacher & Kaschak, 2003；Vingerhoets et al., 2003）。右半球在我们理解幽默的时候也会起作用（Harley, 2010）。总的来说，右半球负责加工更为抽象的语言任务（Gernsbacher & Kaschak, 2003）。

在诸如解释词语的微妙意义、消除歧义、组合多个句子的意义等任务中，左右半球是共同工作的（Beeman et al., 2000；Grodzinsky, 2006）。例如，假设你像绝大多数人一样，在语言加工中左半球占主导，那想象一下你看到我在一个保险杠贴纸上发现的下面这个有歧义的信息：

SOMETIMES I WAKE UP GRUMPY.
OTHER TIMES I LET HIM SLEEP IN.

看到"SOMETIMES I WAKE UP GRUMPY"，你的左半球激活并构建了一种解释，其中GRUMPY指的是"我"（即车主）。读了下一个句子"OTHER TIMES I LET HIM SLEEP IN"之后，当你搜索一个不太明显的解释时，右半球会激活，这个解释中GRUMPY指的是另一个人。脑功能正常的人，两半球会以互补的方式协同工作（Gazzaniga et al., 2009）。

无失语症的成人的神经成像研究

在过去的十年，研究者越来越多地使用fMRI技术来研究人类语言加工。第1章中提到过，fMRI是建立在含氧丰富的血液是特定脑区大脑活动的指标的基础上（Cacioppo & Berntson, 2005b；Kalat, 2009；Mason & Just, 2006）。

fMRI比PET扫描先进，因为fMRI可以检测到快速发生的变化。fMRI也更安全，因为PET扫描需要注射放射性的材料。fMRI的一个缺陷是，当被试稍稍移动头部的时候，会导致扫描结果的不准确（Saffran & Schwartz, 2003）。所以，你可能猜到了，fMRI更适合研究语言理解而不是语言产生（试一下在讲话的时候不动嘴、舌头或是头部的其他任何部分）。

使用fMRI技术的研究表明，两半球的几个脑区都负责加工语义信息；语言理解不仅仅局限在皮层的一小块区域。我们将讨论一下两个方面的研究，一个是与左半球相关的语言任务，另一个是与右半球有关的语言任务。

1. 使用fMRI技术研究左半球的语言加工。

几十年来，研究者们一直在思索与语言有关的特定脑区（Kanwisher, 2010）。第2章中确定了负责人脸再认的特定脑区，就是颞下叶皮层，位于颞叶皮层的下部。

但是，神经语言学家在确定负责不同的语言理解任务的特定脑区时，却不是那么一帆风顺。Nancy Kanwisher（2010）对此做出了一个重要的解释：实际上，与语言有关的脑区的解剖结构存在很大的个体差异。假设研究者让40个被试完成一个特定的语言任务，同时收集fMRI的数据，然后将所有被试的数据合并在一起。可惜的是，个体差异太大以至于合并的fMRI数据并不能确定完成这个特定语言任务的独特脑区。

麻省理工的几个研究者开发了一个新的方法，称为**语言定位者任务**（language-localizer task），它可以弥补个体差异造成的问题。例如Evelina Fedorenko、Michael Behr和Nancy Kanwisher（2011）使用几个持续10～15分钟的、相对复杂的语言任务扫描单个人的大脑活动，收集到的fMRI数据就可以让他们成就一个适用于这个人的"语言地图"。

后来，研究者们考察单个人的各种不同的语言和非语言任务。他们试图发现是否单个人大脑的特定部分可能只负责语言任务的加工。使用这个方法，Fedorenko、Behr和Kanwisher（2011）得以确定左额叶的特定脑区负责与语言有关的任务的加工，而不负责其他种类（如解数学题）或应用空间工作记忆等认知任务的加工。

使用个体差异的方法，Evelina Fedorenko、Alfonso Mieto-Castanon和Nancy Kanwisher（2011）确定了左半球负责加工特定语言信息的区域。例如，其中一个脑区在加工句子时而不是加工杂乱字母组成的非词时有激活。神经语言学家可以使用这个新的方法发现负责加工其他特定语言任务的脑区。

2. 使用fMRI技术研究左半球的语言加工。

在阅读以下内容之前请尝试一下示例9-4。半球特异性的讨论认为，即使左半球是媒体大众关注的重点，但右半球在语言理解中也有重要的作用。Morton Ann Gernsbacher和David Robertson（2005）提供了一个右半球加工微妙性的例子，具体来说就是他们生成了示例9-4中的几组句子。

示例9-4

阅读两组句子

A. 阅读下列句子：

A grandmother sat at a table.（一个老奶奶坐在餐桌旁。）

A young child played in a backyard.（一个小孩在后院玩。）

A mother talked on a telephone.（一个母亲讲电话。）

A husband drove a tractor.（一个丈夫驾驶拖拉机。）

A grandchild walked up to a door.（一个孙女走向一扇门。）

A little boy pouted and acted bored.（一个小男孩撅着嘴显得百无聊赖。）

A grandmother promised to bake cookies.（一个老奶奶答应烤曲奇饼。）

A wife looked out at a field.（一个妻子看向外面的田野。）

A family was worried about some crops.（一个家庭担心作物的产量。）

B. 阅读下列句子：

The grandmother sat at a table.（这个老奶奶坐在餐桌旁。）

The young child played in a backyard.（这个小孩在后院玩。）

The mother talked on a telephone.（这个母亲讲电话。）

The husband drove a tractor.（这个丈夫驾驶拖拉机。）

The grandchild walked up to a door.（这个孙女走向一扇门。）

The little boy pouted and acted bored.（这个小男孩撅着嘴显得百无聊赖。）

The grandmother promised to bake cookies.（这个老奶奶答应烤曲奇饼。）

The wife looked out at a field.（这个妻子看向外面的田野。）

The family was worried about some crops.（这个家庭担心作物的产量。）

现在回答这个问题：第一组和第二组的句子这是每句开头的第一个词不同，但你感觉到两组句子表达的大致意思有差异了吗？

资料来源：Gernsbacher, M. A., & Robertson, D. A.（2005）. Watching the brain comprehend discourse. In A．F．Healy（Ed.）, *Experimental cognitive psychology and its applications*（pp. 157-167）. Washington，DC: American Psychological Association.

第一组句子都是以"一个"开头的，第二组句子与第一组相同，除了开头不是"一个"而是"这个"。你会预想到这么小的一个改变会造成fMRI模式的差别吗？Gernsbacher和Robertson（2005）发现，两组句子产生了相同的左半球的激活模式，但右半球的激活模式却不同。

像 Gernsbacher 和 Robertson 强调的那样，当一系列的句子都使用"这个"的时候，它们像是形成了一个完整的故事，其中奶奶、孩子和其他的家庭成员都联系在一起。相反，当所有的句子以"一个"作为开头的时候，它们彼此好像是断开的，所有的人物都好像不能形成一个整体。右半球会对连续的语言和不连续的语言做出不同的反应。

反射系统如何促进交流

神经语言学中一个比较新的话题是关于**反射系统**（mirror system）的，它是大脑运动皮层的一个神经细胞网络。在观察别人完成动作的时候，这些神经细胞会被激活（Gallese et al., 2011；Gazzaniga et al., 2009；Glenberg, 2011a）。反射系统的概念是 Giacomo Rizzolatti 和同事们（Rizzolatti & Craighero, 2009；Rizzolatti et al., 1996）最早报告的。他们记录几只猴子在观察研究者剥开花生时运动皮层的单个神经元的反应，剥花生是猴子经常做的动作。令人惊喜的是，每个猴子的神经元都对这个动作产生了强烈的反应。实际上，这些反应与猴子自己剥开花生时产生的神经反应非常相似。

后来的研究关注的是人的反射系统。如 Beatriz Calvo-Merino 和同事们（2005）采集了跳古典芭蕾的舞蹈演员在观看古典芭蕾视频和巴西武术视频的 fMRI 数据。结果显示，与芭蕾动作有关的运动皮层区域有显著增大的激活，而与武术有关的区域只有很小的激活。但是，擅长巴西武术的人表现出了相反的激活模式。也就是说，专家们有充分发展的、合适的运动"词汇表"，他们通过观看他人的动作就可以领会其中的意义。

Rizzolatti 和 Craighero（2009）讨论了另一个重要的观点，即语言不仅局限于说出来和写出来的信息，身体动作也很重要。他们认为，以声音为载体的语言不是人们之间相互交流的唯一方式，以手势为载体的手语代表了一种结构更为完整的交流系统。

说到这里，你可能还在疑惑反射神经元的话题怎么会与语言有关。其实在这个加工观察的细节问题上，神经语言学家们并没有达成一致（Gallese et al., 2011；Glenberg, 2011b）。但是很显然，交流过程超越了听到的听觉信息和读到的书面信息，因为反射神经元在语言理解过程中也起作用（Glenberg, 2011a, 2011b）。当我们在嘈杂的环境里听别人说话的时候，反射神经元是尤其活跃的，因为嘈杂的环境中我们需要其他线索的帮助才能听懂别人的话（Glenberg, 2011b）。显然，我们也可以通过他人的动作理解信息。

总之，神经语言学研究突出了语言能力的复杂性。我们讨论了关于失语症患者的研究，关于半球特异性的研究，fMRI 的研究和反射系统的研究。神经语言学家们还有很长的路要走，但他们已经发现了语言理解的脑区的重要信息。

基本的阅读加工

阅读对大多数成年人来说是很容易的，但对大部分儿童和有些成年人来说却是一项很有挑战性的任务（Traxler, 2012）。花一分钟考虑一下在你读一段文字的时候所需要的不同的认知加工。阅读需要用到前几章讨论过的很多认知过程。例如，阅读的时候需要字母再认（第 2 章），需要眼睛在页面移动（第 3 章），需要将正在加工的句子存储在工作记忆中（第 4 章），需要回忆长时记忆中存储的早期材料（第 5 章）。

阅读还需要更复杂的认知动作，如需要元记忆和元理解来思考对本书全面呈现的材料的记忆和对正在读的这一段文字的理解（第 6 章）。在有些情况下，还必须构建心理表象来表征阅读加工的情境（第 7 章）。此外，理解段落的时候也需要用到语义记忆、图式和文本（第 8 章）。

示例 9-1 和本书的许多地方都强调了不同认知加工过程之间的相互联结（主题 4）。阅读就是一种需要各种认知加工能力的活动。尽管阅读加工很复杂，但成年人通常在阅读的时候不会考虑到需要付出的认知努力（Gorrell, 1999）。例如，在 200 毫秒（即 1/5 秒）的时间里，我们就可以不出声地识别单独的词语。此外，我们阅读的速度很快，大约每分钟 255 个词（Rayner et al., 2006）。与主题 2 一致，我们的阅读是非常有效和准确的。

称赞我们的阅读努力还有一个原因：在英语中，字母表上的字母和英语语音不是一一对应的关系。不规则的发音也使英语比其他发音规则的语言，如西班牙语和俄语理解起来更困难（Rayner et al., 2003；Traxler, 2012）。其实，示例9-5就展示了英语中的不规则发音，可以尝试一下。本章的一开始我们就提到过，大部分的心理语言学家都关注的是说英语的人，我们也不能将英语研究的结果推广到中文阅读者身上，因为中文词语都是符合表征的（Qu et al., 2011；Rayner et al., 2008；Traxler, 2012）。

示例 9-5
注意字母表上的字母和英语的发音不是一一对应的

下面每个包含字母组合"ea"的词读音都稍有不同，出声读这些词，看看"ea"的不同发音。

beauty	deal	react
bread	great	séance
clear	heard	bear
create	knowledgeable	dealt

你看到了，同一个字母组合有12种不同的发音。另外，英语中每个音素的拼写也有很多种。回到上面这个词表，想一想相同发音而不同拼写的词都有哪些。例如，"eau"在"beauty"中与"iew"在"view"中的发音很像。

资料来源：Underwood & Batt, 1996.

本章的第二部分是基本阅读加工，将从比较书面语言和口头语言开始，然后再讨论词语再认的两条通路。第二部分是第三部分的基础和背景，第三部分是关于理解书面和口头语言的更大的单位，如故事。

比较书面语言和口头语言

第2章中我们讨论过口头语言理解的几个要素。而理解书面语言会遇到与理解口头语言不同的挑战，阅读与口头语言理解在许多方面都存在重大的差异（Ainsworth & Greenberg, 2006；Dahan & Magnuson, 2006；Gaskell, 2009b；Nelson et al., 2005；Saffran & Schwartz, 2003；Traxler, 2012；Treiman & Kessler, 2009）：

1. 阅读是视觉的，以空间的形式展开的；而说话是听觉的，以时间形式展开的。

2. 阅读者可以控制信息输入的速率；而听话者通常却不能。

3. 阅读者可以重新浏览书面的输入；而听话者必须高度依赖工作记忆。

4. 阅读者看到是标准化的没有错误的信息输入；而听话者常常需要应对变化、语法错误、模糊的发音和干扰刺激。

5. 阅读者可以看到词与词之间分离的界限；而听话者常听到不清楚的边界，正如你在第2章60页上看到的那样。

6. 阅读者只需要看到页面上的刺激；而听话者不仅要关注听觉线索，还要注意非言语线索（如重点词）和语速的变化。研究者们只是刚开始理解这些额外线索的重要性（Glenberg, 2011a, 2011b）。

7. 儿童需要详细的讲解才能掌握一些书面语言，如书面英语；但他们学习口头语言却很容易。

8. 当新词以书面形式而不是口头形式呈现的时候，成年人常常学习得更快。

你可能想到，书面语言的这8个特点对认知加工有重要的启示。例如，我们可以根据页面上每个词语的意思来理解本书中的一个段落，而在口头语言交流中很少能这样做。

书面语言和口头语言虽然不同，但两种加工都需要理解词义和句子的意思。其实，个体差异的研究中强调了两种加工的相似性。成年人的阅读理解测验的分数与口头语言理解测验的分数存在高相关，约为+0.90（Rayner et al., 2001）。

理解词语：理论解释

目前为止，我们关于阅读的讨论还只是如何识别字母（第2章），浏览文本中每行文字的时候眼跳模式是怎样的（第3章），以及工作记忆的作用（第4章）。现在，我们要提出一个关于阅读的重要的问题：我们是如何看到字母的组合模式并再认一个词语的？如我们是如何看到这一段开头第四个词并认出它的？对不规则拼写的词是如何再认的，如"choir"和"aisle"？

学者们争论过人们在阅读一个段落的时候是否会读出段落中的词语。有人认为是的，而有人认为不是。现在，这个争论解决了（Coltheart, 2005）。你可能修了很多的心理学课程，从而可以猜到答案：人们有时候会读出声，有时候不会。其实，阅读的**双通路理论**（dual-route approach）认为，熟练的阅读者会使用直接通达通路和间接通达通路（Coltheart，2005；Harley，2008；Treiman & Kessler，2009）。

1. 有时候人们通过**直接通达通路**（direct-access route）理解词语，就是直接通过视觉而不需要通过发音再认一个词语。如看到"choir"和它的视觉模式，就足以让我们通达这个词和它的语意。如果词语的拼写不规则或者发音不容易，如"one""through"，就可能需要使用直接通达通路。

2. 有时候人们通过**间接通达通路**（indirect-access route），看到一个词，先将书面的形式转换成语音的形式，然后通达词和意义（Harley，2010；Treiman et al.，2003）。如果词语的拼写规则，发音容易，如"ten""cabinet"，可能需要使用间接通达通路。

为什么说第二种加工是间接的？因为它需要经过将视觉刺激转换成语音刺激的中间步骤。想一想你在阅读的时候是否用到了这个中间步骤。在你读这个句子的时候，你有形成词语的语音表征吗？你可能都没有动嘴唇或者没有读出声，但在你阅读的时候会有一些词语的听觉表象吗？我们接下来讨论一下相关的研究。

直接通达通路

一个经典的研究表明，人们可以通过视觉直接进行词语再认，不需要注意到词语的发音。Bradshaw 和 Nettleton（1974）给被试看拼写相似而发音不同的词对，如 mown-down、horse-worse、quart-part。一个条件下要求被试默读第一个词然后出声读第二个词，如果他们需要将第一个词转换成声音，就会干扰第二个词的发音。

但结果显示，被试在读第二个词的时候并没有犹豫。这样的结果和其他一些类似的结果说明词语可以直接通达，正常阅读时人们不会默读看到的每一个词（Coltheart，2005）。

间接通达通路

让我们看一下支持间接通达通路的研究。很多研究结果显示，阅读中视觉刺激需要转换成语音（Coltheart，2005）。而且，语音编码可以增强工作记忆并提供辅助理解视觉表象的听觉表象（Harley，2008；Rayner et al.，2003）。

Luo 和同事们（1998）的研究发现，大学生会使用间接通达通路。他们让学生读一系列的词对，并判断词对中的两个词是否语义相关。在实验条件下呈现的词对是 LION-BARE，BARE 与 BEAR 的发音相似，而 BEAR 与 LION 的意义相关。

在实验条件下判断词对的语义相关时，学生们经常犯错，因为他们错误地认为两个词的语义是相关的，说明他们在判断的时候默读了词对；而在控制条件下（LION-BEAN）犯的错误相对较少，这种条件下虽然第二个词看上去像 BEAR，但发音不同。

词语的发音在儿童开始阅读的时候尤其重要。很多研究表明，语音意识高的儿童的阅读能力也更好。也就是说，能够识别词语语音模式的儿童，他们在阅读成就测验上的得分也高（Levy，1999；Share，2008；Wagner & Stanovich，1996；Ziegler et al.，2010）。

你可能认为儿童需要将印刷的词语转换成语音，毕竟儿童在阅读的时候嘴唇在动，而成年人通常不会。试一下示例9-6，看看你是否改变了想法。成年人在阅读绕口令的时候速度很慢，说明至少在有的情况下，成年人也需要将词语首先转换成语音（Harley，2008；Keller, et al.，2003）。

示例 9-6

阅读绕口令

默读下面的绕口令：

1.The seasick sailor staggered as he zigzagged sideways.

2.Peter Piper picked a peck of pickled peppers. A peck of pickled peppers Peter Piper picked.

3.She sells seashells down by the seashore.

4.Congressional caucus questions controversial CIA-Contra-Crack connection.

5.Sheila and Celia slyly shave the cedar shingle splinter.

说实话，你在读的时候"听到"自己念这些词吗？你读绕口令的时候要比读其他的句子更慢吗？

词语通达的双通路理论有一定的灵活性，这个理论认为阅读材料的特点会决定我们采用直接通达还是间接通达通路。例如，在初次看到一个很长且不常用的词语的时候，可能用到间接通路，而对常用的词语则使用直接通路通达（Bernstein & Carr，1996；Harley，2008）。

双通路理论也认为，阅读能力也会决定使用直接还是间接通路。初级阅读者很可能先读出词语再使用间接通达；熟练的阅读者可能直接从印刷的词语进行再认。成年人的阅读风格也不相同，阅读能力差的人主要用间接通达，而阅读能力好的主要用直接通达（Harley, 2008；Jared et al., 1999）。

目前，双通路理论看起来像一个实用的折中方案，它与脑成像的研究结果也一致（Harley, 2008；Jobard et al., 2003）。根据自己的阅读能力和文本的特点，阅读者会通过直接和间接通路来识别词语。

对儿童阅读理解教学的启示

在这一章中，我们已经注意到了英语是一种"独特的语言"，因为英语词语中有数不清的不规则发音。偏偏不规则发音在儿童英语阅读理解教学中举足轻重。

例如，有一项研究使用标准化测验测量了14个不同的欧洲国家儿童的阅读理解能力，测验施测的时间是一年级结束的时候。像西班牙语和德语等语言的发音非常高的可预测性，学习理解这些语言的儿童在标准化测验上的阅读理解准确性得分接近100%。而法语和葡萄牙语等语言的发音可预测性不是很高，使用这些语言的儿童的阅读理解准确性得分约为80%。英语发音的可预测性最低，使用英语的儿童的阅读理解准确性得分只有34%（Seymour et al., 2003；Ziegler et al., 2010）。

那么，应该如何教会儿童理解英语呢？多年来，教阅读理解的教师和研究者们一直在争论什么是最有效的教学方法。一般来说，赞同直接通达理论的人也都赞同整词理论。**整词理论**（whole-word approach）认为，阅读者能够直接将书面的词语作为一个完整的单位与这个词所表征的意义直接联系起来（Rayner et al., 2001）。

整词理论强调，英语的书面语编码和口语编码之间的对应是众所周知的复杂，正如我们在示例9-5中看到的那样。支持整词理论的人们主张儿童不应该学着去关注一个词的发音方式，而是应该学习识别一个词在句子中的背景信息。但这样就会出现一个问题，因为即使是熟练的成人阅读者在看到一个不完整的句子并猜测漏掉的词语时，也只能达到25%的正确率（Perfetti, 2003；Snow & Juel, 2005）。

相反，支持间接通达理论的人们通常都支持语音理论。**语音理论**（phonics approach）认为，阅读者通过尝试读出词语中单个字母的发音来识别词语。当你结结巴巴地要念一个新词的时候，如果你的年级老师告诉你要"读出来"，那么说明他们是支持语音理论的。

语音理论认为，发音是阅读理解必要的中间步骤，并且强调要培养儿童的音素意识。研究结果显示，语音训练对有阅读理解问题的儿童有帮助（Harley, 2008；Perfetti, 2011；Traxler, 2012）。例如，对34个研究的元分析表明语音训练项目对儿童的阅读理解能力有主要影响（Bus & van IJzendoorn, 1999）。

多年来，整词理论的支持者与语音理论的支持者之间的争论持续白热化（McGuinness, 2004；Traxler, 2012）。但在过去的十年，大多数的教育者和研究者们倾向于支持某种形式的折中：应该教会儿童使用语音获取词语的发音，也应该教他们使用背景信息做支持来证实最初的理解。即使坚定的语音理论的支持者也同意教师应该鼓励儿童只通过视觉来识别一些词语。教师也应该在课程中强调口头语言的重要性（Hulme & Snowling, 2011）。

另外，教育者们通常也赞同一种称为完整语言理论的理论中的某些观点。完整语言理论也与整词理论相对。根据**完整语言理论**（whole-language approach），阅读理解教学应该强调意义，应该是愉快的，能够通过儿童学习阅读的热情。儿童在成为拼写专家之前应该读有趣的故事并试着写故事。在课堂中他们也需要使用到阅读理解（Luria, 2006；McGuinness, 2004；Snow & Juel, 2005）。额外的好处是，当儿童提高了阅读理解能力，他们也提高了数学能力（Glenberg et al., 2011）。

除此之外，儿童需要拥有在学校之外可以阅读的书，因为即使儿童的阅读能力有限，他们也能够从闲暇阅读中获益（Mol & Bus, 2011）。儿童的早期阅读经验还有助于他们社交能力的发展，尤其是对学前儿童来说，当父母读书给他们听的时候，他们会有更高的社交意识。根据Raymond Mar和同事们的研究，父母经常读书给他们听的儿童更能够意识到他人的想法和感受（Mar, 2011；Mar et al., 2010）。即使研究者们排除了其他的几个解释之后，这个效应依然存在。

在我们结束关于基本的阅读理解的内容之前，我们需要强调一个重要的观点。我们的讨论建立在假设儿童和成人都有相同的机会学习阅读的基础上。在加拿大和美国，约有98%的成人有基本的读写能力（Luria, 2006）。但现实是，全世界有超过8亿人是文盲，这其中的约2/3是妇女。显然，一个没有读写能力的人在就业、保健和日常交流中将处于巨大的劣势。

理解语篇

本章的开始是对语言本质的概览，然后介绍了语言学的理论和语言的生物基础，接着是基本的阅读理解加工。你会注意到，所有这些话题关注的是我们如何加工小的语言单位，如语素、字母、词语或者独立的句子。但在日常生活中，加工的往往都是**语篇**（discourse），也就是相互关联的、比句子要大的语言单位（Traxler，2012；Treiman et al.，2003）。你会收听收音机广播的新闻，听到朋友讲故事，你按照指令整理书柜，阅读认知心理学的课本等。

在第1章和第8章，我们讨论了Frederic Bartlett（1932）关注这些更大语言单位的研究，尤其是Bartlett发现，人们在很长的延迟之后对故事的回忆会变得与他们的图式更加一致。但在随后的40年，心理学家和语言学家主要研究的是词语和独立的句子。实际上，语篇加工的问题直到20世纪70年代中期才重新被重视（Butcher & Kintsch，2003；Graesser et al.，2003）。所幸的是，语篇理解的研究现在是心理语言学中的一个很活跃的领域（Lynch，2010；Traxler，2012）。

到目前为止，我们在这一章讨论了背景信息如何帮助我们理解语音、字母和词语。我们接下来将要讨论背景信息也有助于我们理解更大的语言单位。第8章中我们指出了一般的背景知识和专业技能有助于促进概念理解。语篇理解的研究也强调脚本、图式和专业技能的重要性（如Harley，2008；Mayer，2004；Zwaan & Rapp，2006）。

我们看到，语言理解在所有水平上都印证了主题5，即物理刺激的加工（自下而上的加工）与我们的预期和已有知识提供的背景（自上而下的加工）之间相互作用。这种相互作用在我们形成完整的内部相互结合的文本表征的时候和我们进行**推断**（inference）的时候显得尤其突出，推断是超越独立的短语和句子的结论（Harley，2010）。

这部分对语篇理解的探索所关注的主要是以下问题：①形成文本的完整表征，②在阅读过程中进行推断，③教授元理解能力，④考试焦虑和语篇理解的个体差异，⑤能够衡量语篇语义内容的一门技术。

形成文本的完整表征

阅读理解不只是将词语与短语联结起来那么简单。阅读者必须将不同的信息汇集到一起，记住各种概念，这样所读到的信息才是有内部一致性的，才是可以记住的（Traxler，2012；Zwaan & Rapp，2006）。在日常生活中，我们需要搞清楚其他人心里的想法，用一个概念来描述就是**心理理论**（theory of mind，Mar，2011）。例如，我们可能会说，"Judith一般情况下人都是很好的，但她对Kathy真的很不好。也许她在担心自己的期末考试。"同样，在阅读过程中，人们也常常需要搞清楚他们在故事或者书中读到的人物的心理想法。

倾听者（还有阅读者）在听到口头语言的时候会形成整合的表征，在倾听的时候也会记忆信息和做出推断（Butcher & Kinstsch，2003；Lynch，2010；Marslen-Wilson et al.，1993；Poole & Samraj，2010）。但是，几乎所有关于阅读理解的研究考察的都是阅读过程中的语篇加工，而不是倾听过程中的语篇加工。

关于阅读的研究显示，熟练的阅读者经常会将信息组织和整合成一个完整的故事（Zwaan & Rapp，2006）。例如，前面示例9-4中关于Gernsbacher和Robertson的研究的描述就说明了这个问题。这些研究者表明，阅读者会利用细微的语言学信息。具体来说，阅读者会意识到如果所有的句子都是以the开头，而不是以a开头，那么这一系列的句子可以形成一个完整的故事。

另外，我们在形成整合表征的时候，常常会对正在阅读的材料建构一个心理模型（Long et al.，2006；Traxler，2012；Zwaan & Rapp，2006）。例如，在第7章我们看到，阅读者可以根据对不同位置的书面描述建构认知地图。

阅读者也会建构一些内部表征，包含了对故事中人物的描述。这些故事人物的描述性的信息可能包括人物的职业、社会关系、情绪状态、人格特质、目标和动作等（Carpenter et al.，1995；Trabasso et al.，1995）。实际上，到了中学，有的孩子就能够监控自己正在阅读的故事中的事件，并且注意到故事情节的变化和人物的不寻常行为（Bohn-Gettler et al.，2011）。但是，有些小说家会挑战成年阅读者的工作记忆甚至是长时记忆。例如，詹姆斯·乔伊斯的《尤利西斯》（*Ullyses*）中的一个句子包括12 931个词语（Harley，2010）。

阅读者们常常需要在长时记忆中将这些内部的表征保持一段时间，至少是读完几页小说的时间（Butcher & Kintsch，2003；Gerrig & McKoon，2001）。此外，阅读者们也常常需要做出超越作者所提供的信息的推断。我们下面将会更详细地讨论这个问题。

在阅读过程中进行推断

我最喜欢的小说之一是《追风筝的人》，这本小说描写了阿富汗喀布尔地区两个年轻男孩的成长过程。故事的主人公阿米尔是一个富有的、有影响力的人物"爸爸"的儿子，阿米尔的朋友哈桑，住在附近"爸爸"的仆人家里。读者不需要关于阿富汗社会阶层的复杂知识，也不需要关于在这个国家进行的一系列悲惨的政治战争的知识，甚至在读完第一章之前我们就可以知道阿米尔与哈桑两人的友谊一定不会有一个幸福的结局。只要我们在阅读，我们就会通过做出推断来激活重要的心理加工，而这些推断都是超越了书面信息的。

我们在阅读过程中做出推断的时候，为了获取书面描述中没有明显提到的信息，会使用关于世界的知识（Harley，2008；Lea et al.，2005；Traxler，2012）。我们在第 8 章中讨论过推断与图式对记忆的影响有关系。推断在阅读中也非常重要。人们将正在阅读的信息与段落中呈现的其他信息相结合，然后在此基础上得出合理的结论。这与本书的主题 1 相一致，即人们是主动的信息加工者。

让我们讨论与阅读过程中的推断有关的几个问题。首先，我们将讨论推断的建构主义者观点；其次，我们会讨论有助于推断的因素；最后一个问题是关于更高水平的推断。试一下示例 9-7 再继续读。

示例 9-7
阅读文本的一个段落

阅读下面的段落，注意它是否通顺流畅、符合逻辑。

1. Dick 有一个星期的假。
2. 他想去一个地方。
3. 一个他可以游泳和进行日光浴的地方。
4. 他买了一本关于旅行的书。
5. 然后他看了一些广告。
6. 这些广告是登在周日报纸的旅行版上的。
7. 他去了当地的一个旅行社。
8. 要求买一张去阿拉斯加的飞机票。
9. 他用信用卡付了机票钱。

资料来源：Huitema, J. S., Dopkins, S., Klin, C. M., & Myers, J. L. (1993). Connecting goals and actions during reading. *Journal of Experimental Psychology: Learning, Memory, and Cognition*, 19, 1054.

推断的建构主义者观点

根据**推断的建构主义者观点**（constructionist view of inference），读者通常会推断事件的原因和事件之间的关系。例如，当你读小说的时候，你会推断人物的动机、人格和情绪，会形成关于新的情节发展、关于作者的观点等预期（Sternberg & Ben-Zeev，2001；Zwaan & Rapp，2006）。

这个观点之所以被称为"建构主义者观点"，是因为在读者整合当前信息与从文本的前面部分中获得的相关信息，以及整合当前信息与他们自己的背景知识时，会主动建构一致性的解释（Harley，2008；Traxler，2012；Zwaan & Singer，2003）。建构主义者观点认为，即使当相关的话题之间间隔了几个无关段落的时候，人们也通常会做出推断。

让我们看一下 John Huitema 和合作者们（1993）进行的一个经典研究，他们研究的是像示例 9-7 中的简短故事的理解。示例 9-7 中的介绍材料使你相信 Dick 不久就会去一个阳光灿烂的沙滩。你在读到第 3 行的时候到了这个推断，但是它与第 5 行之后的信息冲突，而不是与紧接着的下一句信息冲突。他们研究中的因变量是被试读到关键一行，即 Dick 旅行目的地那一行所用的总时间。

John Huitema 和合作者们（1993）测试了四种条件。你在示例 9-7 中看到的是远/不一致条件，在这个条件下，故事表明目标的第一个句子与不一致的信息，即关于阿拉斯加的陈述之间隔了几行其他的信息。在近/不一致条件下，目标句与不一致的陈述是相邻的两个句子。在远/一致条件下，目标句与一致性的陈述（Dick 要求买一张去佛罗里达的机票，佛罗里达是一个可以游泳和晒太阳的地方）之间隔了几个句子。在近/一致条件下，目标句与一致的陈述是相邻的两个句子。

从图 9-2 中你可以看到，当两个句子是相邻的时候，被试阅读一致的陈述比不一致的陈述要快。这个发现并不让人吃惊。但是，你会注意到，在两个句子之间隔了几个句子的条件下，被试同样是阅读一致的陈述比不一致的陈述要快，即使这两个相关的部分之间有 4 个句子插入。

John Huitema 和合作者们（1993）的研究结果支持了建构主义者观点。阅读者显然是要将这个段落中的材料联结起来，他们会借助于存储在长时记忆中的信息，在这个例子中提取的信息是对旅行的热情和日光浴。在语篇加工过程中，即使是在不相关的材料将相关的信息分隔开来的情况下，我们也会试图建构一个具有内部一致性的文本的表征（Klin et al., 1999；Rayner & Clifton, 2002；Underwood & Batt, 1996）。

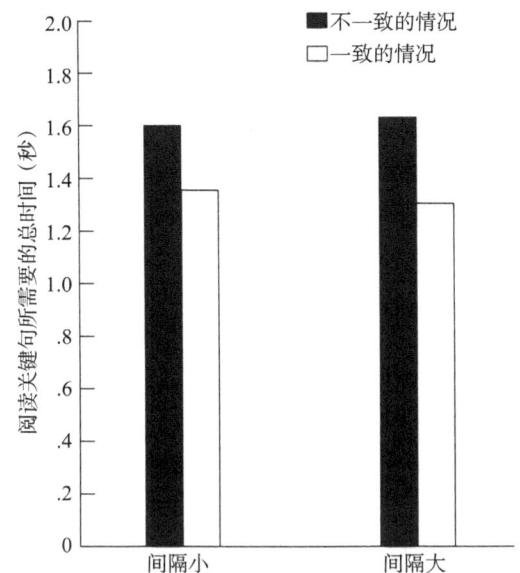

图9-2 在John Huitema和合作者们（1993）的研究中，阅读关键句所需要的总时间。这个时间受到目标句与关键句之间间隔句子数量与目标句和关键句的兼容性（一致 vs. 不一致）的影响

资料来源：Huitema, J. S., Dopkins, S., Klin, C. M., & Myers, J. L. (1993). Connecting goals and actions during reading. *Journal of Experimental Psychology: Learning, Memory, and Cognition*, 19, 1053-1060.

在其他的研究中，研究者要求阅读者大声讨论他们正在阅读的文本段落（Suh & Trabasso, 1993；Trabasso & Suh, 1993）。所用的故事材料中，主要人物的最初目标先是受到阻碍，后来才得以达成。大约90%的被试在评论最后一行的时候会特别提到最初的目标。Suh和Trabasso强调，读者建构了因果推断，以便整合语篇和建构一个组织良好的故事。

有助于推断的因素

我们在阅读一个段落的时候，并不总是会做出推断。例如，一些阅读者不会激活出现在段落开头的信息（Harley, 2008；Zwaan & Rapp, 2006）。正像你所预期的那样，如果人们的工作记忆容量很大，这样的人更可能会进行推断（Butcher & Kintsch, 2003；Long et al., 2006）。有出色的元理解能力的人也可能会进行推断。这些人意识到他们需要搜索两个看似不相关的句子之间的联系（Ehrlich, 1998；Mayer, 2004）。

如果人们具有关于文本中描述的话题的专业知识，也可能会进行推断（Long et al., 2006）。实际上，某个领域的专业知识可以弥补相对较小的工作记忆容量的局限（Butcher & Kintsch, 2003）。还有研究显示，当人们阅读科学文本的时候是不太可能建构推断的（Mayer, 2004；Millis & Graesser, 1994）。

我们在这一部分的讨论中关注的是影响推断的因素，我们已经看到，有的情况下人们更有可能进行推断，而有的情况下则不太可能进行推断。但在解释这些因素的时候，我们需要记得第8章提到的一个重要观点：有的情况下，我们会像记住实际出现在文本中的陈述一样记住我们的推断，推断与文本混合，形成了一个内部一致的完整故事。我们常常会记得要点或者一个段落的大体意思，而忘记自己建构了一些实际上没有在故事中出现的元素。

更高水平的推断

研究者们现在正在研究更高水平的推断，即超越段落水平的推断（Harley, 2008；Leavitt & Christenfeld, 2011）。例如，一些书的体裁可能会激活不同的预期。哈利·波特系列及其他虚幻故事的爱好者知道，他们必须要停止使用自己的日常生活的图式来理解这些小说的内容。当然，赫敏可以同时出现在两个地方；当然，哈利能够理解两条蛇之间的谈话。

一种更高水平的推断是基于我们自己所偏好的故事如何发展的方式。你可能会翻开一本快节奏的间谍小说，读着读着，自己在心里会对最喜欢的人物大喊"小心！"实际上，研究显示，沉入故事中的阅读者确实会发展出对特定结局的强烈心理偏好（Rapp & Gerrig, 2006）。

这些心理偏好会很强烈，以至于它会干扰读者判断故事如何发展的能力，它会让读者在确定不幸的结局是否真正发生的时候产生停顿（Gerrig, 1998；Zwaan & Rapp, 2006）。你甚至会发现自己是如此希望故事会产生你所建构的幸福结局，以至于你需要重复阅读最后的句子好几次，并尝试说服自己，故事的主人公没有死。

总之，人们在阅读的时候常常会进行推断，他们将材料整合成一个具有内部一致性的单位。如果他们遇到与自己的推断相矛盾的事情，就会变得迷惑不解。如果人们的工作记忆容量很大或者拥有专业知识，那么他们尤其可能进行推断。阅读科学文本的时候，人们是很少进行推断的，但读小说的时候却经常进行推断。在读小说的时候，我们自己的偏好可能会干扰我们对文本的理解。

教授元理解能力

在这一章的第二部分中，我们关于阅读理解的讨论考察的是教育者如何教小孩子基本的阅读能力。我们先简单地讨论一下教育者如何教给大一些的学生某些重要的元理解能力。

第 6 章关注的是元认知的话题，**元认知**（metacognition）是关于认知加工过程的知识，以及对这些认知加工过程的控制。元认知的一个重要部分就是**元理解**（metacomprehension），指的是关于阅读理解的想法。

大部分的小孩子没有发展出元理解所需要的合适的认知技能；理解单个的词语和句子就已经够困难的了（Baker, 2005；Griffith & Ruan, 2005）。而且，儿童阅读理解的某些方面与我们的直觉是矛盾的。例如，如果儿童尝试将文本与相邻的图片相结合的话，逻辑上是不是儿童的阅读理解能力应该得到提高？但奇怪的是，图片实际上会降低儿童的阅读能力（Torcasio & Sweller, 2010）。

但是，大一些的儿童、少年和成人能够考虑他们的阅读和倾听策略（Lynch, 2010）。例如，当你在阅读一本书的时候，你知道自己应该想到相关的背景知识。还有，你会考虑自己是应该逐句阅读还是应该略过一些细节。你也知道你应该监控自己是否理解了正在读的材料（Griffith & Ruan, 2005；Perfetti et al., 2005）。而且，你有时候会意识到自己的心思已经飘离了正在阅读的材料（Smallwood & Schooler, 2006）。

在过去，教育者们很少训练学生发展他们的元理解能力（Randi et al., 2005）。但是，现在他们提出了一些有用的策略。例如，老师可以要求中学生进行出声思维，这样学生可以对段落进行总结，可以预测可能的结局，可以重新描述令人困惑的部分（Israel & Massey, 2005；Schreiber, 2005；Wolfe & Goldman, 2005）。

个体差异：干扰性话语和阅读理解

你曾经试过在附近有人大声聊天的环境下阅读课本吗？你可能注意到，有人有很强的专注阅读的能力，而其他人则因为耳语声而分心。研究表明，工作记忆容量大的人较少会受到干扰。

瑞士 Gäyle 大学的 Patrik Sörqvist 与同事们（2010）进行了一项相关的研究，主要关注谈话聊天如何破坏学生们的阅读理解能力，而不是影响他们对书面段落的长时记忆能力。所以，他们在学生读完几个句子之后会立即呈现一个阅读理解的问题让他们回答（如果等学生读完了几个段落再呈现问题，那么测量的就是长时记忆了）。

在阅读任务中，学生们要读 20 个简短的文本，每个文本会呈现在电脑屏幕上，每次呈现一个。学生们在读完文本之后要回答关于所读文本的一个问题，是选择题或者是填空题。

学生们在安静的环境下阅读一半文本，在听着干扰性谈话的环境下阅读另一半文本。学生们听到的干扰性谈话是研究者们录的一个男演员朗读一个关于虚构文化的故事，录音是通过 70 分贝的耳机播放的，音量比平常的谈话大一点点。朗读的故事被分成了不同的简短的部分，以便使它们的持续时间与屏幕上呈现的书面文本的持续时间相匹配。

研究结果显示，学生们在安静条件下得到的阅读理解分数比在干扰性谈话的条件下要高，但是在两个条件下他们对阅读理解问题的回答同样快速。

前面我们知道，在有人说话的时候，人们的专注阅读能力是非常不同的。Sörqvist 与同事们怀疑，工作记忆容量可能与阅读的专注力的个体差异有关。他们使用一个单独的任务测量了被试的工作记忆。具体来说，他们设计了一个"数字更新任务"，视觉呈现一列 10 个两位数，每次呈现一个。学生们要看着数字呈现，在所有的数字都呈现完毕之后，他们要给出 10 个数字中最小的三个，并且要按照这三个数字在数字列中出现的顺序来回答。

前面我们提到，当学生们听到干扰性谈话的时候，比安静阅读的时候会在阅读理解任务中出现更多的错误。但是，工作记忆任务得分低的学生比得分高的学生犯的错误要明显得多。换句话说，即使没有人大声说话来干扰，工作记忆能力弱的人们也会出现阅读困难。这个研究结果具有重要的应用价值。很多学生会认为他们可以在嘈杂的环境中阅读课本，那么他们需要知道的是，干扰性的噪声绝对会损害他们的阅读能力，尤其是当他们的工作记忆能力也不太好的时候。

语言理解和潜在语义分析

认知科学家们已经开发出了各种不同的计算机程序来进行语言理解（如 Burstein & Chodorow, 2010；Moore

& Wiemer-Hastings，2003；Wolfe et al.，2005）。例如，Thomas Landauer 和同事们开发了一个非常有用的人工智能程序（Foltz，2003；Landauer et al.，2007）。他们的程序称为**潜在语义分析**（latent semantic analysis，LSA），程序可以完成很多相当复杂的语言任务。如，LSA 可以评估创造性写作（Davenport & Coulson，2011）。

还有，Arvidsson 与同事们（2011）使用 LSA 来分析年轻成人在接受心理治疗前后的自我描述。与没有接受治疗的控制组的人们相比，这些被试的自我描述有了显著的变化。

LSA 也可以评价两个语篇片段中语义相似性的数量。实际上，可以使用 LSA 来批改大学生们写的小论文（Graesser et al.，2007）。例如，假设一本认知心理学课本中有这样一句话："语音环路对话语中的语音特征进行反应，而不会评价话语的语义内容。"（Butcher & Kintsch，2003，p. 551）

现在，想象两个学生在认知心理学的考试中正在写关于工作记忆的小论文，在关于语音环路的段落中，Chris 写道："负责练习语音的复述环路无法让我们获得词语的意思。然而，每当它听到听起来像语音的东西时就会做出反应。"Pat 也在进行同一个考试，他写道："会听到词语的环路不会理解它听到的任何语音信息。它的作用就是听到语音，并通过练习听到的语音进行反应。"LSA 对这两篇论文的分析结果表明，Chris 的论文中更准确地总结了认知心理学课本中关于语音环路的描述（Graesser et al.，2007）。如果你记得第 4 章中的相关信息，你就会同意 LSA 的分析。

LSA 确实令人印象深刻，但即使是它的开发者也注意到，它根本无法与人类的评阅者相提并论。而且，所有当前的这些语言理解的程序所能掌握的也只是语言理解的一小部分。例如，LSA 通常会忽略句法，而人类可以轻易地检测到句法错误。另外，LSA 只能学习理解书面文本，而人类可以学习理解口头语言、面部表情、身体动作（Butcher & Kintsch，2003）。语言的人工智能理论再次表明了人类在知识、认知的灵活性、理解句法、信息源等方面无与伦比的广泛性。

复习题

1. 为什么语言是人类最出色的成就之一？描述你在阅读这个句子的时候会用到的至少 6 种认知加工过程。
2. 根据对影响理解的因素的讨论，如果句子是被动语态而不是主动语态，我们理解起来就会更困难。根据认知-功能理论，我们为什么偶尔会产生"窗户被 Fred 打破了"这样的句子？
3. 假设你正在阅读一个故事，说的是一个叫 Sam 的"左脑人"。提出至少 3 个理由来说明为什么"左脑人"这个短语与以往的研究结果是不一致的。
4. 语境是这一章中的一个重要概念。解释语境在①加工歧义词，②找到一个不熟悉的词语的意思，③理解语篇的背景知识中的重要性。
5. 这一章强调了记忆在语言理解中的作用。利用章节大纲作为指导，具体说明在理解语言的时候，工作记忆和长时记忆是如何起作用的。
6. 这一章中提到英语是一种"独特的语言"，解释一下为什么这么说，描述为什么关于英语语言的心理语言学研究可能无法被推广到其他的语言中。如果你说的是另一种语言，研究如何会表明你的母语与英语之间的差异？
7. 描述这一章最后一部分讨论的"推断的建构主义者观点"。想一下这两天你完成的几种阅读任务，一定要包括除了阅读课本之外的例子。指出每一种语篇加工任务是如何与建构主义者观点有关的。
8. 描述关于元理解能力的研究。你如何能够利用这些策略来提高除了认知心理学课程之外的其他课程中的阅读能力？
9. 总结这一章中描述个体差异的部分，关于有人大声谈话的时候阅读的研究那部分除外。个体差异怎么会与语言理解的其他方面有关？
10. 这一章讨论了听和读。在这两方面哪些加工是相似的，哪些是不同的？为了第 10 章做准备，请以相同的方式比较口头语言产生与写作。

示例 9-1 的答案

第 2 章：视觉识别让你可以看到字母与单词；听觉识别让你听到音素和词语。

第 3 章：分散注意让你可以同时接收两

种口头信息；选择性注意让你注意其中一个信息而忽略另一个；眼跳眼动在眼动过程中非常重要。

第4章：工作记忆帮助你将刺激（视觉或者听觉的）存储足够长的时间，以便你可以加工和解释这些刺激。

第5章：长时记忆允许你提取很长时间之前加工过的信息。

第6章：舌尖现象意味着你有时候无法获取特定的词语，而元理解能力帮助你决定自己是否理解一个口头的信息。

第7章：当你加工关于空间陈列的描述时，会创建心理模型。

第8章：语义记忆存储词语的意思和概念之间的关系，而图式和脚本提供了加工语言的背景知识。

注意：在很多章节中，你也许可以发现与上面答案不同的回答。

第 10 章

产生语言

概览

第9章考察了语言理解，着重强调了听和读。而第10章关注的是语言产生，注重的是说话、写作和双语。

产生口语词语的能力是人类的一个了不起的成就，虽然我们有时候也会说溜嘴而产生口误。我们也可以把每个词语按顺序安排在一个句子中。在讲故事的时候，故事的讲述通常都要按照一定的结构。说话的社会情境也很重要，比如，说话者一定要确定他们的谈话对象与他们有共同的背景知识；也必须要考虑听话者如何解读他们的陈述以及听话者是否具有共同的概念框架。在我们说话的时候，也必须考虑到如何有策略地提出要求，需要意识到他人可能有不同的概念框架。

写作是许多大学生和专业人员的重要活动，写作过程中要求工作记忆的三个主要成分和长时记忆协同参与。写作也需要有进行计划、句子产生和修改的过程。熟练写作者比新手更注重写作过程中的内容组织。

双语显示了人类如何能够掌握两种或者两种以上语言的听说读写，所以对双语的讨论话题是对本书中关于语言的两章内容的总结。双语者好像比单语者在几个方面更有优势。比如，双语者在需要忽略一个明显反应和需要注意更细微信息的任务中会更熟练。在习得第二语言的语法和词汇两方面，成人和儿童是相似的。但是，在成年期习得第二语言的人经常会比在幼年期习得第二语言的人有更严重的口音。这一章也谈论了预测儿童掌握另一种语言的一些个体差异。最后，我们将看到做同声传译的人可能拥有很强的工作记忆能力。

章节简介

想一想你今天产生的语言。你如果不是一早上起来就开始看这一章，那么你可能跟朋友打过招呼，吃早饭的时候跟人聊过天，打过电话，做阅读作业的时候记过笔记，发过短信，或者给自己写过提示信息。

语言可能是我们所有的认知加工过程中最具有社会性的（Cowley, 2011; Holtgraves, 2010; Tomasello,

2008）。在我们使用语言去通知或者影响他人的时候，语言的社会性显得尤为明显（Guerin，2003）。第 1 章中我们讲到，心理学家经常在心理学的不同领域之间设立人为的边界，这些边界让我们以为认知心理学和社会心理学属于不同的类别（Cacioppo，2007）。而在现实中这两个领域是相互交织的，正如你将在这一章的几个部分中看到的那样。

语言产生的另一个特征是：你理解的每一个句子都是他人产生的。如果心理学家的研究兴趣是均衡分配的，我们对语言产生的了解就可能会跟我们对语言理解的了解一样多。而且，第 10 章将会与第 9 章一样长，而不是少了几页。

现实是，心理学家更可能去研究语言理解而不是语言产生（Costa et al.，2009；Garrett，2009；Harley，2008）。研究者忽视语言产生的一个原因是，他们通常不能操纵个体想说的或者写的内容。相比较而言，他们却能够很容易地操纵个体听到的或者读到的文本（Carroll，2004）。

我们先讨论口语，然后再讨论书面语。但是，请记住，听说读写是彼此交织在一起的。而且，我们最后讨论的双语要包括所有这四种能力。因此，双语将作为这两章的最后一部分内容。

说话

每天，大部分的人都会花几个小时讲故事、聊天、吵架、煲电话粥、自言自语。即使在我们听朋友倾诉的时候，也会产生一些支持性的谈话，如"是的""嗯"。确实，说话是最复杂的认知和动作能力（Bock & Griffin，2000；Dell，2005）。

我们将从讨论如何产生单个的词语开始这一章的第一部分，然后我们会讨论一些常见的口误和我们讲话时使用的身体姿势。接下来是如何产生一个句子以及如何产生语篇（即比句子更大的语言单位）。这一部分的最后是关于说话的社会环境的深入讨论。

产生单个词语

像其他许多认知加工一样，词语产生乍看起来好像没有什么。毕竟，你只是简单地张开嘴然后一个词语就毫不费力地出来了。但是，一旦我们分析一下这个任务的不同维度，就会发现词语产生其实是一种非常了不起的能力（Traxler，2012）。我们在第 9 章中提到过，你 1 秒钟可以产生三个词语（Vigliocco & Hartsuiker，2002）。另外，一般受过大学教育的北美洲的人掌握的口语词汇量至少有 75 000 个（Bock & Garnsey，1998；Wingfield，1993）。这样看来，词语产生的任务好像很有挑战性。

你也需要仔细地选择每一个词，以使它的语法、语义和语音信息都正确（Meyer & Belke，2009；Rapp & Goldrick，2000）。正如 Bock 和 Griffin（2000）所指出的，许多因素会"使从心理到口头表达的旅程变得复杂"。

研究语言产生的心理学家经常探讨的是我们如何提取语法、语义和语音信息。有的研究者认为说话者可以同时提取这三种信息（Damian & Martin，1999；Saffran & Schwartz，2003）。根据这个观点，你在看到苹果的时候会同时获取"苹果"这个词的语法特征、意义和音素。还有的研究者认为，我们是独立地获取每一种不同的信息，只是三种信息之间会有一点交互（Ferreira & Sleve，2009；Meyer & Belke，2009；Roelofs & Baayen，2002）。

支持"独立获取"观点的证据来自 Miranda van Turennout 和同事们（1998）的研究，他们的研究对象是说荷兰语的，荷兰语与西班牙语、法语和德语类似，因为荷兰语的名词都有语法性别。在研究中要求被试对呈现的物品和动物的图片做快速命名。通过 ERP 技术他们发现，被试在获取词语的语音特征前 40 毫秒就已经获取了词语的语法性别。这些结果说明，我们不是同时获取词语不同方面信息的，而是真的使用瞬间时机掌握的方法获取不同的信息。

口误

大部分人产生的口语大体上都是准确的规范的，与本书的主题 2 相一致。在自发产生的语言中，人们犯错误的概率小于 1/500，即 500 个句子中有一个错误（Dell，Burger，& Svec，1997；Vigliocco & Hartsuiker，2002）。但是，有的身份地位很高的人，包括美国的前总统们，经常会出现口误。

研究者们对被称为"说溜嘴"的一种口误很感兴趣。**说溜嘴**（slips-of-the-tongue）是指语音或者整个词在两个或者多个不同的词之间互换，这种语音或者词语的互换可以告诉我们很多关于语言产生的信息，因为它揭示了我们关于正在说的语言的语音、结构和意义等多方面的信息知识（Dell et al.，2008；Traxler，2012）。

说溜嘴口误的类型

Gary Dell 和合作者提出，英语中有三种类型的说溜嘴口误比较常见（Dell，1995；Dell et al.，2008）。

1. 语音口误，是将临近的词语的语音互换而产生的，如把 snow flurries 说成 flow snurrries。

2. 词素口误，是将临近的词语的**词素**（morphemes，最小的语言意义单位，如 -ly, in-）互换而产生的，如把 self-destruct instruction 说成 self-instruct destruction。

3. 词语口误，是将词语互换产生的，如把 writing a letter to my mother 说成 writing a mother to my letter。

另外，在我们出现说溜嘴口误的时候，我们创造的是真词（如 leading）而不是非词（如 londing）（Griffin & Ferreira，2006；Rapp & Goldrick，2000）。我们也很少创造一个以不可能的字母序列开始的真词，如说英语的人想说 dorm 的时候很少会产生说出了 dlorm 的口误（Dell et al.，2010）。这两条准则反映了关于英语语言知识的重要性和主题 5 所强调的自上而下的加工（Dell et al.，2008）。

在几乎所有的情况下，口误总是发生在同一类别的项目之间（Clark & Van Der Wege，2002；Fowler，2003；Traxler，2012）。例如，在语音口误中，一个词的首字母辅音总会与另一个词的首字母辅音互换。这些错误的模式说明了我们当前正在发音的词会受到已经说过的词和计划要说的词的双重影响（Dell, Burger, & Svec，1997）。

口误的解释

Dell 和同事们提出了一个理论用来解释口误，他们的理论与建构主义者理论相似，也包括了激活扩散的概念（Dell，1986，1995，2005；Dell, Burger, & Svec，1997；Dell et al.，1997；Dell et al.，2008）。我们简单看一下你是如何产生语音口误的。在你想要说话的时候，你准备说的词语的每一个成分会激活与之相连的语音。例如，图 10-1 显示了在绕口令"She sells seashells."中的词语如何激活最后一个词"seashells"中的六个语音。

示例 10-1

说溜嘴口误

记下在接下来的两天中你听到的或者自己犯的说溜嘴的所有口误，将每种错误归类为语音口误、词素口误和词语口误。说溜嘴的时候产生的是真词吗？注意一下口误是否发生在同一类别的不同项目之间。最后，运用类似于 Dell 的分析，看看自己是否能找到口误发生的原因。

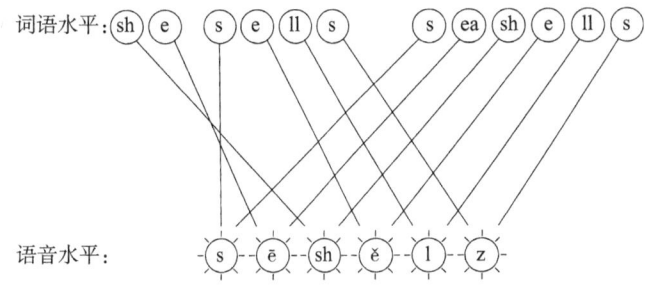

图 10-1　Dell 句子产生中的语音加工（简化版）模型的一个例子（具体解释见正文）

通常，我们说出来的话都是激活程度最高的语音，并且这些语音都是准确的。但是，几个不同的词语会激活同一个语音，如"sh"这个音在"seashells"的语音水平表征中是高度激活的，因为它受到句子第一个词"she"和最后一个词"seashells"中"sh"音的激活。

Dell（1995）认为，不正确项目的激活水平跟正确项目的激活水平一样高，或者比不正确项目的激活水平更高。例如，图 10-1 中可以看到"sh"的激活水平与"h"的激活水平一样高。在像"She sells seashells."的句子中，说话者可能会错误地选择不正确的语音。试一下示例 10-1，判断你自己产生的或者听到他人产生的口误的类型和功能。

使用身体姿势：具身认知

我们产生单个词语的时候，要通过口腔和舌头的精细运动以及发音系统其他部分的协同活动。另外，我们说话的时候常常伴随着使用其他的身体姿势。**姿势**（gestures）是用来交流的、可见的身体任何部分的动作（Hostetter & Alibali，2008；Jacobs & Garnham，2007；McNeill，2005）。Genevieve Calbris（2011）写道，姿势是"心理表象的证据"。

相同意图的姿势在不同的文化中传达的可能是不同的意义（Ambady & Weisbuch，2010；Calbris，2011）。例如，假设你做了一个姿势是将拇指和食指连成一个圆圈，这个姿势在日本表示"钱"，在法国表示"完美"，而在离意大利海岸不远的一个岛屿马耳他，这个姿势表示淫秽的侮辱。

你的姿势也会影响到你如何思考（Goldin-Meadow

& Beilock，2010）。例如，手的自发动作有时候能够帮助你记住你想产生的词语（Carroll，2004；Griffin，2004）。在一个非常有代表性的研究中，Frick-Horbury 和 Guttentag（1998）给被试阅读 50 个低频的、具体的英语名词的定义，然后要求每个被试对目标词进行识别。例如，定义"一种通过滴答声来标记精确时间的像钟一样仪器"是用来表示名词"节拍器"的。注意，这个方法与第 6 章讲到的舌尖现象（即感觉话到嘴边却想不起来）的研究很相似。

但是，在 Frick-Horbury 和 Guttentag（1998）的研究中，有一半的被试被告知要用双手握住一根杆，这样他们手的动作将被限制。这些被试的平均得分是 50 个词对了 19 个。相比较而言，那些手部动作没有被限制的被试的平均得分是 50 个词对了 24 个。其他的研究也证实了这个发现。研究者们认为，在我们的言语系统无法提取一个词语的时候，姿势有时候会激活相关的信息来帮助词语提取（Brown，2012）。

我们说话的时候经常会有一些姿势伴随，尤其是在讨论更容易用身体动作而不是用文字来描述的概念时（Ambady & Weisbuch，2010）。试一下示例 10-2。在我们以前有相关的身体动作经验的时候，也比较可能在说话的时候产生姿势（Hostetter & Alibali，2010）。

示例 10-2
使用身体姿势交流信息

只使用词语来回答下面的问题，不要使用身体动作。在做这个练习的时候用两只手拿着这本书。

1. 定义词语"spiral"（螺旋线）。
2. 告诉别人怎么从你目前的位置走 10 分钟到另一个位置。
3. 描述楼梯台阶的形状。
4. 描述怎么给胡萝卜削皮。
5. 如果最近有开车的经历，给出把车钥匙插进锁着的车门并将车门打开的步骤。
6. 如果最近骑过自行车，说出怎么跨上自行车并骑起来。

不用任何身体姿势，上面哪个问题最难描述？

近年来，认知心理学家对具身认知的概念的兴趣与日益增。**具身认知**（embodied cognition）强调的是人们使用身体表达他们的知识（Hostetter & Alibali，2008）。换句话说，我们的动作系统和口语加工方式之间有持续的连接，如在做出姿势的时候或者在表示某种动作的时候（Hostetter & Alibali，2008；Tomasello，2008）。具身认知理论关注具体的身体动作而不是抽象的语言意义（Holtgraves，2010）。

在行为主义者的时代，心理学家强调可见的动作行为。随着认知心理学变得流行，不需要任何动作，心理学家就可以读到一本杂志从创刊以来的所有内容。但是对认知心理学的关注让心理学家相信，我们经常使用非言语的形式进行思考（Ambady & Weisbuch，2010）。

身体姿势真的可以帮助我们交流信息吗？Amber Hostetter（2011）将关于这个问题的 63 个研究做了元分析，她发现身体姿势确实增加了倾听者对听到的信息的理解，尤其是说话者在描述具体动作的时候。

产生句子

每次在说出句子的时候，为了准备和产生这个句子，你都需要克服记忆和注意的局限（Griffin，2004；Harley，2008）。口语产生需要经过一系列的阶段。在第一个阶段，我们在心里准备要表达的**主旨**（gist），或者说是我们试图产生的信息的总体意思。换句话说，我们产生语言是以一种自上而下的方式开始的（Clark & Van Der Wege，2002；Griffin & Ferreira，2006）。

在第二阶段，没有选择具体的词语之前，我们要设计句子的总体结构。总体上来说，我们倾向于使用在前一个句子中用过的结构（Harley，2008；Kaschak et al.，2011；Pickering & Ferreira，2008）。

在第三阶段，我们选择想用的词语，同时排除其他意义相似的词语（Griffin & Ferreira，2006）。我们也需要选择恰当的语法形式，如 eating 而不是 eat。在第四阶段，通过发音将我们的意图转换成口头语言（Carroll，2004；Treiman et al.，2003）。

你可能会预期句子产生的这些阶段在时间上是重叠的。我们经常在没有产生句子的第一部分之前就开始准备句子的最后一部分（Fowler，2003；Treiman et al.，2003）。在理想的情况下，说话者会迅速地从第一阶段进行到第四阶段。例如，Griffin 和 Bock（2000）给大学生看一个简单的卡通片，在不到 2 秒的时候，他们就开始产生如下描述："乌龟在向那个老鼠喷水。"

但是，在我们准备一个句子的时候，有时会遇到一个重要的问题，即我们可能有一个大体的想法或者心理表象需要表达出来，这些无形的想法和表象必须被转换成排列整齐的、线性、在时间上相互连接的词语。将词语安排成有顺序的线性序列的挑战被称为**线性化问题**（linearization problem, Fox Tree, 2000; Griffin, 2004）。

口语产生加工比大多数人想象的要复杂，如你需要准备说话的**韵律**（prosody），或者话语语调、节奏和重音的"旋律"（Keating, 2006; Plack, 2005; Speer & Blodgett, 2006）。说话者可以韵律消除信息的歧义。例如，大声阅读下面两个句子：①"What's that ahead in the road?"②"What's that, a head in the road?"（Speer & Blodgett, 2006）。注意两个例句韵律的不同。现在，让我们来讨论一下如何产生更长的口语段落。

产生篇章

在我们说话的时候，通常产生的是**篇章**（discourse），或者是比句子更大的语言单位（Harley, 2008）。遗憾的是，大部分语言产生的研究关注的是独立的词语和句子的产生（Griffin & Ferreira, 2006）。

有一类语篇称为**叙事**（narrative），即人们描述一系列实际发生或者虚构的事件（Griffin & Ferreira, 2006）。叙事中的事件是以时间相关的序列来表达的，通常包含情绪（Guerin, 2003; Stromqvist & Verhoeven, 2004）。

讲故事的人经常有他们想传达的特定目标，但他们在故事开始的时候不会预先计划故事的组织（H. H. Clark, 1994）。他们通常在选择词语的时候非常谨慎，以讨人喜欢的方式来呈现他们的动作（Berger, 1997; Edwards, 1997）。他们也会试图让故事更具有娱乐性（Dudukovic et al., 2004; Marsh & Tversky, 2004）。

叙事的形式不是统一的，因为这样可以允许说话者有更多的时间做"长篇大论"，这其中要包括叙事的6个部分：①故事梗概，②人物和场景总结，③使情节变得复杂的手段，④故事的观点，⑤故事冲突的解决，⑥叙事完成的最终标志，如"这就是我为什么决定要学日语"。这些特征使故事内容一致，结构完整（H.H. Clark, 1994）。现在你了解了叙事的功能和结构，试一下示例10-3。

示例 10-3
叙事的结构

在接下来的几周，注意一下你的日常交谈。当你认识的某个人开始讲故事的时候会发生什么？讲故事的人如何宣布他将要开始叙事？叙事的结构与我们上面讨论的叙事的6个部分是一致的吗？讲故事的人会检查倾听者是否有恰当的背景知识吗？你还注意到哪些特征可以区分叙事和人们轮流发言的交谈？

深度了解
语言产生的社会情境

在你说话的时候，需要计划将要表达的信息内容。你必须要产生相对零错误的话语，也必须计划想要表达的信息，除了这些困难的任务，你也需要使话语与社会情境相协调。请注意，认知加工与社会因素是相互交织的（Cacioppo, 2007）。

语言绝对是社会性的工具（Fiedler et al., 2011; Holtgraves, 2010; Segalowitz 2010）。实际上，交谈就像是一种复杂的舞蹈（Clark, 1985, 1994），说话者不仅仅是简单地说出一些词语然后期待别人能够理解。相反，说话者应该考虑到交谈对象本身，并对他们做出很多假设，然后设计恰当的话语（Tomasello, 2008）。

这种复杂的舞蹈需要精细的合作。当两个人同时进入门口的时候，他们需要相互协调肌肉动作。同样，交谈的双方在轮换顺序上也需要相互协调，需要在有歧义的概念意义上达成一致，需要理解彼此的意图（Clark & Van Der Wege, 2002; Harley, 2008; Holtgraves, 2010）。当Helen告诉Sam"Smithson一家正在来的路上"的时候，交谈的双方都需要了解这句话是间接要求Sam准备开饭，而不是要他打电话给警察寻求保护（Clark, 1985）。

语言使用中的这个例子称为语用学。**语用学**（pragmatics）关注的是允许说话者成功地与他人交流信息的社会规则和世界知识（De Groot, 2011；Flores Salgado, 2011；Goldenberg & Coleman, 2010；Holtgraves, 2010）。语用学研究中的两个重要主题是共同点和指令的理解，我们也会讨论一个被称为表达框架的概念，即讨论为什么有时候跟不同观点的人交流起来会有障碍。

共同点

假设一个叫 Andy 的年轻人问他的朋友 Lisa "周末过得怎么样"，Lisa 回答 "简直像又回到了 Conshohocken"。只有在两人对 Conshohocken 的特点或者在 Conshohocken 发生过的事件有相似理解的情况下，Andy 才能明白这个回答的意思。实际上，我们预期只有 Lisa 确信她与 Andy 有适当的共同点的情况下才会做出这样的回答（Clark & Van Der Wege, 2002；Stone, 2005）。

当交谈者共享相似的背景知识、图式和相互理解所需的观点时，才会产生**共同点**（common ground, Harley, 2008；Holtgraves, 2010；Traxler, 2012）。实际上说话者需要相互合作才能确信他们与交谈对象之间有共同点（Tomasello, 2008）。

例如，说话者应该确信交谈的对象正在注意听并且他们有合适的背景知识。如果交谈对象看起来很迷惑，说话者就需要解释清楚如何误解（Haywood et al., 2005；Holtgraves, 2010）。但遗憾的是，即使在交谈对象不能理解听到的信息的时候，说话者也经常认为他们在进行有效的沟通（Fay et al., 2008）。

在电话交谈中，你是否曾经很难向他人解释清楚某个物体或者某个程序？Clark 和 Wilkes-Gibbs（1986）做了一个经典的研究，关于我们试图建立共同点的时候使用的合作加工。试一下示例 10-4，是这个研究的修改版本。

👆 示例 10-4
合作建立共同点

尝试这个示例的时候，你需要将下图影印两份，然后剪开，每个图片单独放，并且黑点是在图片的顶端。现在找两个人和一个秒表，这两个人需要面对面坐着或者坐在不同的桌子旁边，都将图片摆在面前。每个人都不能看到对方的图片。

安排一个人做"陈述者"，另一个人做"匹配者"。

陈述者以随机的顺序将图片排列成两排，每排 6 个。任务是对第一张图片进行描述，提供足够的细节以便匹配者可以识别这张图片，并把它放在面前的第一个位置。目标是匹配者能够以陈述者的图片摆放顺序放置自己的所有 12 张图片。他们可以使用选择的任何形式的语言描述，但不能使用身体姿势或者模仿身体位置。记录他们使用多长时间达到目标，然后确信图片是否匹配准确。

要求他们再重复做两次，都是同一个人做"陈述者"。记录他们的时间，注意一下在第二次和第三次的时候，时间是否会减少，他们在建立共同点的时候会更高效吗？他们想发展出针对给定图片的标准的词汇（如"滑冰的人"）吗？

被试在 Clark 和 Wilkes-Gibbs（1986）的研究中做了 6 次，每次都要求按顺序排列所有的 12 张图片。第一次实验的时候，第一个人需要大约 4 次轮换描述每一张图片，确信第二个人理解了他的所指。一次轮换包括第一个人的陈述紧接着第二个人的问题或者猜测。

但是，正如图 10-2 显示，陈述者和匹配者很快就开发出了一种相互的速记法，需要轮换的数量随着实验次数的增加而快速降低。就像两个舞者一起练习协调他们的动作而变得越来越熟练那样，交谈的双方也会在有效交流中变得越来越熟练（Bar & Keysar, 2006）。

另外的研究证实，一起协同工作的人能够更快更有效地发展出共同点（Barr & Keysar, 2006；Schober & Brennan, 2003）。例如，医生们经常会根据每个病人的医学修养来调整他们与病人之间的谈话。如果一个糖尿病人起初使用的术语是："血糖水平"，这个医生就不太可能使用"血糖浓度"之类的专业术语（Bromme et al., 2005）。

我们一直在讨论人们是如何建立共同点的，甚至是与陌生人也可以。但这个加工过程远非完美，如说话者常常会高估了他们谈话对象理解信息的能力（Barr & Keysar, 2006；Holtgraves, 2010；Schober & Brennan,

2003）。现在，我们来讨论一下人们如何提出请求。

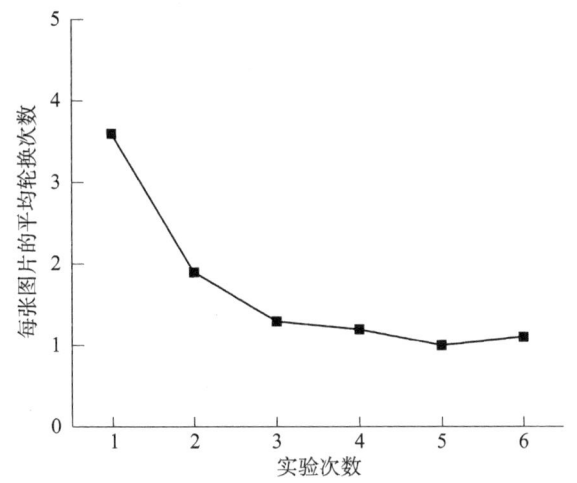

图10-2 Clark 和 Wilkes-Gibbs 的研究中随着实验次数的增加，陈述者在描述每张图片时候的平均轮换次数

资料来源：Clark, H. H., & Wilkes-Gibbs. D. (1986). Referring as a collaborative process. *Cognition*, 22, 1-39.

指令

指令（directive）是要求某人做某件事的一个句子。**直接要求**（direct request）就是通过显而易见的方式来解决人际问题。相反，**间接要求**（indirect request）采用细微的暗示来解决人际问题，而不是用直白的方式提出请求。语言学家认为，我们通常使用相对简洁清楚的方式提出请求（Grice, 1989；Traxler, 2012）。那么，我们为什么还要使用所有这些多余的词语来提出间接请求呢？

根据哈佛大学的一组研究人员的介绍，在社会交互中人们都需要做一个策略性的决策者（Lee & Pinker, 2010；Pinker et al., 2008）。我们选择的语言与我们的决策策略有关（第12章）。

我们看到说话者通常会根据语言的社会情境做出调整，他们通常努力达成共同点，他们在选择适当的要求的时候是很有策略的。现在让我们来看一下表达框架，这是一个在政治生活中有重要应用的话题。

表达框架

社会学家研究言语的社会特征的时候，经常考察的是两个人之间或者小群体内的交谈。但是，语言学家和社会学家通常研究的是更大的群体如何使用语言。

例如，乔治·莱考夫（George Lakoff）是加州大学伯克利分校语言学系的认知科学家，他研究的是语言如何建构我们的思维。特别是他使用**表达框架**（frame）的概念来描述心理结构，心理结构是对现实的简化（Lakoff, 2007, 2009, 2011）。表达框架建构了我们"认可"的事实。

例如"责任"这个词，有的人用"个人责任"来界定这个词语：你要负责为自己和家人赚钱，你的权威建立在财富和权利的基础上。还有的人用"社会责任"来界定：你对他人有同情心，你有责任帮助那些没有你有钱也没有你有权的人。你不仅需要关心家人和社区邻居，还要关心其他人。

但注意一个问题，当人们的表达框架不同时，彼此之间就很难讨论一些重要的当下的问题。尤其是在人们没有共同点的情况下，这个问题会愈发严重。

写作

写作是要求本书中介绍的几乎所有的认知加工的一个任务（主题4）。学生们花费他们日常生活中的大部分时间记课堂笔记和阅读作业的笔记，写论文，写考试题中的论述题。想一下你完成的最后一个大的写作工作，可能它是关于某个研究问题的综述。这个写作过程可能需要字母识别、注意、记忆、表象、背景知识、元认知、阅读理解、问题解决、创造力、推理和决策。

研究者们很少研究大学生的写作，虽然他们研究过儿童的写作（如 Martins et al., 2010；Robins & Treiman, 2009；Treiman & Kessler, 2009）。在这一章前面的内容中我们已经注意到，理解口语的研究比产生口语的研究要普遍，在比较书面语言的相关研究时，这个现象更严重。每年关于阅读理解的书和文章会有几百篇，而关于写作的只有几十篇（Harley, 2008）。例如，研究者们很少研究写电子邮件之类的日常活动（Biorge, 2007；Oberlander & Gill, 2006）。

大多数成人经常写东西。在一个大规模的研究中，在美国三个地区的成年人被要求记两天的日记，记录他们写东西的频率（Cohen et al., 2011）。被试报告他们每天平均要写两个小时。性别、民族、教育水平和年龄等几个因素与写作花的时间没有关系。但是，有工作的人比没有工作的人在写作上花的时间更多。

写和说共享许多认知成分，但不同的是，你更可能独立地去写，也花费更长的时间，因为写作需要使用更复杂的句法。另外，比起交谈，人们更加经常地修改写的东西（Biber & Vásquez, 2008; Harley, 2001; Treiman et al., 2003）。

在社会因素方面，说和写也不同。说话的时候，更多涉及的是自己，也会与交谈对象有更多的交互，有更好的机会跟他们建立共同点（Chafe & Danielewicz, 1987; Gibbs, 1998; Harley, 2008）。

写作包括三个阶段：计划、句子产生和修改（Mayer, 2004）。就像我们讨论过的口语产生的阶段，写作的三个阶段在时间上也常常重合（Kellogg, 1994, 1996; Ransdell & Levy, 1999）。例如，你可能在产生几个句子的部分的同时计划写作的整体策略。

写作任务的所有部分都很复杂，它们使注意的局限性问题更为突出（Kellogg, 1994, 1998; Torrance & Jeffery, 1999）。实际上，关于写作的一篇经典论文强调，一个人在完成写作作业的时候是"一个全部时间都是认知超负荷的思考者"（Flower & Hayes, 1980）。如果大学生进行了学术写作的多方面的练习，如果写作作业都要求高质量，则他们就会学会熟练地写作（Beauvais et al., 2011; Engle, 2011; Kellogg & Whiteford, 2009）。而且，大学生和教授们常常报告说，如果他们大声朗读草稿，就会写出结构更紧凑更好的论文（Engle, 2011）。

我们首先来讨论一下写作的认知方面，然后讨论写作的三个阶段：计划、句子产生和修改，接下来讨论写作加工过程中元认知的重要性，最后讨论现实生活中的几个写作实例。

写作的认知成分

几个前沿的研究者提出了写作加工的模型，强调认知加工的重要性（Chenoweth & Hayes, 2001; Hayes, 1996; Kellogg, 1994, 2001a, 2001b; McCutchen et al., 2008）。我们主要看一下工作记忆和长时记忆。

工作记忆

工作记忆在写作中起到中心的作用（Kellogg et al., 2007; Raulerson et al., 2010）。我们会详细讨论工作记忆的贡献，因为工作记忆的贡献可能没有长时记忆的贡献那样明显。

在第4章中我们讨论过Alan Baddeley的工作记忆模型（Baddeley et al., 2007）。**工作记忆**（working memory）指的是对当前加工的材料的简短和即时的记忆，工作记忆也负责协调正在进行的心理活动。

让我们看一下Ronald Kellogg和同事们（2007）做的一个研究，他们考察了写作加工过程中工作记忆的哪些成分是激活的。研究者们要求大学生写出词语的定义，同时要进行第二个任务。第二个任务有三种类型，每一种针对的是工作记忆的一个特定成分。如果学生们在某个特定的第二个任务中的反应变慢，Kellogg和同事们就会推断这个特定任务所考察的技能就是写作的一个重要组成部分。

工作记忆的一个成分叫作**语音环路**（phonological loop），可以短时间存储一定数量的语音。为了考察写作过程中语音环路是否激活，Kellogg和同事们使用了一个特定的第二任务，即要求学生记住一个口语音节。结果显示，学生们在写作的时候，需要更长的时间才能记住这些音节。所以，语音环路是写作的一个重要因素。

工作记忆的另一个成分叫作**视觉空间画板**（visuospatial sketchpad），负责加工视觉的和空间的信息。让我们先看看Kellogg和同事们是如何检验视觉信息成分的。为了考察写作过程中视觉空间画板的视觉部分是否激活，第二任务要求学生记住项目的视觉形状。结果显示，在学生写具体名词的时候，需要花更长的时间才能记住项目的视觉形状；但是，在他们写抽象名词的时候，对视觉形状的记忆就没有延迟。正如我们可能预料的那样，视觉信息的加工受到影响，是因为我们在试图定义具体词语的时候，可能会创建词语的心理表象。相对而言，我们在试图界定抽象名词的时候，视觉信息的参与就很少。

为了验证视觉空间画板的空间部分，Kellogg和同事们使用了一个不同的第二任务，即要求学生们在写词语定义的时候记住特定的空间位置。在这种情况下，学生们的反应时不会受到写作任务的影响，所以，写作不需要我们注重空间信息。

除了语音环路和视觉空间画板，Baddeley的工作记忆模型中最重要的一个成分是**中央执行功能**（central executive），它负责整合来自语音环路、视觉空间画板和情节缓冲器的信息。中央执行功能同时也负责注意分配、计划和协调其他的认知行为。

写作是一个很复杂的任务，所以中央执行功能在写作加工的每个阶段都是激活的（Kellogg，1996，1998，2001a）。例如，它负责整合写作的计划阶段，在产生句子的时候也很重要。另外，中央执行功能监控修改过程。我们稍后会讨论写作的这些阶段。因为中央执行功能的容量有限，许多人因此报告说正式的写作是很有压力的任务。

长时记忆

至此，我们只讨论了工作记忆的作用。但长时记忆在写作过程中也很重要。影响长时记忆的几个因素包括：写作者的语义记忆、关于要写的主题的专业知识、通用图式和关于在特定任务中使用的写作风格的知识（Kellogg，2001b；McCutchen et al.，2008）。可以看出，对写作过程中包含的认知过程的总结给我们提供了一个机会，来回顾本书前几章所讨论的所有内容。

计划正式的一个写作任务

我们已经讨论了记忆如何影响不同的写作任务。但大部分的人在开始写作任务时都会先有一个观点的列表，这个加工过程称为**写作构思**（prewriting）。写作构思是困难和策略性的，这不同于其他很多相对自动化的语言任务（Collins，1998；Torrance et al.，1996）。在这个阶段中，学生们产生的观点质量参差不齐（Bruning et al.，1999）。研究发现，好的写作者在写作构思期间会花更多的时间来计划（Hayes，1989）。

有些人在开始写作之前更喜欢先列一个提纲（Kellogg，1998；McCutchen et al.，2008）。提纲可以避免注意过载，也有助于解决写作和说话中存在的线性化问题。你可能有过这样的经历，在开始写文章之前，有些相互关联的想法，其中每一个都需要放在最前面。文章的提纲可以帮助你将这些观点的呈现顺序整理好。然而，有些人发现列提纲并没有帮助（Engle，2011）。

写作中的句子产生

在读后面的内容之前，先试一下示例 10-5，要求你产生一些句子。在句子产生过程中，写作者必须将计划阶段形成的大体的观点进行转换，形成文本中的实际的句子（Mayer，2004）。

示例 10-5
产生书面句子

做这个练习的时候，最好自己单独待在房间，以免他人的存在会抑制你的自发性。拿出一张纸写出下面要求的两个句子。但在完成这个任务的时候，写每个句子的同时都要大声地说出你心中的想法。然后再继续阅读关于句子产生的接下来的内容。

1. 写一个句子回答这个问题："一个好学生应该有的最重要的特征是什么？"

2. 写一个句子回答这个问题："你认为自己最强的人格特征是什么，或者你最欣赏自己的哪些特征？"

在句子产生过程中，你会经历文思泉涌和犹豫不决的不同阶段（Chenoweth & Hayes，2001）。想一想你在写示例 10-5 中的句子时候的模式，你经历过停滞和熟练写作的阶段吗？

学生们常认为，如果他们使用长的词语，其写作就会显得很高深。但是，根据 Oppenheimer（2006）的研究，人们实际上认为使用短的词语的写作者更聪明。

这一章的前面我们讨论过说溜嘴的口误。人们在写作的时候也会犯错，不管是用键盘输入还是用笔书写。但是，写作的错误通常只局限于单词的拼写错误，而口误却反映了词语之间的置换（Berg，2002）。

写作的修改阶段

写作是一个具有认知挑战性的任务。在写第一稿的时候，作者有很多犯错机会（Kellogg，1998）。我们不可能在同一时间产生新的句子并对其做出修改（Silvia，2007）。在写作的修改阶段，你应该注重组织和内容的一致性，这样才可能使文章的每一部分都相互联系在一起（Britton，1996）。你也需要重新考虑文章是否达成了写作任务的目标。实际上，修改是很费时间的。

最高效的作者会使用灵活的修改策略，如果发现文章没有达成既定的目标，他们会做根本性的修改（Harley，2001）。但大学生通常只花很少的时间修改论文（Mayer，2004）。比如，在一个研究中大学生们估计他们只花全部写作时间的 30% 来修改，但观察他们实际的写作过程发现，他们花在文章修改上的时间不足全部写作时间的10%（Levy & Ransdell，1995）。第6章指出，学生关于阅读理解的元认知不是很准确。在Levy和Ransdell的研究中，我们发现学生们关于写作加工的元认知也不准确。

你可以想象到，专业作者在进行修改的时候是非常熟练的。Hayes和同事们（1987）做了一个经典的研究，比较大一的学生和专业作者在修改一封写得很差的2页长的信时的差异。大部分的大一学生在修改的时候都是一句一句地改，改的都是拼写和语法等的相对小的问题，却忽略了整体组织、重点和观点之间的过渡等问题。在这个研究中，大学生们更可能认为一些有错误的句子是恰当的。如，几个学生发现下面这个句子没有错误"In sports like fencing for a long time many of our varsity team members had no previous experience anyway"。而且，学生们不太可能判定错误句子出现的问题在哪里。学生可能会说，"这个句子只是听起来不对劲"，而专业作者可能会说，"句子的主语和谓语动词不搭"。

修改加工最后需要注意的一点是校对。Daneman和Stainton（1993）证实了很多人的疑惑：即你可以正确地校对他人写的东西，而不能校对自己的。在你对自己写完的文章很熟悉的时候，经常会忽略文章中的错误。自上而下的加工（主题5）取得了胜利。另外，你也可能发现了，你在关注自己文章的内容时就不能改正文章中的拼写错误。如果等至少一天的时间再进行校对，就更可能发现这些错误。

双语和第二语言习得

第9章和第10章已经讨论了四种很复杂的语言任务：理解口语、阅读、说话和写作。在完成其中的每个任务时，我们都需要协调各种认知能力和社会知识。我们惊叹于人类可以在一种语言中完成所有这些复杂任务。但我们必须注意到，在世界各地有很多人可以说两种或者多种语言（Schwartz & Kroll，2006）。

双语者（bilingual speaker）指的是可以熟练使用两种不同语言的人（Harley，2008；Schwartz & Kroll，2006）。准确来说，我们应该使用**多语者**（multilingual speaker）来表示那些会说超过两种语言的人，但心理语言学家通常使用"双语者"来涵盖多语者（De Groot，2011）。

有的双语者在童年时期同时学习了两种语言，被称为**同时双语**（simultaneous bilingualism）。而有的双语者是先学一种语言后来又学另一种语言，即**相继双语**（sequential bilingualism）；他们天生会说的语言称为**第一语言**（first language），习得的非天生的语言称为**第二语言**（second language，De Groot，2011）。

第9章中我们提到，大部分语言心理学的研究是英语为中心的。在研究双语的时候，我们必须要强调世界上有6 000～7 000种语言（Ku，2006；Lupyan & Dale，2010；Segalowitz，2010）。即便是这样，几乎所有关于双语的研究还是将英语作为两种语言的一种（Bassetti & Cook，2011）。

在这部分内容中，我们先讨论一些背景信息和双语的社会情境，然后讨论双语者会有的一些优势，接下来是第二语言习得年龄与第二语言熟练性的关系。在个体差异的讨论中，我们会关注可以预测影响儿童习得另一种语言的因素。本章最后一部分是关于同声传译者的，他们具有关于两种或者多种语言的专业知识。

双语的背景资料

全世界大约有一半的人会说至少两种语言（Luna，2011；Schwartz & Kroll，2006）。有的人生活的国家至少有两种通用的语言，这些国家有加拿大、比利时、西班牙和瑞典。

有的人会说双语，是因为他们在家里使用的语言跟在学校和工作中使用的语言不同。例如，南非说祖鲁语的人通常都会学习英语。人们会说双语也因为殖民过程强加给他们另一种语言。还有，因为他们在学校里学习另一种语言，或者因为他们成长的家庭中家庭成员经常使用两种语言。另外，搬到一个新的国家的移民通常需要掌握那个国家的语言文化（Bialystok，2001；Fishman，2006；Parry，2006）。

在加拿大和美国，英语是使用最广泛的语言。但是，许多其他的语言在这两个国家使用也很多。表10-1显示了美国家庭中最常用的10种语言。表10-2是加拿大人经常列为自己的母语的10种语言。

表10-1 根据美国统计局（2012）对5岁及以上人的调查，显示美国家庭中最常使用的10种语言

语言	估计的使用者数量[①]
英语	228 700 000
西班牙语	35 500 000
汉语	2 600 000
塔加拉族语[②]	1 500 000

(续)

语言	估计的使用者数量①
法语	1 300 000
越南语	1 300 000
德语	1 100 000
韩语	1 000 000
俄语	900 000
阿拉伯语	800 000

① 使用人数精确到100 000人。在相同情况下，使用人数较多的语言被放在前面。
② 塔加拉族语是菲律宾人说的一种语言。
资料来源：U. S. Census Bureau (2012). Table 53. Languages spoken at home: 2009.

表10-2 根据2006年的调查，在加拿大最经常被看成母语的10种语言

语言	估计的使用者数量①
英语	17 900 000
法语	6 800 000
汉语	1 000 000
意大利语	500 000
德语	500 000
旁遮普语②	400 000
西班牙语	300 000
阿拉伯语	300 000
塔加拉族语	200 000
葡萄牙语	200 000

① 使用人数精确到100 000人。在相同情况下，使用人数较多的语言被放在前面。
② 旁遮普语是印度和巴基斯坦人说的一种语言。
资料来源：Statistics Canada, 2006.

在过去的10年，双语正逐渐成为心理学和语言学中的一个热门的话题。例如，在这个交叉领域有他们自己的杂志 Bilingualism: Language & Culture。最近的几本书也是关于双语的（Cook & Bassetti, 2011；De Groot, 2011；Flores Salgado, 2011；Gaskell, 2009a；Kaplan, 2010a；Kroll & De Groot, 2005；Segalowitz, 2010）。

让我们从双语的社会情境开始讨论，然后看一下双语的优势，以及习得年龄和语言熟练程度的关系。

双语的社会情境

美国和加拿大的很多小孩在家里都说英语之外的其他语言。遗憾的是，教育系统不看重其他的语言。我的一个学生给我描述过她在一个学校的幼儿班级中观察到的一个意外事件，这个学校的很多小孩都说英语和西班牙语。两个男孩子在一起玩，他们互相用西班牙语说了几句话，老师就立即冲向他们并喊道："我不想听到你们任何一个人再用那种语言说一个字！"语言是每个文化群体的定义性特征（Gardner, 2010）。你不想知道那两个学生和他们的同学如何解读老师的反应吗？

遗憾的是，许多学校并不欣赏孩子们熟练使用他们的第一语言（如韩语、阿拉伯语和西班牙语）的价值（Fishman, 2006；Pita & Utakis, 2006；Zentella, 2006）。但如果一个学校看重孩子的第一语言，他在说英语的时候实际上也会更熟练（Atkinson & Connor, 2008；De Groot, 2011）。有心的老师和学校管理者会创造一种学校文化，支持孩子们将英语作为第二语言来学习（Goldenberg & Coleman, 2010）。

你可以想象到，双语的话题有重要的政治和社会的应用价值，尤其是在教育者和政治家们在发表关于不同的文化群体的有偏见的声明的时候（Genesee & Gándara, 1999；Phillipson, 2000）。

在个体想成为双语者的时候，社会力量的影响也很重要。成功习得第二语言的两个重要的预测指标是个体的动机和他们对说第二语言的人群的态度（Harley, 2008；Segalowitz, 2010；Tokuhama-Espinosa, 2001）。

实际上，研究者们曾试图预测说英语的加拿大中学生法语学得如何，结果发现，学生们对说法语的加拿大人的态度和他们的认知、语言学习能力有同样重要的预测力（Gardner & Lambert, 1959；Lambert, 1992）。其他的研究者们也从来自匈牙利、日本、中国和伊朗的人们身上发现了态度与英语掌握之间的相同的关系（Segalowitz, 2010；Taguchi et al., 2009）。

你可能预料到，态度与语言熟练程度之间也存在相反方向的关系。换句话说，语言熟练程度影响态度。如相比那些只说英语的加拿大人，从小学开始学习法语的说英语的加拿大人会对说法语的加拿大人有更积极的态度（Genesee & Gándara, 1999；Lambert, 1987）。

还有证据进一步说明语言影响学生的态度。Danziger和Ward（2010）研究了本·古里安大学在读的说阿拉伯语的以色列学生，这所大学在以色列，课堂教学使用希伯来语。但参与研究的学生可以熟练使用阿拉伯语和希伯来语。

Danziger和Ward使用了内隐联结测验，这是一种用

来评价态度的工具。在第8章中提到过，**内隐联结测验**（Implicit Association Test，IAT）基于这样一个原则，即人们在心中更容易将相关的词语，而不是不相关的词语联结在一起。在本书的"图式与记忆整合"部分，你可以花点时间来回顾一下这个技术。Danziger和Ward发现，相比较研究者使用阿拉伯语跟他们交流的时候，当研究者使用希伯来语跟他们交流的时候，这些说阿拉伯语的学生对犹太人的态度更积极。

双语的优势（和少许劣势）

在20世纪初期，理论家们提出双语会产生认知缺陷，因为大脑需要存储两种语言系统（Erwin-Tripp，2011；De Groot，2011）。但是在20世纪60年代，研究者们在控制了年龄和社会阶层等因素之后发现，双语的孩子实际上比单语的孩子在很多任务上的得分都高。在其中一个最广为人知的研究中发现，双语的儿童在学校表现得更好，在第一语言能力测验中得分也高，并且他们心理的灵活性更大（Lambert，1990；Peal & Lambert，1962）。

双语者相比单语者的一个最大的优势是他们可以用两种语言进行交流，即使是10岁的孩子也可以非常准确地翻译口语和书面语（Bialystok，2001）。

除了第二语言使用的熟练性，双语者还有其他几个优势。实际上，De Groot（2011）得出了一个关于少数族裔儿童熟练掌握英语作为第二语言的总体结论，这些双语儿童在多个认知任务中都比单语儿童表现要好。即使单语儿童是来自收入更高的家庭，这个结论依然成立。让我们更详细地看一下这些认知比较的结果。

1. 双语者会获得关于他们的母语（第一语言）的专门知识（De Groot，2011；Rhodes et al.，2005；van Hell & Dijkstra，2002）。例如，说英语的加拿大儿童上法语授课的课程，则会获得对英语语言结构的更好理解（Diaz，1985；Lambert et al.，1991）。双语儿童也更可能意识到一个词，如rainbow（彩虹）可以被拆分成两个词素rain和bow（Campbell & Sais，1995）。

2. 双语者更知道分配给概念的名字是有主观性的（Cromdal，1999；De Groot，2011；Hakuta，1986）。例如，许多单语的儿童无法想象一头牛可以很容易地被分配一个名字dog（狗）。有很多研究考察的是**元语言学**（metalinguistics），即关于语言形式与结构的知识。在元语言能力的许多测量中（当然不是所有测量），双语者都比单语者做得好（Bialystok，1998，1992，2001；Campbell & Sais，1995；De Groot，2011；Galambos & Goldin-Meadow，1990）。

3. 双语者可以更好地选择性注意语言任务相对细微的方面，同时忽略更明显的语言特征（Bialystok，2001，2005，2010；Bialystok & Feng，2009；Bialystok & Viswanathan，2009；De Groot，2011）。例如，Bialystok和Majumder（1998）让三年级的孩子看一些语法正确但语义不正确的句子，如"苹果长在鼻子上"。双语儿童比单语儿童更可能识别出这些句子的语法正确。

Bialystok（2009）也报告双语者在Stroop测验上做得更好。Stroop测验中要求人们注重刺激项目的颜色而忽略它的语义。Bialystok（2005）提出，这些经验与选择性注意会促进额叶中一部分脑区的发展，这部分脑区在图3-2中被称为"执行注意网络"。

4. 双语儿童在遵循复杂指令和完成指令不断变化的任务中做得更好（Bialystok，2005，2009；Bialystok & Martin，2004）。例如，Bialystok和Martin（2004）要求学前儿童根据蓝色圆环、红色圆环、蓝色正方形或者红色正方形等特征对卡片进行分类。研究者首先告诉他们根据一个维度（如形状）对卡片分类，后来又告诉他们根据另一个维度（如颜色）分类。双语儿童会比单语儿童更快速地转换到新的维度。

5. 在概念形成和要求对视觉模式重新组织的非言语智能测验中，双语者也做得更好（Peal & Lambert，1962）。在要求忽略不相关信息的问题解决任务中，双语者也得分更高（Bialystok，2001；Bialystok & Codd，1997；Bialystok & Majumder，1998）。

6. 双语儿童对语言的实用方面更敏感（Comeau & Genesee，2001）。那些上法语课的说英语的儿童比单语者更知道在对蒙着眼睛的孩子讲话时，需要提供额外的信息（Genesee et al.，1975）。

7. 痴呆的双语成年人通常比痴呆的单语成年人更晚地表现出痴呆的预兆（Bialystok，2009；Bialystok et al.，2007）。你也许知道，**痴呆**（dementia）是一种习得的、持续的认知缺陷综合征（Kolb & Whishaw，2011）。例如，Bialystok等人（2007）考察了一个记忆门诊的184名病人的病史，所有人都被诊断为痴呆，但双语者被确诊的平均年龄是75.5岁，而单语者平均年龄是71.4岁。这个差异很重要，因为单语者实际上比双语者的平均受教育年龄多1.6年。

作为双语者的劣势是比较少的。广泛使用两种语言的人们可能多少会影响两种语言中某些口语语音的发音方式（Gollan et al., 2005）。比起单语者，双语者的语言加工可能有一点慢。另外，双语儿童的家庭情境中可用词语的词汇量可能比较少（Bialystok, 2009；Bialystok et al., 2010）。但是，相比能够使用两种语言有效交流的优势，这些劣势根本就不值一提（Michael & Gollan, 2005）。

第二语言熟练程度与习得年龄的关系

习得年龄（age of acquisition）指的是在什么年龄学习了第二语言。当你不断长大，你学习新的语言的能力会降低吗？有的理论家提出了关键期的假设（如 Johnson & Newport, 1989）。根据**关键期的假设**（critical period hypothesis），人们习得第二语言的能力严格限定于特定的生命阶段。尤其是当个体已经到了一定的年龄，可能是青春期开始的时候，就不再能像说母语那样熟练地获得一种新的语言。但庆幸的是，当前的研究证据并不支持学习第二语言有清晰的、基于生物基础的"最后期限"（Bialystok, 2001；Birdsong, 2006；De Groot, 2011；Wiley et al., 2005）。

即使我们拒绝关键期假设，依然需要讨论一个更广泛的问题：在掌握一种新的语言时，年长的人比年轻人有更多的困难吗？像其他的心理学争论一样，这个问题的答案因为因变量的变化而变化。根据因变量是否是词汇、语音和语法，研究者们得出了不同的结论。

词汇

当衡量语言熟练程度的标准是**词汇**（phonology）的时候，习得年龄与语言能力没有相关（Bialystok, 2001）。几个研究都发现，成人和儿童学习新的语言中的词语的能力是相同的（Bialystok & Hakuta, 1994）。

这个结果是讲得通的，因为人们在自己的语言中，也是终生都在学习新的概念。例如，自从你开始学认知心理学这门课，你已经学习了几百个新的概念了。

语音

研究表明，习得年龄影响语音的掌握，或者至少影响口语的发音。在儿童时期习得第二语言的人更可能像天生说这种语言的人那样发音，但是在成年期习得第二语言的人在说新学习的语言的时候会有外国口音（Bialystok, 2001；Flege et al., 1999；MacKay et al., 2006）。

例如，Flege等人（1999）测试了1~23岁从韩国移民到美国的人，在这个研究开展的时候，所有的被试都已经在美国至少生活了8年。

为了测试语音，Flege等人让被试听一个英语句子然后重复。之后每个句子的发音都拿给天生说英语的人来进行判断。

图 10-3 显示了儿童期就到了美国的韩国移民在说英语的时候口音最少，大部分人的得分是7分或者8分，少年或者成年时期移民美国的人有更多的口音，得分是2~4分。请注意，这个趋势是随着习得努力相对平缓地降低的，而不是像关键期假设所预期的突然的降低（Bialystok, 2001）。在后来的研究中，MacKay等人（2006）在从意大利移民到美国的人身上发现了相似的结果。

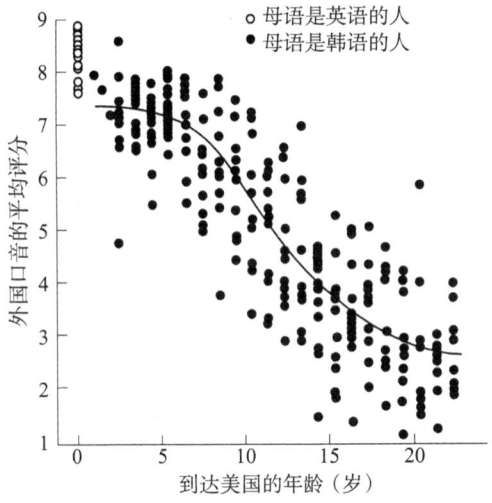

图10-3 随着到达美国年龄的变化，外国口音的平均评分（9=无口音；1=口音很重）

注：为了比较，Flege等人（1999）的研究也提供了10个母语是英语的人的外国口音的平均评分。图的左上角你可以看到，评分者判断他们实际上没有口音。

资料来源：Flege, J. E. Yeni-Komshiam, G. H., & Lui, S. (1999). Age constraints on second-languageacquisition. *Journal of Memory and Language,* 41, 78-104.

语法

让我们回顾一下关于习得年龄与第二语言掌握的几个结论：对于词汇，习得年龄并不重要；对于语音，习得年龄确实有影响，如果人们在年轻的时候学习了一门新的语言，那么他们可被注意到的口音就很少。

在讨论语法掌握的时候，关于习得年龄的影响的争论是最强烈的（如 Bialystok, 2001；Johnson & Newport,

1989)。让我们关注一下 Flege 等人（1999）研究的另一部分，我们刚讨论过有关语音的部分，但他们也研究了天生说韩语的人如何掌握英语语法，他们要求被试判断语音句子的变式是否合语法。这里有三个不合语法的代表性的例子：

1. Should have Timothy gone to the party?
2. Susan is making some cookies for me.
3. Todd has many coat in his closet.

数据的最初分析显示，儿童期学习英语的人对英语语法掌握得更好。但 Flege 等人（1999）也发现，那些早来者有更多在美国上学的经历，因而接受了更正式的英语语言教育。也就是说，那些早来者有更多的优势。

研究者们于是进行了第二次分析，仔细匹配了早来者和晚来者，使每组在美国的平均受教育年限是 10.5 年。在第二次分析中，早来者在语法测试中的平均得分是 84%，实际上与晚来者的平均得分 83% 相同。换句话说，一旦控制了在美国的受教育年限，习得年龄与个体的语法掌握水平之间就不相关了（Flege et al., 1999）。

至此，我们关注的是第一语言是亚洲语言的人们的英语语法成绩，亚洲语言跟英语非常不同。如果研究者考察第一语言是与英语相似的人们的语法能力，结果会怎么样呢？包括西班牙语和荷兰语的研究并没有发现到达年龄与英语语法掌握之间一致性的关系（Bahrick et al., 1994; Birdsong & Molis, 2001; Jia et al., 2002）。

简而言之，研究表明，说英语的人可以在成年期开始学习一门新的语言，特别是已有的研究发现：

1. 习得年龄与新的语言的词汇量无关。
2. 习得年龄与语音有关。
3. 对第一语言不同于英语的人们来说，习得年龄与语法有关；但如果第一语言与英语相似，习得年龄可能与语法没关系。

我们可以很清楚地知道，双语者和多语者提供了主题 2 中如何应用于语言的最好例证。这些幸运的人们经常可以用两种或者多种语言准确快速地交流。现在，让我们讨论一下当儿童开始学习另一种语言的时候有哪些相关的因素。

下面个体差异的特征考察了预测儿童学习第二语言能力的认知因素。

个体差异：预测第二语言习得的认知因素

许多正在读这本书的人把英语作为第二语言。你想过为什么有的人学英语学得很困难，而有的人学得相对容易？第 9 章中写过，因为英语比世界上其他的主要语言有更多的不规则发音，学起来是很有挑战性的（Share, 2008; Traxler, 2012; Ziegler et al., 2010）。结果，学生们不能简单地看一看一个英语单词然后就知道它怎么发音。例如，我们看到第 9 章中两个字母"ea"在很多词语中的发音是很不同的，如 great、deal、bear。英语是**形音一致性**（orthographic consistency）很低的一种语言，形音一致性指的是词语的书面形式和它的发音之间的对应。

Marcella Ferrari 和 Paola Palladino 是意大利北部帕维亚大学的心理学家，他们考察了可以预测年轻学生的英语学习能力的几个因素。他们测试的是第一语言是意大利语的学生。意大利语是形音一致性很高的语言。如果意大利的学生们想学习英语这样一种具有如此多的形音不一致的语言，那么他们需要特殊的认知能力。这些特殊的认知能力需要超越简单地记住如何将一个意大利语词翻译成英语。

Ferrari 和 Palladino（2012）采用了英语语言习得的两种不同的测量：① 8 年级学生的英语语言能力；② 学生在 6~8 年级时英语语言能力的提高。Ferrari 和 Palladino 研究了 86 名六年级学生，在研究开始的时候他们的平均年龄是 11 岁。这些学生用意大利语完成不同的测试，如阅读发音、阅读速度、阅读理解。他们也需要完成英语和数学能力的测试。到了 8 年级，平均年龄变成 13 岁的时候，这批学生会再一次接受测试。

当他们到了 8 年级的时候，你认为 6 年级的哪个测试分数是他们英语能力的最后预测变量？Ferrari 和 Palladino 发现，6 年级的意大利语阅读理解分数和数学计算分数两个测试分数，是英语熟练程度的最强预测变量。学生们的阅读理解分数可以预测他们之后的语言熟练程度，这是说得通的。但为什么数学分数也会有关系？他们解释说，这些任务注重的是数字的操纵，如 ① 使用书写计算的数学题，② 学生们在头脑中解决的数学题，③ 将数字变成词语。你想一想，所有这些任务都要求工作记忆能力，学生们需要这些能力来掌握一门不熟悉的并且形音不一致的语言（在这一章的接下来的部分我们会更详细地讨论工作记忆能力）。

现在看一下学生们英语语言能力的提高。结果显示，6 年级意大利语阅读速度是英语熟练程度变化的最强预测变量。当学生们可以快速阅读意大利语的时候，他们也可以提高英语语言能力，虽然英语是需要"心理体操"来克服其形音不一致的语言。

Ferrari 和 Palladino 指出，如果研究者们使用不同的语言如芬兰语、荷兰语、俄语、西班牙语或意大利语来研究第二语言习得的时候，可能会识别出不同模式的预测变量。所提到的每一种语言的形音一致性都比英语要高。

现在我们不再讨论儿童学习第二语言的最初经验。接下来会讨论双语的明星，他们可以在听着一种语言的同时将其翻译成另一种语言。

同声传译者和工作记忆

如果你学了另一种语言，你可能会有这样的经历，即看着这种语言写成的段落的同时写下母语中相对应的名词。专业术语**"翻译"**（translation）指的是将一种语言的书面文本翻译成另一种语言的书面文本的过程，而专业术语**"传译"**（interpreting）指的是将一种语言的口语变成另一种语言的口语的过程。有个例外是手语，指的是一种语言的口语变成另一种语言中的手势，或者将手势转变成口语。

同声传译是人类能够完成的最难的语言任务之一（Christoffels & De Groot，2005）。想象你自己是一个同声传译者，听着有人在说西班牙语的同时将信息为一群人翻译成英语，这群人英语很熟练但对西班牙语不熟悉。你将需要同时管理三个工作记忆的任务：

1. 理解西班牙语的片段（可能是一个或者两个句子）。
2. 将之前的西班牙语片段在头脑中转换成英语。
3. 用英语大声说出更早之前的片段。

而且，你必须想办法以每分钟 100～200 个词的速率来完成这些认知体操。

很难再想到有其他的职业会对一个人的工作记忆有这么大的挑战。我们看一下在两种不同的工作记忆任务中，比较同声传译者和其他双语者的研究。

Ingrid Christoffels、Annette De Groot、Judith Kroll（2006）研究了三组母语是荷兰语的双语者，并且他们的英语也很熟练。三组被试包括阿姆斯特丹大学的 39 名荷兰大学生，平均 19 年教学经验的 15 名荷兰的英语教师，和平均 16 年工作经验的 13 名荷兰的同声传译者。Christoffels 等人假设，职业的同声传译者会比其他两组在工作记忆测验中有更高的分数。让我们看一下他们使用的两个工作记忆任务，研究者们称之为阅读广度测验和说话广度测验。

阅读广度测验中，研究者创造了 42 个英语和荷兰语的句子，每个句子的最后一个词在两种语言中是匹配的，即词长和词频是相似的。研究者呈现一系列的句子，每次可能包括两个、三个、四个或五个句子。每个句子在屏幕上呈现半秒钟，每个系列呈现完之后，被试需要回忆这个系列中每个句子的最后一个词。被试需要完成英语版和荷兰语版的阅读广度测验。

说话广度测验中，研究者选择了英语和荷兰语中的 42 个词，词长和词频都匹配。然后呈现一系列的词，每个系列的长度可能是两个、三个、四个或五个词。每个词在屏幕上呈现半秒钟，每个系列呈现完之后，被试需要使用每个系列中他们能够记住的词语产生一个语法准确的句子并大声说出来，也有英语版和荷兰语版。

图 10-4 显示，三组双语者在母语荷兰语中比在第二语言英语中记住的词语更多，最有趣的比较是在三组被试之间，你可以看到同声传译者比其他两组记住的英语和荷兰语的词都多，不管是在阅读广度还是在说话广度测验中。

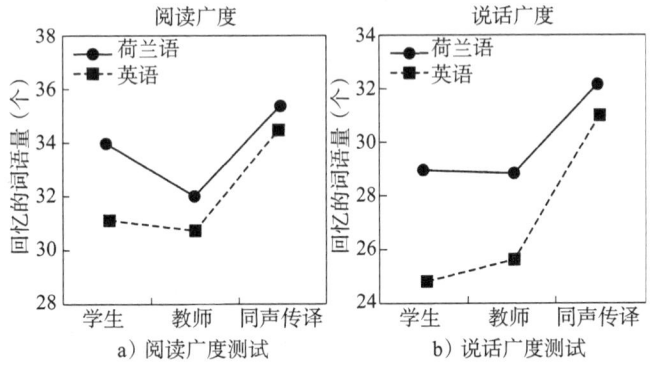

图 10-4 以语言和职业为变量的阅读广度和说话广度测验的平均分数

资料来源：Christoffels, I. K., De Groot, A. M. B., & Kroll, J. F. (2006). Memory and language skill in simultaneous interpreters: The role of expertise and language proficiency. *Journal of Memory and language*, 54, 324-345.

心理学家认为，有时候组间的显著差异是很难解释的。在这个研究中，我们知道同声传译者比双语的学生和教师的成绩都好，一种可能的解释是，同时进行多种任务的经验提高了同声传译者的工作记忆能力。但另一种可能的解释是，只有工作记忆能力超群的人才能在要求极高水平的工作记忆熟练性的职业中生存下来。现实中这两种解释都有可能是正确的。

复习题

1. 需要语言产生的认知任务（第10章）与需要语言理解的认知任务（第9章）有些相似。描述语言产生而不是语言理解所必需的更复杂的认知任务。

2. 想一想你最近听到或者自己犯的说溜嘴的口误。根据Dell的分类，它是哪种错误？Dell的理论如何可以解释这个错误？你最可能犯的说溜嘴的错误是什么？

3. 回忆一下昨天或者前两天你进行的几次交谈。描述这些交谈如何反映了语言产生的语言学成分，如共同点和指令。

4. 什么是"具身认知"？它如何与第10章讨论的语言产生有关？它如何与第9章关于镜像神经元的发现有相似性？

5. 什么是线性化问题？相比你创建心理表象的时候，它如何与语言产生（口语或者书面语）有更多相关？

6. "语言不仅仅是词语的有序排列"，讨论这个与语言产生的社会方面有关的观点，可以包括姿势、韵律和双语等方面的内容。

7. 根据写作部分的内容提供的材料，在你接下来要完成一个正式的写作作业时，你会采用哪些暗示来写出一篇好的论文？

8. 想一想你可能喜欢比较熟练地使用的另一种语言。什么因素会促进你对这个语言的掌握？工作记忆怎么会与这种语言的掌握有关系？描述几个双语者可以比单语者完成得更好的任务。哪些任务单语者比双语者完成得更好？

9. 双语部分的内容中提到了元语言学，或者说语言形式与结构的知识。复习一下这一章，注意一下与元语言学有关的几个话题有哪些是值得探索的，提出几个具体的研究计划。例如，你怎么能够测试人们关于自己如何写文章的知识？

10. 语言也许是认知活动中最有社会性的，描述社会因素如何与我们说话、写作及双语交互作用相关。

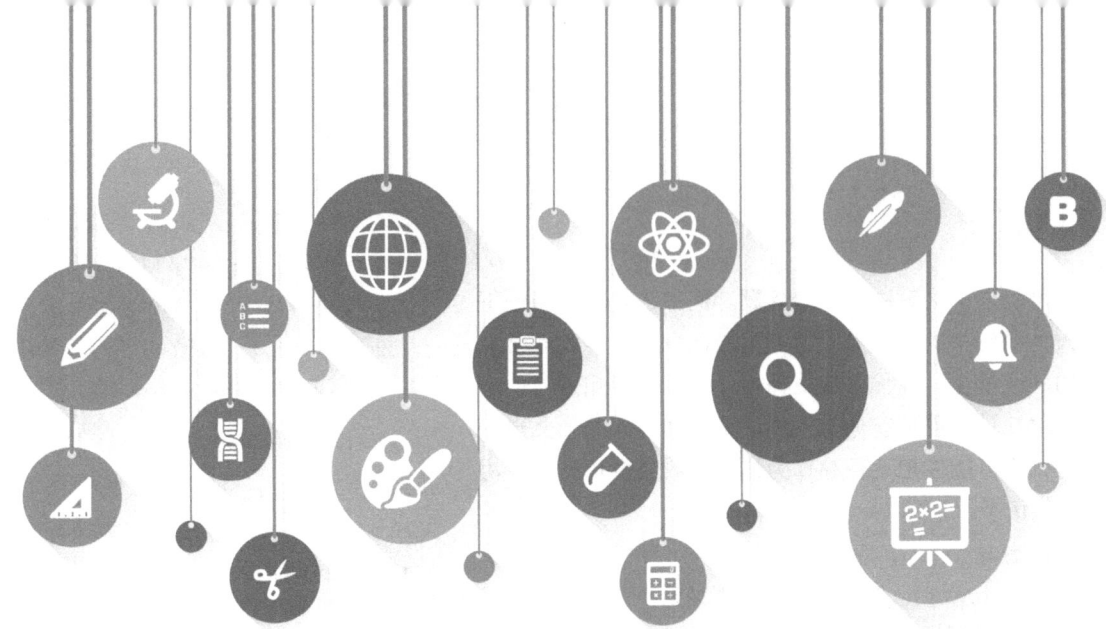

第 11 章

使用问题解决和创造性

概览

当你想达到一个特定的目标,但又不能立即想出达到目标的最好方法时,就会用到问题解决。这一章讨论问题解决的四个方面:①理解问题;②问题解决策略;③影响问题解决的因素;④创造性。

为了理解一个问题,你必须注意到相关的信息,如何进行问题表征,例如利用符号或者示意图来表征问题。在有些情况下,人们可以在日常生活中解决一个复杂的问题,即便是他们在课堂考试中无法解答与此相似的问题。根据当前的研究,问题表征受到环境线索和与自己身体有关的线索的影响。

在理解了一个问题之后,你必须想办法找到策略来解决这个问题。很多问题解决的方法是以启发式为基础的。启发式是指通常可以产生正确解决方法的总的规则。一种启发式是类比的方法,即根据以前解决相似问题的经验来解决当前问题的方法;另一种启发式是手段—目的启发式,即将一个问题分解成几个小的问题,然后逐一解决这些小的问题。还有一种启发式是爬山法,即在每个抉择点,你只是简单地选择好像可以最直接达到目标的方式。这一章的个体差异部分考察了不同国家的人在解决复杂问题的时候是否会选择不同的策略。

这一章的第三部分是关于影响问题解决的因素,在有效的问题解决中,自上而下的加工和自下而上的加工都很重要。专家们会从使用他们丰富的自上而下的加工能力中受益。但是,过度活跃的自上而下的加工也会干扰有效的问题解决,我们会在讨论心理定势和功能固着的时候看到这种干扰。当过度活跃的自上而下的加工激起了刻板印象威胁的时候,会降低女性的数学成绩。另外,如果你要解决一个新的、标准的、不需要顿悟的问题,自上而下的加工是很有帮助的。相反,如果要解决一个需要顿悟的问题,就需要克服不正确的自上而下的假设。

创造性可以被界定为发现新颖和有用的解决方法。我们将讨论关于创造性的一个经典理论和创造性的一些总体特征。研究表明,人们在从事自己喜欢的活动而不是为了赢得比赛的时候,通常会表现出更高的创造性。

章节简介

每天你都会解决几十个问题。例如，你可以想一下今天需要解决的问题有哪些。可能你想找社会心理学课上的一个学生，但你不知道他姓什么，也不知道他的电子邮件地址。也可能你想为你认知心理学课的论文选一个主题。可能你把玩数独作为休息，数独也是问题解决的一个例子。

你想达到一个特定目标的时候会用到**问题解决**（problem solving），但是解决方法不是显而易见的，因为你漏掉了重要的信息或者不清楚如何达成目标（Bassok & Novick, 2012；D'Zurilla & Maydeu-Olivares, 2004；Reif, 2008）。问题是多种多样的，例如幼儿可能会尝试解决把意大利面送到嘴里而不是撒得到处都是的问题（Keen, 2011）。说英语的学生学法语的时候，可能要解决怎么使用非常有限的词汇去问路的问题（Segalowitz, 2010）。一个咨询心理学家可能要帮助高中生解决他如何与同伴们相处的问题（Heppner, 2008）。

这些问题的本质可能不同，但每个问题都包括三个成分：①初始状态，②目标状态，③障碍。例如，假设你需要找到社会心理学课上的一个学生 Jim。**初始状态**（initial state）描述了问题开始的情境，在这个例子中，你的初始状态可能是"我今天晚上需要找到 Jim，这样我们就可以开始做社会心理学的作业了……但我不知道他姓什么，不知道他的电子邮件地址，不知道他的电话号码"。当你解决了这个问题，就达到了**目标状态**（goal state, Levy, 2010）。在这里的目标状态就是"有了 Jim 的姓和电子邮件地址"。**障碍**（obstacles）指的是一些限制，这些限制使初始状态前进到目标状态变得困难（Thagard, 2005）。障碍在这个假设性的问题中可能包括下面这些："Jim 昨天没来上课""老师说她今天下午会不在""我们需要在周五交上作业的第一稿"。

花点时间想一下你最近解决的一个问题，界定一下它的初始状态、目标状态和障碍。这样你就会熟悉这三个概念。然后试一下示例 11-1。

示例 11-1
注意和问题解决

假设你是公交司机。在第一站你接了 4 个男的和 4 个女的；在第二站有 3 个男的、2 个女的和 1 个孩子上了车；在第三站 2 个男的下车，2 个女的上车；在第四站 3 个女的下车；在第五站 2 个男的下车，3 个男的上车，1 个女的下车，2 个女的上车。公交司机的名字是什么？

资料来源：Based on Halpern, 2003, p. 389.

第 1 章中，我们将认知界定为知识的获取、存储、转换和使用。到目前为止，我们在本书中对知识转换的关注还很少。但是，在这一章和下一章讨论推理和决策的时候，我们将关注人们如何积累他们习得的信息，然后将这些信息进行转换以找到一个恰当的答案。

第 11 章和第 12 章都包括在一个称为"思维"的大类中。**思维**（thinking）要求人们超越给定的信息，以便达到目标，如解决方法、信念或者决定。

这一章我们会讨论问题解决过程中认知加工的本质，如本书主题 1 强调的那样。有的人在解决问题的时候会采取试误的方法，随机尝试不同的方法直到找到正确的答案（Reif, 2008）。但是，有效的问题解决者通常是有计划地出击，他们常常将问题分解成几个部分，然后找到每个部分的解决策略。另外，人们会快速使用可能产生解决方法的特定策略。

人们也运用元认知来监控他们的问题解决策略是否有效（Hinsz, 2004；Mayer, 2004；Reif, 2008）。本书强调，人类不是被动地从环境中汲取信息，而是有计划地寻找解决方法，并且选择有可能解决问题的策略。

问题解决的第一步是理解问题，所以我们会在这一章的第一部分讨论。理解了问题，接下来你会选择策略解决问题，在第二部分中我们讨论几种问题解决的方法。接下来会讨论影响有效问题解决的一些因素，如专业知识是有帮助的，但心理定势却是不利于目标达成的。最后一部分是创造性，需要找到新颖的方法解决有挑战性的问题。

理解问题

几年前，纽约摩天大楼里的几个公司都面临一个重要的问题，大楼里的人们不停地抱怨他们花太长的时间等电梯，因为它太慢了。数不清的专家顾问被请来解决这个问题，但抱怨还在增多。在人们威胁说要搬出去的时候，建筑学家终于做出了引进价格高昂的新电梯的计划。

但在电梯改造之前，有人决定在大厅的电梯入口旁边加装镜子。抱怨停止了。显然，最初的问题解决者并没有准确地理解问题。实际上，真正的问题不是电梯的速度，而是等电梯时的无聊感（Thomas，1989）。

在问题解决的研究中，"**理解**"（understanding）指的是根据问题提供的信息和自己已有的经验，你建构了一个组织良好的问题的心理表征（Benjamin & Ross，2011；Fiore & Schooler，2004）。想象一下这样的情形，即当你意识到你的心理表征是不准确的。我记得我母亲给了她朋友一个自制酸奶的方法，其中包括这个句子："然后将酸奶放在温暖的毯子里。"读到这个句子，她的朋友看起来有点担心，她问："那不会把毯子弄得很脏都洗不出来吧？"很可惜，这位朋友的内在表征漏掉了一个事实，即酸奶是装在容器中的。

在这一章的第一部分，我们会讨论与理解问题有关的几个问题：①注意到有关的信息，②表征问题的方法；③情境认知，强调情境如何帮助你理解问题，还有具身认知，即自己的身体如何帮助你理解问题。

注意重要的信息

为了理解一个问题，你需要决定哪些信息是与问题解决最相关的，并注意这些信息。问题解决这个认知任务依赖于其他的认知活动，如注意、记忆、决策。这再一次说明认知加工之间是相互联系的（主题4）。

注意对理解问题很重要，因为相互矛盾的想法会使注意分散。例如，Bransford 和 Stein（1984）给一组大学生呈现代数"故事问题"。你会记住这些问题，典型的一个问题是关于一列火车往北开，同时一辆轿车往南开。在这个研究中，要求学生们记下他们在检查问题时产生的想法和情绪。

许多学生马上会对代数问题有消极的反应，典型的记录是："哦，不，这是个代数应用题，我恨这些东西。"这些消极的想法在完成任务的5分钟里经常会出现，这些想法将学生们的注意力从问题解决的中心任务上分散开去。

理解问题的另一个困难是关注恰当的部分。研究者们发现，有效的问题解决者会非常仔细地阅读问题的描述，他们特别关注不一致的信息（Mayer & Hegarty，1996）。有效的问题解决者也会有策略地扫视，以决定哪些信息是最重要的（Nievelstein et al.，2011）。

顺便说一下，如果你注意了前面提到的关于公交司机的问题，你不需要再读一遍就可以解决它了。但如果你没注意，你可以在示例11-1的第一个句子中找到答案。总的来说，注意是理解问题的必要成分。

问题表征的方法

一旦问题解决者决定了哪些信息是重要的、哪些是可以被忽略的，接下来就是找到好的方法来表征问题。**问题表征**（problem representation）指的是你将问题成分转换成不同形式的方法。如果选择了合适的表征，就更可能找到问题解决的有效方法。

第1章介绍了格式塔心理学家，他们认为我们会主动组织自己的认知经验。在研究问题解决的时候，他们强调找到表征问题的有效方法的重要性（Bassok & Novick，2012；Schnotz et al.，2010）。

研究表明，工作记忆容量与一个人解决代数应用题的能力相关（Lee et al.，2009），也与几何模式分类的能力有关（Lewandowsky，2011）。如果你工作记忆很好，就可以将问题的相关部分同时保存在心里。你就更有可能创建一个有利的问题表征（Leighton & Sternberg，2003；Ward & Morris，2005）。

问题的表征必须要表明问题解决需要的重要信息。表征问题的最有效的一些方法包括：符号、矩阵、示意图和视觉想象。

符号

有时候最有效的表征抽象问题的方法是使用符号，在中学代数课上你学了怎么使用符号表征（Mayer，2004；Nickerson，2010）。看一下示例11-2。解决这个问题的通常做法是用一个符号如 m 来表征 Mary 的年龄，用另一个符号如 s 表征 Susan 的年龄。这样就可以将每个句子变成方程式。第一个句子就变成了 $m = 2s - 10$，第二个句子就成了 $m + 5 = s + 5 + 8$。然后将第二个句子中的 m 进行替换并完成必要的计算，就知道 Susan 是 18 岁，Mary 是 26 岁。

示例 11-2

在问题解决中使用符号

解决下面的问题：Mary 的年龄比 Susan 年龄的两倍少 10 年。5 年之后，Mary 将比 Susan 大 8 岁。Mary 和 Susan 分别多大？（在讨论"符号"的部分你会找到答案。）

一个重要的困难是，问题解决者在试图将词语转变成符号的时候会出错（Mayer，2004）。常见的一个错误是将两个变量的作用搞反（Fisher et al.，2011）。例如，假设大学生们读了这个句子，"There are 8 times as many cats as dogs（猫的数量是狗的 8 倍）。"很多学生会错误地把这个句子转换成这样的方程：$8 \times C = D$。正确的方程应该是：$8 \times D = C$。

在将句子变成符号的时候，问题解决者还会犯的一个错误是：对句子过度简化，以致于错误表征了信息（Mayer，2004）。例如，Mayer 和 Hegarty（1996）要求大学生阅读一系列代数应用题，然后回忆。学生们经常错误地记住了包含相关联陈述的问题。看一下这个关于小船在水中划行的题："引擎的速率在静水中比水流的速率快 12 英里每小时。"很多学生将这个句子变成了一个简单的不准确的形式，如"静水中引擎的速率是 12 英里每小时。"试一下示例 11-3。

👆 示例 11-3
表征一个问题

阅读下面的信息，然后将信息填在矩阵表格中并回答下面的问题："Anderson 女士得的是什么病？她的房间号是多少？"（答案在本章的最后）

医院里有五个人，每个人只有一种病，每个人得的病是不同的。每个人占了单独的一间房，房间号是 101 ～ 105。

1. 得哮喘的人在 101 房间。
2. Lopez 女士得是心脏病。
3. Green 女士的房间号是 105。
4. Smith 女士得的是流感。
5. 有肾脏问题的女士的房间号是 104。
6. Thomas 女士的房间号是 101。
7. Smith 女士的房间号是 102。
8. 其中一个别人，不是 Anderson 女士，得的是胆囊疾病。

	房间号				
	101	102	103	104	105
Anderson					
Lopez					
Green					
Snith					
Thomas					

资料来源：Based on Schwartz, 1971.

矩阵

你可以通过**矩阵**（matrix）有效地解决一些问题，矩阵是行和列组成的表格，可以显示项目的所有可能的组合（Hurley & Novick, 2010）。矩阵是记录项目的最好方法，尤其是如果问题很复杂而且相关的信息是类别化的，就可以用矩阵（Halpern, 2003）。例如，使用示例 11-3 底部的矩阵就可以最有效地解决示例中的问题。

示例 11-3 来自于 Steven Schwartz 和同事们做的一个研究（Schwartz, 1971；Schwartz & Fattaleh, 1972；Schwartz & Polish, 1974）。Schwartz 等人发现，使用矩阵表征问题的学生更有可能正确地解决问题，但用其他表征方法的学生就没这么成功。另外，在矩阵中你需要使用正确的标记符号，不然你也不太可能正确地解决问题（Hurley & Novick, 2010）。

矩阵的方法很适合稳定的信息，如示例 11-3 中所示，而不适合会随时间改变的信息（Novick, 2006）。在进一步阅读之前请试一下示例 11-4。

👆 示例 11-4
佛教和尚问题

一天早上太阳升起的时候，一个和尚就开始爬一座高山，上山的路很窄，沿着山脉蜿蜒而上，通到山顶上的一个美丽寺庙。

一路上和尚有时走得快，有时走得慢，时不时他也会停下歇一会，吃点自己随身带的水果。最后，在太阳落山之前的几分钟他到达了庙里。他在庙里冥想了几天，然后开始沿着相同的路下山。他在太阳升起的时候离开寺庙，跟之前一样，他走得时快时慢，在路上歇过几次。当然，他下山的时候比上山的时候走得快。

请证明在一天中的同一个时间，和尚在上山和下山的时候都会经过路上的某一点。（答案见图 11-1。）

示意图

如果你曾经组装过一个新的设备，你可能知道示意图很有帮助。例如，Novick 和 Morse（2000）让大学生做一些折纸作品，如小钢琴。接受口头描述和步骤示意图的学生比只接受口头描述的学生做得更准确。示意图让你可以用具体的方式表征抽象的信息，也可以让你丢掉一些不必要的细节（Bassok & Novick, 2012；Reed,

2010；Reif，2008；Schneider et al.，2010）。

在你想表征大量信息的时候，示意图也非常有用。例如，分层树状示意图（hierarchical tree diagram）可以使用树状的结构来显示问题解决过程中各种可能的选择，这种示意图在表示类别项目之间关系的时候很管用（Hurley & Novick，2012；Reed，2010）。图6-3就是一个分层树状示意图。

另外，示意图可以将复杂的信息表示成清晰、具体的形式。这样，你的工作记忆中就会有更多的"心理空间"可以用来解决问题的其他部分（Halpern，2003；Hurley & Novick，2006）。只需要很少的努力，学生们就可以掌握几种示意图（Reed，2010）。Novick和同事们（1999）给学生们提供了一个简单的关于矩阵和分层示意图的训练，训练之后，学生们在选择最合适的方法来表征不同的问题方面变得更灵巧和熟练。

示意图也有助于人们理解问题。例如，Grant和Spivey（2003）发现，被试的眼动会被吸引到示意图最重要的区域，这些区域反应的也都是问题的文字描述的关键部分。这样，他们就可以更成功地解决问题。

图表有时候是问题解决过程中表征视觉信息的最有效的一种示意图。例如，想一下你试图解决的示例11-4中的和尚问题，如图11-1所示，你可以用一条线表示第一天和尚爬山的路，然后用另一条线表示几天后和尚下山的路。注意一下图中的两条线在哪里相交，而这个交叉点就告诉了我们在两天中的同一个时间和尚会经过的地点。我只是随意地画了两条线相交在中午12点海拨900英尺的一个地点。但是，即使你改变和尚上山和下山的速率，这两条路也必定会在某一点相交。

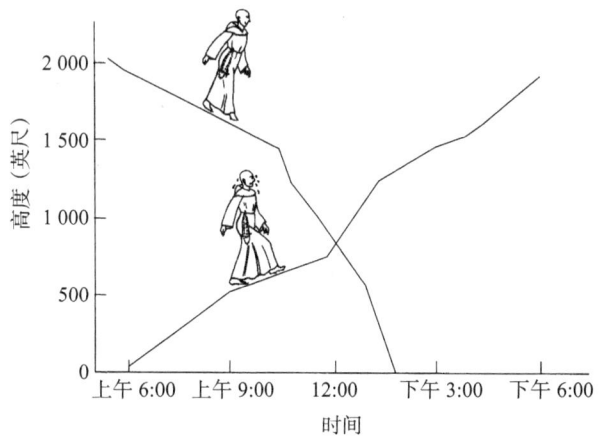

图11-1　示例11-4中和尚问题的图示表征

视觉想象

还有的人更喜欢使用视觉想象来解决类似和尚问题的一些问题。一位年轻的女士报告说，她忽然看到一个和尚爬山的视觉想象，然后另一个下山的和尚碰到了他。她的描述是"我一瞬间意识到，这两个和尚必定在某一时间某一地点相遇，不管他们步行的速度是多少，也不管他们在这个过程中停下来多少次。"（Koestler，1964）

视觉想象允许我们突破传统的具体表征的界限，在要求建构图形的问题解决过程中，好的视觉想象能力也是一个优势（Gorman，2006；Pylyshyn，2006）。

至此，我们关于问题解决的讨论由强调注意是理解问题的一个重要成分开始，我们看到了问题可以被表征为几种不同的形式，如符号、矩阵、示意图和视觉想象。这一部分的最后一个主题我们换到了一个新的维度，因为它强调的是我们理解那些我们必须解决的问题的丰富的内部和外部的情境。

情境认知、具身认知和问题解决

在你考虑你的问题解决能力时，仅仅会关注头脑当中的信息，这些信息是你通过阅读和听而习得的。但是近年来，心理学家和认知科学家已经开始注重可以帮助我们更快更准确思考的其他因素。

例如，第7章介绍过的与心理地图有关的情境认知理论。根据**情境认知理论**（situated cognition approach），我们经常使用当下环境中的有用信息来创建空间表征，如我们判定上下维度比判定左右维度要快很多（如Tversky，2009）。

在第10章中，我们讨论了另一个相关联的概念，具身认知理论。根据**具身认知理论**（embodied cognition approach），为了表达抽象的想法和知识，我们也经常利用自己的身体和肌肉动作（Kirsh，2009；Reed，2010；Thomas & Llerras，2009a）。例如，假设你正在努力回忆一个在嘴边却有点想不起来的词语，metronome（节拍器），如果你可以借助身体姿势，如来回摆手，就像节拍器那样摆动，那么你就更有可能记起这个词（Hostetter，2011；Hostetter & Alibali，2008）。

根据最新的研究，在问题解决过程中，人们会用到情境认知和具身认知，并不一定非要依赖最显而易见的信息来源。这两个概念听起来有点相似，但二者是有区别的。情境认知注重周围的外在情境，而具身认知注重的是你自己的身体。

情境认知

情境认知的最初实例之一其实来源于在巴西进行的研究。在巴西几个大城市的街道上，经常会有10岁的男孩子向路过的行人售卖糖果。学者们研究了这些没有受过正规教育的儿童，却发现这些孩子对数学有深入的了解。在那个时代，巴西正在使用一种通货膨胀的货币系统，一整盒子糖果可以卖20 000巴西克鲁塞罗（巴西的货币单位）。但是，孩子们琢磨出了如何比较两种包含大数字的比率。例如，一个孩子可能会这样来卖：两块500，五块1 000。换句话说，这个10岁的孩子需要理解，卖糖的人会更喜欢多买几块糖而使每块糖付的钱少一些（Carraher et al., 1985；Robertson, 2001；Woll, 2002）。

涉及大数字，孩子们是怎么理解比率比较的呢？即使在北美的学校中，10岁的孩子也很少学到比率的概念。情境认知理论认为，我们解决问题的能力是与特定的物理和社会环境紧密相连的，在这些环境中我们学习如何解决问题（Chui et al., 2010；Lave, 1997；Proctor & Vu, 2010；Robertson, 2001）。学者们也认为，一个抽象的智能测验常常无法揭示人们在解决实际生活情境中的问题时是多么厉害（Kyllonen & Lee, 2005）。

传统的关于思维的认知理论强调发生在个体头脑中的加工过程。情境认知理论认为传统的认知理论过于简单。毕竟，在实际生活中，认知加工过程是受益于信息丰富的环境的（Chrisley, 2004；Olson & Olson, 2003；Wilson, 2002）。现实生活中，我们也会与其他人互动，这些人提供必要的信息并帮助我们澄清认知加工过程。所有这些因素都有助于我们在理解和解决问题的过程中更加胜任（Glaser, 2001；Kirsh, 2009；Seifert, 1999）。

你可以想象到，情境认知的观点在教育中有重要的应用价值。情境认知理论表明，孩子们应该有解决在学校环境之外可能遇到的实际数学问题的能力。这个理论也表明，大学生在实习期间和其他的实践环境中会学得特别有效率（Hakel, 2001；Jitendra et al., 2007）。在这一章的后面部分我们会再来讨论这个问题，我们将讨论人们如何不能领会以前的抽象问题解决任务和当前他们要解决的问题之间的类比。

如果心理学家想要准确地理解认知加工过程，那么他们应该注重生态效度，这与情境认知的观点是一致的。在这本书前面的章节中我们讨论过，如果研究开展的条件与研究结果推广应用的自然情境相似，那么这个研究就是有**生态效度**（ecological validity）的。例如，一个卖糖果过程中儿童的数学能力研究就比一个纸笔标准化测验中儿童的数学能力研究有更高的生态效度。

具身认知

很多研究表明，如果可以允许我们活动身体的各部分，那么我们在解决特定种类的问题的时候就会更快更准确。例如，在第7章中我们讨论过心理旋转任务，心理旋转任务要求人们在头脑中旋转一个几何图形，然后判断它是否与另一个相似的图形匹配。研究也表明，如果允许人们移动双手，则心理旋转任务会完成得更准确（Chu & Kita, 2011）。

关于具身认知的另一个研究关注的是经典的问题解决任务，要求被试将从天花板上垂下来的两根绳子系在一起。如果被试可以将一根绳子荡到另一根绳子旁边，就可以将问题解决了。具身认知的研究表明，如果被试在"练习阶段"被告知可以来回摇摆他们的胳膊，那么他们就可能更准确地解决系绳子的问题（Thomas & Lleras, 2009b）。同样，如果被试有使用手势的先前经验，他们也更加可能选择运用手部动作的策略去解决一个关于传动装置运动的问题（Alibali et al., 2011）。

问题解决的策略

一旦对问题进行表征之后，你会可以试着使用策略来解决它。有的问题解决的策略是很费时间的。例如，**算法**（algorithm）是总是会产生问题解决方案的一种方法，只是算法的推演过程有时候是效率很低的（Sternberg & Ben-ZEEV, 2001；Thagard, 2005）。算法的一个实例被称为**穷尽搜索的方法**（exhaustive search），即使用一个特定的系统尝试所有可能的解决方法。

算法通常都是低效率而且不精细的。但更精细的一些方法却会降低发现解决方法的可能性。例如，假设你一直在做字谜游戏，通过重新排列一串随机字母的顺序而组成英文词。下一个字谜是LSSTNEUIAMYOUL。你可能会通过尝试确定目标词语的头两个字母来解开这个长字谜。特别是你会决定只选出经常出现在英文词的开头，并且可以发音的两个字母的组合。你可能会拒绝下列的一些可能的组合，如LS、LT、LY，但你会考虑LE、LU，或者理想的应该是SI，相比较穷尽搜索超过870多亿个SIMULTANEOUSLY这个词中14个字母可能的排列顺序，找到开头字母组合的策略会让你更快地找到答案。

这种只寻找可发音的字母组合的策略是启发式的一个例子。在其他的章节中你已经学过了，**启发式**（heuristic）通常是一个正确的总体规则（Nickerson，2010）。如果你使用启发式的策略解决问题，你将会忽略一些其他的可选项而只考察那些很可能会产生解决方案的选项。

我们已经注意到了，像穷尽搜索之类的算法一定会产生问题的解决方法，即便在这个搜寻的过程中你可能会老去几岁。但是，启发式就不保证我们会找到问题的解决方法。例如，你现在拿到一个字谜是IPMHYLOD，假设你同样使用"如果字母组合很少出现在词语的开头就拒绝这些组合"的策略，如果你拒绝了以LY开头的词，那么你就不会找到正确的答案，LYMPHOID。在解决问题的时候，你需要权衡启发式的速度优势和可能错过正确答案的劣势。

心理学家所做的关于问题解决者启发式研究比关于算法的研究要多。一个原因是我们使用启发式比使用算法有更大的可能成功解决日常生活中的问题。最广泛应用的三个启发式是类比、手段—目的启发式和爬山法启发式。我们下面会详细讨论。

类比方法

每天你都会使用各种类比来解决问题。例如，当在统计课上遇到问题的时候，你会参照课本前面提到的例子。在你写认知心理学课程论文的时候，你会使用以前写社会心理学论文的很多有用的策略。当你在问题解决中使用**类比方法**（analogy approach）时，你用到了以前解决相似问题的方法来帮助你解决一个新的问题（Benjamin & Ross，2011；Leighton & Sternberg，2003；Schelhorn et al.，2007）。

类比在问题解决中运用得很广泛（Bassok & Novick，2012）。例如，有研究报告称工程师在解决问题的9小时中平均会产生102个类比（Christensen & Schunn，2007）。在一个跨文化的研究中，巴西、印度和美国的学生通常都会选择类比方法作为他们问题解决的首选策略（Güss & Wiley，2007）。花点时间考虑一下你使用类比法解决问题的几次经验。

当人们在艺术、政治、科学和工程等领域取得创造性突破的时候，类比也显得很重要（Kyllonen & Lee，2005；Schwering et al.，2009；Young，2007）。例如，莱特兄弟通过类比鸟的翅膀和飞行器的翅膀而为他们自己的飞行器设计了一些特征。特别是他们注意到，鸟类可以通过稍稍调整翅膀尖端的朝向而控制飞行的模式，于是他们设计了飞行员可以用金属棒和传动装置进行微调的飞行器的翅膀尖端（Weisberg，2006）。

让我们先看一下类比方法的大体结构，然后看一下鼓励问题解决者有效使用类比方法的因素。但是，请先尝试一下示例11-5中的问题解决。

示例11-5

小精灵和哥布林问题

试着解决下面的问题（答案见本章结尾部分）

你可能知道，小精灵和哥布林都是虚构的生物体。想象一下，三个小精灵和三个哥布林都到达了河的右岸，他们都想过河到左岸去。幸运的是，在河边有条船。但是，船太小了，每次只能装下两个生物。下图底部那三个面露狰狞的是哥布林，他们都是邪恶的化身，而另外三个面相温和的是小精灵。还有一个问题是，如果任何时候在一侧河岸上哥布林的个数比小精灵的个数多，哥布林就会立即攻击小精灵并把它们吃下去。所以，必须绝对保证在河的任何一侧，哥布林的个数不会比小精灵的个数多。你怎么来解决这个问题？（请注意，哥布林虽然邪恶，但你可以相信它可以把船从河对岸划回来！）

类比方法的结构

使用类比策略的人们面临的一个主要挑战是决定真正的问题是什么，也就是说，确定细节之中隐藏的抽象难题。在理解问题的部分，我们强调过问题解决者需要剥开那些不相关的表面细节才能找到问题的核心（Whitten, & Graesser，2003）。研究者使用"**问题同构**"（problem isomorphs）来指代有相同内在结构和解决方法但有不同具体细节的一系列问题。

遗憾的是，人们倾向于更加关注问题的表面内容，而不是问题的抽象的内在意义（Bassok, 2003; Whitten & Graesser, 2003）。换句话说，人们会注意到明显的**表面特征**（surface features），如问题中的具体的对象和术语。结果，他们就没有办法关注问题的**结构特征**（structural features），即为了正确解决问题而必须要理解的问题的内在核心（在继续阅读之前，请试一下示例11-5）。

例如，美国罗格斯大学曾经想设计一个系统，以便未来可能进入该学校的学生可以追踪他们的申请状态。最初，罗格斯大学的工作人员只是去看其他大学在用的系统，这些系统的表面特征与他们现存的系统很相似，于是，这种类比就没有效果。但庆幸的是，工作人员随后就将注意力转移到了系统的结构特征，而不再关注表面特征。这时，他们意识到真正的问题中还需要包括追踪申请者。所以，他们决定研究一下联邦快递公司，看看这个快递公司是如何解决追踪包裹位置的问题。联邦快递的系统为罗格斯大学申请追踪问题的解决提供了有效的方法（Ruben, 2001）。

有研究清楚地显示了人们经常无法看到他们已经解决的问题和有相似结构特征的新的同构问题之间的类比关系（Barnett & Ceci, 2002; Bassok & Novick, 2012; Leighton & Sternberg, 2003; Lovett, 2002）。在讨论情景认知理论的时候我们也看到，人们难以在新的环境中解决相同的问题；他们无法将知识进行转化。同样，当相同的问题被表面上不同的封面故事乔装过之后，人们也很难找到解决方法（Bassok, 2003）。问题解决能力和元认知能力有限的人更不太可能属于类比的方法（Chen et al., 2004; Davidson & Sternberg, 1998）。

鼓励类比的恰当使用的因素

庆幸的是，人们可以克服环境的影响，然后恰当地使用类比的方法（Lovett, 2002）。尤其是他们在解决目标问题之前，如果已经试着解决了几个结构相似的问题，这样他们就更有可能正确地使用类比的策略（Bassok, 2003）。另外，如果训练学生们根据问题结构的相似性将问题归类，那么他们会学会更准确地解决统计问题（Quilici & Mayer, 2002）。

手段–目的启发式

手段–目的启发式有两个重要的成分：①首先，将一个问题分解成几个次问题或者**小问题**（subproblem）；②然后，尝试减少每个小问题的起始姿态和目标状态之间的差别（Bassok & Novick, 2012; Davies, 2005; Ormerod, 2005）。**手段–目的启发式**（means-ends heuristic）这个名字是很贴切的，因为这个方法就是要求你确定想达到的"目的"（或者是最后结果），然后找出可以用来达到这些目的的"手段"或者方法（Feltovick et al., 2006; Ward & Morris, 2005）。问题解决者使用手段–目的启发式的时候，必须将注意力放在问题的起始状态和目标状态的差异上。研究者们认为，手段–目的启发式是最有效灵活的问题解决策略之一（Dunbar, 1998; Lovett, 2002）。

日常生活中，我们每天都会用到手段–目的分析方法来解决问题。例如，几天前，我非常熟悉的一个学生跑到我的办公室跟我说："老师，我可以用一下你的订书机吗？"在我递给她订书机之后，她立即将衬衫下摆卷了进去把褶边订了起来。那天晚些时候她跟我解释说，她遇到了问题，因为在11:50的时候她发现自己衬衣的褶边松了，但是10分钟之后轮到她做课堂报告，她不能穿着松了边的衬衣去报告。使用手段–目的启发式，她把自己的问题分解成了两个小问题：①确定什么东西可以固定衬衣的褶边，哪怕这个东西并不是真正的"褶边缝合材料"；②找到这个东西。

手段–目的启发式的相关研究

研究表明，人们确实会用小问题来组织问题。例如，Greeno（1974）研究了人们如何解决示例11-5中的小精灵和哥布林问题。他发现，在解决小问题和需要组织移动顺序的时候，人们会有明显的停顿，在计划这些移动顺序的时候，工作记忆是高度活跃的（Simon, 2001; Ward & Allport, 1997）。

有时候在找到正确的问题解决方法之前你需要后退几步，这样会暂时扩大起始状态和目标状态之间的差异。例如，你怎么解决示例11-5中的小精灵和哥布林问题？也许你会全神贯注于减少起始状态（所有生物体都在河右岸）和目标状态（所有生物体都到河左岸）之间的差异，所以，你会只把他们从右边往左边移动。如果这样做的话，就会忽略掉问题解决的关键步骤。例如，在步骤6中，你需要将两个生物从左岸移回到河的右岸（所有的步骤在章尾的答案中）。

研究证实，人们不愿意从目标状态移开，即使正确的问题解决方法需要你做暂时的迂回（Bassok & Novick, 2012; Morris et al., 2005）。在实际生活当中也会出现像小精灵和哥布林问题中的情况，最有效的前进方法其实是暂时后退。

计算机模拟

计算机模拟的最著名的例子之一是找出人类使用手段-目的启发式来解决界定良好的问题的解释。Allen Newell 和 Herbert Simon 提出了一个理论，其特征是强调次级目标，减少起始状态和目标状态之间的差异（Newell & Simon, 1972; Simon, 1995, 1999）。说问题解决之前，让我们先看一下计算机模拟的一些一般特征，然后我们会简单讨论 Newell 和 Simon 的理论和计算机模拟领域比较新近的发展。

研究者们使用**计算机模拟**（computer simulation）的时候，他们是要写一个使用与人类相同的方法来完成任务的计算机程序。例如，他们有人想写一个解决小精灵和哥布林问题的程序。这个程序会像人类一样，在开始可能犯错，但它不应该比人类解决得更好或者更差。然后，研究者们用它来解决问题，并观察它采用的步骤是否与人类在解决这个问题时候采用的步骤一致。

1972 年，Newell 和 Simon 开发了一个在现在看来很经典的计算机模拟程序，称为**通用问题解决者**（general problem solver, GPS）。这个程序的基本策略是手段-目的分析，目标是模仿正常人在解决问题时使用手段-目的分析的加工过程（Lovett, 2002; Simon, 1996）。通用问题解决者还有几种不同的问题解决方法，包括差异减少策略。

Newell 和 Simon（1972）开始的时候先要求人类被试出声报告他们解决问题的过程，然后 Newell 和 Simon 使用这些来自人类被试的记叙材料开发了特定的计算机模拟程序来解决类似小精灵和哥布林问题的问题。

通用问题解决者是模拟多种人类符号性行为的第一个程序（Sobel, 2001; Sternberg & Ben-Zeev, 2001）。结果，在认知心理学的历史上产生了重要的影响（Bassok & Novick, 2012）。但是，Newell 和 Simon 最后放弃了通用问题解决者，因为它的通用性并没有预想的那样好，主要是因为现实生活中的很多问题都不是能那么清晰界定的（Gardner, 1985; Sobel, 2001）。

最近，John Anderson 和同事们设计和检测了很多计算机模拟程序，这些程序可以用来解决类似小精灵和哥布林问题，也可以解决代数、地理和计算机科学中的问题（如 Anderson et al. 1995, 2008; Anderson & Gluck, 2001）。这些项目都与 Anderson 的 ACT-R 理论有关，第 8 章中我们总结了这个理论。他们开发这些程序最初是为了看看人类是如何获得问题解决的能力，但他们也开发了用在中学数学课上，被称为"认知助教"的程序（Anderson et al. 1995, 2005）。可以看出，最早被开发出来检验理论问题的项目也可以被用在现实生活中。

爬山法启发式

最直接的问题解决策略之一是爬山法启发式。理解这个启发式，你可以想象自己正在一个不熟悉的地方沿着一条路爬山，目标是到达山顶，但眼前突然出现了岔路，并且朝两条路上望过去，你都不能看到很远的地方。因为你的目标是往上爬，所以你选择了有最大坡度的一条路。同样，如果你正在使用**爬山法启发式**（hill-climbing heuristic）到达了抉择点，你也会选择看起来可以最直接通向目标的方法（Lovett, 2002; Ward & Morris, 2005）。

当你因为只能看到紧接下来的步骤，而没有关于其他可选项的足够信息的时候，可以使用爬山法启发式。但是，像其他启发式一样，爬山法启发式也会让你误入歧途。这个启发式最大的不足是，问题解决者必须一直选择看起来可以直接通向目标的方法。为此，他们可能无法选择间接的方法，而间接的方法可能带来有长期的好处。例如，山坡上看起来向上的路可能很快就到头了。爬山法启发式并不能保证你最后到达山顶（Robertson, 2001）。

一个以挣大钱为目标的学生可能会决定在大学本科毕业之后立即去找一份工作，虽然研究生学位可能会产生更大的长期利益。有时候问题的最好解决方法要求我们暂时退离目标（Lovett, 2002）。关于爬山法启发式需要记住的一点是，它有助于达成短期的目标而不是长期的目标。

个体差异：问题解决策略的跨国家比较

至此，我们讨论了三种经典的问题解决策略。但是，许多问题不是通过这些标准的方法来解决的，因为它们都是很复杂的问题。让我们看一个研究，是关于五个不同国家的人们问题解决策略的选择。这个研究的共同作者 C. Dominik Güss、M. Teresa Tuason 和 Christiane Gerhard（2010）都有美国、菲律宾和德国三个国家的生活背景，所以他们决定研究这三个国家的大学生。为了扩展被试的文化背景差异，他们也包括了印度和巴西的大学生。每个国家大约有 100 名大学生参与了这个研究。

为了分析问题解决过程中大学生们使用的策略，研究者采用了一种很成熟的技术，即**出声思维方法**（think-aloud method），要求被试口头报告他们在解决问题过程中的想法，但是一定不要尝试解释和发现这些想法。如你所想象的，被试需要使用他们觉得舒服和熟练的语言来报告他们的想法。这个研究中包括的语言有巴西葡萄牙语、德语和英语，也有印度的几种地方语言和菲律宾语。

Güss和同事们选择了标准化的计算机模拟程序——微观世界，作为研究材料。**微观世界**（microworlds）包括的任务要求问题解决者在解决可能会发生在真实生活中的复杂问题时，做出一系列的相互联系的决定。例如，其中一个任务是让被试假设自己扮演一个消防旅的指挥官的角色，指挥官要灭掉发生的几处森林大火，并保护附近的城市不受影响。

微观世界的任务都很复杂，因为即使问题解决者什么也不做，环境也会改变。另外，问题解决者在游戏期间需要从300个可选项中选择一个方法，而且问题的解决不仅有一个方法。每个被试单独测试，研究者会在旁边，研究过程通常持续90分钟。被试的每一句话都被录音机录了下来，然后经过转录，研究者再对其进行编码。

我们只看研究中出声思维方法所揭示的学生们的问题解决策略。Güss和同事们（2010）检验了几个假设，但我们只讨论其中的一个。这个假设是，在经济资源充裕的国家中（美国和德国），人们更可能强调计划；而在经济资源有限的国家中（巴西、菲律宾和印度），人们却不太强调计划。研究者们计算了关注计划的谈论（如"8号消防车应该负责搞定2号城市附近的地区"）的相对数量。结果显示，德国学生关注计划的谈论数量最多；美国、巴西和印度的学生谈论的数量居中，而菲律宾学生关于计划的谈论最少。Güss和同事们想不明白为什么美国学生关于计划的谈论数量相对较少，但他们给出了其他研究者也报告过的一个解释，即很多美国人关注即刻的满足，而不是长期的计划。

你可以想到其他的理由来解释这个结果吗？个体差异研究的一个不足是，除了目标变量（在这个研究中是居住国）不同之外，不同群体之间的差异还体现在很多方面。所以，研究者们可以确定跨文化的差异，但却不能够为这些差异找到清晰的解释。

影响问题解决的因素

根据本书的主题5，认知加工包括自下而上的加工和自上而下的加工。**自下而上的加工**（bottom-up processing）强调关于刺激的信息，即我们的各种感觉器官记录的刺激信息。**自上而下的加工**（top-down processing）注重的是我们从以往经验中获得的概念、期望和记忆的作用。

在这一部分中你将会看到，两种类型的加工都有助于我们理解几个重要的因素如何影响我们的问题解决能力。例如，有专业知识的人在解决问题的时候能够有效地使用自上而下的加工，他们会很好地利用知识、记忆和策略等。可是，心理定势和功能固着会干扰我们的问题解决，这两个因素都依靠自上而下的加工来起作用。这一章中深度了解的部分也说明了性别刻板印象会鼓励人们使用过度活跃的自上而下的加工，从而导致更差的问题解决成绩。最后，如果问题的解决需要顿悟，为了使用不熟悉的方法解决问题，我们也必须克服过度活跃的自上而下的加工的影响。简而言之，有效的问题解决需要结合自下而上的加工和自上而下的加工（主题5）。

专业知识

拥有**专业知识**（expertise）的人在某个特定领域的表征任务中会展示出卓越的能力和成绩（Ericsson，2006；Ericsson & Towne，2010；Ericsson et al.，2009）。很长时间以来，研究者们认定，专家的养成需要有使用特定领域的专业知识至少10年的经验。但是，很多人已经摒弃了这个标准，因为在很多的领域中，有多少年的经验与卓越的成就之间并没有很强的相关，例如在心理治疗领域。

这本书前面的章节中我们会注意到，特定学科的专家可能会有关于这个学科的更好的长时记忆（第5章），也有更好的这个学科中概念的详细结构（第8章）。现在，我们将探索专业知识如何促进问题解决的成绩。专家可以很好地利用自上而下的加工，就能够在解决某个领域的问题的不同成分时取得更好的成绩。但是，有一个领域的专业知识的人通常在其他领域都不突出（Feltovich et al.，2006；Robertson，2001）。让我们看一下在问题解决的不同维度，专家与新手是多么不同。

知识库

专家与新手的知识库和图式不同（Bransford, et al.，2000；Ericsson & Towne，2010；Feltovich et al.，2006；Robertson，2001）。Michelene Chi（1981）做了一个解决物理问题的经典研究，她发现新手缺乏关于物理原理的重要知识。

在前面的章节中我们讨论过，为了正确理解一个论题，你需要合适的图式帮助。如果专家在不同的相关情境中受过训练，如果训练的过程中包括及时的详细反馈，那么他们就会更有效地解决问题（Barnett & Koslowski，2002；Ericsson & Towne，2010）。

记忆

专家在记忆与专业知识有关的信息时与新手不同（Bransford, et al., 2000；Chi, 2006；Robertson, 2001）。专家的记忆能力往往是很具体的。例如，国际象棋专家比新手在记忆各种象棋的位置时更胜一筹。据估计，他们可以记住大约 50 000 个"组块"或者是棋子的熟悉排列（Chi, 2006；Gobet & Simon, 1996a）。国际象棋专家也可以更快地从长时记忆中提取相关的信息（Ericsson & Towne, 2010）。

但让人惊讶的是，国际象棋专家在记忆棋子的随机排列时，成绩只比新手好一点点（Gobet et al., 2004）。换句话说，只有在棋子的排列与特定图式一致的时候，专家的记忆才会更好（Feltovich et al., 2006；Lovett, 2002）。

问题解决策略

当专家在他们的专业领域碰到新问题的时候，相比新手，他们更可能有效地使用手段—目的启发式（Sternberg & Ben-Zeev, 2001）。也就是说，他们将问题分解成几个次级问题，然后按一定的顺序解决这些次级问题。他们更可能系统化地将问题解决，而新手更可能采用随意的、无计划的方法。

另外，专家和新手在使用类比方法的时候也不同。在解决物理问题的时候，专家更看重问题之间结构的相似性。但是新手的注意力更容易被表面的相似性分散（Chi, 2006；Leighton & Sternberg, 2003）。在阅读后面的内容之前，请试一下示例 11-6。

示例 11-6

心理定势

    通过这两个例子看一下心理定势的作用。

    a）Luchins 的水罐问题。假设你有三个罐子，A、B、C。下面六个问题中的每一个都列出了三个罐子的容量。你必须使用全部的三个罐子来得到目标列中特定数量的液体。你可以将 A、B、C 中所列的容量进行相加或者相减来得到规定的数量（答案在随后关于心理定势的讨论部分）。

问题	A	B	C	目标
1	24	130	3	100
2	9	44	7	21
3	21	58	4	29
4	12	160	25	98
5	19	75	5	46
6	23	49	3	20

    b）数字谜题。你对找出数字顺序模式的谜题应该很熟悉。为什么下列这些数字的排列顺序是这样的？

    8，5，4，9，1，7，6，3，2，0

    答案在本章最后。

资料来源：Part A of this demonstration is based on Luchins, 1942.

速度和准确性

如你预期的那样，在解决问题的时候，专家比新手更快更准确（Chi, 2006；Ericsson, 2003b；Ericsson & Towne, 2010）。专家的操作更自动化，特定的刺激环境会快速激发他们的反应（Bransford et al., 2000；Glaser & Chi, 1988；Robertson, 2001）。

在有的任务中，专家可以更快地解决问题是因为他们使用了平行加工，而不是系列加工。前面的章节中讲过，**平行加工**（parallel processing）在同一时间可以处理两个或者更多的项目，而**系列加工**（serial processing）一次只能处理一个项目。Novick 和 Coté（1992）发现，专家们在将随机字母重新排列成词的问题中只需要不到两秒钟的时间。实际上，专家之所以能够快速地解决这些问题，是因为他们同时考虑到了几种不同的可能性。但是，新手都很慢，因为他们可能使用了系列加工。

元认知能力

对问题解决过程的监控，专家比新手做得要好。你可能记得第 6 章中说过，自我监控是元认知的一个成分。例如，专家们能更好地判断一个问题的难度，在解决问题过程中恰当地分配时间方面，他们也更熟练（Bransford et al., 2000）。根据一个关于发明家的研究，专业发明家会更熟练地监控他们的想法，评价这些想法是否有用，他们也更有创造性（Mieg, 2011）。当专家们意识到已经犯错了之后，会更快地做出调整（Feltovich et al. 2006）。

在问题解决的不同阶段，专家们肯定是更熟练的；在解决问题的时候，他们也更能够监控自己的进程。但是，专家们在与元认知有关的一个任务中会做得很差，即专家们会低估新手用来解决他们专业领域问题的时间（Hinds，1999）。但是，新手在估计他们在问题解决过程中会遇到麻烦的时候更准确。

心理定势

确定你试过示例 11-6 之后再接着往下读。示例 11-6 给出了两个心理定势的例子。当你在有了**心理定势**（mental set）的条件下，你会不停地尝试你在以前的问题解决中用到的同一个方法，即使你可以用一种不同的、更简单的方法将问题解决。如果产生了心理定势，你就过早地封闭了思维，不再考虑如何能有效地解决问题了（Kruglanski，2004；Zhao et al.，2011）。有趣的是，新近的研究发现，相比人们在不停尝试习惯的问题解决策略时，当他们打破心理定势的时候会产生 ERP 的较大的变化（Zhao et al.，2011）。

我们已经注意到，问题解决需要自下而上的加工和自上而下的加工（主题 5）。专家们可以恰当地使用自上而下的加工，因为他们可以运用以前的知识更快更准确地解决问题。但是，心理定势和功能固着都代表了过度活跃的自上而下的加工。在这两种情况下，问题解决者都会受以前经验的影响，从而无法考虑更有效的问题解决的方法。

关于心理定势的一个经典研究是示例 11-6 的 A 部分中 Luchins 的水罐问题。解决水罐问题的最好方法是将 B 罐加满，然后从中减去一个 A 罐的容量和两个 C 罐的容量。使用这个策略可以解决第①～⑤个问题，所以就会产生一个心理定势。大部分人会在解决第六个问题的时候继续使用这个复杂的方法。但遗憾的是，以往的学习实际上妨碍了问题解决的成绩，因为你可以使用更简单更直接的方法解决后面的问题。例如，将 C 罐的容量从 A 罐中减掉，你就可以解决第 6 个问题。Luchins 也考察了从示例 11-6 中第 6 个问题开始的一组人，他们几乎总是想用更简单的方法来解决其余的问题。

心理定势与 Carol Dweck（2006）提出的称为"固定观念模式"的观念有关。如果你有了**固定观念模式**（fixed mindset），你会认为自己只拥有一定的智能和其他能力，再努力也不会做得更好。你放弃尝试去找提高能力的新的方法。但是，如果你有**成长观念模式**（growth mindset），就会认为自己的智能和其他能力可以培养，不管是学习打网球，学习如何协调与一个新室友的关系，还是学习如何在认知心理学的下一次考试中考得更好，你都会挑战自己，以便做得更好。

功能固着

像心理定势一样，在自上而下的加工过度活跃的时候，功能固着也会发生。我们太依赖已有的概念、期望和记忆。但是，心理定势指的是问题解决的策略，而**功能固着**（functional fixedness）指的是我们考虑物理对象的方式，即我们往往会给某个物体指定稳定的或者"固定"的功能。结果，我们就无法想到这个物体的其他特征也许会帮助我们把问题解决（German & Barrett，2005）。

功能固着的一个经典的研究是 Duncker 蜡烛问题（Duncker，1945）。这是用德国心理学家 Karl Duncker 来命名的。设想有个研究者让你进入一个房间，房间里有一张桌子，桌子上有三个物体：一根蜡烛，一个装着火柴的盒子，一个装着图钉的盒子。你的任务是使用桌子上的物体将点燃的蜡烛固定到房间的墙上。这个物体的解决需要通过思考物体的其他用途来克服功能固着（Bassok & Novick，2012）。在这个情况下，你需要意识到，火柴盒除了装火柴之外也可以有其他的用途，如放蜡烛。所以，你可以用图钉将火柴盒钉到墙上来做一个烛台。

日常生活中，我们会接触到各种各样的物体和工具，所以功能固着也不是一个主要的障碍。但是，先看一下 Angus Wallace 和 Tom Wong 博士的困境，他们提供了一个克服功能固着的伟大例子。一批内科医生在到达中国香港后刚下飞机，就听说有一名乘客肺功能衰竭。他们随身携带的唯一的手术工具是一截橡胶管和一把手术刀。但他们使用仅有的工具和飞机上有其他固定功能的物体为这个病人进行了手术并且救了她的命，他们用到的东西包括衣架、餐刀、餐叉和一瓶矿泉水（Adler & Hall，1995）。

有趣的是，在很少使用人造物品的文化中，也可以看到功能固着的现象。例如，German 和 Barrett 给生活在亚马逊河附近的厄瓜多尔青少年看一些简单的厨房用具，如果他们看到用勺子搅拌米饭，那么随后他们就很难想象勺子可以用来做联结两个物体的桥梁。

心理定势和功能固着是主题 2 的两个例子，主题 2 说的是认知加工过程中的错误来源于非常理智的策略。使用在以前问题解决的时候学到的知识来解决当前的问题，通常是一个明智的策略。如果旧的方法很有效，那么就接着用吧。但是，在有了心理定势的条件下，我们太执着于使用在解决以前问题的时候学到的策略了，所以就没办法想到其他更有效的解决方法。

同样，世界上的物体通常都有固定的功能。例如，我们用螺丝刀来拧紧螺丝，用硬币买东西。通常情况下，一个任务使用一个物体而另一个任务使用其他物体的策略是合适的。但是，当我们太固执地使用这个策略的时候就会有功能固着。例如，我们不会想到硬币也可以用来拧螺丝。

> ### 深度了解
> #### 性别刻板印象与数学问题解决
>
> 至此，我们讨论了心理定势和功能固着两种自上而下的加工过度活跃的情况。我们现在来关注第三种情况：因为刻板印象影响关于自我能力的信念，所以产生了自上而下加工的过度活跃（Walton & Dweck, 2009）。心理学家会在种族群体、社会阶层和年龄的基础上研究刻板印象。但是，在问题解决领域中，研究最多的是性别刻板印象和数学问题的解决。
>
> 第8章中我们学到，**性别刻板印象**（gender stereotype）是我们关于男性和女性的一些信念和看法（Jackson, 2011；Matlin, 2012；Whitley & Kite, 2010）。一个典型的性别刻板印象是在解决数学问题的时候男性比女性更熟练。关于认知能力的性别刻板印象有时候是部分正确的，但也不能应用到每一个人身上。让我们看一下性别刻板印象与问题解决相关的研究。
>
> 例如，Janet Hyde 和同事们（2008）分析了720万名美国学生在标准化数学测验上的得分。他们发现2~11年级所有年龄阶段的学生在得分上都表现了一致的性别之间的相似性。其中的一个性别比较与本章的内容有关：即使在要求学生们进行复杂数学问题解决的测验上，研究者们也发现了性别相似性。国际学生的研究中也发现了同样的性别相似性的结果（Else-Questc et al., 2010；Halprern, 2012）。另外，有研究发现，从小学开始直到大学，女性在数学课上的得分会更高（Halpern, 2012；Kimball, 1989）。
>
> 为了增加背景知识，请看一下关于性别刻板印象的干扰作用的研究。本书第8章中提到过，很多女性不会把自己与数学联系起来，即使是那些数学专业的学生也如此。
>
> **刻板印象威胁的本质**
>
> 想象有两个高中毕业生，Jennifer 和 Matthew，他们即将开始进行 SAT 中的数学考试。他们俩都很优秀，数学课的成绩都是 A。他们知道这可能是他们参加过的最重要的考试，因为考试的结果将决定他们可以上哪个大学。
>
> 两个学生都很焦虑，但 Jennifer 的焦虑还有另外的原因，她需要与广为传播的刻板印象做斗争，因为她是女性，所以她考的分数会比男性低（Quinn & Spencer, 2001）。这种额外的焦虑实际上可能会影响她数学考试的成绩，而在 SAT 的数学考试中得到一个更低的分数。在这个例子中，Jennifer 经历的就是**刻板印象威胁**（stereotype threat）。如果你属于被消极刻板印象限制的群体，你会想到自己的群体成员身份，那么你的成绩就会受到影响（Smith et al., 2007；Steele, 1997；Whitley & Kite, 2010）。
>
> **关于亚裔美国女性的研究**
>
> 我们看一下 Margaret Shih 等人（1999）做的一个研究，他们的研究对象都是亚裔美国女性，大学生。在美国和加拿大，一个关于亚裔美国人的刻板印象是，与来自其他族群的人相比，亚洲人很擅长数学。但是，我们也刚刚讨论过，另一个刻板印象是，与男性相比，女性更不擅长数学。
>
> Shih 等人（1999）将这些亚裔美国女性分到三个不同的实验条件中。我们看一下在一个困难的数学测验中，这些条件如何影响他们的分数。
>
> 1. 强调种族的条件。一组被试需要表明她们的种族，然后回答关于种族身份的几个问题。之后进行困难的数学测验，她们会做对 54% 的题目。
>
> 2. 控制条件。另一组被试不需要回答任何问题，她们只是进行了同样的数学测验，会做对 49% 的题目。
>
> 3. 强调性别的条件。还有一组被试需要表明性别，然后回答关于性别身份的几个问题。之后进行困难的数学测验，她们只做对了 43% 的题目。
>
> 显然，亚裔美国女性在想到她们的种族身份时，考试成绩很好。但是，如果想到她们的性别身份，就会经历刻板印象威胁，问题解决的能力就下降了。Nalini

Ambady 等人（2001）在小学和中学的亚裔美国女生身上也发现了同样的结果。

欧裔美国女性的研究

刻板印象威胁的效应在欧裔美国女性身上也得到了重复（O'Brien & Crandall, 2003；Quinn & Spencer, 2001）。例如，O'Brien 和 Crandall（2003）研究了一组正在进行困难数学测验的女大学生。她们中的有些人被告知，在这个数学测验上，男生的分数通常比女生的高；而另一组人被告知，这个数学测验分数不会有性别的差异。结果发现，第一组的人比第二组的人考得差。

在一个相似的研究中，Dustin Thoman 和同事们（2008）告诉一组女学生说，男性往往比女性的数学测验成绩高，因为男性的能力更高，告诉另一组女学生说，男性往往比女性的数学测验成绩高，因为男性会更努力，第三组是控制组，没有任何关于性别差异的信息提供。有趣的是，相比其他两组，在"努力组"的女生做对的题目显著要多。

可能的解释

为什么刻板印象威胁会导致更差的成绩呢？两个因素可能与此有关，一个是刻板印象威胁产生了更高的唤醒水平（Blascovich et al., 2001；O'Brien & Crandall, 2003）。更高的唤醒水平可能会干扰工作记忆，尤其是在进行复杂任务的时候。研究显示，在困难的数学测验中，人们可能会"在压力下窒息"。焦虑显然减少了工作记忆的容量（Beilock & Carr, 2005）。

另一个因素是，女性在进行困难的数学测验时，可能需要努力压抑她们应该考得更差的想法（Quinn & Spencer, 2001）。第 3 章指出，想法抑制需要大量的主观努力，从而减少了工作记忆的容量。

增加的唤醒水平和减少的工作记忆容量是以什么方式降低女性解决数学问题的能力呢？Quinn 和 Spencer（2001）提出，这两个因素是通过降低女性建构问题解决策略的能力而起作用的。他们研究了男女大学生，每一组中一半的被试需要完成一个词语的测验，要求使用将词语转换成代数方程式的策略；另一半完成一个用数量方程呈现的代数问题的测验，不需要使用转换策略。图 11-2 显示了在词语测验中男性的成绩显著高于女性，但在数字测验中二者没有差异。

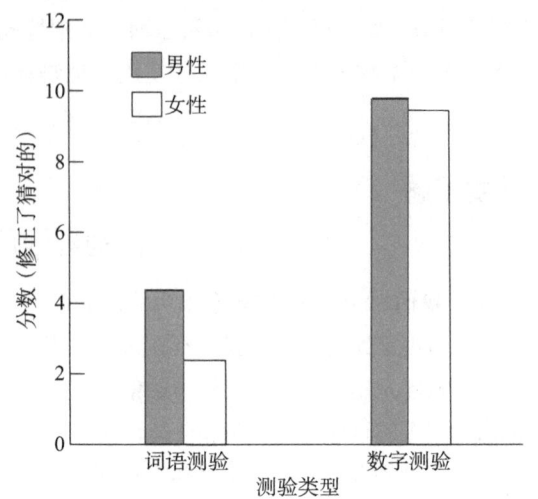

图 11-2　男性和女性在词语测验和数字测验中的平均成绩

资料来源：Quinn, D. M., & Spencer, S. J. (2001). The interference of stereotype threat with wonen's generation of mathematical proble-solving strategies. *Journal of Social Issues*, 57, 55-71.

你可以看到，研究者们已经做了很多关于数学问题解决中的性别比较的研究。总体上，这些研究都说明两性在问题解决能力上的相似性，也表明如果女性接受类似"女性不如男性的数学好"这样信息之后就会取得较低的分数。现在，试一下示例 11-7。

示例 11-7

两个需要顿悟的问题

a）**撒哈拉问题**（根据 Perkins, 2001）。假设你正在开车穿过非洲的撒哈拉沙漠。突然，你看到有个人面朝下趴在沙地上。经过进一步的查看，你发现他已经死了。在附近的任何地方你都看不到路的痕迹，沙漠里最近也没有刮风而使路径消失。你翻了一下那个人的背包，你发现了什么？

b）**三角形问题**。用六根火柴组成四个等边三角形，每根完整的火柴，不能折断也不能弯曲，必须是每个三角形的一条边。两个问题的答案都在本章结尾。

需要顿悟和不需要顿悟的问题

在碰到**需要顿悟的问题**（insight problem）时，问题一看上去是不可能解决的，但随后一种可能的解决方法会突然闯入你的意识中，让你立即认识到这个方法是正确的（Gibson et al., 2011; Johnson-Laird, 2005b; Reed, 2010）。大体上，工作记忆容量大的人在解决需要顿悟的问题时要更快（Chein et al., 2010）。

但是，在碰到**不需要顿悟的问题**（noninsight problem）时，就需要运用记忆、推理能力和常用的一些策略一步一步地进行（Davidson, 1995; Schooler et al., 1995）。例如，示例 11-1 是一个不需要顿悟的问题。

卡通画家在表示顿悟的时候会在一个人的头顶上放一个发光的灯泡。你可能会想起至少一次你或者别的你认识的人突然感觉到"我明白了！"。例如，我很清楚地记得我的女儿 Sally 经历的一次"我明白了！"的时刻，是关于牙仙的。你可能知道，美国和加拿大的家庭都有一个古怪的习俗，在小孩子牙齿掉了的时候，要把它放在一个信封里封好，晚上放在枕头底下。然后等孩子睡着以后，父母悄悄地把装牙齿的信封换成一个里面装着钱的信封，钱的数量要适中，得是神秘的小牙仙可以拿得动的。

在牙仙光顾了几次之后，我们发现 Sally 出现了困惑的表情，她告诉我们她的疑惑："我搞不懂的是，牙仙怎么可能在不撕坏信封的情况下将里面的牙齿拿走，再把钱放进去呢？除非有两个不同的信封！"如果你成功解决了示例 11-7 中的问题，你也会经历同样的突然成功的感觉。

让我们先讨论一下顿悟的几个成分，然后讨论在解决需要顿悟的和不需要顿悟的问题时候的元认知。

顿悟的本质

顿悟对格式塔心理学家来说是一个很重要的概念（Fioratou & Cowley, 2011; Johnson-Larid, 2005b; Lovett, 2002）。第 1 章和第 2 章中提到，格式塔心理学家强调的是知觉和问题解决过程中的组织倾向。他们认为问题的几个部分之间乍看上去好像彼此无关，但顿悟的突然闪现会使得各部分相互组合在一起，从而得到问题的解决方法。与格式塔心理学家不同，行为主义心理学家拒绝接受顿悟的概念。

赞同顿悟概念的心理学家认为，人们在解决需要顿悟的问题时，一开始头脑中往往会有一些不准确的假设（Chi, 2006; Ormerod et al., 2006; Reed, 2010）。例如，你在开始解决示例 11-7 中第二部分的三角形问题的时候，最初可能会假设六根火柴必须都放在一个平面上。也就是说，自上而下的加工主宰了你的思想，你所考虑的都是一些不正确的方法（Ormerod et al., 2006）。

我们知道自上而下的加工可能会阻碍问题的解决。但是，不需要顿悟的问题，如代数问题通常会受益于自上而下的加工（McCormick, 2003）。你在中学数学课上学到的解决策略会引导你在问题解决的过程中一步一步地接近问题的正确解决方法。

问题解决过程中的元认知

你在解决问题的时候，有多自信自己选择的方法是正确的？ Janet Metcalfe（1986）认为，解决需要顿悟的和不需要顿悟的问题时，元认知的模式是不同的。在解决不需要顿悟的问题，如标准的中学代数问题的时候，人们的自信心是逐步建立起来的。但是，在解决需要顿悟的问题时，当快要接近正确答案时，人们会经历自信心的突然改变。实际上，突然升高的自信可以用来区分需要顿悟的和不需要顿悟的问题（Hélie & Sun, 2010; Herzog & Robinson, 2005; Metcalfe & Wiebe, 1987）。

我们看一下 Metcalfe（1986）关于解决需要顿悟的问题的元认知的研究。Metcalfe 给学生们呈现了如下的问题：

一个陌生人找到了博物馆馆长，给他看了一枚古铜币，铜币的外表是真的，并刻有 554 B.C. 的日期。馆长以前也会高兴地收购一些从可疑渠道来的东西，但这一次他去立即报警，将这个陌生人抓了起来。为什么？

学生们在解决这个需要顿悟的问题时，要每 10 秒钟就在一个"温暖感觉"量表上进行 0～10 的评分。0 分表示他们觉得这个问题"很冷"，根本不知道如何去解决。10 分表示他们确定自己有了答案。

从图 11-3 的左手边你可以看到，被试在解决需要顿悟的问题时，对"温暖"的评分最初是逐渐升高的，但当他们发现了正确答案之后，评分就会突然升高。如果你找到了铜币问题的答案，那么你体验到信心的突然爆发了吗（顺便说一下，这个问题的答案是，真正生活在公元前 544 年的人是不会使用 B.C.（公元前）的标记来表示耶稣诞是在半个世纪之后诞生的）。Metcalfe 的结果后来被重复过（Davidson, 1995），证实了问题解决者通常都会报告在他们找到了需要顿悟问题的正确答案之后，会经历自信心的突然增长。

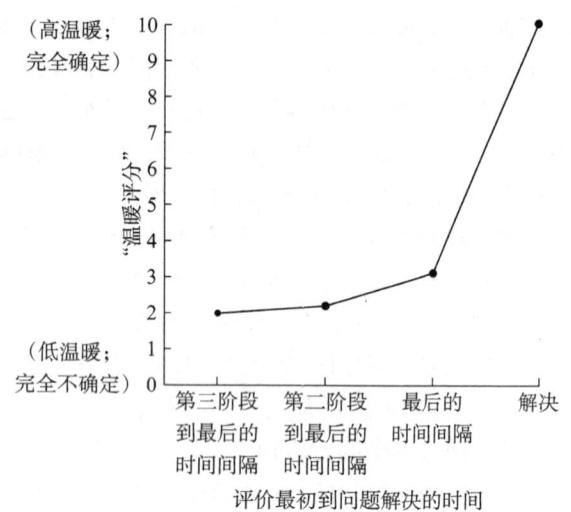

图 11-3 随着评价最初到得到答案的时间的变化，正确答案的"温暖评分"

资料来源：Metcalfe, J.(1986). Premonitions of insight predict impending error. *Journal of Experimental Psychology: Learning, Memory, and Cognition,* 12, 623-634.

关于问题解决的建议

需要顿悟的和不需要顿悟的问题之间的差异也表明了问题解决的一些策略。你可能是通过考虑是否有解决相似问题的以往经验而开始问题解决的，自上而下的加工在解决不需要顿悟的问题时很有用。

但是，偶尔你也应该想一想，问题的解决是否需要顿悟。你会需要一个不同的方法来解决需要顿悟的问题，因为解决这些问题没有明确的规则（Chi, 2006）。你可以尝试用不同的方式来表征一个问题，或者考虑一下歧义词的另一个意思（Lovett, 2002；Perkins, 2001）。在有的情况下，画草图、利用实际的物体，或者使用身体姿势都有助于解决需要顿悟的问题（Fioratou & Cowley, 2011；Shapiro, 2011）。需要顿悟的问题迫使你通过摒弃常用的自上而下的假设并通过寻找新奇的方法而在"盒子外面"搜索问题的答案。

创造性

可能你在读完问题解决的部分，在准备读创造性的部分时会轻舒一口气。问题解决听起来像老生常谈，解决问题的人们在进行手段—目的分析时会举步维艰。相反，创造性听起来很鼓舞人心，创造性思考的人们常常会经历天才的时刻，发光的灯泡会持续在他们头顶闪耀。但是，说实在话，创造性是问题解决的一个领域。像我们讨论过的问题解决的任务一样，创造性也要求从初始状态移动到目标状态。

创造性不论是在心理学中还是在心理学之外的学科中，绝对是一个受欢迎的问题。事实上，从 1999～2009 年间，有超过 10 000 篇关于创造性的文章发表（Kaufman & Sternberg, 2010b）。

我们很容易就可以写一章关于创造性的各种各样定义的内容。但是，大多数的研究者认为**创造性**（creativity）强调的是新奇和有用的问题解决方法（Hennessey & Amabile, 2010；Kaufman & Sternberg, 2010b；Runco, 2007）。请花几分钟来完成示例 11-8。

👆 **示例 11-8**

发散思维测验

试一下下面的题目，都与 Guilford 的发散思维测验中的题目类似。

1. 很多英文单词以 L 开头并且以 N 结束。在一分钟的时间里列举尽可能多的 L_____ N 形式的词语（在 L 和 N 之间可以插入任何个数的字母）。

2. 假设人们在两岁的时候就会长到最大的身高，而且正常成年人的身高少于 3 英尺。在一分钟的时间内列举这一变化会产生的尽可能多的后果。

3. 下面是一个名字的列表。这些名字可以用不同的方式分类，例如，一个分类标准是根据音节的数量：JACOB、MAYA 和 HARORLD 有两个音节，而 BETH、GAIL 和 JUAN 有一个音节。在 1 分钟内用其他尽可能多的方法进行分类。

BETH HAROLD GAIL JACOB JUAN MAYA

4. 下面有四个形状。在一分钟内将它们组合在一起形成如下的物体：一张脸、一个台灯、一个操场上的器械和一棵树。在组合物体的时候，一种形状可以用一次，也可以用多次，也可以一次不用。每种形状可以被扩展或者缩小成任意的尺寸，每种形状也可以被旋转。

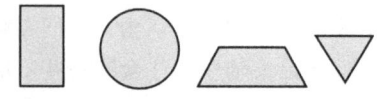

虽然很多研究者对创造性的基本定义达成了一致，但其他特征上他们的观点却不一致。例如，有的心理学家认为，创造性基于普通的思维，是一个与日常生活问题解决相似的加工过程（如 DeDreu et al.，2008；Halpern，2003；Kozbelt et al.，2010）。相反，另外的心理学家却认为普通人很少会产生创造性的产品，但杰出的人们在他们的专业领域都非常有创造性，如音乐、文学和科学领域中的专家（如 Feldman et al.，1994；Kozbelt et al.，2010；Simonton，2010）。

Guilford 关于创造性的经典理论

一个多世纪以来，研究者们提出了各种各样的关于创造性的理论。但是，最早的研究始于 J. P. Guilford（Runco，2010）。Guilford（1967）提出，心理学家应该始于**发散思维**（divergent production）来测量创造性，或者应该用测验项目的不同回答的数量来测量。很多研究者认可创造性需要发散思维，而不是要单一的、最好的答案（Runco，2007；Russ，2001；Smith & Ward，2012）。示例 11-8 显示了几种 Guilford 用来测量发散思维的方法，为了得到高分，问题解决者必须探索问题初始状态的不同方向。你也看到了，有些题目需要参加测验的人克服功能固着。

关于发散思维的研究已经发现，人们的测验分数和他们在创造性其他测量上的得分有中等程度的相关（Guilford，1967；Runco，2010）。但是，不同的想法的数量也可能不是对创造性的最好的测量。毕竟，发散思维的测量方法没有衡量解决方法是否符合创造性的两个标准：既新奇又有用。

创造性的本质

前面提到过，在 1999～2009 年期间有超过 10 000 篇关于创造性的文章发表。所以根本就没有办法列举这些研究中提到的创造性的各种特征。但是，心理学家们发现了关于创造性本质的三个总体特征。你会看到，这些特征与你在大众媒体中发现的报告并不一致。

1. 创造性包括聚合思维和发散思维（Dietrich & Kanso，2010；Ward & Kolomyts，2010）。上面提到，发散思维是用参加测验者的不同回答的数量来测量的，而**聚合思维**（convergent production）要求测验者给出单一的、最好的回答，研究者会评价答案的质量。很多情况下都只是需要一个有创造性的问题解决方法，而不是几个不太有用的方法。

2. 创造性与大脑左半球和右半球的许多脑区有关。第 9 章中我们学习了语言功能不仅限于左半球。同样，创造性也与大脑两半球的许多脑区有关，也与大脑中的其他脑区和结构有关（Dietrich，2007；Dietrich & Kanso，2010；Feist，2010）。

3. 我们使用集中注意（有意注意）和非集中注意（意识的另外的状态）的时候，创造性都会发生。人们在有意识地聚精会神于一个任务的时候会有创造性。如果人们在幻想的时候产生了一些想法，这些想法并不一定是有创造性的（Dietrich & Kanso，2010）。

外在动机与创造性的关系

想一下你最近特别努力完成一个课堂作业或者工作中的某个项目的时刻。研究者们提出，人们的行为一般有两种类型的动机。一种是**外在动机**（extrinsic motivation），或者是完成任务的动机，你之所以去完成一个任务，并不是因为你发现自己乐享其中，而是因为你想得到奖赏或者想赢得比赛。但是，如果人们的外在动机很高，那么他们的创造性就比较少。

关于外在动机的研究发现，如果人们出于外在的原因而去完成某些任务，则通常他们的创造性不高（Amabile，1996；Hennessey，2000；Prabhu et al.，2008）。当人们相信某个任务的完成只是获得奖励、获得好的分数或者积极评价的手段时，他们的外在动机会很高。结果就是，他们的创造性会下降（Hennessey，2000；Prabhu et al.，2008；Runco，2007）。

多年来，研究者们一直采用这样一个简单的观点：外在动机是有害的。你可能学习心理学的时间也够长了，应该知道心理学中没有任何一个结论会是如此直白简单。实际上，有研究表明，提供有用反馈的外在因素可以增强人们的创造性（Collins & Amabile，1999；Eisenberger & Rhoades，2001）。

内部动机与创造性的关系

至此，我们只讨论了外在动机。另一种类型的动机是**内部动机**（intrinsic motivation），或者为了自己而完成任务的动机，因为你发现任务本身很有趣，让人振奋，或者具有挑战性（Collins & Amabile，1999；Eliott & Mapes，2002；Runco，2005）。我们现在来讨论内在动机。研究证实，人们在完成他们自己喜欢的任务时会更有创造性（如 Amabile，1997；Hennessey，2000；Runco，2005）。

比如，Ruscio 等人（1998）用一个标准测验研究了大学生的内部动机，测验要求学生们对三种有代表性的创造活动的兴趣进行评分，三种活动是写作、艺术和问题解决。几个星期之后，又要求学生们完成有关的三种任务。一组经过训练的评分者对学生们的创造性进行评分。结果显示，在标准化内部动机测验上得分高的学生更有可能产生更有创造性的作品。其他的研究也证实了内部动机和创造性之间的关系（Prabhu et al.，2008）。

复习题

1. 这一章考察了表征一个问题的几种不同的方法。先复习一下相关的内容，然后指出在你解决最近所面临的不管是课堂上还是个人生活中的问题时，如何用到每一种表征方法。另外，确定自己如何应用情境认知和具身认知理论来理解问题。
2. 哪些障碍会阻碍人们成功地使用类比方法解决问题？想一个你擅长并有专业知识的领域，如一门学科、一个爱好，或者与工作相关的知识。什么时候你最可能识别出同构问题的结构相似性？
3. 问题解决中，算法与启发式有什么不同？解决问题的时候，哪种情况下会用到两种方法的其中一种？描述一种手段－目的启发式比算法更好用的情况。找到你使用爬山法启发式的时候，看看它是否有助于你解决问题。
4. 想一个你很了解并且是某个特定领域专家的人。解释他比新手更有有时的认知领域。在讨论这个领域的专业知识的时候，这个人会无法意识到其他人可能不理解讨论的内容吗？
5. 心理定势和功能固着如何彼此相关联？它们怎样限制了问题解决？顿悟如何帮助你克服这两个障碍，从而达到问题的有效解决？
6. 这一章在两种情况下都讨论到了元认知。分别讨论这两种情况，指出元认知是如何帮助我们确定哪些问题需要顿悟，哪些不需要。
7. 想象一下，你在给7年级上课，你的学生们正要进行一系列的数学标准化测验。假设你的学生有"男孩的数学比女孩好"的刻板印象。就在考试之前，你听到学生们在讨论男孩还是女孩会得到更高的分数。刻板印象威胁如何影响他们的成绩？描述刻板印象威胁影响学生认知加工的两种具体的方式。
8. 想一个你最近解决的需要顿悟的和一个不需要顿悟的问题。根据课本中的相关部分的内容回答，在解决问题过程中取得进展方面，这两类问题有何不同？在解决问题过程中，对取得进展的元认知加工的本质方面，这两类问题有何不同？
9. 我们在有关①情境认知，②类比方法，和③影响创造性的因素的内容中讨论了环境因素如何影响问题解决。利用这些信息，指出为什么环境因素在问题解决过程中很重要。
10. 假如你负责一个10个人的小公司。描述你如何利用这一章中讨论的知识鼓励你的员工更有效地解决问题和发挥更大的创造性。然后描述你想避免的活动，因为这些活动会妨碍问题解决和创造性。

👆 **示例 11-3 的答案**

在医院房间的问题中，Anderson 女士得的是肾病，住在 104 房间。

👆 **示例 11-5 的答案**

小精灵－哥布林问题。下面是问题解决的步骤：

1. 将两个哥布林从右岸移到左岸。
2. 将一个哥布林从左岸移到右岸。
3. 将两个哥布林从右岸移到左岸。
4. 将一个哥布林从左岸移到右岸。
5. 将两个小精灵从右岸移到左岸。
6. 将一个哥布林、一个小精灵从左岸移到右岸。
7. 将两个小精灵从右岸移到左岸。
8. 将一个哥布林从左岸移到右岸。
9. 将两个哥布林从右岸移到左岸。
10. 将一个哥布林从左岸移到右岸。
11. 将两个哥布林从右岸移到左岸。

示例 11-6b 的答案

数字是以字母表的顺序排列的;心理定势可能会暗示数字是以某种数学顺序而不是与语言有关的顺序排列的。

示例 11-7a 的答案

那个人的背包里有没有打开的降落伞(也有可能是其他的答案)。

示例 11-7b 的答案

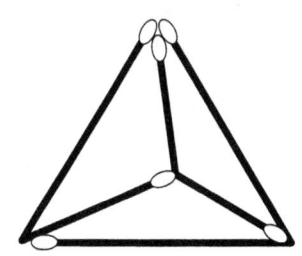

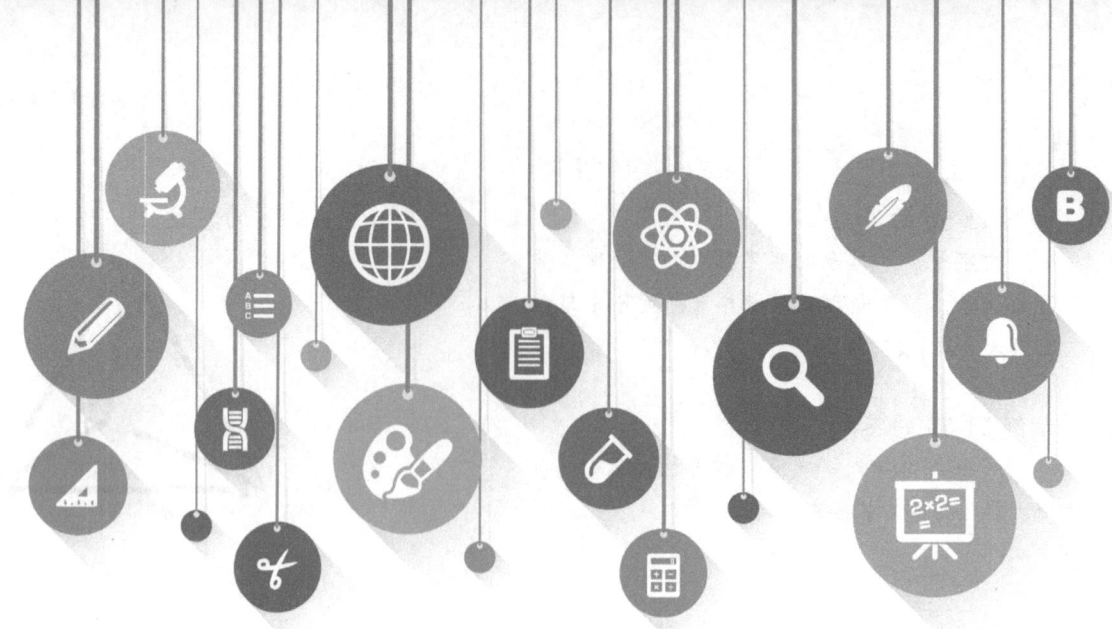

第 12 章

使用推理和决策

概览

这一章讨论我们如何完成两种复杂的认知任务：演绎推理和决策。思维包括问题解决（第 11 章），也包括演绎推理和决策。

在演绎推理任务中，你需要根据提供的信息得出一些符合逻辑的结论。这一章关注的是条件推理，条件推理使用诸如"如果今天是周日，那么 Abyssinia 餐厅晚上就会开门"的陈述形式。人们在条件推理任务中会犯几个惯常的错误，例如，已有的信念会影响我们得出结论，我们也不会去检验我们的假设是否可能不正确。

在决策任务中，我们权衡几个可选项并进行选择，决策的时候经常会用到三个启发式，或者叫总体策略。启发式通常会让我们做出正确的决定，只是我们有时候会不恰当地使用这些启发式。

1. 在使用代表性启发式的时候，我们断定一个样本是适合的和可能的，是因为这个样本看起来与它来自的总体更相似。例如，如果一枚硬币扔 6 次，6 次都是正面朝上，看起来是非常不可能的。但是，有时候我们太注意代表性，以至于忽略了其他诸如样本大小之类的重要信息。

2. 在使用可得性启发式的时候，我们可以想到用某个事情的例子的容易程度来估计这个事情的发生频率。例如，如果你可以很容易地想起从新闻中看到的许多不道德公司的报道，那么你就会估计这类公司的数量是很多的。遗憾的是，可得性经常受到两个不相关因素的影响：新近性和熟悉性，所以这个启发式有时候会引起决策错误。

3. 在使用锚定和调整启发式的时候，我们根据其他的信息先猜测一个近似值，然后进行调整。这个策略常常是很有用的，只是我们的调整总是太小了。

我们也会讨论语境和遣词造句如何影响决策，为什么我们在决策的时候常常会过度自信，以及我们的后见之明常常是不准确的。最后我们会考察关于人类决策的最新的理论观点。

章节简介

你每天都会用到演绎推理,虽然你可能不会用"演绎推理"这个名称去标记那些行为。例如,假设一个叫 Jenna 的学生下学期想选生物心理学的课程,课程描述里写着:"选这门课的学生必须先修完研究方法的课。"但是,Jenna 没有修过研究方法,她打算下学期修。所以,我们得出符合逻辑的结论是:"Jenna 下学期不能修生物心理学。"决策使用得更频繁,很多决策都是微不足道的,如三明治里要放芥末酱吗?有的决策是重大的,如你下一年应该申请读研究生吗?还是应该试着找个工作?

问题解决(第 11 章)、演绎推理和决策都是互相关联的,在这一章中我们将会注意到这些任务之间有几个相似的地方。三个任务都包含在一个大类中,称为"思维"。**思维**(thinking)要求超越给定的信息,需要达成一个目标,如解决方法、信念或者决定。换句话说,你一开始会得到几个信息,然后必须在心里对这些信息进行转换,这样就可以解决问题,在演绎推理任务中得出结论或者做出决策。

另外,这三个思维任务都说明了主题 2,即认为人们经常使用有帮助的启发式,但有时候会将这些启发式过度概化到不恰当的情境中。结果,在我们进行思考的时候就会常常犯"聪明的错误"(Levy, 2010; Stanovick, 2011)。

这一章中的两个论题,演绎推理和决策,也是彼此相关的。在**演绎推理**(deductive reasoning)的过程中,你从一些真的特定前提开始,然后需要判断这些前提是否允许你根据逻辑规则得出特定的结论(Halpern, 2003; Johnson-Laird, 2005a; Levy, 2010)。演绎推理任务中会提供你得出结论所需要的所有信息,而且演绎推理的前提或者是真或者是假,你必须运用正式的逻辑规则才能得出结论(Levy, 2010; Roberts & Newton, 2005; Wilhelm, 2005)。

在**决策**(decision making)的过程中,你必须对信息进行评价,并从两种或者多种可选项中进行选择。与演绎推理相比,决策的范畴更加模棱两可,有的信息可能没有,也可能相互矛盾。除此之外,还没有明确的规则告诉我们如何根据已有信息得出结论。你可能永远也不会知道自己的决策是否正确,决策导致的后果不会立即显现,你可能要考虑到其他的因素(Johnson-Laird et al., 2004; Simon et al., 2001)。实际上,你可能永远也不会知道你是否应该申请读研究生或者应该找工作。

现实生活中,决策的不确定性比演绎推理的确定性更常见。但是,人们在两种任务中都会遇到困难,而并不总是会得到恰当的结论(Goodwin & Johnson-Laird, 2005; Stanovick, 2009, 2011)。

在当代心理学家研究推理和决策的时候,他们可能采用**双加工理论**(dual-process theory),这个理论区分了两种类型的认知加工(De Neys & Goel, 2011; Evans, 2006, 2012; Kahneman, 2011; Stanovick, 2009, 2011)。总的来说,**第一种类型的加工**(Type 1 processing)是快速的自动化的,几乎不需要有意识的注意。例如,在深度知觉、面孔表情识别、自动化的刻板印象中,我们都会用到第一种类型的加工。相反,**第二种类型的加工**(Type 2 processing)是相对比较慢的和受控制的,需要集中注意,通常更准确。例如,在想到一个通用规则的特例时,在意识到做出了刻板印象化的反应时,在我们意识到第一种类型的加工可能会不准确时,都会用到第二种类型的加工。

演绎推理

最常见的演绎推理任务之一是条件推理。**条件推理**(conditional reasoning task)[又称为**命题推理**(propositonal reasoning task)]任务描述了条件之间的关系。下面是一个典型的条件推理:

> 如果一个孩子对花生过敏,那么他吃花生就会引起呼吸问题。
> 一个孩子有呼吸问题。
> 所以,这个孩子吃过花生。

这个任务告诉我们两个条件之间的关系,例如吃花生和呼吸问题之间的关系。我们在这一章中讨论的这种条件推理任务考察的是具有"如果……那么……"结构的推理任务。研究者们在研究条件推理的时候,要求人们判断推理的结论是有效的还是无效的。在上面这个例子中,结论"所以,这个孩子吃过花生"是无效的,因为其他的物质或者身体的其他状况也会导致呼吸问题。

另一种常见的演绎推理任务是三段论。一个**三段论**(syllogism)包含两个我们必须假定为真的陈述和一个结论。三段论适用于数量问题,所以会使用"所有""一个也没有""一些"之类的词语和其他相似的词。下面是一个典型的三段论：

> 有些学心理学的人是友好的人。
> 有些友好的人关心贫困问题。
> 所以，有些学心理学的人关心贫困问题。

在一个三段论中，你必须要判断一个结论是有效的、无效的，还是无法确定真假。这个例子中的结论是无法确定真假的。实际上，那些学心理学的友好的人和那些友好的关心贫困问题的人真有可能是两个独立的总体，它们之间没有任何重叠。

注意，在上面的例子中，你的日常经验会引诱你做出这样的结论："是的，这个结论是有效的。"毕竟，你会认识很多学心理学而且关心贫困问题的人。用前面学过的一个术语来说，就是第一种类型的加工可能起作用，很多人会自动化地做出"有效结论"的反应。但是，如果使用第二种类型的加工，你就会重新检验这个三段论，并且意识到严格的演绎推理的规则需要你做出"结论是无法确定真假"的结论（Stanovich, 2009, 2011; Tsujii & Watanabe, 2009）。

大学的逻辑课上，你将会花整个学期学习类似的演绎推理问题的结构和解决方法。但是，我们心理学中强调的是影响演绎推理的认知因素，而且我们的讨论仅限于条件推理，与三段论相比，条件推理是演绎推理中大家接触比较多的（Schmidt & Thompson, 2008）。

碰巧的是，研究者们发现，相似的认知因素会影响条件推理任务和三段论（Mercier & Sperber, 2011; Schmidt & Thompson, 2008; Stanovich, 2011）。另外，人们条件推理任务的成绩与三段论任务的成绩相关（Stanovich & West, 2000）。

我们先讨论条件推理任务的四种基本类型，接下来看一下有两个因素是如何影响推理：①前提是否包含否定词；②前提是具体的还是抽象的。然后讨论人们在完成讨论任务的时候常犯的两种认知错误。

条件推理概述

日常生活中会经常用到条件推理，但是这些推理任务完成起来还是挺困难的（Evans, 2004; Johnson-Laird, 2011）。人们可能会用到第一种类型的加工，同时也用到第二种类型的加工。我们先考察一下可以正确解决推理问题的正式原则。

表 12-1 表示的是命题运算。**命题运算**（propositional calculus）是**分析命题**（propositions）或者陈述用到的四种推理的分类系统。先介绍几个基本的概念术语。**逻辑前件**（antecedent）指的是第一个命题或者陈述，前件包含在句子的"如果……"部分。**逻辑后件**（consequent）指的是随后的命题，也就是后果，后件是包含在句子的"那么……"部分。

表 12-1　命题运算：四种推理任务

采取的活动	命题的部分	
	前件	后件
肯定	肯定前件（有效） 这是一个苹果，所以这是一种水果	肯定后件（无效） 这是一种水果，所以这是一个苹果
否定	否定前件（无效） 这不是一个苹果，所以这不是一种水果	否定后件（无效） 这不是一种水果，所以这不是一个苹果

注：每个例子都基于"如果这是一个苹果，那么它是一种水果"的叙述。

我们致力于条件推理任务的时候，可能完成两种活动：①我们肯定句子的部分，就说它是真的；或者②我们否定句子的部分，就说它是假的。将句子的两个部分和采取的两种活动组合在一起，就形成了四种条件推理的情境。你会看到，两种情境是有效的，两种是无效的。

1. **肯定前件**（affirming the antecedent）意味着你认为句子的"如果"部分是真的，见表 12-1 左上角，这种推理会产生有效或者正确的结论。

2. **肯定后件**（affirming the consequent）的错误意味着你认为句子的"那么……"部分是真的，这种推理会产生无效的结论。注意表 12-1 右上角，结论"这是一个苹果"是不正确的，因为这个物体可能是一个梨、芒果或者数不清的其他不是苹果的水果（我们随后会更详细地讨论这种推理）。

3. **否定前件**（denying the antecedent）的错误意味着你认为句子的"如果……"部分是假的。否定前件也会产生无效的结论，见表 12-1 左下角。同样，这个物体可能是一种不是苹果的其他水果。

4. **否定后件**（denying the consequent）意味着句子的"那么……"部分是假的，见表 12-1 的右下角，这种推理会产生正确的结论。⊖

⊖ 如果你修过研究方法或统计课，你会发现科学研究中的推理是以否定后件的策略为基础的，也就是排除虚无假设。

通过示例 12-1 来练习一下这四种条件下的推理任务，一定要用到第二种类型的加工。对照表 12-1 来看一下你的推理是否正确。

示例 12-1

命题演算

判断下列结论哪些是有效的，哪些是无效的。答案在本章末尾。

1. 肯定前件

如果今天是星期二，那么我有保龄球课。

今天是星期二。

所以，我有保龄球课。

2. 肯定后件

如果 Sarita 是学心理学专业的，那么她是一名学生。

Sarita 是一名学生。

所以，Sarita 是学心理学专业的。

3. 否定前件

如果我是刚入学的学生，那么我今天必须注册下学期的课程。

我不是刚入学的学生。

所以，我没必要今天注册下学期的课程。

4. 否定后件

如果裁判是公平的，那么 Susan 就是获胜者。

Susan 不是获胜者。

所以，裁判不是公平的。

现在我们来详细讨论一下肯定前件的任务，因为它会产生最多的错误（Byrne & Johnson-Laird, 2009）。人们倾向于肯定前件的原因是很容易理解的，日常生活中，得出这样结论的时候我们可能会是正确的（Evans, 2000）。例如，有两个命题，"如果一个人天生会唱歌，那么他有音乐才能"和"Paula 有音乐才能"。现实中，Paula 天生会唱歌常常是十拿九稳的事情。但是，在逻辑推理中，我们不能依赖诸如"……是十拿九稳的"之类的陈述。比如说，我记得有个学生拉小提琴的音乐才能是非常杰出的，但她唱歌是跑调的。

主题 2 强调，很多认知错误来源于启发式，**启发式**（heuristic）是有个通常很好用的总体策略。但在逻辑推理的这个例子中，"十拿九稳"与"总是"是不一样的（Leighton & Sternberg, 2003）。在这一章的第二部分你会看到，我们可以在决策任务中使用"十拿九稳"。但是命题推理中，在得出结论是有效的之前，我们要使用"总是"。

还是有很多人会正确地完成这些推理任务。他们是怎么成功的呢？记住前面讨论过双加工理论，人们可能最开始的时候使用又快又正确的第一种类型的加工，但有时候会终止第一种类型的加工，转而使用第二种类型的加工，这是一种需要更多努力的分析的加工。这种加工需要集中注意和工作记忆，这样人们才能意识到他们最初的结论可能不一定是正确的（De Neys & Goel, 2011; Evans, 2004, 2006; Kahneman, 2011; Stanovich, 2009, 2011）。

我们完成讨论任务的成绩是主题 4 的例证，主题 4 强调认知加工过程的相互关联。例如，条件推理依赖于工作记忆，尤其是工作记忆中的中央执行成分，在第 4 章中我们讨论过工作记忆的理论（Evans, 2006; Gilhooly, 2005; Reverberi et al., 2009）。推理也需要常识和语言能力（Rips, 2002; Schaeken et al., 2002; Wilhelm, 2005）。另外，推理也常用到心理想象（Evans, 2002; Goodwin & Johnson-Laird, 2005）。

当有些命题包含否定词（而不是肯定词）时和当有人想要解决抽象推理问题（而不是具体推理问题）时，我们预期认知负荷会很重。我们先讨论一下这两种情况，然后讨论人们在条件推理任务中的两种认知趋向。

否定句造成的困难

本书的主题 3 是说人们对积极信息的处理比对消极信息的处理要更有效。你可能记得第 9 章中提到过，人们在加工包含有"不"或者"不是"的句子时会有困难。条件推理任务中也存在同样的问题。例如，下面这个推理任务：

如果今天不是星期五，我们今天就不会有小测验。

我们今天不会有小测验。

所以，今天不是星期五。

"不"在这个条件推理中出现了四次，它绝对比一个相似的但包含肯定词的推理，如"如果今天是星期五……"要难得多。

研究显示，人们要花更长的时间去评价包含否定信息的问题，也更可能在解决这些问题的时候犯错误

（Garnham & Oakhill，1994；Halpern，2003）。如果一个推理问题包括否定前件或者否定后件，那么它就更可能挑战工作记忆的有限容量。大部分人在看到推理问题中包括诸如"如果今天不是星期五不是真的"之类的命题时会显得局促不安。而且，在将命题或者结论转换成容易理解的肯定形式的时候，我们经常会出错。

抽象推理造成的困难

总体上来说，人们在解决使用常见类别的具体实例的推理问题时，比解决使用抽象的、理论化实例的推理问题时会更准确。例如，你可能很容易就完成示例12-1中的几个问题。但是，如果推理问题指代的是抽象的项目或者特征，即使问题很短也会很难解决（Evans，2004，2005；Manktelow，1999）。例如，你可以试一下这个关于几何物体的问题，并判断结论是否有效：

> 如果一个物体是红色的，那么它是长方形的。
> 这个物体不是长方形。
> 所以，它不是红色的。

在示例12-2的底部会有这个问题的答案。顺便说一下，研究发现，当人们使用示意图使问题更加具体的时候，他们解决问题的正确率通常也会提高（Halpern，2003）。但是，如果我们的日常知识推翻了逻辑原则，我们在解决具体推理问题的时候也会出错（Evans，2011；Mercier & Sperber，2011）。信念偏向效应说的就是这个问题。

信念偏向效应

在心理学实验室之外的生活中，背景知识或者自上而下的知识帮助我们完成各种任务；心理学实验室里或者逻辑有关的课程中，这些背景知识有时候却促成我们犯错误。例如，下面这个推理任务（Markovits et al.，2009）：

> 如果将一根羽毛扔向窗户，窗户会破。
> 一根羽毛被扔向窗户。
> 所以，窗户会破。

日常生活中，这个结论肯定是不正确的，一根羽毛怎么可能会打破窗户？但是，在逻辑世界中，羽毛窗户任务实际上肯定了前件，所以它的结论必须是正确的。同样，在前面关于学心理学的人关心贫困问题的三段论中，你的常识也使你认为它的结论是正确有效的。

当人们基于自己以前的信念和常识进行判断，而不是根据逻辑规则进行判断的时候，推理过程中就会发生**信念偏向效应**（belied-bias effect）。总的来说，当推理问题的逻辑与人们的背景知识相冲突的时候，人们就会出错（Dube et al.，2010，2011；Levy，2010；Markovits et al.，2009；Stanovick，2011）。

信念偏向效应是自上而下加工（主题5）的又一个例证。我们先前的期望有助于组织经验和理解世界。例如，当我们在推理任务中看到一个在"真实世界"中看起来正确的结论时，我们可能就不去注意产生这个看起来正确的结论的推理过程了（Stanovick，2013；Thompson et al.，2011）。结果，我们就会对有效正确的结论提出质疑。

在受信念偏向效应影响方面，人们之间的差异很大。例如，在智力测验上得分低的人更容易出现信念偏向效应（Macpherson & Stanovich，2007）。在思维灵活性测验上得分低的人也更有可能出现信念偏向效应（Stanovich，1999；Stanovich & West，1997，1998）。思维不灵活的人可能坚信"没有人可以说服我放弃我知道是对的事情"。

相反，思维灵活的人可能坚信"人们总是应该考虑到与他们的信念相抵触的例证"。这些人不会受到信念偏向效应的干扰，他们更可能正确地解决推理问题。实际上，这些人是主动地屏蔽了他们的日常生活知识，像一根羽毛不可能打破窗户之类的（Markovits et al.，2009）。总的来说，他们会更仔细地检查一个推理问题，尝试判断逻辑是否是有误的（Macpherson & Stanovich，2007；Markovits et al.，2009）。庆幸的是，在向学生们传授了信念偏向效应的相关内容之后，他们犯的错误就会减少（Kruglanski & Gigerenzer，2011）。

证实偏向

在继续阅读课本之前，试一下示例12-2。Peter Wason（1968）的选择任务比其他演绎推理任务激励了更多关于推理的研究，也提出了关于人类是否是理性的很多问题（Mercier & Sperber，2011；Lilienfeld et al.，2009；Oswald & Grosjean，2004）。我们会先讨论选择任务的最初版本，然后看看人们如何在一个更具体的选择任务变式上得到更好的成绩。

☞ **示例 12-2**
证实偏向

想象一下，下面的每一个正方形代表一张

牌。假设你正在参加一个研究，实验人员告诉你说每张牌的一面是一个字母，另一面是一个数字。

然后他告诉你关于这四张牌的规则"如果一张牌的一面是一个元音字母，那么它的另一面是一个偶数"。

你的任务是判断哪张牌或者哪几张牌需要被翻过来，以便你可以判断上面的规则是有效的还是无效的。你的答案是什么呢？正确答案会在稍后讨论到。

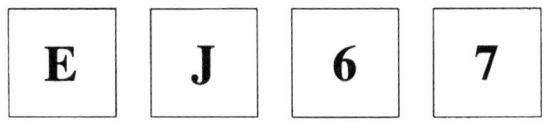

（上页中关于几何物体问题的答案是结论是"有效"的。）

资料来源：The confirmation-bias task in this demonstration is base on Wason, 1968.

标准 Wason 选择任务

示例 12-2 是选择任务的最初版本。心理学家 Peter Wason（1968）发现，人们在做选择任务的时候会出现**证实偏向**（confirmation bias），即人们宁愿尝试证实或者支持一个假设而不愿尝试对它证伪（Kida, 2006；Krizan & Windschitl, 2007；Levy, 2010）。

在人们做经典的选择任务时，他们通常选择翻开第一张牌，E 牌（Mercier & Sperber, 2011；Oaksford & Chater, 1994）。使用这个策略，被试可以通过肯定前件的正确方法证实假设，因为这张牌上有个元音字母。如果 E 牌的另一面是偶数，那么规则是正确的；如果另一面的数字是奇数，那么规则就是不正确的。

在前面内容中我们讨论过，演绎推理的另一个正确的方法是否定后件。如果是这样的话，你必须选择翻开 7 这张牌，这张牌另一面的信息是非常重要的，与 E 牌另一面的信息同样重要。记住需要判断的规则是"如果一张牌的一面是一个元音字母，那么它的另一面是一个偶数"。

为了否定 Wason 选择任务中的后件，我们需要翻开的一张牌必须是在数字的那一面不是偶数的。那么就必须选择翻开 7 这张牌。很多人急着肯定前件，但是他们不愿意通过寻找反例来否定后件。否定后件是拒绝一个假设的绝好策略，但人们很少会选择这个策略（Lilienfield et al., 2009；Oaksford & Chater, 1994）。需要注意的是，

选择任务研究中的大部分被试是大学生，所以他们应该能够掌握一个抽象的任务（Evans, 2005）。

你可能想知道为什么我们不需要翻开 J 和 6 这两张牌。花点时间再读一下规则，实际上它没有提到关于辅音的任何东西。J 牌的另一面可能是奇数，可能是偶数，也可能是一小幅绘画，我们都不用管它是什么。一篇文献综述发现，绝大部分人会成功地避开翻开 J 牌（Oaksford & Chater, 1994）。

这个规则也没有明确偶数的另一面应该是什么。但是，大多数人会选择翻开 6 牌（Oaksford & Chater, 1994）。人们常常假设规则的两个部分可以相互调换，像"如果一张牌的数字一面是偶数，那么它的字母一面是元音"。所以，他们会错误地选择翻开 6 牌。

证实而不是证伪假设的偏好与本书的主题 3 相呼应。在 Wason 选择任务中我们看到，人们在可以选择的情况下，宁愿知道这是什么而不是这不是什么。

Wason 选择任务的具体版本

关于 Wason 选择任务的最近的大多数研究中，心理学家会用日常生活中遇到的具体情境来代替数字和字母。你可能猜测到，当任务变得具体、熟悉、与现实相关的时候，人们的成绩更好（Evans, 2011；Mercier & Sperber, 2011）。

例如，Griggs 和 Cox（1982）使用选择任务的变式测试了美国佛罗里达州的大学生。他们将数字和字母换成了合法饮酒年龄的问题，在佛罗里达州，19 岁才是法定的饮酒的年龄。大学生们需要判断的规则是"如果一个人在和啤酒，那么这个人一定超过 19 岁"。每个被试被告知，只能翻看四张牌中的两张来判断人们是否在年龄的问题上说谎。

Griggs 和 Cox（1982）发现，在饮酒年龄的问题上，73% 的学生正确解决了问题；而在标准的抽象选择任务中，没有一个人正确解决。根据后来的研究，如果选择问题的文字描述中隐含了某种防止人们说谎的社会比较时，人们选择正确答案的机会更大（Barrett & Kurzban, 2006；Cosmides & Tooby, 2006）。

证实偏向在医学中的应用。有几个研究指出，证实偏向可以被应用在医学情境中。例如，有研究考察了寻求失眠问题的医学建议的人们（Harvey & Tang, 2012）。巧的是，当人们相信自己有失眠症的时候，会高估他们入睡所花的时间，同时也低估了他们晚上的睡眠时间。一种解释是，人们在寻找他们睡眠不好的支持性证据，

所以就会提供与失眠诊断一致的估计信息。

另一个研究关注的是心理障碍的诊断（Mendel et al., 2011）。医学院的学生和精神病学家首先会阅读一个65岁的男性病人的病例，然后提供是老年痴呆（阿尔茨海默症）还是重度抑郁的一个初步诊断。每个人这时候要决定他们需要哪种类型的额外信息；六条信息与两种诊断中的每一种都一致。结果显示，25%的医学院学生和13%的精神病学家选择了与他们最初诊断一致的唯一一条信息。也就是说，他们没有考察与另外一种诊断可能一致的信息。

更深远的意义

我们如何能将证实偏向转换成真实生活经验？在你寻求证据的时候，注意一下自己的行为。你常常寻找证实自己是正确的信息，还是会勇敢地寻找证明自己的结论是错误的方法？

证实偏向可能听上去比较没有坏处。但是，因为我们的政治领导人成了证实偏向的受害者，每年会有几千人死去（Kida, 2006）。例如，假设A国想在B国发动一场战争，A国领导人就会不断寻找支持他的立场的信息，同时不会去找证明他们的立场可能错误的信息。有一个办法可以弥补证实偏向：试着解释一下为什么别人会持相反的观点（Lilienfeld et al., 2009；Myers, 2002）。在理想的情况下，A国领导人应该真诚地建构一场反对攻打B过的论战。

条件推理的概述并不支持本书的主题2。至少在心理学的实验室里，当人们试图解决"如果……那么……"的问题时还是很准确的。但是，日常生活中的情境更有用，在日常生活中的推理问题会更加具体，环境与我们的信念偏向更一致（Mercier & Sperber, 2011）。演绎推理是很有挑战性的可能任务，我们就不如在知觉和注意中那般有效和准确，知觉和注意通常是人们非常胜任的两个领域。

决策

你在推理的时候，使用的是已有的命题运算规则来得出清晰明确的结论。相反，当你做决策的时候，并没有现成的规则可用。而且，你可能永远也不知道自己的决策是否是对的，有些关键信息可能被漏掉了，你也可能怀疑其他的信息是不准确的。大学毕业后你是应该申请读研究生还是找个工作？你应该上午去上社会心理学课还是应该下午去上？另外，情绪的因素也常常会影响日常决策（Kahneman, 2011；Lehrer, 2009；Stanovich, 2009, 2011）。

决策是涉及所有社会科学研究的跨学科领域，包括心理学、经济学、政治学和社会学（LeBoeuf & Shafir, 2012；Mosier & Fischer, 2011）。决策也包括统计学、哲学、医学、教育学和法学等领域（Reif, 2008；Mosier & Fischer, 2011；Schoenfeld, 2011）。

在心理学中，每年都会有数不清的关于决策的书和文章出版。例如，有很多书是关于决策的概述（如Bazerman & Tenbrunsel, 2011；Bennett & Gibson, 2006；Hallinan, 2009；Herbert, 2010；Holyoak, & Morrison, 2012；Kahneman, 2011；Kida, 2006；Lehrer, 2009；Schoenfeld, 2011；Stanovich, 2009, 2011）。最近有的书讨论的是决策方法，如批判性思维（Levey, 2010）。

也有很多书讨论的是特定领域的决策，如商业决策（Bazerman & Tenbrunsel, 2011；Henderson & Hooper, 2006；Mosier & Fischer, 2011；Useem, 2006）；政治决策（Thaler & Sunstein, 2008；Weinberg, 2012）；决策的神经基础（Delgado et al., 2011；Vartanian & Mandel, 2011）；医疗保健中的决策（Groopman, 2007；Mosier & Fischer, 2011）；教育中的决策（Reif, 2008；Schoenfeld, 2011）。总体来说，关于决策的研究考察的是具体的真实情境，而不是演绎推理研究中使用的那种抽象情境。

你将会看到，在这一部分中我们讨论了几种决策启发式。我们已经从其他的章节中知道，启发式是通常会产生正确解决方法的总的策略。在我们做决策的时候，我们常会用到简单、快捷和容易获得的启发式（Bazerman & Tenbrunsel, 2011；Kahneman, 2011；Kahneman & Frederick, 2005；Stanovich, 2009, 2011）。这些启发式减少了决策的难度（Shah & Oppenheimer, 2008）。但是，在很多情况下人们不会看出这些启发式的局限性。当我们使用快捷的第一种类型的加工时，我们会做出一些不合适的决策。但是，如果我们终止使用第一种类型的加工而转向缓慢的第二种类型的加工，我们可以纠正最初的错误，最后得到一个好的决策。

在关于决策的这部分内容中，你会经常看到两个研究者的名字：丹尼尔·卡内曼（Daniel Kahneman）和阿莫斯·特沃斯基（Amos Tversky），他们都是在以色列出生，后来到了美国。卡内曼凭借他的决策研究获得了2002年诺贝尔经济学奖（可惜特沃斯基在1996年的时候去世了)。他们的研究强调的是决策启发式,将决策与我们在本书的其他章节中讨论过的启发式联结了起来。

Kahneman 和 Tversky 提出,为数不多的启发式引导着人们的决策。他们强调,同样的策略通常会引导我们做出正确的决策,有时候也可能让我们误入歧途(Kahneman, 2011; Kahneman & Frederick, 2002, 2005; Kahneman & Tversky, 1996)。请注意,启发式的理论与主题 2 是一致的:我们的认知加工通常是有效的和准确的,我们犯的错误常常是由理性的策略导致的。

在这一部分中,我们会讨论很多关于决策错误的研究。但这些错误不应该让我们得出人类是愚蠢的生物这样的结论。相反,决策的启发式可以使我们更好地更适应地处理各种各样的问题(Kahneman, 2011; Kahneman & Frederick, 2005; Kahneman & Tversky, 1996)。但是,当这些启发式被太过广泛应用的时候会变成阻碍,例如,当我们只看重启发式而不看重其他信息的时候,启发式就会阻碍正确决策的产生。

我们将会探讨三个经典的决策启发式:代表性启发式、可得性启发式、锚定和调整启发式。然后,在探讨框架效应的时候,我们将会考察背景信息和词语的使用如何影响决策。这一章深度了解的部分会讨论人们对自己决策的过度自信。后见之明偏向显示,我们也过度相信自己在过去曾做过明智的决策。接下来我们会总结启发式和决策研究的当前状况。在个体差异的特征中考察的是如果人们会被一些微不足道的决策困扰,他们为何会更不开心。最后,我们会讨论美国人如何看待个人财富的实际分配和理想分配。

代表性启发式

有一个惊人的巧合,三位早期的美国总统,约翰·亚当斯、托马斯·杰斐逊、詹姆斯·门罗都死于不同年份的 7 月 4 日(Myers, 2002)。这个信息看起来不像是真的,因为这些死亡日期应该随机分布于一年 365 天中。

你可能在自己的生活中也会发现一些巧合。例如,一条下午我正在查找关于政治决策的一些相关资料,发现了两本有关的书,在记录引文的时候,我注意到一个令人吃惊的巧合:一本书是斯坦福大学出版社出版的,另一本是密歇根大学出版社出版的。巧合的是,我在斯坦福大学拿到了学士学位,在密歇根大学拿到了博士学位。

看一下这个例子,假设你有一枚普通的一美分硬币,一面是字(T),一面是人头(H),你可以抛 6 次,哪一种情况看起来更可能,是 T H H T H T 还是 H H H T T T?大部分的人会选择 T H H T H T(Teigen, 2004)。你知道抛硬币会产生人头和字的随机顺序,T H H T H T 看起来更随机。

如果一个样本在重要的特征上与它的总体相似,那么这个样本看起来就是**有代表性的**(representative)。例如,如果样本是通过随机的过程选出来的,那么样本必须看起来随机,人们才会说它看起来有代表性。所以,T H H T H T 是个看起来有代表性的样本,因为这个样本中人头的个数和字的个数是相同的,这是随机抛硬币的时候会出现的情况。另外,T H H T H T 看起来更有代表性,是因为人头和字的顺序看起来像随机的而不是按顺序排列的。

研究表明,我们经常会使用**代表性启发式**(representativeness heuristic);如果一个样本与它的总体相似,我们就会判断这个样本是更可能出现的(Kahneman, 2011; Kahneman & Tversky, 1972; Levy, 2010)。依据代表性启发式,我们相信看起来随机的结果比看起来顺序排列的结果更可能出现。例如,假设收银员加总了你买的食品杂货的价钱是 21.97 美元,这个看起来很随机的数字是一个具有代表性的,所以这个数字看起来是"正常"的。

但是,假设你的花费是 22.22 美元,这个数字显得不像随机数字,你可能会决定自己再算一下。加总应该是一个产生看起来是随机结果的过程。但在现实中,随机的过程偶尔也会产生看起来不随机的结果。实际上,单纯的概率也会产生一个有规律的总和,如 22.22 美元,就像概率会产生三位美国总统都死于 7 月 4 日的有规律的模式一样。

代表性启发式引发了一个重要的问题:这个启发式很有说服性,人们常常会忽略他们本应该考虑到的重要的统计信息(Kahneman, 2011; Newell et al., 2007; Thaler & Sunstein, 2008)。我们会看到,两种重要的统计信息是样本的大小和基础比率。另外,在考虑两个联合特征的概率时人们会出现困难。在接着阅读课本之前试一下示例 12-3。

示例 12-3
基础比率和代表性

设想一下,当 Tom W 还是一个高三学生的时候,一个心理学家写下了下列关于 Tom 的描述。这个描述基于某种不知道效度信息的心理测验。

> Tom W 非常聪明,但他不是真的有创造力。Tom 需要生活中的每件事都清晰有规律,他喜欢每个细节都安排得恰如其分。虽然他喜欢过时的俏皮话,但他写的东西很枯燥。他有时会虚构一些科幻小说的情节。Tom 有很强的胜任动机。他好像对其他人没有什么感觉,对他人的问题也没有什么同情心。他并不喜欢与其他人交往。虽然他很自我中心,但他有深厚的道德感 (Kahneman, 2011)。

假设 Tom W 是一个有规模的大学的研究生,根据 Tom W 现在是哪个专业的学生的可能性,将下列九个方面排序。最可能的填"1",最不可能的填"7"。

_____商业管理
_____计算机科学
_____工程
_____人文与教育
_____法律
_____医学
_____图书馆学
_____物理和生命科学
_____社会科学和社会工作

样本大小和代表性

我们做决策的时候,代表性是一个不可抗拒的启发式,因此我们常常无法去注意样本的大小。例如,Kahneman 和 Tversky(1972)要求大学生考虑一个假定的每天有 15 个婴儿出生的小医院和一个每天有 45 个婴儿出生的大医院。那么,在指定的某一天哪个医院更可能报告出生的 60% 的婴儿是男孩,还是两个医院有同样的可能性都报告出生的婴儿 60% 是男孩?

结果显示,56% 的学生选择"大体相同"。也就是说,大部分的学生认为大医院和小医院有同样的可能性会报告在某一天有 60% 的出生婴儿是男孩。所以,他们忽略了样本的大小。

可是在现实中,样本大小是你在做决策的时候应该考虑的一个重要特征。大样本在统计上更能够反映总体的真正比例。相反,小样本会反映极端的比例(如 60% 的婴儿是男孩)。但是,人们经常意识不到对总体比例的偏离更可能发生在小样本中(Newell et al., 2007; Teigen, 2004)。

在早期的一个研究中,Kahneman 和 Tversky(1971)指出,人们经常会犯**小样本错误**(small-sample fallacy),因为他们假设小样本也是它的总体的一个代表(Poulton, 1994)。遗憾的是,小样本错误会导致不正确的决策。

在相对抽象的统计问题中和在社会情境中,我们经常会犯小样本错误。例如,我们会根据很少数量的群体成员的情况得出关于该群体的莫须有的刻板印象(Hamilton & Sherman, 1994)。对抗不准确的刻板印象的一个有效方法是熟悉目标群体的更多数量的群体成员。例如,可以通过交换项目来了解来自不同国家的人们。

基础比率和代表性

代表性是一个不可抗拒的启发式,因此我们常常忽略**基础比率**(base rate),或者是某个事件在总体中的发生频率。试一下示例 12-3。

Kahneman 和 Tversky(1973)使用类似示例中的问题,在研究中表明,人们在判断类别归属的时候会依赖代表性。换句话说,我们关注这个描述是否是每个类别成员的代表性特征描述。当我们强调代表性的时候,就犯了**基础比率错误**(base rate fallacy),即几乎注意不到基础比率的重要信息(Kahneman, 2011; Levy, 2010; Swinkels, 2003)。

如果在这个示例中人们会注意到基础比率,那么他们就应该选择一个入学率相对较高的专业,包括两个选择:"人文与教育"和"社会科学与社会工作"。但是在这个研究中的大部分的学生都会用到代表性启发式,他们猜测频率最高的是,Tom W 是计算机科学或者是工程专业的研究生(Kahneman, 2011; Kahneman & Tversky, 1973)。对 Tom W 的描述与计算机科学和工程专业的学生的刻板印象很相似。

你可能会争论说,关于 Tom W 的研究是违反规则的,因为不同专业的研究生入学的基础比率并没有出现在问题描述当中。可能被试们没有考虑到社会科学与社会工作专业的学生比计算机科学专业的学生要多。但是,当 Kahneman 和 Tversky(1973)包括了基础比率的信息时,大部分人还是会忽略掉这个信息,而是根据代表性来做判断。实际上,关于 Tom W 的描述很大程度上代表了我们对计算机科学专业学生的刻板印象。结果,人们就会倾向于选择计算机科学。现在试一下示例 12-4。

示例 12-4

结合错误

阅读下面的段落：

Linda，31岁，单身，心直口快，而且很聪明，学习哲学专业。作为一个学生，她非常关心偏见和社会公平的问题，她也参与过反对使用核武器的示威游行。

根据对 Linda 的描述，对下列选项进行排序，1是最可能，8是最不可能。

_____Linda 是小学老师。
_____Linda 在书店工作，还上瑜伽课程。
_____Linda 积极参加女权主义运动。
_____Linda 是精神病学方面的社工。
_____Linda 是女性投票者联盟的成员。
_____Linda 是银行柜员。
_____Linda 是保险推销员。
_____Linda 是银行柜员，并积极参加女权主义运动。

资料来源：Tversky, A., & Kahneman, D (1983). Extensional versus intuitive reasoning: The conjunction fallacy in probability judgment. *Psychological Review*, 90, 293-3153.

但我们也应该看到，代表性启发式跟其他启发式一样，经常会帮我们做出正确的决策（Levy，2010；Newell et al.，2007；Shepperd & Koch，2005）。启发式也简单好用（Hogarth & Karelaia，2007）。另外，有些问题和问题的不同描述也会产生更准确的决策（Gigerenzer，1998；Shafir & LeBoeuf，2002）。

巧合的是，关于基础比率的研究也支持了双加工理论，即当人们使用自动化的第一种类型的加工而不是缓慢的第二种类型的加工的时候，大脑的不同部分会被激活（De Neys & Goel，2011）。

另外，训练可以鼓励学生们正确使用基础比率信息（Krynski & Tenenbaum，2007；Shepperd & Koch，2005）。训练可能让人们更清楚地意识到他们应该停止使用第一种类型的加工而换成第二种类型的加工，以便可以更仔细地考察问题中的相关信息。

日常生活中还有一个基础比率错误的例子应该引起我们的注意。例如，一个关于在交叉路口死于交通事故的行人的研究表明，10%的人是在看到"通行"的信号之后开始过马路时被撞死的，而只有6%是死于在看到"禁止通行"的信号时过马路（Poulton，1994）。所以，为了你自己的安全，你会在看到"禁止通行"的信号时过马路吗？先比较一下两种情况下的基础比率：有更多的人是看到"通行"的信号之后过马路。

结合错误和代表性

如果你试过了示例12-4，现在看一下答案，比较下面两种选择中的哪一种被你认为更可能：① Linda 是银行柜员；② Linda 是银行柜员，并积极参加女权主义运动。

Tversky 和 Kahneman（1983）给三组人看"Linda 问题"和另一个相似的问题。一组是"没有统计知识"的本科生，一组是"有中等统计知识"的修过一门或以上统计课的研究生一年级的学生；还有一组是"有高级统计知识"的决策科学专业的博士研究生，已经修过几门高级统计课程。每种情况下都要求被试对这八个命题排序，1是最可能，8是最不可能。

图 12-1 是三组中的每一组被试对两个关键命题"① Linda 是银行柜员；② Linda 是银行柜员，并积极参加女权主义运动"的平均排序。我们注意到，三组中的人们都错误地相信第二个命题比第一个命题更可能。

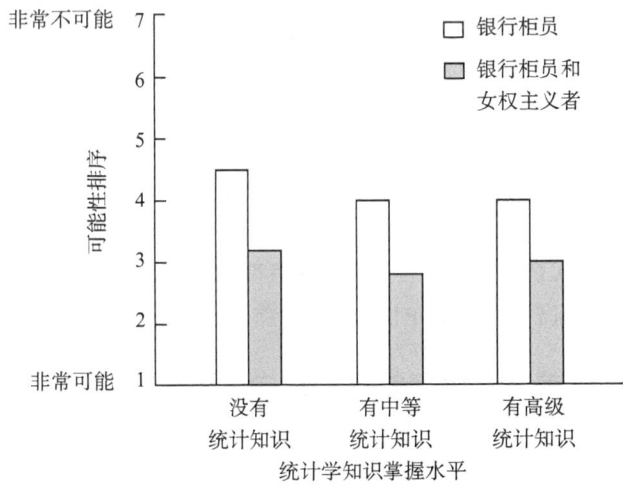

图 12-1 命题类型和统计知识的复杂性对可能性排序的影响

资料来源：Tversky, A., & Kahneman, D. (1983). Extensional versus intuitive reasoning: The conjunction fallacy in probability judgment. *Psychological Review*, 90, 293-315.

花点时间想一下，为什么这个结论是不符合数学规律的。根据**结合定理**（conjunction rule），两个事件同时发生的概率不会比其中单个事件的概率高（Newell et al., 2007）。在"Linda 问题"中，银行柜员和女权主义者两个事件同时发生的概率不会比其中的任何一个事件如银行柜员要大。考虑一下结合定理发生的另一种情况：底特律去年杀人犯的数量不会比密歇根的多（Kahneman & Frederick，2005）。

前面有提到过，代表性是非常强大的启发式，可以使人们忽略有用的统计信息，如样本大小和基础比率。显然，人们也会忽略结合定理的数学意义（Kahneman，2011；Kahneman & Frederick，2005）。大部分的人在解决"Linda 问题"的时候，会犯**联合错误**（conjunction fallacy），他们判定两个事件同时发生的概率比其中任何一个事件的发生概率要大。

Tversky 和 Kahneman（1983）认为，联合错误来源于代表性启发式。他们认为，人们判定银行柜员和女权主义者两个事件同时发生的概率比其中任何一个事件（如银行柜员）要大。女权主义者是某个单身、直率、聪明、学哲学、关心社会公正和反核武器的人的代表性特征，有这些特征的人不太可能去做银行柜员。但是很可能会是女权主义者。通过增加关于银行柜员和女权主义者的更多细节，问题的描述似乎更有代表性也更可信，即使在统计上是更不可能的（Swoyer，2002）。

心理学家对联合错误很好奇，因为它表明人们会忽略概率理论最基本的原则之一。另外，Keith Stanovich（2011）的研究表明，SAT 分数高的大学生比其他的学生更可能犯联合错误。联合错误的结果已经被重复了很多次（Fisk，2004；Kahneman & Frederick，2005；Stanovich，2009）。例如，洒热咖啡的概率看似比洒咖啡的概率要大（Moldoveanu & Langer，2002），直到他们识别出联合错误。现在，我们考察联合错误的一个很不常见的例子，关注的是信念的个体差异。

个体差异：联合错误和超自然信念

我们刚看到联合错误是很强大的。巧的是，拥有强大信念的人也会犯联合错误。Paul Rogers、Tiffany Davis 和 John Fisk 是英格兰北部中央兰开夏大学心理学系的老师，他们的研究考察的是有超自然信念的人是否会比其他人更有可能犯联合错误。你可能知道，**超自然信念**（paranormal beliefs）的人认为有的人能正确地预测未来会发生的事情。

Rogers 和同事们（2009）找到 200 个志愿者，其中大多是学生，告诉他们要参与一个"信念与判断的研究"。首先让他们回答一些问题，关于学生们是否曾经梦见过什么事情后来真实发生过，关于他们是否相信超感觉知觉等。根据每个人回答问题的总得分，研究者们将学生们分成了两组：超自然信念组和怀疑组。另外，学生们也要完成一个"情境判断问卷"的调查，其中有的情境是关注可能的超自然情境的。这里有个例子：

Billy 有个几年没见、失去联系很久的朋友。他们在中学的时候是很好的朋友，但上了不同的大学之后就慢慢疏远了。一天晚上 Billy 下班回家坐下吃晚饭。（Rogers et al.，2009）

然后要求被试猜测三种命题的可能性。例如在上面这个例子中，他们需要判断下面三种事件会发生的概率：

A. Billy 想起了他那个几年没见、失去联系很久的朋友。

B. Billy 失去联系很久的朋友出乎意料地打电话给他了。

C. Billy 想起了他那个几年没见、失去联系很久的朋友，然后他那个失去联系很久的朋友给他打电话了。

请注意，这种情境跟"Linda 问题"相似。在这个"Billy"的例子中，比方说你猜选择 A 发生的概率是 2%，选择 B 发生的概率是 12%。假设你猜选择 C 的发生概率是 1%。如果是这样的话，你就犯了联合错误了。A 和 B 的联合概率是 0.02×0.01，或者是 0.000 2，但你猜的选择 C 的概率是 0.01，比 0.000 2 大多了。

这个研究的结果显示，超自然信念组平均犯了 2.69 次联合错误，而怀疑组平均犯了 1.67 次联合错误。这个差异在统计上是显著的。Rogers 和同事们（2009）得出结论认为，他们的发现与其他研究的结果是一致的，即超自然信念组经常会看到事件发生的真正随机模式，他们认为可以区别出一个系统的模式。

在开始讨论第二个决策启发式之前，让我们决定回顾一下代表性启发式。

1. 当我们根据一个样本是否在重要特征上看起来与它的总体相似来做决策的时候，会使用代表性启发式。

2. 代表性启发式很吸引人，以至于我们倾向于忽略本应该考虑的其他重要信息，如样本大小和基础比率。

3. 我们也没有意识到两个事件（如银行柜员和女权主义者）同时发生的概率应该比其中任何一个事件（如银行柜员）发生的概率要小，这个问题被称为联合错误。

4. 根据在英格兰做的一个研究的结果，有超自然信念的人们更可能犯关于"罕见巧合"的联合错误。

总之，代表性启发式在我们的日常生活中是有帮助的，但是，我们有时候会不恰当地使用这个启发式（Ben-Zeev，2002；Kahneman，2011）。

可得性启发式

人们在决策中使用的另一个重要的启发式是可能性启发式。当你估计有多容易可以想到一个事件的相关例子的频率或者概率的时候，你会用**可得性启发式**（availability heuristic，Hertwig et al.，2005；Kahneman，2011；Tversky & Kahneman，1973）。换句话说，人们通过评估他们是否能够很容易地从记忆中提取相关的例子和记忆提取是否困难来判断事件发生的频率。

可得性启发式在日常生活中通常是有帮助的。例如，假如有人问你是否你的学校里从伊利诺伊州来的学生比从爱达荷州来的学生要多，你并没有关于学生的地理分布统计信息的记忆，所以你更可能根据提取伊利诺伊州的学生和爱达荷州的学生的例子的相对容易性来回答这个问题。比方说你的记忆中存储了几十个伊利诺伊州学生的名字，所以你很容易提取这些名字（Jessica、Akiko、Bob等）。如果的你的记忆中只存储了一个爱达荷州的学生的名字，你就不能想到其他更多的例子。因为伊利诺伊州学生的例子相对容易提取，你就会判定你们学校里伊利诺伊州的学生比较多。总的来说，可得性启发式是频率决策的一个相对准确的方法（Kahneman，2011）。

你已经知道，启发式作为问题解决的总体策略通常是正确的。只要可能性是与真正的、客观的频率相关的，可能性启发式就会产生正确的决策。通常情况下可得性是与真正频率相关的。但是，可得性启发式也会导致错误（Levey，2010；Thaler & Sunstein，2008）。我们稍后会看到，即使与真正的、客观的频率不相关的因素也会影响到记忆提取。这些因素会使可得性发生偏向，所以它们会降低决策的正确性。我们会看到新近性和熟悉性会影响记忆，也会影响可得性。图12-2显示了这两个因素会损害真正的频率和可得性之间的关系。

在讨论关于可得性的研究之前，我们先简单回顾一下第一个决策启发式——代表性启发式与可得性启发式的不同。当我们使用代表性启发式的时候，有给定的特定的例子，如ＴＨＨＴＨＴ或者银行柜员Linda。我们需要判断特定的例子与总体的类别是否相似，总体类别应该是有代表性的（如抛硬币或者关心社会公正的学哲学的人）。但是，我们在使用可得性启发式的时候，有给定的类别，我们必须回忆这个类别的特定例子（如来自伊利诺伊州的学生）。然后我们根据特定的例子是否容易提取来做决策。所以，这里有一个方法可以记住这两种启发式：

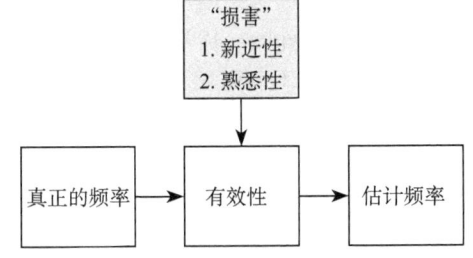

图12-2 真正的频率和估计的频率之间的关系，新近性和熟悉性是"损害"因素

1. 如果问题的是判断相似性的，那么你可以用代表性启发式。

2. 如果问题是要求你记住特定类别的例子的，你可以用可得性启发式。

我们首先将通过讨论影响可得性的两个因素（即新近性和熟悉性）来考察可得性启发式。接下来会讨论识别启发式，这是可以产生正确决策的可得性启发式的一个应用。最后，我们会考察应用可得性启发式的后果，即虚假相关。

新近性和熟悉性

从课本的第4～6章中你已经知道了，相比很久之前看到过的项目，对新近看到的项目的记忆要更好。换句话说，新近的项目更可得。结果，对新近发生的事件，我们判断它的发生频率会比它的实际发生频率更高。例如，在2011年秋天，在发现了年轻的男孩子被性侵之后，几个大学的教练和管理者就被开除了（Bartlett，2011；Bazerman & Tenbrunsel，2011）。如果你被要求估计这些犯罪事件和事件被隐藏的频率，你可能会给出更高的估计。

关于可得性启发式的研究在临床心理学中有重要的应用。MacLeod和Campbell（1992）在一个研究中鼓励一组人回忆过去开心的事情，这些人后来就判断在他们将来的生活中更可能发生开心的事情。研究者也让另一组人回忆不开心的事情，这些人后来就判断在他们将来的生活中更可能发生不开心的事情。心理治疗师会通过回忆和关注开心的事件来鼓励抑郁的病人想象更有希望的未来。

熟悉性和可得性

与新近性一样，例子的熟悉性也会导致对频率的不准确估计（Kahneman，2011）。Norman Brown 和同事们在加拿大、美国和中国做了一个相关的研究（Brown, Cui, & Gordon, 2002；Brown & Siegler, 1992）。他们发现媒体信息会影响人们对一个国家人口的估计。

例如，Brown 和 Siegler（1992）在美国做了一个研究，那个时候因为美国对拉丁美洲的干预，萨尔瓦多经常会在新闻里提及，但印度尼西亚却很少被提到。Brown 和 Siegler 发现，学生们对这两个国家人口的估计是相似的，实际上印度尼西亚的人口是萨尔瓦多的35倍。

试一下让你的一个朋友估计以色列（人口740万）和柬埔寨（人口1 480万）的人口。如果是估计阿富汗（人口2 910万）和阿尔及利亚（人口3 460万）的人口呢？你的朋友对这两对国家人口的估计会受到媒体关于以色列和阿富汗的报道的影响吗？

媒体也影响观众关于不同观点的流行程度的看法。例如，媒体会对几千个抗议者和几十个支持者给予同等程度的报道。在最近的新闻广播中你是否能看到同样的倾向。媒体报道创造了我们的认知现实吗？

在我们遇到一些信息的时候，第一种类型的加工就会发生。我们如何能够抵消第一种类型的加工的影响？Kahneman（2011）认为，我们可以通过批判性思维克服第一反应，而转向使用第二种类型的加工。例如，有人可能分析了一个朋友对可得性启发式的应用，认为"他低估了室内污染的风险，因为媒体很少报道相关的信息。是一种可得性效应。他应该看一下统计数据"。

识别启发式

我们强调决策启发式通常是有帮助的也是正确的，但是我们引用的大部分例子偏重的是判断的准确性受到新近性和熟悉性等因素的影响。让我们讨论可得性启发式使用的一个特例，在这种情况下常常产生准确的决策（Goldstein & Gigerenzer, 2002；Kahneman, 2011；Volz et al., 2006）。

假设有人问你，两个意大利城市米兰和摩德纳中哪一个的人口更多。大部分的美国学生都听说过米兰，但他们可能不知道米兰附近有一个城市叫摩德纳。当你需要比较两个类别的相对频率时，你会用到**识别启发式**（recognition heuristic）；如果你识别了其中的一个类别，但不知道另一个，你就会得出结论说被识别的类别频率更高。在这个例子中，你的正确回答是米兰有更多的人口（Volz et al., 2006）。在你阅读剩下的内容时，不要忘记使用启发式正确做决策的这个例子。

虚假相关和可得性

至此，我们已经看到，可得性或者说例子进入心里的容易性，通常是个有用的启发式。但是，这个启发式有时候也会被诸如新近性和熟悉性之类的因素污染，导致关于事件真正频率的不恰当决策。现在，我们转向第三个问题，看看可得性启发式如何会导致称为虚假相关的认知错误。

虚假的意思是欺骗性的、不真实的，相关是两个变量的统计关系。所以，当人们认为两个变量在统计上相关，虽然没有证据支持这种关系，**虚假相关**（illusory correlation）就发生了。研究发现，我们常常认为某个群体的人们倾向于具有某种特定的特征，即使准确的列表表明这种关系在统计上是不显著的（Fiedler & Walther, 2004；Hamilton et al., 1993；Risen et al., 2007）。

考虑几个虚假相关造成的刻板印象。这些虚假相关可能没有事实支持或者可能只有很少的事实支持。例如，下面这几个虚假相关：①女性的数学能力差，②享受福利的人们是骗子，③同性恋的男性和女性都有心理问题，等。

根据**社会认知理论**（social cognition approach），刻板印象来源于正常的认知加工过程。在虚假相关的情况下，重要的认知因素是可得性启发式（Reber, 2004；Risen et al., 2007）。你可能记得第8章中我们讨论过性别刻板印象与图式有关，图式是另一个重要的认知因素。

Chapman 和 Chapman（1969）做了一个关于虚假相关的简单研究。他们的结果显示，学生们会形成人们报告的性取向与他们的墨迹测验反应之间的虚假相关。我们看一下可得性启发式如何能够帮我们解释虚假相关。

当我们想搞明白两个变量是否彼此相关的时候，我们应该考虑到2×2矩阵中产生的四个类别中的数据。例如，假如我们想确定同性恋的男性和女性是否比异性恋的人更可能出现心理问题。⊖假设研究者收集了表12-2中呈现的数据。这些数据表明，60个同性恋中有6个人有心理问题（10%）；80个异性恋中有8个有心理问题（10%）。所以，我们应该得出的结论是：性取向与心理问题之间没有相关。

⊖ 虽然有人坚信这个虚假相关，但研究并没有表明性取向与心理问题之间有一致的关系（如 Garnets, 2008；Herek & Garnets, 2007；Rothblum & Factor, 2001）。

表 12-2 关于性取向和心理问题的假设性数据的矩阵

	每一类人的数量		
	同性恋	异性恋	总数
有心理问题的人	6	8	14
没有心理问题的人	54	72	126
总数	60	80	140

但遗憾的是，人们通常会更加注意矩阵中的一个单元，尤其是两种描述特征在统计上都不经常发生的情况下（Risen et al., 2007）。在这个例子中，有的人只会注意到 6 个同性恋是有心理问题的，而忽略了其他三个单元中的重要信息。

有反对同性恋偏向的人们可能会更多地注意有心理问题的同性恋的人数。而且，他们可能会寻找其他的信息来证实他们关于同性恋有心理问题的假设。你应该记得，我们在条件推理的讨论中提到，人们更愿意证实假设而不是证伪假设，符合主题 3。

试一下将虚假相关应用到你持有的一些刻板印象中。你是否倾向于只关注矩阵中一个单元的信息，而忽略其他三个单元的信息？你曾经尝试过证伪刻板印象吗？请注意一下，政治家和媒体也常常将他们的论证建立在虚假相关的基础上（Myers, 2002）。例如，你可能会关注那些利用虚假的信息而享受福利的人的数量。除非我们有另外的信息，如利用真实的信息享受福利的人的数量，否则你得到的数字是没有意义的。

在我们讨论决策的第三个启发式之前，先总结一下可得性启发式。

1. 当你估计有多容易可以想到一个事件的相关例子的频率或者概率时，你会用可得性启发式。这个启发式在我们的日常生活中通常是正确的，人们对相对频率的估计有时候非常准确。

2. 但是，可得性会受到与客观频率不相关的两个因素新近性和熟悉性的损害。所以，当你做频率判断的时候，问一下自己是否过于看重新近发生的或者更熟悉的项目。

3. 识别启发式在判断相对频率的时候很有用。例如，在猜测两个城市中哪一个人口更多的时候。

4. 可得性启发式也会产生虚假相关，即两个变量看起来相关，但实际上没有统计上的关系。

锚定和调整启发式

你可能会碰到很多这样的事情：一个朋友问你"你可以在 15 分钟之后与我们在图书馆碰面吗？"你知道 15 分钟到不了图书馆，所以你做了一个调整，同意 20 分钟之后碰面。但是，你没有算上找外套、手机响了需要接听、停下来系鞋带或者发生其他小事的时间。基本上，如果每件事都很顺利，你 20 分钟会走到图书馆（也可能 25 分钟）。回想一下，你没有估计到不可避免的延误而对时间做更大的调整（在你方便的时候试一下示例 12-5，但在继续阅读之前要试一下示例 12-6）。

👆 **示例 12-5**

锚定和调整启发式

将下面的两道乘法题抄到两张纸上，给至少五个朋友看题目 A，给至少另外五个朋友看题目 B。在每种条件下，让他们在五秒钟之内估计乘积。

A. $8 \times 7 \times 6 \times 5 \times 4 \times 3 \times 2 \times 1$

B. $1 \times 2 \times 3 \times 4 \times 5 \times 6 \times 7 \times 8$

分别记下两个问题的答案，从最小到最大排序。计算每个题目的答案的中数（如果被试的个数是奇数，中数就是位于最大和最小的之间位置的那个数；如果被试的个数是偶数，位于中间位置的两个答案的平均值就是中数）。

👆 **示例 12-6**

估计置信区间

用一个范围而不是单个的数字来回答下面的每个问题。尤其是，你应该给出 98% 的置信区间。置信区间是你预期的正确答案会落入其中的一个范围。例如，你用 98% 的置信区间来回答一个问题得到的答案是 2 000 ~ 7 000，意思是说，你认为有 2% 的可能性真正的答案会小于 2 000 或者大于 7 000。正确答案会在这一章的末尾找到。

1. 德国的总面积是多少平方千米？
2. 根据官方的统计，日本有多少人死于 2011 年的地震和海啸？
3. 维多利亚女王是在哪一年出生的？
4. 加拿大 2009 年的平均预期寿命是多少？
5. 美国 2010 年的军费支持是多少美元？
6. 新西兰在哪一年赋予女性投票权？

7. 意大利音乐家朱塞佩·威尔第创作了多少部歌剧？

8. 西班牙什么时候变成了罗马帝国的一部分？

9. 2010年法国的估计人口是多少？

10. 新加坡居民的平均预期寿命是多少？

根据**锚定和调整启发式**（anchoring and adjustment heuristic）[又被称为**锚定效应**（anchoring effect）]，我们先会有一个最初的估计，以此为锚（依据），基于另外的信息，对那个数字进行调整（Mussweiler et al., 2004；Thaler & Sunstein, 2008；Tversky & Kahneman, 1982）。这个启发式会产生合理的答案，就像代表性和可得性启发式会产生合理的答案一样。但人们通常过于依赖最初的估计，而做出的调整都很小（Kahneman, 2011）。

锚定和调整启发式再次表明，人们倾向于证实他们当前的假设或者信念，而不是质疑它们（Baron, 2000；Kida, 2006）。人们看重自上而下的加工，与主题5一致。在这一章中我们还看到了其他的例子。

1. 信念偏向效应：我们太依赖于已有的信念。
2. 证实偏向：我们更喜欢证实当前的假设而不是拒绝它。
3. 虚假相关：我们只依赖于2×2数据矩阵中众所周知的一个单元，而不从其他三个单元中寻找信息。

让我们先讨论一下关于锚定和调整启发式的一些研究，然后看一下这个启发式在估计置信区间时的应用。

关于锚定和调整启发式的研究

示例12-5表明了锚定和调整启发式。在经典的研究中，研究者要求高中生估计这两个乘法题的答案（Tversky & Kahneman, 1982）。学生们只有五秒钟的时间做出反应。结果显示，对两道题答案的估计是有很大的差异的。如果乘法题以8开头，估计的答案会比较大，中数是2 250，也就是说，一半的学生估计的比这个数字高，一半学生估计的比这个数字低。相反，如果第一个数是1，估计的中数就是一个很小的数字，512。而且，两组被试都锚定在题目中的每个数字是个位数的最初的印象上，因为这两个估计值都太小了。这两个乘法题的正确答案是40 320。锚定和调整启发式影响到你测试的那些人吗？

锚定和调整启发式很强大，即使当锚是一个明显的绝对不可能的极端值时也会起作用，如一个人活到了140岁。专家和新手都会使用锚定和调整启发式（Herbert, 2010；Kahneman, 2011；Mussweiler et al., 2004；Tversky & Kahneman, 1974）。

研究者还没有关于锚定和调整启发式的详细解释，但是有一种可能性是，锚限制了人们在记忆中搜索相关的信息。尤其是，即使这个锚是个不现实的数字，人们也会集中搜索与锚定数字很接近的信息（Kahneman, 2011；Pohl et al., 2003）。

锚定和调整启发式在日常生活中有很多的应用（Janiszewski, 2011；Mussweiler et al., 2004；Newell et al., 2007）。例如，Englich和Mussweiler（2001）研究了法庭宣判中的锚定效应。有平均15年工作经验的审批法官听取一个有代表性的案子。起诉人的角色是由一个被介绍为计算机科学专业的学生来扮演的，这个学生明显没有法律相关的经验，所以法官们不会太把他当回事。但是，当起诉人要求12个月的宣判时，这些有经验的法官都判了28个月。相反，当起诉人要求34个月的宣判时，法官们都判了36个月（顺便说一下，在进一步阅读之前请试一下示例12-6）。

估计置信区间

当我们估计单个数字的时候会使用锚定和调整启发式，在估计置信区间的时候也使用这个启发式。**置信区间**（confidence intervals）是我们预期一个数字会在特定概率条件下落入的一个范围。例如，你可能猜测德国总面积的98%的置信区间是40万~50万平方千米。这个猜测意味着你认为有98%的机会德国的面积会是40万~50万平方千米之间的一个数字，而只有2%的机会是40万~50万平方千米范围之外的数字。

示例12-6检验了你估计不同类型的数字信息的准确性。对照答案看看你有多少置信区间的估计是包括这些答案的。假设有很多人被要求给出这十个问题的置信区间估计，假设他们的估计技术是正确的，我们可能预期有98%的机会他们的置信区间的估计会包括正确答案。

但是，研究结果表明人们给出的98%置信区间的估计，实际上只有60%的机会包括正确答案（Block & Harper, 1991；Hoffrage, 2004）。换句话说，我们对这些置信区间的估计范围太窄了。

Tversky 和 Kahneman（1974）的研究指出了在我们进行置信区间估计的时候，锚定和调整启发式是如何起作用的。我们首先提供一个最好的估计，然后利用这个数字作为锚，接下来会对锚定的数字进行向上或者向下的调整以形成置信区间。但是，我们的调整通常都太小了。

例12-6中的第一个问题，你可能最初猜测德国的总面积是50万平方千米，然后你可能会说你的98%的置信区间是40万～50万平方千米。这个区间可能会太窄，因为在你最初进行估计的时候就犯了个大错。请参照一下正确答案。我们有了锚定的数字，并且在调整的过程中不会距离这个数字太远（Kahneman，2011；Kruglanski，2004）。当我们不考虑新的可能性时，会很依赖自上而下的加工。

另外一个问题是，大部分人没有真正理解什么是置信区间。例如，当你估计示例12-6中的置信区间时，你跟自己强调过每个置信区间应该足够大，这样只有2%的机会正确答案会大于或者小于这个区间吗？Teigen和Jørgensen（2005）发现大学生们倾向于错误地解读这些置信区间。在他们的研究中，学生们90%的置信区间与实际的50%的确定性相关。

我们总结一下第三个决策启发式。

1. 当我们使用锚定和调整启发式的时候，首先会猜测一个最初的估计或者锚，然后对它进行调整。

2. 锚定和调整启发式总的来说很有用，但我们通常不会做足够大的调整。

3. 锚定和调整启发式也解释了我们进行置信区间估计的时候所犯的错误；由于我们对锚定的数字不确定，所以通常会给出一个很窄的范围。

你可以克服锚定和调整启发式中一些潜在的偏向。首先，仔细考虑一下最初的估计，然后问一下自己是否注意到特定情境下的特征可能要求你改变最初的估计，或者做更大的调整。

框架效应

在写决策这一章的时候，我休息了一下去查看刚收到的邮件。我打开了来自我支持的一个组织"The Feminist Majority"的一封信，信中指出右翼组织在前一年已经让17个州政府制定法规，取消针对女性和有色人种的平等权利法案的项目。这个数字让我感到吃惊和难过，显然，反平等权利法案的支持者们比我想象的更有影响力。然后我意识到我可能受到了空间效应的影响。可能就在这个同样的时刻，其他人正在打开同样来自一些支持其他观点的组织的信件。可能他们的信件中会写道，他们的组织以及其他有类似观点的组织没有能够使33个州政府制定取消平等权利法案的项目的法规。是的，句子用词的细微变化会产生非常不同的情绪反应。难道这些政治组织雇了认知心理学家？

框架效应（framing effect）说明的是决策的结果会受到两个因素的影响：①可选项的背景语境；②问题的表述方式（在用词方面的变化）。但在我们讨论这两个因素之前，先试一下示例12-7。

示例 12-7

框架效应和背景信息

试一下下面的两个问题：

问题1

假设你决定去看场音乐会，花20美元买了一张票。在你正要进入音乐厅的时候发现你的票找不到了。音乐厅没有买票的记录，所以你不可能简单地再问他们要一张票。你钱包里有60美元，你会花20美元再买一张音乐会的票吗？

问题2

假设你决定买一张音乐会的票，要花20美元。你去了音乐厅的卖票窗口，打开钱包却发现有一张20美元的钞票不见了（庆幸的是，你钱包里仍然有40美元）。你会花20美元再买一张音乐会的票吗？

第2章讨论了与虚假轮廓有关的框架。例如，在图2-3中，注意一下外围的三个形状是如何形成了关于一个大的白色倒三角形的错觉。隐藏框架之后，即三个黑色的形状消失，你就不会再看到这个三角形了（Keren，2011a）。

第10章在讨论语言如何表达思维的时候也提到框架。例如，有人用词语"责任"来表示个体责任，是就个人财富和权利来说的；还有人用词语"责任"来表示社会责任，是就帮助那些财富和权利没有自己多的人来说的（Lakoff，2009，2011）。现在我们讨论决策如何受到①背景信息和②问题的特定用词的影响（LeBoeuf & Shafir，2012；McGraw et al.，2010）。

背景信息与框架效应

花点时间再读一下示例12-7。请注意，两种情况下要花的钱的总和都是20美元。如果决策者是完全"理性的"，他们对两个问题的回答应该是完全一样的

(Kahneman，2011；LeBoeuf & Shafir，2012；Moran & Ritov，2011）。但是，两种情况下的决策框架是不同的，所以在心理上它们显得彼此不同。

我们经常根据不同的论题来计算心理花费的总量。在这个例子中，我们会把去听音乐会看成是一种交易，即用买票花的钱交换了听音乐会的体验。你如果买另一张票，听音乐会的花费就提高到了很多人不能接受的水平。当Kahneman和Tversky（1984）问人们在问题1的条件下他们将会怎么做的时候，只有46%的人说他们愿意再花钱买一张票。

相反，在问题2中，人们心理上没有把丢了的20美元算成是跟一张票的价钱一样的数量，他们认为丢了的20美元与音乐会的一张票没有关系。在Kahneman和Tversky（1984）的研究中，88%的被试说他们会再买一张。换句话说，背景信息提供了两个问题的不同框架，特定的框架强烈影响决策。在读下一部分之前请先试一下示例12-8。

示例 12-8

框架效应和问题的用词

试一下下面两个问题。

问题1

假设欧洲的一个国家正在为一种奇怪疾病的大规模爆发做准备，这种疾病预期会导致600人死亡。负责公共健康的官员们提出了两种战胜疾病的方案。假定这些官员已经科学地估计到了每种方案实施后果，如下所述：

如果采用方案A，将会挽救200人的生命。

如果采用方案B，有1/3的机会可以挽救600人的生命，有2/3的机会没有人得救。

你会选择两种方案中的哪一个？

问题2

假设与问题1相同的情况发生，但有另外两种不同的方案可选：

如果采用方案C，将会有400人死去。

如果采用方案D，有1/3的机会没有人死去，有2/3的机会600人都会死去。

你会选择两种方案中的哪一个？

问题的用词和框架效应

在第11章中我们看到，人们经常无法意识到两个问题有相同的深层结构，如在代数问题中。换句话说，人们会因为问题表面结构的不同而分心。人们做决策的时候，他们也会因为问题表面结构的不同而分心。例如，人们调查发现，问题的确切用词对问题解决者提供的答案有重要的影响。（Bruine de Bruin，2011）。

Tversky和Kahneman（1981）使用示例12-8中的问题1测试了美国和加拿大的大学生。请注意，每一种方案强调的都是可以挽救的生命的数量。他们发现，72%的被试选择方案A，只有28%的被试选择方案B。可见，这一组的被试都是"讨厌冒险"的。也就是说，他们更喜欢确定的挽救200人的生命，而不喜欢有1/3的机会挽救600人的冒险想法。但是，问题1中方案A和B的好处在统计上是一样的。

检查一下你对问题2的回答，问题2中的方案强调的是损失生命的数量（即死亡的人数）。Tversky和Kahneman（1981）找了另一组大学生做问题2，他们跟问题1中的学生来自相同的学校，只有22%的人选择方案C，但有78%的人选择方案D。这些被试是"冒险型"的，他们宁愿选择2/3的机会600人全部死亡，而不选择400人一定会死亡。同样，两种方案的好处在统计上是一样的。另外，注意问题1和2的深层结构是相同的，唯一的不同是方案实施的后果在问题1中是就挽救的生命来说的，但问题2中是就失去的生命来说的。

问题陈述的方式，挽救的生命还是失去的生命，对人们的决策有重要影响（Hardman，2009；Moran & Ritov，2011；Stanovich，2009）。框架让人们从关注"可能的得"（挽救的生命）到关注"可能的失"（失去的生命）。问题1中，我们更喜欢200人被救的确定性，所以不去选择可能没人被救的方案。但是，问题2中，我们更喜欢没人会死的冒险（即使很有可能600个人都会死去），而不选择400个人肯定会死的方案。Tversky和Kahneman（1981）将他们的理论命名为**期望理论**（prospect theory），指的是人们认为"可能的得"不同于"可能的失"的倾向。具体来说：

1. 当处理"可能的得"的时候（如挽救的生命），人们倾向于避免冒险。

2. 当处理"可能的失"的时候（如失去的生命），人们倾向于冒险。

很多研究重复了总的框架效应，这个效应通常很强（Kahneman，2011；LeBoeuf & Shafir，2012；Stanovich，1999）。另外，掌握高级统计知识和没有统计知识的人都会出现框架效应，效应的大小是相当大的。还有，Mayhorn和同事们（2002）发现，20多岁的年轻人和老年人都会出现框架效应。

让我们复习一下框架效应。背景语境（如丢了票还是丢了20美元）能够影响决策；我们不是在真空中做选择。另外，问题的用词也影响决策，具体来说，当用词暗示的是"得"的时候人们避免冒险，当暗示"失"的时候人们寻求冒险。

框架效应的研究提出了一些实际应用的建议：当你在做重要决策的时候，尝试对决策问题进行重新描述。例如，假设你需要决定是否接受某个工作机会，问一下自己，有了这个工作你会觉得怎么样，然后问一下自己，没有这个工作你感觉如何。这种第二种类型的加工会帮助你做出明智的决策（Kahneman，2011）。

> ### 深度了解
>
> #### 对决策的过度自信
>
> 在前面的内容中我们已经看到，决策受三种决策启发式的影响，分别是代表性启发式、可能性启发式、锚定和调整启发式。而且决策中的框架效应也表明，背景信息和问题陈述的用词都会使我们做出不明智的决策。
>
> 既然这些因素都会导致决策失误，人们应该意识到自己的决策能力其实是乏善可陈的。但是研究显示，人们经常对自己的决策能力过度自信（Johnson，2004；Kahneman，2011；Krizan & Windschitl，2007；Moore & Healy，2008）。**过度自信**（overconfidence）指的是根据决策任务中取得的实际成绩，你对自己的判断的自信是超过应有水平的。
>
> 我们前面也讨论过决策过程中出现过度自信的两个例子。一个是虚假相关，当两个变量的关系实际上很弱或者不存在的时候，人们相信这两个变量是相关的。另一个是在锚定和调整启发式中，人们对自己的估计能力很自信，以至于给出的置信区间都很窄。
>
> 除了决策之外，过度自信也是其他认知任务的一个特征。例如，第5章中我们讲到，人们经常对自己的目击证词的准确性过度自信。第6章中我们讨论过，人们通常对自己的阅读材料理解情况和记忆信息的准确性过度自信。现在首先让我们看一下过度自信几个方面的相关研究，然后讨论帮助产生过度自信的几个因素。
>
> **过度自信的相关研究**
>
> 种种研究显示，人们在很多决策情境下会过度自信。例如，在判断一个有致命疾病的患者将会活多久，哪个公司会破产，在法庭审判中被告是否有罪的时候，人们都会过度自信（Kahneman & Tversky，1995）。相比基于客观统计测量而做出的预期，人们会对自己的决策更自信。另外，人们倾向于高估他们的社交能力、创造性、领导能力和各种各样的学业能力（Kahneman & Renshon，2007；Matlin，2004；Matlin & Stang，1978；Moore & Healy，2008）。还有研究发现，物理学家、经济学家和其他学者都对他们理论的正确性过度自信（Trout，2002）。
>
> 但我们需要强调的是，关于过度自信，人与人之间也是不同的（Oreg & Bayazit，2009；Steel，2007）。例如，一项大规模的调查显示，77%的学生对他们回答示例12-6中包括的常识问题的正确性过度自信。这些结果仍然告诉我们，有23%的学生是完全准确的或者是不自信的（Stanovich，1999）。
>
> 另外，来自不同国家的人们在自信方面表现也不一样（Weber & Morris，2010）。例如，在三个国家进行的一项跨文化研究报告，中国人有更多的过度自信，美国人居中，日本人是最不自信的，他们做决策需要花费的时间也最长（Yates，2010）。
>
> 有两个研究领域对过度自信进行了深入的研究。你将会看到，政治家经常对他们的决策过度自信。还有，我们会讨论一个学生们都很熟悉的领域，即很多学生通常都对他们能够按时完成学业项目过度自信。
>
> **政治决策中的过度自信**
>
> 正如我们最近看到的发生在美国一些官员身上的事情，即使位高权重的政治家们也会做出不明智的个人决策。我住在纽约州的西部，是州长Elliot Spitzer和国会议员Christopher Lee因为性丑闻而辞职的地方。在最近几年，我们已经看到很多类似的辞职事件。这些政治家怎么可能这么自信，没有人会发现他们的秘密生活呢？
>
> 除了个人决策，政治家们做出的关于国际政策的决策有的也不明智，这些政策会影响到成千上万人。遗

憾的是，政治领导人很少系统地考虑重大决策中可能包含的风险。例如，当他们①入侵其他国家，②持续一场不会胜利的战争，③对其他国家由于他们的入侵战争造成的恶劣局势置之不理的时候，他们就是没有考虑到自己决策的潜在风险。在国际冲突中，冲突的双方都对自己会赢的概率过度自信（Johnson，2004；Kahneman & Renshon，2007；Kahneman & Tversky，1995）。

在政治家们需要做决策的时候，他们过度相信自己数据的准确性（Moore & Healy，2008）。例如，美国进行伊拉克战争是因为领导者们过度相信伊拉克已经拥有了大规模杀伤性武器。美国副总统迪克·切尼在2002年8月26日发表声明说："毫无疑问，萨达姆·侯赛因现在有大规模杀伤性武器。"总统乔治·布什在2003年3月17日宣称："我们和其他国家搜集到的情报毫无疑问地显示，伊拉克政府持续拥有并隐瞒了一些他们发明的致命性武器。"但是后来就清楚了，那些武器根本就不存在，证明武器存在的关键信息都是伪造的（Tavris & Aronson，2007）。

研究者们已经提出了可以减少决策中的过度自信的方法。例如，**水晶球技术**（crystal-ball technique）要求决策者们想象一个完全正确的水晶球已经判定他们喜欢的假设实际上是不正确的，因此，决策者必须寻找另外的解释（Cannon-Bowers & Salas，1998；Paris et al.，2000）。同时他们也必须找到合理的证据支持这些不同的解释。例如，如果布什政府采用了水晶球技术，他们就会被要求提供萨达姆·侯赛因没有大规模杀伤性武器的几个原因。

遗憾的是，政治领导人显然不用这些无偏的技术来做重要的决策。如Griffin和Tversky（2002）指出的：

"可以证明，如果人们对自己成功的机会有更现实的评估，那么他们参与军事、法律和其他有代价的争端的意愿就会降低。我们不相信过度自信的优势会超过它的劣势。"

对按时完成学业项目的过度自信

学生们经常会对他们多快能够完成一个学业项目过于乐观，你听到这个信息会觉得吃惊吗？现实生活中，大部分的人都是这样的，甚至丹尼尔·卡内曼（2011）都描述了他自己没有按时完成研究项目的例子。

根据"**计划错误**"（planning fallacy）的观点，人们经常会低估完成项目所需要的时间（或者金钱）的数量，他们也会估计完成项目是一个相对容易的任务（Buehler et al.，2002；Buehler et al.，2012；Kahneman，2011；Peetz et al.，2010；Sanna et al.，2009）。请注意一下，为什么计划错误与过度自信有关。假设你做决策的时候过度自信，你就会估计你的认知心理学的课程论文只需要10个小时就可以写完，如果你下周二开始写，很容易就可以按时写完。

研究者们还没有找到什么方法来消除计划错误。但是研究表明，有几个策略可以帮助你对大的研究项目所需要的时间做出更切合实际的估计：

1. 把项目分成几个部分，估计完成每一部分所花的时间，这个过程提供了你完成项目所需要的时间的更切合实际的估计（Forsyth & Burt，2008）。

2. 想象你完成项目过程中的每一步，如搜集材料，组织项目的基本结构等。每天都在头脑中复述这些东西（Taylor et al.，1998）。

3. 试着想个除了你之外的人，想象一下这个人会花多长时间完成这个项目，一定要想到一些可能的障碍（Buchler et al.，2012）。

在美国、加拿大和日本的几个研究中都发现了计划错误。我们怎么解释人们对自己能够按时完成一个任务过度自信呢？一个原因是人们创造了一个代表理想情况的情境，在理想情况下他们会在项目上不断取得进步。这个情境中，人们没有考虑到可能出现的大量问题（Buchler et al.，2002）。

人们也会想起自己在过去相当快地完成了一个类似的任务（Roy & Christenfeld，2007；Roy et al.，2005）。而且，他们会估计自己在将来会比现在有更多的自由支配的时间（Zauberman & Lynch，2005）。换句话说，人们使用锚定和调整启发式，因此没有根据其他有用的信息对他们最初的预想情境做足够大的调整。

过度自信的原因

很多例子已经表明，人们倾向于对自己决策的准确性过度自信。过度自信来源于决策过程中很多不同阶段产生的错误：

1. 人们经常觉察不到他们的知识来自非常缺乏证据、非常不确定的假设，或者来自不稳定或者不准确的信息源（Bishop & Trout，2002；Johnson，2004）。

2. 证实我们的假设的例子是很容易找到的，但我们不愿意去寻找与我们的假设相反的例子（Hardman，2009；Lilienfeld et al., 2009；Mercier & Sperber，2011）。你可能记得在讨论演绎推理的时候我们提到过，人们会坚持证实自己当前的假设而不是寻找否定的证据证伪假设。

3. 人们在回忆其他可能的假设时会有困难，而决策依赖记忆（主题 4）。如果你不能想到相互冲突的假设，就会对已有的假设过度自信（Trout，2002）。

4. 即使人们能够回忆起其他假设，也不会很严肃地对待这些假设。可选项可能显得模棱两可，但其他的选项却显得微不足道（Kida，2006；Simon et al., 2001）。

5. 研究者们没有对大众进行过度自信问题的训练（Lilienfeld et al., 2009）。结果，在做决策过程中可能犯错的关键时刻，我们通常不会停下来问一下自己，"我正在依赖第一种类型的加工吗？我需要转换成第二种类型的加工吗？"

当人们在存在风险的决策过程中过度自信的时候，决策的结果经常会产生灾难、死亡和大规模的破坏性。"**我方偏向**"（my-side bias）指的是在一个对抗性的情境中，人们过分相信自己的观点是正确的（Stanovich，2009；Toplak & Stanovich, 2002）。当个体（或者群体或国家领导人）受到我方偏向的影响时，冲突可能就会产生。人们自信自己的立场是正确的，但不能考虑到对方的立场也可能是至少部分正确的。如果你发现自己与别人发生了冲突，试试克服我方偏向。其他人立场的某个部分可能也是值得自己考虑的吗？

更重要的是，在你面对重大决策的时候，尝试减少自己的过度自信，注重第二种类型的加工，回顾一下上面列出的 5 点建议。你会过度相信这个决策会产生好的结果吗？

后见之明偏向

上面这一部分讨论的是人们在预测将来会发生的事件时会过度自信。相反，**后见之明**（hindsight）指的是我们对过去已经发生的事件的判断。当事件已经发生之后，我们说这件事是必然发生的，这就是后见之明偏向；我们实际上"早就知道"事件发生了（Hastie & Dawes，2010）。换句话说，**后见之明偏向**（hindsight bias）反映了我们过度相信自己在过去能够准确地预期某个特定的结果（Hardt et al., 2010；Pezzo & Beckstead, 2008；Pohl, 2004；Sanna & Schwarz, 2006）。后见之明偏向表明了我们经常重建过去的经验，以使它与当前的知识相匹配（Schacter，2001）。

关于后见之明偏向的研究

在与人有关的判断中会发生后见之明偏向。Linda Carli（1999）在一个诱发想法的研究中要求学生们读一个两段长的故事，这个故事说的是一个名叫 Barbara 的年轻女人和她与自己读研究生的时候认识的一个叫 Jack 的男人的关系。这个故事是以 Barbar 的语气讲述的，提供了关于 Barbara 的一些背景信息以及她与 Jack 之间日益亲密的关系。一半的学生读的故事是一个悲剧的结尾，即 Jack 把 Barbara 强奸了。另一半的学生读到的是幸福的结尾，即 Jack 向 Barbara 求婚了。读完了故事之后，每个学生都要完成一个判断真假的记忆测验。测验考察的是对故事事实的记忆，但也有一些问题包含了在故事中没有提及的信息，有些问题包含的信息与强奸情境一致，如"Barbara 在聚会上遇到了很多男人"；其他的问题与求婚情境一致，如"Barbara 很想有一个家庭"。

Carli（1999）的结果表明了后见之明偏向。读了强奸故事的人们认为，他们应该会预计到 Barbara 会被强奸；而读到求婚故事的人认为他们应该会预计到 Jack 会向 Barbara 求婚。记住，除了结尾，两个版本的故事是完全相同的。还有，每一组在记忆测验上都会犯有规律的错误，每一组回忆起来的项目都跟他们读的故事结尾有关，即使这个信息根本没有在故事中出现。

Carli（1999）的研究非常重要，因为它有助于我们理解为什么很多人在一个悲惨事件（如强奸）发生之后会责怪受害者。现实生活中，这个人的先前行为可能都是恰如其分的，但是人们经常会在过去寻找为什么受害者罪有应得的原因。在 Carli（1999）的研究中我们看到，人们甚至会"重新构建"一些实际上不存在的原因。

虽然后见之明偏向并不总是很强，但在很多不同的研究中都发现了这个现象（如 Hardt et al., 2010；Harley et al., 2004；Kahneman, 2011；Koriat et al., 2006；Pohl, 2004）。在北美、欧洲、亚洲和大洋洲的一些研究中也发现了后见之明偏向（Pohl et al., 2002）。另外，医生在猜测医学诊断结果的时候会发生后见之明偏向

（Kahneman，2011）。在政治事件和商业决策相关的决策中，人们也会表现出后见之明偏向（Hardt et al.，2010；Kahneman，2011）。

后见之明偏向的解释

尽管有这么多的研究，但是对后见之明偏向产生的原因我们还不清楚（Hardt et al.，2010；Pohl，2004）。但一个可能的认知解释是，人们可能使用了锚定和调整启发式，人们会被告知特定的结果确实发生了，这是百分之百确定的。所以，他们把百分之百的确定性当成了他们估计自己本来能够预期结果的可能性的锚，然后，他们没有将百分之百的确定性减少到应该减少的程度。

在讨论 Carli（1999）的研究时我们也注意到，人们会错误地记住过去发生的事件，以便使这些事件与当前的信息相一致。这些事件也有助于证实预测的结果。Carli 对悲剧和幸福结尾的研究结果让人出乎意料吗？当然不会，我们早就知道结果会是这样（典型的后见之明偏向）。

启发式和决策研究的当前状况

有的研究者认为，Kahneman 和 Tversky 提出的启发式理论可能低估了人们的决策能力。例如，Adam Harris 和同事们进行的研究表明，人们会对将来事件做出相当符合实际的判断（Harris et al.，2009；Harris & Hahn，2011）。

另外，英国心理学家 Gerd Gigerenzer 和同事们也同意，人们并不是完全理性的决策者，尤其是在有时间压力的情况下。但是，他们同时也认为，如果在决策任务中给人们平等的机会，他们会做得相当好。例如，前面讲到识别启发式是相当准确的。其他的研究也显示，在现实情境中，人们对有关频率而不是概率的问题的回答会更准确（Gigerenzer，2006a，2006b，2008；Todd & Gigerenzer，2007）。

Peter Todd 和 Gerd Gigerenzer（2007）提出了一个称为**生态理性**（ecological rationality）的概念来描述人们如何创造各种各样的启发式来帮助自己在真实世界中做出有用合适的决策。这与第 11 章中提到的巴西的小孩可以在街上卖糖果的时候而不是在教室里正确地解决复杂的数学问题相似（Carraher et al.，1985；Woll，2002）。同样，如果我们考察的是生活环境中的特定特征，成人通常会做出明智的决策。例如，只有 28% 的美国人可能会成为器官捐赠者，而在法国，这个比例是 99.9%。Gigerenzer（2008）发现两国人都使用了简单的**默认启发式**（default heuristic）；如果有一个标准的选择存在，这个选择不需要人们做什么，人们就会采用它。在美国，人们需要报名成为器官捐赠者，所以大部分美国人都使用了默认启发式，没有报名，因此就不是器官捐赠者。在法国，除非你特别选择不进行器官捐赠，则你就是器官捐赠者。所以，大部分法国人都使用了默认启发式，没有特别选择，因此就是器官捐赠者。

还有，人们会把他们关于现实世界的知识带进实验室，而实验室里研究者们设计的任务通常与他们已有的图式相冲突。例如，Linda 长期投身于社会公正的活动中，你真的认为她不会变成女权主义者？

Kahneman 的理论和 Gigerenzer 的理论看起来是不同的，但是两种理论都说明了在现实世界中决策启发式通常很好用。还有，如果我们能够意识到这些重要策略的局限性，就能变成更有效的决策者（Kahneman & Tversky，2000）。

复习题

1. 描述演绎推理与决策的根本差异。从你的日常生活中找一个说明演绎推理与决策的实例。为什么这两类认知加工过程都可以被归类到"思维"中？
2. 从"如果今天是星期一，那么艺术博物馆是不开门的"这个句子开始，练习一下条件推理，确定自己理解了条件推理的相关内容。使用四种条件推理的情境（命题算法），指出哪一种是有效的，哪一种是无效的。
3. 推理过程中人们犯的很多错误都来源于对以前知识的过度依赖和过度活跃的自上而下的加工。讨论一下这与锚定和调整启发式的异同。
4. 这一章中你学到的很多例子是关于共同认知倾向的，如我们倾向于接受现状（或者当前喜欢的假设），而不太会去充分探索其他可能选项。这些倾向是如何体现在演绎推理和几种决策任务中的？
5. 下列常见错误中都表明了哪种启发式？①有人问你北美红雀和知更鸟哪一种更常见，你会根据这个冬天你见到的每一种鸟的数量来确定你的答案；②你正在看随机排列的一副牌，你看到三张连在一起的牌都是王，这看起来不像是随机排列的；③你根据圣诞节聚会大家喝的饮料的数量，估计七月份野餐将会需要带几瓶饮料，并且考虑到七月份的天会热一些。

6. 在代表性启发式中，人们没有考虑到两个本应该被重视的因素；在可得性启发式中，人们会考虑到两个本来应该被忽略的因素；根据这一章学到的知识，讨论一下这两种情况，并举例说明这四种错误。

7. 描述人们在决策中倾向于过度自信的各种方式，想一想你生活中的相关例子。指出自己在考虑完成课堂作业的最后期限时避免计划错误的方法。

8. 举一个媒体上最近出现的例子，表明某个政治家因为做了一个决策而受到新闻评论者们的批评。过度自信是如何导致他做出了这个不明智的决策？为什么后见之明偏向与此有关？

9. 假设你计划下学期选一门社会心理学的课。从有关决策的内容中至少总结五个问题会在这门课中用到的。

10. 假设你受雇于本地的中学，要开设一门与批判性思维有关的课程。回顾一下这一章的内容，就开设批判性思维课程应该注意的问题提出 15～20 条建议，每条一句话。

示例 12-1 的答案
1. 有效 2. 无效 3. 无效 4. 有效

示例 12-6 的答案
1. 德国的总面积是 35.7 万平方千米。
2. 15 839 人死于日本海啸。
3. 维多利亚女王生于 1819 年。
4. 加拿大 2009 年的平均预期寿命是 81.3 岁。
5. 美国 2010 年的军费开支是 6 980 亿美元。
6. 新西兰 1893 年赋予妇女投票权（是第一个给妇女投票权的国家）。
7. 朱塞佩·威尔第一生共完成了 29 部歌剧。
8. 西班牙是在公元前 206 年变成了罗马帝国的一部分。
9. 法国的人口是 64 057 792。
10. 新加坡居民的平均预期寿命是 84 岁。
11. 你估计的大部分置信区间是包括了这些正确答案，还是你的估计区间太窄？

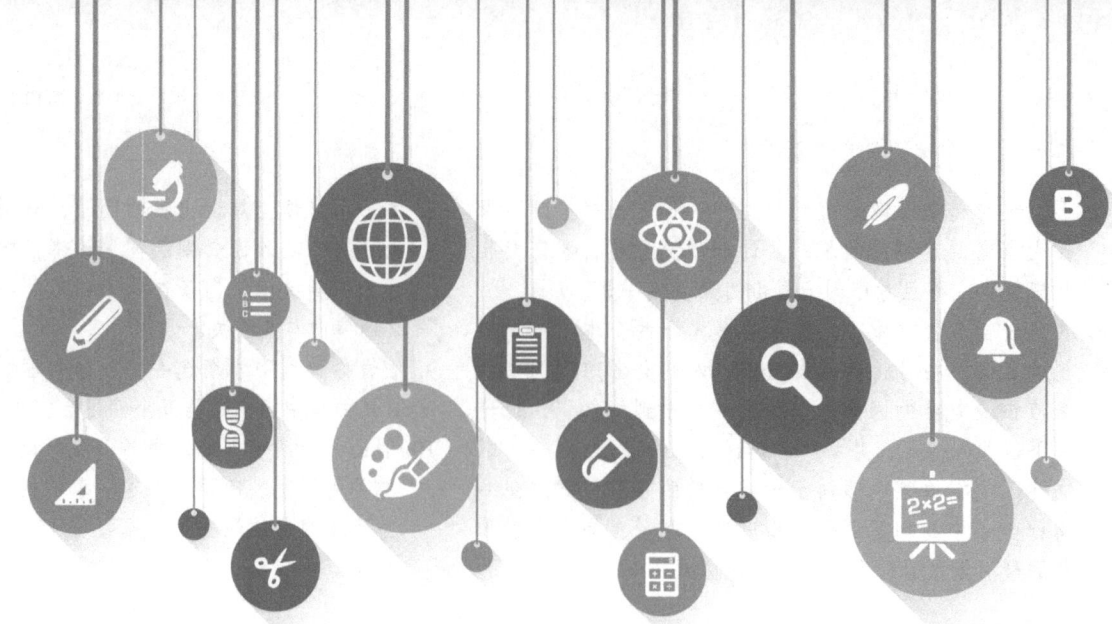

第 13 章

发展认知能力

概览

这一章要考察的是认知加工在几个方面的发展，前面的章节中已经讨论过认知加工的很多方面。但是，我们不是简单地讨论认知加工的所有方面，而是详细地讨论认知在三个重要方面的发展，即记忆、元记忆和语言的发展。这一章的一个目的是讨论这三个重要方面的认知发展。你将会看到有的能力在儿童到成人期是逐步提高的，有的能力在成人到老年阶段是降低的。但是，很多能力的变化要比你预期的小。另一个目的是帮助你复习前面介绍过的一些重要概念。第 6 章中讲到，如果采用分散学习，就会学得更有效。现在你可以重温一下几个星期之前学到的概念。

根据当前的研究，即使是婴儿也能够记住人、物体、事件。例如，婴儿能记住他们几个星期之前学过的通过蹬踢的活动来控制可移动的布帘。儿童的长时再认记忆异常准确，但他们的工作记忆和其他种类的长时记忆不如成人准确。儿童在想记住某事的时候也不会自发地使用记忆策略。在理想的条件下，儿童可以提供准确的目击证人证词。如果儿童的年龄较小，如果他们听到误导的信息，或者如果他们有智能发展障碍，那么他们的证词更可能会有错误。

在需要直接的工作记忆、内隐记忆或者再认记忆的任务中，老年人的成绩与年轻人有点相似。但是，在需要复杂工作记忆、前瞻记忆或者外显回忆的任务中，老年人就会出现更多困难。

儿童的元记忆能力随着年龄的增长而提高。例如，年龄小的儿童会对他们的记忆准确性过于自信，而年龄大的儿童和成年人对自己的记忆准确性就有更准确的评价。老年人和年轻人关于记忆的信念很相似。但是，老年人倾向于过度相信他们记忆的准确性。

说到语言发展，婴儿就已经能够感知口语语音和其他重要的语言成分。在与婴儿互动的时候，人们通常会产生一些鼓励婴儿的语言能力的语言。随着儿童年龄的增长，他们的语言能力在几个方面也突飞猛进，如在词语意义、语法关系和语言的用途等方面的提高。

章节简介

一个朋友跟我讲过一个有趣的例子，是关于她孙女的复杂认知能力的。她五岁的孙女 Isabelle 曾经有一次跟全家人一起出去滑冰，这是她从来没有过的经历。在他们离开滑冰场的时候，Isabelle 说："滑冰其实没有我想的那么好玩。"这一章会考察三个领域的认知发展，Isabelle 的话揭示了她在这三个方面所拥有的专业知识。

1. 记忆：Isabelle 记得她原有的对滑冰的预期，即滑冰会很好玩。
2. 元认知：Isabelle 预期了滑冰会很好玩。
3. 语言：Isabelle 的描述在三个时间区间成功地转移，先是她对好玩的滑冰经验的预期，然后是不太好玩的实际的滑冰经验，最后是她对第一个和第二个时间区间的不符合之处的确认。

以上是关于儿童的认知潜力的揭示，也证明了本书的主题 1，因为儿童是主动追求信息的，并且他们尝试理解他们自己的经验（Gelman & Frazier, 2012）。

一个四岁的男孩有一天早上跟他妈妈说："你知道吗，我觉得到现在我已经是个大人了……长大确实要花很长的时间！"（Rogoff, 1990）。在这一章中我们会看到，这个男孩说的是对的。儿童已经掌握了记忆、元认知和语言的重要成分。但是，他们仍然需要在几个方面提高自己的能力，如在记忆成绩、记忆策略、元认知、句法和语用学方面。

为什么我们要研究婴儿与儿童的认知加工呢？一个是理论上的原因是，这些研究会帮助我们理解认知能力的来源，以及复杂能力的进化发展（Gelman & Frazier, 2012；Rovee-Gollier & Cuevas, 2009a）。另一个实践上的原因是，你们当中的很多人将来会从事需要有关婴儿与儿童的背景知识的工作。

另外，为什么我们要研究老年人的认知加工呢？很多认知心理学的教科书在讨论认知发展的时候只讨论婴儿期与儿童期的认知发展。但本书强调的是发展的**生命全程理论**（lifespan approach to development），即认为成年早期之后发展变化依然会继续，在整个生命历程中我们都在变化和适应（Smith & Baltes, 1999；Whitbourne & Whitbourne, 2011）。研究老年人的认知加工具有理论意义：这些研究将显示人们在变老的过程中一些认知能力会降低，但很多其他的能力保持稳定。

研究老年人的认知加工也具有现实意义：很多人将来会从事需要有关老年人的背景知识的工作。目前，14% 的加拿大居民和 13% 的美国居民是 65 岁或者以上（Statistics Canada, 2012a；U. S. Census Bureau, 2012a）。研究老年人认知加工的第三个原因是个人性的：你可能有亲属是老年人，绝大部分的美国年轻人很快会变成老年人。你需要知道大部分老年人有胜任的认知能力，只是在几个方面会存在年龄差异。

当我们研究婴儿、儿童和老年人的认知能力时，研究的问题会比研究年轻人的时候更复杂。例如，因为婴儿的语言和运动能力是有限的，那么他们是如何表达认知能力的呢？研究者们凭借创造性的研究技术能够部分克服这些限制，并且发现婴儿也可以理解关于他们世界里的人和物的信息（Gelman & Frazier, 2012；Mandler, 2004a；Rovee-Collier & Cuevas, 2009a, 2009b）。

关于老年人的研究也会有一系列方法上的问题（Boker & Bisconti, 2006；Whitbourne & Whitbourne, 2011）。成百上千的研究比较的是年轻健康的大学生的认知成绩与老年人的认知成绩，但他们选择的老年人在健康、自信、受教育程度、对技术的熟悉性方面都是相对较差的。而且，相对老年人来说，大学生更经常进行材料记忆的任务，更经常参加考试。这些差异造成了方法上的问题：假设一个控制很差的记忆研究表明年轻人回忆的项目比老年人多 25%。年轻人的更好的记忆成绩可能源于干扰变量，如健康或者受教育水平，而不是源于老化过程。一般来说，研究者们相信干扰变量能够解释认知成绩的绝大部分差异。但是，他们在排除了干扰变量的情况下，也确定了一些存在的年龄差异（Rabbitt, 2002；Salthouse, 2012；Whitbourne & Whitbourne, 2011）。

这一章关注记忆、元记忆和语言三个方面的认知发展。我将这一部分安排在最后一章是想让你们复习一下认知心理学这三个重要领域中的一些主要概念。你将会学到，婴儿和儿童拥有你可能预想不到的认知能力。还有，你会看到大部分的老年人在认知方面比一些流行的刻板印象暗示的能力更高（Whitley & Kite, 2010）。

记忆的生命全程发展

我们在本书的很多部分都讨论过记忆。第 4～6 章讨论的是记忆本身，而其他的章节中经常会讨论到记忆如何有助于其他的认知加工。现在，我们将会讨论记忆在婴儿期（生命的最初两年）、儿童期和老年期如何发展。

婴儿的记忆

想象一下一个4个月大的婴儿，4个月大的孩子还不能自己坐着。你会想到这个婴儿可以识别出自己的母亲或者记住怎样使一个可移动的物体动起来吗？几十年前，心理学家们认为四个月大的婴儿不能短时间地记住任何事情（Gelman, 2002）。当然，我们不会预期小婴儿会表现出多么复杂的记忆能力，因为与他们工作记忆和长时记忆密切相关的大脑皮层区域还没有完全发展好（Bauer, 2004; Kagan & Herschkowitz, 2005）。

此外，早期的研究者会低估婴儿的记忆能力，是因为研究方法上存在的问题。庆幸的是，现在的发展心理学家们已经开发出了几种新的研究方法来考察婴儿记住人和物体的能力（Gelman & Frazier, 2012; Reznick, 2009）。已有的研究表明，婴儿的记忆能力比原来预期的要高。例如，现在我们知道六个月大的婴儿能够建立两个物体之间的联结，即使他们以前从来没有在同一时间看到这个两个物体在一起，也没有因为建立了物体间的联结而得到强化（Cuevas et al., 2006; Giles & Rovee-Collier, 2011）。显然，强调认知胜任的主题2适用于婴儿、儿童和成人。

评价婴儿记忆的一个方法是看他们是否盯着一个刺激看的时间比另一个刺激要长（Kibbe & Leslie, 2011; Sangrigoli & de Schonen, 2004）。现在我们讨论一下关于婴儿记忆研究的另外两种技术：认出母亲和与可移动物体的联结强化。你将会看到，即使只有一个月大，婴儿也会表现出很强的记忆能力。

认出母亲

关于视觉识别的研究显示，出生只有3天的婴儿能够区分出自己的母亲和陌生人（Rovee-Collier et al., 2001; Slater & Butterworth, 1997）。

婴儿识别自己母亲声音的能力是非常高的（Markowitsch & Welzer, 2010; Siegler et al., 2003）。例如，Kisilevsky和她的合作者们（2003）考察了出生前一周或者两周的婴儿。具体来说，他们找到了中国一个医院中接受产前护理的一些怀孕的妇女，然后跟她们说要研究她们怀孕期间婴儿的语音识别能力。如果这些孕妇同意，研究者们就会要求她读一首中国诗歌或者播放一个陌生人读的同一首诗歌。让人惊奇的是，相比听到陌生人的声音，在听到母亲的声音时，婴儿的心率变化更大。

联结强化

很明显，小婴儿不能够告诉我们他们记住了之前见到的事情。Carolyn Rovee-Collier和同事们设计了一种关于婴儿记忆的非言语的评价方法。现在很多研究使用这种联结强化的方法来考察婴儿的记忆（Markowitsch & Welzer, 2010; Ornstein & Haden, 2009; Rovee-Collier & Cuevas, 2009a, 2009b）。在**联结强化的方法**（conjugate reinforcement technique）中，要将一个可移动的物体挂在小婴儿的摇篮上方，用丝带将这个物体与婴儿的脚踝绑在一起，这样婴儿蹬腿的时候就会使这个物体移动（见图13-1）。

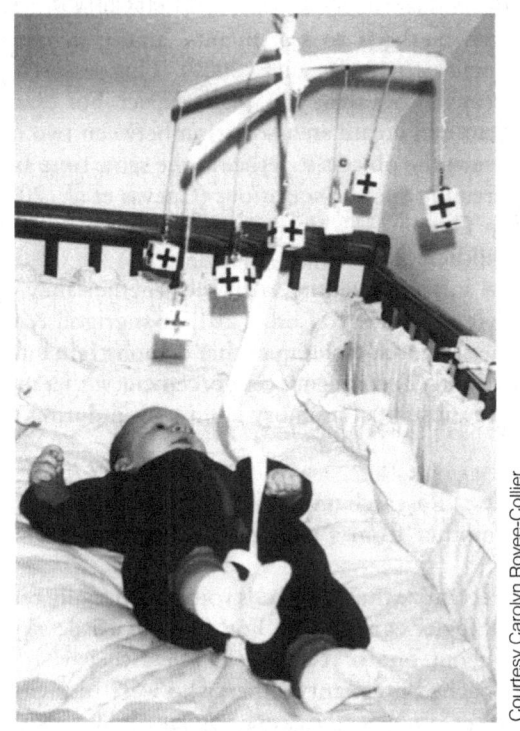

图13-1　Rovee-Collier研究中用到的联结强化装置

2~6个月的婴儿都很喜欢玩这个游戏，他们会在几分钟之后就开始快速蹬腿来使这个物体动起来，然后就安静地躺在那里观察物体每个部分的晃动。当运动停止的时候，他们通常都会尖叫然后又用力蹬腿，所以这个物体又动起来。用操作性条件反射的术语来说，蹬腿是反应，物体的运动是强化（Barr et al., 2005; Rovee-Collier & Cuevas, 2009a, 2009b）。

我们来看一下如何用联结强化技术来评价婴儿的记忆。这个方法中所有的训练和测试都是在婴儿家里的摇篮里进行的，测量的结果因此不会受到婴儿对新异环境的反应的影响。在第一阶段开始的3分钟的时间，实验者会做一个基线的测量，在这个时候，婴儿的脚踝是与悬挂物体的支架连在一起的，而不是与可移动的物体连在一起。这样，在婴儿学会如何让物体动起来之前，实验者可以测量在该物体呈现的情况下婴儿的自发蹬腿的次数（Rovee-Collier & Barr，2002；Rovee-Collier & Cuevas，2009a）。接下来，实验者将婴儿脚踝的丝带与悬挂的可移动物体相连，婴儿有9分钟的时间来发现他们蹬腿可以使这个物体动起来，这是学习阶段。婴儿通常要接受两组训练，之间间隔24小时。在第二个训练阶段结束的时候，丝带又从物体上被移到了支架上保持3分钟，是为了测量婴儿记住了什么。婴儿蹬腿的次数就是对即时回忆的测量。

研究者还测量了1～42天的长时记忆。将物体挂在婴儿的摇篮上方，丝带与支架而不是物体相连。假设三个月大的孩子Jason识别出了这个可移动的物体，并且他记起了只要蹬腿就可以让这个物体动起来，那么Jason应该很快就会做出蹬腿的反应。

请注意，Rovee-Collier还设计了一个巧妙的方法"问"婴儿是否记住了怎么让物体动起来。她也开发了评价长时记忆的客观方法，因为她可以比较两种测量：一种是即时回忆时的蹬腿数量；另一种是在延迟情况下的蹬腿数量。

后来，Rovee-Collier开发了另一种操作性条件反射的任务，是适合6～18个月大的婴儿的。在这个任务中，大点的婴儿要学会按一个控制杆，让一个小火车沿着圆形的轨道开动。研究者们可以结合两个任务中得到的信息，追踪2～18个月大的婴儿的记忆发展（Barr et al.，2001；Hsu & Rovee-Collier，2006；Rovee-Collier & Barr，2002）。

图13-2显示了婴儿多长时间以后就不再表现出对相关任务的记忆。例如，6个月大的婴儿即使在延迟了两周之后还能记住如何移动物体和开动小火车。这些研究表明了长时记忆在生命最初的18个月的时间里稳定的线性的提高（Hsu & Rovee-Collier，2006）。

几十年前，研究者们认为婴儿的记忆是非常有限的。但是，Rovee-Collier和同事们的研究表明，婴儿在长时间的延迟之后还能记住自己的动作。此外，婴儿的记忆和成人的记忆都会受到很多相同因素的影响（Barr et al.，2011；Rovee-Collier & Barr，2002；Rovee-Collier & Cuevas，2009a，2009b；Rovee-Collier et al.，2001）。

例如，第5章中我们讲到，记忆背景有时会影响成人的记忆。婴儿的背景效应会更大。Rovee-Collier和同事们（1985）使用联结强化技术测试了3个月大的婴儿，婴儿的摇篮围了一圈彩色花纹的布。当7天之后测试这些婴儿的延迟记忆时，研究者发现婴儿在有彩色围布的摇篮里比在不熟悉的围布的摇篮里的记忆要好得多。如果没有合适环境背景，婴儿的记忆将会急速降低（Markowitsch & Welzer，2010；Rovee-Collier & Cuevas，2009a；Rovee-Collier & Hayne，2000）。

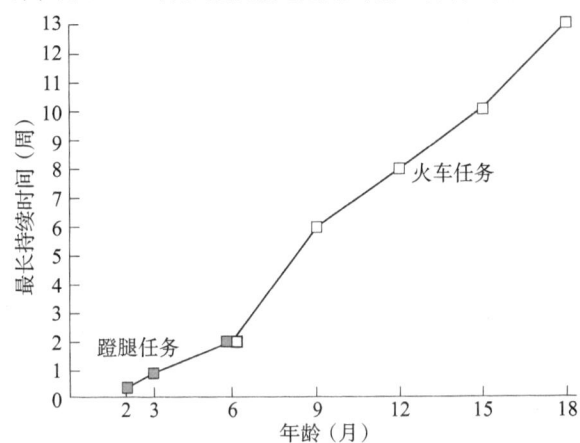

图13-2 不同年龄组的婴儿有明显记忆的最长持续时间

资料来源：Rovee-Collier, C. K. (1999). The development of infant memory. *Current Directions in Psybological Science, 8*, 80-85.

在其他的研究中，Rovee-Collier和同事们还发现了婴儿与成人记忆的很多相似性。例如，第6章中讨论过的分散学习效应：大学生在**分散学习**（spaced learning）的条件下比在**集中学习**（massed learning）的条件下学得更有效。很多研究也表明，婴儿在分散练习的条件下记忆也更好（Barr et al.，2005；Bearce & Rovee-Collier，2006）。

另外，婴儿也会有加工水平效应，对深入加工的项目的记忆要好（Rovee-Collier et al.，2001）。研究者们已经开发了几种创新的技术，这些技术帮助他们发现成人记忆的很多规则也适用于不到一岁的婴儿。

总的来说，很多任务都可以用来表明婴儿有记忆能力。例如，婴儿即使在出生之前都可以识别自己母亲的声音。而且，6个月大的婴儿即使经过了两周的延迟，还能记住怎样让一个物体动起来，影响成人记忆的一些因素也会影响婴儿的记忆。

儿童的记忆

我们已经看到研究者们要研究婴儿的记忆就必须很

有创造性。通过使用联结强化技术和其他新的研究方法，研究者们认为婴儿的记忆能力是令人瞩目的。

儿童能够进行口头反应，所以研究儿童的记忆比研究婴儿的记忆更容易。但是，也仍然很有挑战性。年龄小的儿童可能理解不了任务的指导语，他们也可能不认识字母表上的字母和书面的词语。考虑到这些问题的存在，我们将主要讨论5个问题：①儿童的工作记忆；②儿童的长时记忆；③儿童的记忆策略；④儿童的目击证人证词；⑤儿童的智力与他们的目击证人证词准确性之间的关系。

儿童的工作记忆

工作记忆通常是使用记忆广度或者在项目呈现之后能够立即按顺序正确回忆起来的项目的数量来测量的。记忆广度在儿童时期有非常大的提高（Cowan & Alloway, 2009；Gathercole et al., 2006；Hitch, 2006）。例如，据估计，两岁的孩子平均能够记住两个连续的数字，而九岁的孩子可以记住六个（Kail, 1992）。到11、12岁的时候，他们的工作记忆容量更令人惊讶。在理想的条件下，正常发展的儿童的工作记忆成绩几乎跟大学生的成绩差不多（Cowan et al., 2009）。

在第4章中，Alan Baddeley（2006）和同事们提出，成人的工作记忆有三个很重要的成分：中央执行、语音环路和视觉空间画板。Susan Gathercole（2004）和同事们发现，同样的工作记忆的结构模型也适用于四岁的儿童、年龄更大点的儿童和青少年。

你可能会预期，儿童的工作记忆能力与他们的学业成绩相关。例如，语音工作记忆得分高的儿童可能在阅读、写作、语言听力等方面都更出色（Alloway et al., 2005）。另外，视觉空间工作记忆得分高的儿童可能在数学方面更出色（Gathercole & Pickering, 2000；Hitch, 2006）。遗憾的是，有阅读障碍或者ADHD的儿童可能也有工作记忆的问题（Holmes et al., 2010；Swanson et al., 2010）。例如，这些孩子在记住老师教授的内容方面有困难，这样可能会导致所有学科的学习困难（Cowan & Alloway, 2009；Moulin & Gathercole, 2008）。

让我们将注意力转向儿童的长时记忆。稍后我们会看到，年龄大的儿童会使用策略来辅助解释他们记忆成绩的提高。

儿童的长时记忆

关于长时记忆，年龄小的儿童再认记忆很好，但回忆记忆比较差（Flavell et al., 2002；Howe, 2000；Schwenk et al., 2009）。在一个经典的研究中，Myers 和 Perlmutter（1978）使用了与示例13-1中相似的任务研究两岁和四岁的儿童。在再认测验中，研究者先呈现18个物体给孩子看，然后再呈现36个物体让他们判断看过没有。其中18个看过的物体，18个新的物体。两岁的孩子能够记住80%的项目，四岁的孩子能够记住90%的项目。

示例13-1
回忆和再认的年龄差异

在这个研究中，你需要测试的是一个大学生和一个学前儿童。你需要让儿童的父母安心，因为你只是简单地在课堂上测试儿童的记忆。

你需要考察回忆和再认。首先，收集20个常见物体，如钢笔、铅笔、纸、树叶、树枝、石头、书、钥匙、苹果等。将这些物体放在一个盒子里或者用布盖上。

要对两个人使用相同的测验程序，但要对学前儿童做出更多的解释。一共拿出10个物体，每次拿一个。每个物体让他们看5秒钟，然后藏起来。在看完10个物体之后，让他们尽可能多地回忆看到的物体。不要对他们反应的准确性做任何反馈。回忆完成之后，再测再认。还是一次看一个物体，随机呈现看过的物体和几个没看过的新物体，问他们呈现的每个物体是新的还是旧的。

数一下每个人正确回忆和正确再认的物体的个数。你应该发现，儿童和成人的再认回忆都很准确，但成人回忆的物体个数要比儿童多。

在回忆测验中，他们测试了另外两组儿童。研究者开始呈现的是9个项目。两岁的孩子只能记住20%，四岁的孩子只能记住40%。回忆好像需要主动使用记忆策略。这一部分中你稍后会看到，儿童直到儿童期的中期才能发展出这些记忆策略（Schneider & Bjorklund, 1998）。现在我们讨论关于长时记忆的另外的两个问题：①对儿童期事件的自传体记忆；②儿童的源监控。

1. 自传体记忆和儿童期早期。在第5章中我们讨论过，**自传体记忆**（autobiographical memory）指的是关于与自己有关的经验和信息的记忆（Brewin, 2011）。研究者们在研究儿童的自传体记忆时，强调的是儿童如何将自己以前的经验联结在一起，并创建一个个人的历史或者"生命叙事"(Fivush, 2011)。在两岁的时候, 大部分儿童的语言能力都有了很大的发展, 这些能力有助于他们更准确地记住个人经验。请注意, 语言与记忆之间的联系是本书主题4的一个很好的例子。

三岁的儿童通常能够产生简单的脚本来描述最近的经验(Howe et al., 2009; Hudson & Mayhew, 2009; Pipe & Salmon, 2009)。第8章中指出,**脚本**(script)是一个简单的、有良好结构的事件序列, 有特定的顺序, 这个顺序与最熟悉的活动有关(Baddeley et al., 2009)。两岁之后, 儿童逐渐能够追忆他们以前的经验, 尤其是与父母在一起的经验(Fivush, 2011; Laible & Panfile, 2009; Ornstein et al., 2011)。根据研究, 当母亲鼓励孩子提供事件的详细描述时, 孩子们就可能发展出详细、一致的叙事风格(Fivush, 2009, 2011)。

现在, 花点时间来回答下面这个问题: 你能清楚地记得自己两岁或者三岁时候发生的任何事件吗? 你确定你不是在回忆其他人对这个事件的描述? David Rubin(2000)查阅了要求青少年和成人回忆生命最初10年的自传体记忆的研究, 从图13-3中可以看出, 人们很少回忆三岁之前发生的事件。最近的研究也证实了Rubin的结果(如Fitzgerald, 2010; Janssen et al., 2011; Markowitsch & Welzer, 2010; Peterson et al., 2011)。

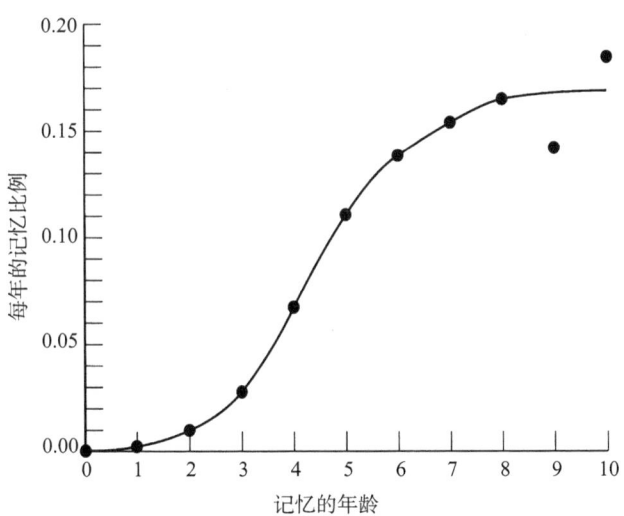

图 13-3 青少年和成人提供的关于在 1~10 岁的时候发生的事件的记忆的比例

资料来源: Rubin, D. C.(2000). The distribution of early chisdhood memories. *Memory,* 8, 265-269.

出现这种现象的原因还不清楚, 因为两岁的孩子也经常会描述几个星期或者几个月之前发生的事件, 这至少说明他们一定能够将语言记忆存储几个月的时间(Gauvain, 2001; Ornstein & Haden, 2001)。

一个可能的原因是, 不到两岁的儿童还没有形成自己是谁的完全意识(Fivush & Nelson, 2004; Goodman & Melinder, 2007; Markowitsch & Welzer, 2010)。结果, 当时间间隔是几个月长的时候, 他们无法编码和提取与自己有关的一系列事件(Newcombe et al., 2000)。这个解释是有意义的, 因为Rubin(2000)的研究考察的是青少年和成人的记忆, 显然是被试无法获取关于自己儿童早期的记忆。

2. 儿童的源监控。第5章中我们讨论过**源监控**(source monitoring), 指的是试图识别特定记忆来源的加工。大体上, 不到七岁的儿童相比较成人来说, 在区分现实与幻想的时候有更多的困难(Foley, 2012; Ratner et al., 2001; Sluzenski et al., 2004)。例如, 我认识的一个非常聪明的孩子有一天在学校参加了一次想象中的月球之旅。放学之后, 她跟父母聊天的时候坚持说自己真的去过了月球。不到七岁的儿童也很难区分在现实生活中看到的事情和他们在故事书或者视频里看到的事情(Thierry et al., 2010)。

Mary Ann Foley、Hilary Horn Ratner 和同事们系统地阐明了在什么条件下, 这些年龄小的儿童最可能犯源监控的错误。例如, Foley 和 Ratner(1998)要求一组六岁的儿童完成特定的身体动作, 如做出飞机飞行的动作; 要求另一组六岁的儿童"试着想象做那样的动作会感觉像什么"; 要求第三组的儿童"试着想象一下你看起来像……"。

结果显示, 当儿童真正做了一个动作, 他们很少会报告他们只是想象自己做了一个动作。相反, 当儿童只是想象了一个动作, 他们常常会报告他们真的做了那个动作。犯最多源监控错误的儿童是那些想象自己如果做了飞机飞行的动作会觉得怎么样的人; 他们也常常让自己相信是真的绕屋子一圈做飞机飞行的动作。

关于源监控的其他研究显示, 儿童有时候会记得自己完成了某个任务, 而实际上是其他人完成了这个任务(Foley, 2012; Foley, Ratner, & House, 2002; Ratner et al., 2002)。显然, 4~6岁的儿童能够观察正在完成任务的其他人, 并且预计接下来的步骤。后来, 他们就混淆了, 记成了自己实际上完成了这个任务。像你猜测的那样, 如果在最初的事件发生之后隔了很长时间才被问到, 儿童的源监控就会很差(Sluzenski et al., 2004)。

在关于儿童源监控的另一个研究中, Mary Ann Foley

和同事们（2010）安排四岁的儿童成对在一起完成一个任务，这些孩子轮流将纸片放在展示板上做成一个拼图。跟以前的研究一致，儿童经常会说"我做的"，即使是另外一个孩子实际上放了那个纸片。你可能想知道，儿童的反应是否仅仅反映了他们自我中心的偏向。但是，当成人和孩子轮流做一件事的时候，"我做的"偏向就很少发生（Foley，2012）。

在另一个研究中，儿童被要求想一下举起手臂做出飞机飞行的动作时，成人会有什么感觉（Foley et al.，2010）。这个方法提供了想象成人做出其他动作的框架。然后，研究者告诉儿童观察成人将一个纸片放到拼图上，并让他们考虑自己亲自进行拼图的时候会是什么样。结果显示，"有什么感觉"的指导语实际上增加了儿童宣称"我做的"的可能性。可见，学前儿童的源监控是很有问题的。

儿童的记忆策略

至此，我们对儿童记忆的研究已经说明了年龄小的儿童在再认项目时与成人基本没有差异，但是儿童在回忆和源监控方面却不如成人准确。成人还有另外的优势：当他们想记住在随后要回忆的某件事时，常常会使用记忆策略。年龄小的儿童回忆很差的一个重要原因是，他们不能有效使用记忆策略（Cowan & Alloway，2009；Kail，2010；Torbeyns et al.，2010）。小学期间，儿童在使用记忆策略方面会变得更加熟练（Bjorklund et al.，2009；Grammer et al.，2011）。

记忆策略（memory strategy）是我们用来提高记忆的有意的、有目标导向的活动。年龄小的儿童可能意识不到这些策略是有帮助的，他们的工作记忆可能还没有发展到选择一个策略，然后真正用到一个记忆任务中的程度（Torbeyns et al.，2010）。另外，有的年龄小的儿童可能不能有效使用记忆策略，这个问题被称为**使用缺陷**（utilization deficiency，Pressley & Hilden，2006；Schneider et al.，2004）。结果，记忆策略可能不会提高他们的回忆成绩（Ornstein et al.，2006；Schneider，2002）。

比较而言，年龄大的儿童比年龄小的儿童更有可能意识到记忆策略是有帮助的。另外，他们更加仔细地选择策略，并且更加坚持使用这些策略。当年龄大的儿童需要学习几个项目的时候，他们经常使用不同的策略，也可能会监控自己如何使用这些策略（Bjorklund et al.，

2009；Schneider，1998）。所以，年龄大的儿童能够相对准确地回忆学过的项目。我们会考察三种重要的记忆策略：复述、组织和想象。

1. 复述，或者一遍一遍地重复，不是一种特别有效的策略，但它有助于将某些项目保持在工作记忆中。研究表明，4~5岁的孩子不会自发复述他们要记住的材料。但是，7岁的孩子会使用复述的策略，常常默默地复述几个词（Bjorklund et al.，2009；Gathercole，1998；Schneider & Bjorklund，1998）。

另外，重要的一点是，年龄小的儿童可以从学习使用复述策略中受益，即使他们可能不会自发地使用这些策略（Flavell et al.，2002；Gathercole，1998）。有阅读障碍的儿童在学习了复述策略之后也倾向于回忆更多的项目（Swanson et al.，2010）。在元记忆的讨论部分我们将会看到，年龄小的儿童也常常意识不到他们可以通过使用策略来提高记忆成绩。

2. 我们在第6章中学习到，组织策略（如分类和分组）有助于成人的记忆。但是，相比较年龄大的儿童，年龄小的儿童更不太可能自发地将相似的项目组织在一起来提高对它们的记忆（Flavell et al.，2002；Ornstein et al.，2006；Pressley & Hilden，2006；Schwenck et al.，2009）。试一下示例13-2，你选择的儿童喜欢使用组织策略吗？

示例 13-2

儿童的组织策略

先将图片复印一下，然后用剪刀一个一个剪开。在这个研究中，你要测试一个4~8岁的孩子。理想的话，测试几个不同年龄的儿童应该更有趣。将这些图片排成一个圈放在儿童面前，告诉他们学习这些图片以便稍后他们可以记住。还有，他们可以把这些图片排成任何的顺序。经过四分钟的学习之后，拿掉这些图片，要求儿童列出他们记住的尽可能多的项目。有两件事需要注意：①在整个学习阶段，儿童会自发地重新排列这些图片吗？②在回忆的时候儿童表现出聚集（即相似的项目出现在一起）的现象吗？

示例 13-2 是基于 Moely 和同事们（1969）做的一个经典的研究，儿童学习四个类别的图片：动物、衣服、家具、交通工具。在 2 分钟的学习阶段，儿童们被告知可以使用他们想到的任何顺序排列图片。年龄小的儿童很少会将相似的图片放到一起，而年龄大的儿童经常会按照类别组织图片。研究者们特别告诉另一组儿童重新组织图片。即使年龄小的儿童也看到了使用组织策略是有帮助的，这个策略会提高回忆成绩。

3. 第 6 章和第 7 章讨论的想象是提高成人记忆的非常有用的策略。研究显示，可以训练六岁大的孩子有效地使用视觉表象（Foley et al., 1993；Howe, 2006）。但是，年龄小的儿童通常不会自发使用想象策略。实际上，自发地使用想象是到青少年时期才出现的，即使是大学生，大部分人也不会经常使用这个有用的策略（Pressley & Hilden, 2006；Schneider & Bjorklund, 1998）。

简而言之，学前儿童不可能仔细并连续地使用记忆策略。实际上，我们在元记忆的部分还讨论到，年龄小的儿童很少意识到他们需要使用记忆策略（Ornstein et al., 2006；Schneider, 1999）。但是，随着儿童的发展，他们逐渐学会如何使用记忆策略，如复述、组织和想象。

值得一提的是，老师们能够通过展示如何使用适合儿童年龄的记忆策略来帮助他们。而且，教师可以使用分散呈现而不是集中呈现来提高课堂中学生们的回忆成绩（Seabrook et al., 2005）。

儿童的目击证人证词

至此，我们已经考察了儿童的工作记忆、长时记忆和记忆策略。我们已经看到，年龄小的儿童的成绩在这三个方面都不如成人的成绩。这个信息对认知的应用领域有重要的启示，即目击证人证词的准确性。正如你猜测的那样，年龄大的儿童提供的目击证人证词比年龄小的儿童更准确（Melnyk et al., 2007；Pipe & Salmon, 2009；Schwartz, 2011）。

一个真实的法庭案件给了 Michelle Leichtman 和 Stephen Ceci（1995）做实验的灵感。在原本的法庭案件中，一个九岁的女孩提供了目击证人证词，看起来刻板印象和暗示都影响了她的报告。Leichtman 和 Ceci 的经典研究探索了这两个因素的影响。

Leichtman 和 Ceci 测试了 176 个学前儿童，将他们分配在四个条件中。在控制条件中，一个叫 Sam Stone 的陌生人来到教室，在大约 2 分钟的时间里在教室中溜达了一圈并做了几个温和的评论。刻板印象条件中，一个研究助理每周给儿童讲一个故事，讲三周，直到 Sam Stone 来教室参观。每个故事强调的都是 Sam Stone 是个和蔼但很笨拙的人。在暗示条件中，研究助理在 Sam Stone 来访之后告诉儿童们两个不正确的暗示，即 Sam Stone 撕了一本书和 Sam Stone 将巧克力饮料撒到了白色的泰迪熊身上。最后，在刻板印象加暗示的条件中，儿童在 Sam Stone 来访之前接触到了相关的刻板印象，之后又接受了不正确的暗示。

Sam Stone 参观教室之后 10 个星期，一个新的采访者询问儿童 Sam Stone 来参观的时候都做了什么。儿童被问到是否真的看到 Sam Stone 撕书和将巧克力饮料撒到泰迪熊身上。图 13-4 显示了每种条件下儿童说他们目击了至少一个事件的百分比。

首先，注意控制组儿童的报告是很准确的。换句话说，如果在目标事件发生之前或者之后儿童没有接受误导的信息，他们是能够提供有效的目击证人证词的（Bruck & Ceci, 1999；Schneider, 2002）。

但图 13-4 也显示了在研究者提供了刻板印象的条件下，有很多儿童说道他们实际上目击了这些事件。如果年龄小的儿童在事件发生之后接受了不正确的暗示，会有更多的儿童说他们实际上看到了这些事件。接受了刻板印象加暗示的年龄小的儿童的数据最令人担心，几乎有一半的年龄小的儿童错误地报告他们看到 Sam Stone 或者撕了书，或者弄脏了小熊。

其他的研究证实了儿童目击证人证词的准确性受到儿童年龄、刻板印象、误导暗示的影响（Melnyk et

al., 2007；Memon et al., 2006；Roebers et al., 2005；Schwartz, 2011）。你可能想到，社会因素也会有重要的影响。例如，当采访者问问题的时候，语调中饱含情感或者使用了复杂的语言，儿童就会犯更多的错（Bruck & Ceci, 1999；Imhoff & Baker-Ward, 1999；Melnyk et al., 2007）。另外，当成人问问题的时候，儿童非常不愿意说"我不知道"（Bruck & Ceci, 1999）。还有，如果有人仔细盘问，儿童可能会改变他们的陈述，这个倾向性在5～6岁的儿童身上比在9～10岁儿童身上更强烈（Zajac & Hayne, 2006）。

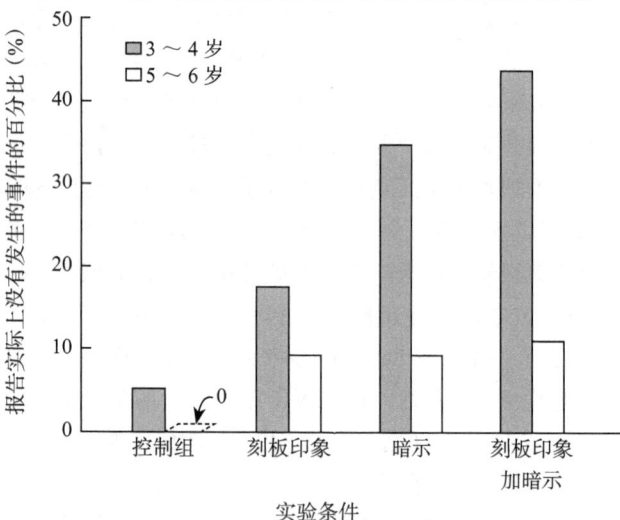

图中显示了儿童报告实际上看到了没有发生的事件的百分比。

图 13-4　刻板印象和暗示对年龄小的儿童的目击证人证词的影响

资料来源：Leichtman, M. D., & Ceci, S. J. (1995). The effects of stereotypes and suggestions of preschoolers' reports. *Developmental Psychology*, 31, 568-578.

个体差异：儿童的智力能力与目击证人证词

至此，这一章关注的是儿童的正常发展，我们也看到了儿童目击证人证词的准确性随着年龄的增长而提高。有智力障碍的儿童会怎么样呢？Lucy Henry 和 Gisli Gudjonsson（2007）在英国研究了在为智力障碍的儿童开设的学校上学的和在正常学校上学的儿童，每一组儿童的平均年龄或者是9岁2个月，或者是12岁8个月。所有的儿童都要观看一个三分钟的视频片段，是关于四个人开着一辆车停到加油站，给车加油，然后没付钱就开走了。每个儿童要完成一个不相关的小任务，然后研究者们要求儿童描述尽可能多的视频内容，并根据儿童提供的正确项目的数量给每个人的叙述打分。表 13-1 显示，年龄大的儿童比年龄小的儿童回忆的项目更多。而且，正常发展的儿童会出现更大的年龄差异。

表 13-1　自由回忆中儿童提供的正确项目的数量

儿童类别	儿童的平均年龄	
	9岁2个月	12岁8个月
有智力障碍的儿童	7.2	13.6
正常发展的儿童	18.9	34.5

资料来源：Henry, L. A., & Gudjonsson, G. H. (2007). Individual and developmental differences in eyewitness recall and suggestibility in children with intellectual disabilities. *Applied Cognitive Psychology, 21*, 361-381.

另外，Henry 和 Gudjonsson（2007）也问了一些具体的误导性的问题，如警车的颜色，虽然视频中没有警车出现。在误导问题的情境中，年龄大的儿童与年龄小的儿童犯的错误一样多。但是，在每个年龄组中，正常发展的儿童提供了更多数量的正确答案，在回答误导问题时错误数量也更少。这些结果与其他研究的发现是一致的（如 Pipe & Salmon, 2009）。

但是，Henry 和 Gudjonsson（2007）指出，他们的研究中儿童观看视频和提供目击证词之间的时间间隔很短。以后的研究中需要包括更长的延迟时间，与现实情境下要求儿童提供目击证词的时候一致。

> ### 深度了解
>
> #### 老年人的记忆
>
> 关于老年人的刻板印象是：老年人也许是有趣的，但他们通常健忘、认知无能（Cuddy & Fiske, 2002；Hess et al., 2003；Levy & Banaji, 2002）。有一个这种刻板印象的例子（Hulicka, 1982），一位 78 岁的老妇人为她的客人们做了一顿饭，好吃极了，只是她误将漂白剂当成了醋放在了沙拉酱汁中。关心她的亲戚们认为这是因为她的记忆受损和智力下降，他们讨论要把她送到养老院。结果是，因为别人把漂白剂的瓶子放到了壁橱

里本来放醋的地方，她才拿错了。并且，漂白剂的瓶子在大小、颜色、形状上都与醋瓶子很相似。

一段时间之后，这些人又到另一家做客。一位年轻的女士要找头发定型喷剂，她在浴室的柜子里发现了一个大小和形状都像定型喷剂的罐子，就毫不犹豫地拿来用了，结果她的头发就被消毒剂浸湿了。但在这个例子中，没有人建议将这位女士送到特殊的机构，他们只是笑话她的心不在焉。

在主流的北美文化中，他们常常认为老年人有很大的认知缺陷。遗憾的是，这种刻板印象可以使老年人认为他们确实是不太有能力的。结果，老年人可能就记住了更少的信息（Moulin & Gathercole, 2008；Whitbourne & Whitbourne, 2011；Zacks & Hasher, 2006）。

与年龄有关的记忆变化的研究在过去十年有了很大的增长，现在也出现了大量的综述文章和书（如Bialystok & Craik, 2011；Erber, 2005；Park & Reuter-Lorenz, 2009；Whitbourne & Whitbourne, 2011）。但是，研究表明了记忆不同成分上有很大的个体差异和复杂的发展趋势。我们首先看一下关于老年人工作记忆和长时记忆的研究，然后讨论一些对老化过程中记忆变化的可能的解释。

老年人的工作记忆

当老年人需要将信息在记忆中保持不到一分钟的时候，在需要工作记忆的任务中，他们会完成得有多好？你可以注意到你的心理学教授经常用到这个短语："那全都要靠……"在工作记忆的例子中，诸如任务的本质之类的因素决定了我们是发现年龄之间的相似性还是年龄之间的差异（Craik, 2006；Whitbourne & Whitbourne, 2011）。

一般来说，在任务是简单直接的、需要简单存储的条件下，我们会发现工作记忆的年龄相似性。相反，当任务是复杂的，需要对信息进行操纵的时候，我们通常会发现年龄的差异（Craik, 2006；Park & Payer, 2006；Schwartz, 2011；Whitbourne & Whitbourne, 2011；Zacks & Hasher, 2006）。

例如，年轻人和老年人在工作记忆的数字广度测验中的成绩差不多。这些任务要求人们按顺序回忆数字的列表（Bäckman et al., 2001；Dixon & Cohen, 2003；Fabiani & Wee, 2001）。

相反，在需要忽略不相关的信息、操纵信息或者同时完成两种任务的工作记忆任务中，我们会发现年龄的差异（Cansino et al., 2011；Carstensen, 2007；Kramer & Kray, 2006；Schwartz, 2011）。例如，在一个研究中，给人们呈现不相关词语的一个词表，告诉他们要记住并按照字母表的正确顺序报告这些词语（Craik, 1990）。在这个复杂的任务中，年轻的被试平均报告了3.2个正确的词语，而老年的被试平均报告了1.7个。巧合的是，空中交通管制员的职业要求很好的工作记忆能力，所以美国法律规定管制员的退休年龄是56岁，整个规定是非常适宜的（Salthouse, 2012）。

老年人的长时记忆

老年人的长时记忆不同于年轻人吗？这个问题的答案也依赖于任务的特点。一般来说，老年人语义记忆测验的成绩都很好（Park & Reuter-Lorenz, 2009；Schwartz, 2011；Whitbourne & Whitbourne, 2011；Zacks & Hasher, 2006）。其实，Salthouse（2012）的一个研究显示，50～80岁的老年人在纵横字谜的任务中比30～40岁的年轻人做得更好。

在可以相对自动化完成的任务中，老年人也会做得很好（Economou et al., 2006；Little et al., 2004）。但是，在更有挑战性的任务中就出现了年龄的差异，如在源监控的任务中（Mitchell & Johnson, 2009；Whitbourne & Whitbourne, 2011）。

在关于老年人长时记忆的讨论中，我们会涉及四个问题：①前瞻记忆；②内隐记忆；③外显再认记忆；④外显回忆记忆。

1. 前瞻记忆。第6章中我们讨论过**前瞻记忆**（prospective memory），即记住将来要做某事。一般来说，老年人在完成很多前瞻记忆任务时都会有困难（Craik, 2006；Scullin et al., 2011；Zimmermann & Meier, 2010）。例如，生态效度很高的一种前瞻记忆任务是模拟购物任务，被试看到他们要买的东西的购物清单，如当他们看到快餐店的图片的时候，他们是需要买一个汉堡。在这些任务中，年轻人买到的东西的数量比老年人要多（Farrimond et al., 2006；McDermott & Knight, 2004）。

为什么老年人在前瞻记忆任务中倾向于犯更多的错误？一个重要的原因是，前瞻记忆对工作记忆的依赖性很高。人们需要提醒自己去完成相关的任务，我们在前面讨论过，老年人的工作记忆能力通常会下降。

相反，当有环境线索的时候，老年人的前瞻记忆就会相当准确，如门旁边的一本书提醒他们要把书拿到图书馆（Craik, 2006; Einstein & McDaniel, 2004; Scullin et al., 2011）。偶尔，老年人会比年轻人更准确，例如在告诉他们每天吃药的时候（Park & Hedden, 2001; Park et al., 1999）。

2. 内隐记忆。第5章指出，**外显记忆任务**（explicit memory task）要求人们记住他们之前学习过的信息，而**内隐记忆任务**（implicit memory task）要求人们完成知觉或者认知的任务（如词干补笔），之前与任务材料有关的经验会促进任务的完成。

在一个有代表性的研究中，Light和同事们（1995）使用被试阅读熟悉的和不熟悉的字母序列的时间来测量内隐记忆。如果被试阅读熟悉的字母序列比读不熟悉的序列要快，则说明了内隐记忆的作用。在这个内隐记忆任务中，64～78岁的老年人与18～24岁的年轻人做得一样好。

关于内隐记忆的其他研究也发现，老年人要么跟年轻人的成绩一样，要么是稍微有一点不足（Craik, 2006; Economou et al., 2006; Park & Reuter-Lorenz, 2009; Whitbourne & Whitbourne, 2011; Zacks & Hasher, 2006）。所以，当记忆任务不要求人们努力记住材料的时候，年龄差异是最小的。

3. 再认记忆。研究发现，随着人们变老，长时再认记忆或者缓慢下降或者保持不变（Burke, 2006; Erber, 2005; Moulin et al., 2007; Schwartz, 2011）。例如，再认记忆的一个经典研究发现，20岁的年轻人可以正确再认67%之前呈现过的词语，而在同一个任务中，70岁的老年人可以再认66%的词语，几乎与年轻人完全一致（Intons-Peterson et al., 1999）。

4. 外显回忆记忆。至此，关于长时记忆的讨论已经表明，老年人通常有前瞻记忆方面的困难，但在其他两种长时记忆任务中他们的成绩却很好，即内隐记忆和再认记忆。现在，我们看一下老年人的外显回忆记忆任务的成绩，就会经常发现年轻人和老年人之间显著的年龄差异（Brown, 2012; Schwarts, 2011; Zacks & Hasher, 2006）。

Alaitz Aizpurua和同事们（2009）做过一个研究，比较了19～25岁的年轻大学生和同样在大学修课的56～72岁的老年人。请注意，研究者们选的这两组用来比较的被试是非常合适的，因为他们的受教育程度没有差异，而且在自我报告的健康水平上也没有差异。在这个研究中，被试要先看一小段关于抢劫的视频，在很短的延迟之后，他们有十分钟来回忆视频中的事件。结果显示，老年人回忆的信息比年轻人要少，但是两个年龄组在两个方面是没有差异的：①他们描述的视频中没有发生的事件的数量；②这些错误的本质。

老年人在长时记忆回忆任务中存在很大的个体差异。如语言能力低的人和受教育程度低的人在老化的过程中回忆能力更可能下降。相反，语言能力高的人和受教育程度高的人与年轻人的年龄差异是最小的（Manly et al., 2003; Rabbitt, 2002）。假设以前研究中的两个年龄组在教育和健康状况方面都有很大的不同，那么他们之间记忆成绩的差异肯定也会更大。

Lynn Hasher和她的合作者们考察了另一个能够影响研究者们关于记忆年龄差异的结论的变量，即记忆测验在一天中进行的时间（Hasher et al., 2002; Zacks & Hasher, 2006）。具体来说，老年人在上午测试，成绩会比较好，而如果在下午测试，就会比年轻人出现更多的错误。有意思的是，很多记忆的研究都是在下午做的，所以这些研究的结果其实低估了老年人的记忆。

那么，老年人比年轻人在长时记忆方面更可能出现困难吗？从上面的讨论我们已经看到，这个问题没有一个简单的答案。研究的结果与"这全靠……"原则一致。老年人与年轻人在内隐记忆任务和再认任务中的成绩是很相似的。

如果我们考察存在明显年龄差异的一个记忆领域，会出现什么情况呢？比如，外显回忆任务。在这里我们还不能简单地下结论，如语言能力高的人和受教育程度高的老年人的成绩会很好。老年人在上午测试的成绩也很好。换句话说，记忆缺陷在老年人中并不是一般的现象。Zacks和Hasher（2006）在结束他们关于老化与长时记忆的章节时是这样写的："总的来说，新近的研究发现表明，我们可能严重低估了老年人的记忆能力。"

对记忆的年龄差异的解释

我们已经考察了与年龄有关的记忆效应的复杂模式。在有的任务中，年轻人比老年人记得好；而在另外的任务中，又几乎不存在年龄差异。你可能想到了，这么复杂的效应模式肯定需要复杂的解释，而不是一个直接的原因就能说明问题。

1. 神经认知的变化。关于认知神经的研究表明，正常老化的过程中会发生大脑结构的变化。请记住，外显回忆是尤其可能出现不足的。从认知科学的观点来看，这是说得通的。因为外显记忆依赖于不同大脑结构的复杂的神经网络，大脑的这些结构必须协同工作，如果网络的一部分不能正常发挥作用，外显回忆记忆肯定会受到破坏。另外，很多大脑结构在正常老化的过程中在体积上是减少的（Moulin et al., 2007；Park & Reuter-Lorenz, 2009）。

但令人惊奇的是，关于老年人的研究显示，即使老年人额叶的大小可能在减少，但额叶的激活却会增加。额叶激活有助于弥补大脑其他部分随着年龄的增长而出现的功能下降（Park & Reuter-Lorenz, 2009）。

我们现在要讨论几个有助于解释正常老化过程中记忆成绩变化模式的心理加工过程。为了解释这些变化，我们需要确定几个机制，因为没有一个单一的解释足以说明所有的问题（Moulin et al., 2007）。

2. 注意困难。一般来说，研究表明，老年人比年轻人更可能出现注意困难（Guerreiro & Van Gerven, 2011；Mueller-Johnson & Ceci, 2007；Whitbourne & Whitbourne, 2011）。实际上，当老年人完成标准的记忆任务的时候，他们的成绩常常与年轻人完成需要分散注意的记忆任务是一样的（Craik, 2006；Naveh-Benjamin et al., 2005, 2007）。

3. 记忆策略的不太有效的使用。老年人记忆受损可能是因为他们对记忆策略和元记忆的使用不太有效。有的研究表明，相比年轻人，老年人在工作记忆中会建构更少的组块（Naveh-Benjamin et al., 2007）。你可能记得第 4 章中讲过，组块是由彼此密切相关的几个成分组成的记忆单元（Schwartz, 2011）。如果老年人在使用工作记忆策略上有困难，那么他们就有可能在前瞻记忆和外显回忆任务中犯错。

但是，有很多研究推断，老年人和年轻人在长时记忆中使用了相似的记忆策略（Dunlosky & Hertzog, 1998；Light, 2000）。所以，策略不足的假说不能解释长时记忆的年龄差异。

4. 背景线索假说。我们在前面看到，老年人在再认任务中做得很好。再认任务中是呈现背景线索的，因为研究者要呈现一个项目，然后让被试报告他们是否之前见过这个项目。换句话说，这些背景线索促进了老年人的再认。

但是，背景线索在外显回忆任务中是不出现的，这些任务要求人们使用需要意志努力的、精细的加工。研究显示，年轻人在记忆背景线索方面是很熟练的，如他们可以记住自己去过哪里和哪天他们听说了某个特定的新闻（Grady & Craik, 2000；Light, 2000）。背景线索因而可以增加年轻人外显回忆的准确性。但是我们注意到，老年人通常记得很少的背景线索。所以，老年人得依靠需要意志努力的、精细的加工来提取信息，外显回忆任务对他们来说就更加困难。

5. 认知缓慢。最后一个解释在几十年前就被提出来了，老年人常常会经历认知减缓，或者说认知任务反应的速度降低（Bunce & Macready, 2005；Einstein & McDaniel, 2004；Schwartz, 2011）。**认知缓慢**（cognitive slowing）能够说明部分与年龄有关的记忆成绩差异，但也不能完全解释为什么老年人在有的任务上成绩很好。

总而言之，这几个假设中，每个假设都可以解释一部分老年人与年轻人之间的记忆成绩的差异。研究者们可能会提出这些假设的修改版本，或者提出新的解释。但目前的状况是，关于老年人记忆的研究让我们有了一系列复杂的发现，但没有一个复杂的解释可以说明这些结果。

元记忆的生命全程发展

第 6 章中讨论过，**元认知**（metacognition）指的是关于认知的想法，包括关于认知加工的知识和对这些认知加工的控制。元认知中一个重要的方面是**元记忆**（metamemory），指的是关于记忆的知识、对记忆的监控和控制。

还有一种元认知是**心理理论**（theory of mind），指的是关于自己的心理和他人的心理是如何运作的想法。例如，你知道其他人会有与你自己不同的一些信念。但是，年龄小的儿童就很难这么想（Dunlosky & Metcalfe, 2009；Schneider & Lockl, 2008；Schwartz, 2011）。

还有一种元认知是**元理解**（metacomprehension），指的是关于理解能力的想法，如对书面材料或者口头语言的理解。虽然很少有研究儿童和老年人的元理解的，但有的研究中也涉及了一些（如 Baker et al., 2010; Hacker et al., 2009）。所以，在这一章中我们将主要关注儿童和老年人的元记忆。

儿童的元记忆

对儿童元记忆的讨论会包括儿童关于记忆是如何操作的信念，他们关于学习需要努力的意识和他们对自己的记忆成绩的判断。然后我们会讨论元记忆如何与记忆成绩有关。

儿童对记忆是如何操作的理解

元记忆的一个重要成分是关于记忆是如何操作的知识。示例 13-3 包括了一些问题，是关于儿童元记忆的这个方面的，有机会的时候试一下。测试年龄小的儿童的时候，你可能需要把问题简化一下，不然他们的反应可能会受到他们有限的语言能力的影响（Fritz et al., 2010）。

示例 13-3
儿童的元记忆

找到一个至少 5 岁大的孩子，然后问他关于记忆的下列问题。比较你的答案跟他的答案的准确性和完整性。如果你找的孩子比较小，那可能需要修改一下问题的用词。

1. 假设一个叫 Katie 的孩子明天要把她最喜欢的书带到学校，她担心自己可能会忘记。她可以做什么事情来确保自己记住要把书带到学校？

2. 假设我要给你读 10 个词语。你认为你能以正确的顺序记住几个？（慢慢读下列词表，数一下孩子正确记住了几个词语。如果孩子的年龄小，将 10 换成 5，只读前面的 5 个词语就可以了。）

　　狗　椅子　花　天空　球
　　自行车　苹果　铅笔　房子　小轿车

3. 假设你记住了一个朋友的地址。在两分钟还是两天之后你会记得更好？

4. 两个孩子想记住一个词表，一个人的词表有 10 个词语，另一个人的词表只有 5 个词语。哪个孩子更可能正确记住词表上所有的词语？

5. 假设一个叫 Bob 的男孩正在给你讲他参加过的一个生日聚会的故事。稍后，你把这个故事讲给一个朋友听。是一字不差地讲这个故事更容易，还是只讲故事的主要观点更容易？

对他们记忆的某些方面，儿童常常会有一些朴素的想法（Fritz et al., 2010; Larkin, 2010）。例如，7 岁的儿童还不会意识到意义相关的词语比随机选择的词语更容易记住（Schneider & Pressley, 1997）。还有，在教年龄小的儿童使用记忆策略的时候，他们常常意识不到这些策略可以提高记忆的成绩（Bjorklund, 2005）。如果儿童不知道他们的记忆是如何操作的，那么他们将不会知道如何准备有效的信息策略（Bjorklund, 2005; Schneider, 2002）。

儿童关于学习需要意志努力的意识

元记忆的另一个重要的成分是意识到记忆不是自动化的加工过程，而是如果想要记住什么事情，就必须做出努力（Bjorklund, 2005; Schwartz, 2011）。遗憾的是，年龄小的儿童不知道这个规则。而且，他们在判断自己是否成功记住了某些信息的时候很不准确，他们通常告诉实验者自己记住了一个词表，但实际上在记忆测验中只能回忆很少的内容（Pressley & Hilden, 2006）。

另外，儿童经常意识不到他们需要努力使用记忆策略。但是，如果有人告诉他们为什么记忆策略会帮助记忆，他们就更可能成功地使用记忆策略（Pressley & Hilden, 2006）。

年龄大的儿童对记忆过程中需要的努力也有天真的想法。我记得我们邻居有一个 11 岁大的孩子，那时正在记忆美国宪法的一些知识。我丈夫就问她学得怎么样，要不要考她一些相关的问题。她就说自己已经学的挺好了，如果我丈夫想考她就考吧。结果发现，她几乎没有记住事实和概念。她假定自己的眼睛在书本上扫几次，那些策略就会奇迹般地存储到她的记忆中。

儿童对自己记忆成绩的判断

总的来说，年龄小的儿童在评价记忆成绩的时候都是过度自信的。但是，年龄大的儿童就会比较准确一些（Dunlosky & Metcalfe, 2009; Keast et al., 2007; Larkin, 2010; Schneider & Lockl, 2008）。

例如，Claudia Roebers 和同事们（2004）在他们关于儿童目击证词的研究中包括了关于元记忆的测量。他们让5～10岁的儿童观看一个八分钟的现场魔术。一个星期之后，一个采访者会单独询问每个儿童关于这个魔术的56个问题，如"魔术师从哪里拿的袋子"。回答完每个问题之后，孩子们要评价他们对自己答案正确性的自信水平。具体来说，他们使用由5个卡通面孔组成的评价量表，面孔表情从皱眉（表示"非常不确定"，相当于评分1）到笑脸（表示"非常确定"，相当于评分5）变化。

图13-5表示的是他们的结果。你可以看到，在儿童正确回答了问题的条件下，三个年龄组都很确定他们的答案是正确的。而在没有正确回答的条件下，他们本来应该选择皱眉的面孔或者有些皱眉的面孔。请注意，即使年龄大的儿童也过度自信，认为他们不正确的答案是正确的。但是，儿童的这种乐观评价可能是具有适应性的，如果儿童知道他们的成绩很差，他们可能也不会坚持完成一个困难的任务了（Dunlosky & Metcalfe，2009）。

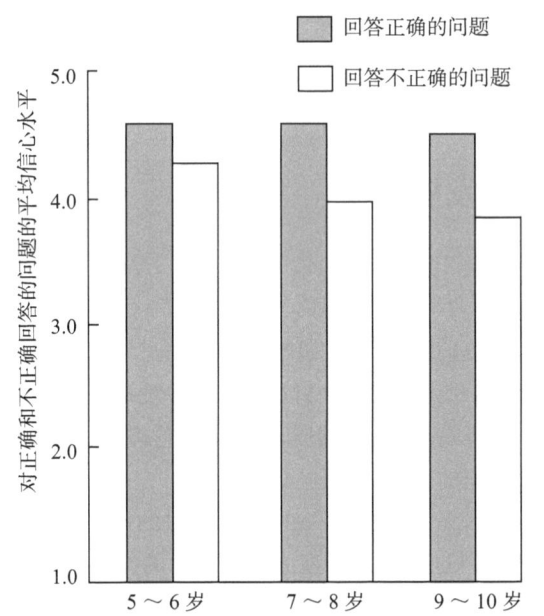

图13-5 对正确和不正确回答的问题的平均信心水平（1=非常不确信；5=非常确信）

资料来源：Roebers, C. M., Gelhar, T., & Schneider, W.(2004). "It's magic!" The effects of presentatiom modality on children's event memory, suggestibility, and confidence judgments. *Journal of Experimental Cbild Psychology, 87,* 320-355.

儿童元记忆：元记忆与记忆成绩的关系

让我们先总结一下这一章中关于年龄小的儿童记忆的几个观察结果。

1. 儿童的元记忆是不完美的，他们意识不到总结需要努力才能记住东西，他们也意识不到自己能记住的东西很少。

2. 他们不会自发地使用有用的记忆策略。

3. 相比较年龄大的儿童，他们记忆测验的成绩是很差的。

以上这三者之间有因果关系吗？也可能它们以下面的方式相互关联：

元记忆→策略使用→记忆成绩

如果是这样的话，当儿童的元记忆能力很低的时候，他们不会意识到自己要使用记忆策略来记住学习的材料。如果他们不用记忆策略，那么他们的记忆成绩也会很差。

有证据显示元记忆与策略使用有关。例如，有复杂元记忆能力的儿童更可能报告他们使用了记忆策略，他们也更可能有效地使用这些策略（Dunlosky & Metcalfe，2009；L. M. Taylor，2005）。另外，有很多的证据支持记忆策略使用与记忆成绩之间的关系。正如我们刚看到的，儿童策略的使用与记忆成绩是相关的。

所以，元记忆与策略使用有关，而策略使用与记忆成绩有关。那这个链条的两端也是有关系的吗？即元记忆与记忆成绩相关吗？对已有的研究的分析显示，元记忆与记忆成绩之间有中等程度的相关（Ornstein et al.，2006；Schneider，2002）。

二者之间的相关关系不强烈是可以理解的。一个原因是，测量儿童的元记忆很困难，因为他们还没有发展出复杂的词汇来描述自己的心理状态（Joyner & Kurtz-Costes，1997；Sodian，2005）。还有，儿童可能已经知道记忆策略是有帮助的，但他们实际上却不会使用这些策略。即使是聪明的、有很好元记忆能力的大学生，也可能因为没有时间或者动机而实际上不使用有用的记忆策略。

在某种程度上，小学教师可以在课堂上利用这种"可教的时刻"，帮助儿童明白如何考虑提高自己的记忆（Duffy et al.，2009；Grammer et al.，2011；Ornstein et al.，2011）。父母也可以进行引导。而且当父母与他们的孩子一起追忆往事的时候，也做出了榜样来帮助儿童理解如何考虑关于未来的事件（Laible & Panfile，2009）。

总之，我们可以推断元记忆与记忆成绩中等相关（Dunlosky & Metcalfe，2009；Schneider，2002）。因此，上面提到的因果关系（元记忆→策略使用→记忆成绩）能够解释儿童随着年龄的提高记忆成绩也会提高。

老年人的元记忆

老年人关于自己的记忆是怎么想的呢？我们先考察

老年人和年轻人在两个方面的比较：①他们关于记忆如何操作的信念；②他们监控记忆的能力。然后我们会讨论老年人是否会意识到他们存在的记忆问题。

关于记忆的信念

关于记忆任务的特征，老年人和年轻人有相似的信念（Dunlosky & Metcalfe, 2009; Light, 1996）。两个年龄组关于记忆是如何操作的基本知识是一样的；他们关于哪些策略是最有效的，以及哪种材料最容易记住的想法也是相似的。

记忆监控

在有的任务中，老年人和年轻人的监控能力是一样的（Bieman-Copland & Charness, 1994; Hertzog & Dixon, 1994）。例如，两个年龄组的预期能力是一致的，尤其是预期他们在稍后的时间可以记住哪些项目（Connor et al., 1997）。

在选择最困难的项目进一步学习而不是学习他们已经掌握的项目方面，老年人和年轻人也是一样的（Dunlosky & Hertzog, 1997）。在判断回答常识问题的准确性时，和在判断一个项目是新的还是旧时，两个年龄组也做得一样好（Dodson et al., 2007）。

但是，在有的记忆任务中，老年人比年轻人更可能过度自信（Dunlosky & Metcalfe, 2009）。例如，Chad Dodson 和同事们（2007）研究了平均年龄为 67 岁的老年人和平均年龄为 21 岁的大学生。在关于新近事件的具体细节的记忆测验任务中，老年人比年轻人更可能高估他们的总成绩。还有，在超出工作记忆容量的任务中，老年人更可能高估他们的成绩（Shake et al., 2009）。另外，老年人能够熟练监控他们的记忆，但他们可能不会使用监控的信息来选择如何记住某些信息（Krätzig & Arbuthnot, 2009）。

最后，有的老年人有**痴呆症**（dementia），这是包括记忆问题和其他认知损害的疾病（American Psychiatric Association, 2000）。这些人通常无法评估他们的记忆能力（Youn et al., 2009）。

对记忆问题的意识

对记忆问题的意识的研究中都没有比较老年人和年轻人，而是只关注了对老年人的调查。老年人可能报告他们日常生活中出现的记忆问题，尤其是在外显回忆任务，如记人名和电话号码方面的（Dunlosky & Metcalfe, 2009; Kester et al., 2002; Rendell et al., 2005）。他们也会说他们忘事的现象近几年有所增加。根据我们综述的关于老年人外显回忆的研究，他们的这些报告都是正确的。

问题是，关于老年人记忆差的刻板印象可能会使老年人认为他们的记忆衰退是不可避免的。结果，很多老年人不会努力发展有用的记忆策略（Dunlosky & Metcalfe, 2009; Hess, 2005）。但是，有的老年人在记忆方面有很高的自我效能感。**记忆的自我效能感**（memory self-efficacy）是个人对自己能够很好地完成记忆任务的信念。他们认为继续发展自己的记忆能力很重要，结果他们通常会使用有效的记忆策略，记忆任务完成得也比较好（Dunlosky & Metcalfe, 2009; Zacks & Hasher, 2006）。

总而言之，老年人和年轻人在元记忆的某些方面是相似的（Dodson et al., 2007; Light, 2000）。在这一部分的开始我们看到，年龄小的儿童的元记忆没有年轻人的元记忆准确。但是，大部分的老年人不会经历元记忆的大量损伤，在有的元记忆的任务中他们的完成情况是很好的。

语言的发展

"妈妈！"（8 个月大）

"洗头。"（1 岁 4 个月）

"不要碰我的肚子，妈咪。"（1 岁 11 个月）

"我祖母给了我这个娃娃，Cara。我祖母是我妈妈的妈妈。我还有另外一个祖母，她是我爸爸的妈妈。Elli 姑姑是我爸爸的妹妹。"（2 岁 9 个月）

这些都是我的女儿 Sally 早期说过的一些话，是儿童在语言获得过程中的典型成就。不同的儿童掌握语言的速度是不一样的（Fernald & Marchman, 2006; Hayne & Simcock, 2009; Tomasello, 2006）。但在 2～3 年的时间里，所有正常儿童都会从单字词的语言发展到更复杂的语篇。实际上，到 5 岁的时候，大部分儿童会产生与成人语言相似的句子（Kuhl, 2000）。

很多语言学家说语言获得是人类最伟大的成就（Thompson & Madigan, 2005; Tomasello, 2006）。所以，儿童的语言能力显然证明了主题 2。如儿童平均在 6 岁的时候就能够说 10 000～14 000 个词语（MacWhinney, 2011）。

要获得这么多的词汇，儿童从开始会说话的说话到他们 6 岁的生日必须每天学会大约 7 个新词（Carroll,

2008；Wellman，2000）。如果你觉得 14 000 个词语没有什么，那么想一下中学生学会另一种语言的 1 000 词汇要花多大的努力，而 6 岁的孩子才只到你的腰那么高。

但是，语言获得不仅仅包括简单的新词汇的获得。例如，儿童将词语联合成他们从来没有听到的短语，如"我的娃娃做了关于玩具的梦（2 岁 2 个月）"。

研究者们通常忽略成年后期语言的发展变化，但现在开始有研究关注这个问题了（de Bot & Makoni，2005；Kemper，2006；Stine-Morrow et al.，2006；Whitbourne & Whitbourne，2011）。我们关于语言发展的讨论会仅限于婴儿期和儿童期。

婴儿的语言

在生命的最初 18 个月，甚至在将要出生的时候，人类的婴儿就开始准备使用语言（Curtin & Werker，2009）。我们先讨论小婴儿对基本语音的知觉，然后看一下语言理解和语言产生中的几个早期的能力。我们也会讨论到成人对婴儿说的语言是有用的，会帮助他们获得语言。本章这一部分关注的话题是应用心理学里的一个问题：婴儿能通过观看流行的 DVD 学会语言吗？

婴儿期的语言感知

为了获得语言，婴儿必须能够区分不同的音素，也就是语言中最小的语音单位。但区分**音素**（phonemes）的能力也还只是语言学习中要面临的一半的挑战，婴儿也必须能够将语音相同的不同声音归为一类。例如，婴儿要能够识别 b 和 p 的声音是彼此不同的。另外，他们也必须能够识别最低音发出的声音 b 和最高音发出的声音 b 是同一个音（Harley，2008；Jusczyk & Luce，2002；Saffran et al.，2006）。

如果你最近有观察过小于 6 个月的婴儿，你可能会推断婴儿对语言的掌握大约跟你的胳膊肘的语言能力是差不多的。直到 20 世纪 70 年代早期，心理学家对婴儿的语言能力还不是很乐观。但是，超过 40 年的研究已经表明，婴儿的语言知觉能力是很高的（Fennell，2012）。在刚出生或者出生之后的几个星期，婴儿就能够知觉母语中使用的几乎所有的语音比较（Houston，2005；Todd et al.，2006；Traxler，2012）。他们也能够识别语音的相似性，这是语言理解中一个重要的早期阶段。小婴儿的能力显然使他们能够学会语言（Curtin & Werker，2009；Saffran et al.，2006；Traxler，2012）。

在有的情况下，年龄小的婴儿在区分音素方面甚至比年龄大的婴儿和成人还熟练（Curtin & Werker，2009）。例如，印地语是在印度使用的一种语言，在印地语中，t 音有时候是将舌头放在牙齿后面发出来的，有时候是将舌头放在上颚的后面发出来的。说印地语的人可以很容易地区分用这两种方法发出来的 t 音。但是，说英语的成人不能区分这两种 t 音。说英语的儿童在这方面会更有能力吗？Werker 和 Tees（1984）测试了在说英语的环境中长大的婴儿。令人吃惊的是，6～8 个月大的婴儿能够以 95% 的正确率区分印地语中的这两个音素，他们的正确率在 8～10 个月的时候降到了 70%，10～12 个月的时候降到了 20%。但是，在说印地语的环境中长大的 10～12 个月的婴儿却能够以 100% 的正确率来区分这两个音素（Werker & Tees，1984）。

显然，年龄小的婴儿能够理解每种语言中数量众多的音素区别，但是后来他们确定了知觉的类别，以便他们可以关注自己的语言环境中那些重要的音素区别（Curtin & Werker，2009；Lany & Saffran，2010；MacWhinney，2011；Todd et al.，2006）。

根据语音知觉的其他研究，新生儿能够区分两种有不同韵律的语言，如英语和意大利语（Saffran et al.，2006）。还有，Bosch 和 Sebastián-Gallés（2011）研究了双语家庭的儿童，这些儿童的父母说两种韵律相似的语言，西班牙语和加泰罗尼亚语（加泰罗尼亚语是西班牙巴塞罗那及临近区域使用的一种语言）。4 个月大的婴儿就能够区分这两种语言，这些语言区分的能力有助于婴儿不会将两种语言彼此混淆（Curtin & Werker，2009；Saffran et al.，2006）。

婴儿期的语言理解

几十年来关于婴儿期语言知觉的研究越来越多。相反，在讨论婴儿如何掌握语言理解的更复杂方面，如超出音素水平的理解，研究者的进展还是比较缓慢的。但是，现在我们已经有了关于年龄小的婴儿理解能力的几方面信息：①识别重要词语；②理解说话者的表情与语言中的感情色彩之间的对应；③理解语义概念。

1. 识别重要词语。有趣的是，四五个月的婴儿已经能够识别自己名字的声音模式。具体来说，Mandel 和同事们（1995）发现，婴儿会转头看向自己的名字被提及的方向，但是如果另一个相似长度和相似音节的名字被提及时，婴儿是不会转头的，如叫 Rachel 的婴儿在听到 Megan 的时候是不会转头的。

年龄小的婴儿能够理解少数的几个词（Curtin &

Werker，2009；Piotroski & Naigles，2012；Saffran et al.，2006），例如，Tincoff和Jusczyk（1999）给6个月大的婴儿看两段视频，一段是婴儿的母亲，一段是婴儿的父亲，在看视频的同时，婴儿听到"妈咪"或者听到"爹地"。当"妈咪"呈现的时候，婴儿更多地看母亲的视频，而当"爹地"呈现的时候，婴儿更多地看父亲的视频。

2. 理解声音与景象的对应。婴儿也理解语言理解的另一个成分，即口头语言的感情色彩（Flavell et al.，2002）。例如，Walker-Andrews（1986）给7个月大的婴儿播放高兴的语音或者愤怒的语音，并且婴儿看到同时呈现的一对视频，一个是高兴的说话者，一个是愤怒的说话者，每张面孔的嘴的区域是遮挡的，这样婴儿就不能利用嘴唇的移动来匹配语音与视频。所以，婴儿要从面孔的脸颊和眼睛寻找情绪的线索，而不能从最明显的嘴唇部位寻找线索。

Walker-Andrews（1986）的结果显示，听到高兴声音的婴儿更常观看高兴的面孔，而听到愤怒声音的婴儿更常观看愤怒的面孔。换句话说，即使年龄小的婴儿也明白面部表情必须与语调的感情色彩相对应。

3. 理解语义概念。我们看到婴儿在听到自己的名字时会做出反应，他们也能够将"妈咪""爹地"的语音与相应的父母的视觉图像联系在一起。还有，他们知道视觉景象与声音也必须联系在一起。根据Jean Mandler和同事们的研究，婴儿也有思考关于物体概念的出色能力。例如，到大约9个月大的时候，婴儿能够区分可以自己动的有生命的物体和不能自己动的无生命的物体（Mandler，2003，2004a，2007）。

在另一个研究中，McDonough和Mandler（1998）让9个月大的婴儿观看一只狗从杯子里喝水和一辆小车上载着一个玩具娃娃，然后研究者们递给婴儿来自这两个类别的一些新的物体，如一只猫或者一只食蚁兽和一辆卡车或者叉车。即使对这些新的不熟悉的物体，婴儿也会模拟出他们看到的行为模式。例如，他们让食蚁兽喝水，把玩具娃娃放在叉车上（Mandler，2003，2004a）。所以，婴儿有在类别如"动物"或者"车辆"内推广的能力（Mandler，2007）。

随着儿童年龄的增长，他们对类别的理解也得到了提高。例如，14个月大的婴儿观看了研究者用杯子给一只玩具狗喝水，然后研究者会递给他们一个杯子，另一只不同的玩具狗，一只猫、一个不熟悉的哺乳动物和一只鸟。儿童通常会把杯子给所有的三种哺乳动物，但是不会把杯子给鸟（Mandler，2004a，2004b）。通过他们的动作，儿童们显示了他们关于类别的发展知识："陆地动物能够从杯子里喝水，但鸟类不能。"（Mandler，2007）

第8章中我们强调了概念能力让我们将相似的物体归类在一起，并在这些类别的基础上做出推论。我们已经看到，这个能力在儿童一岁的时候就开始发展了。

"婴儿"一词最初的意思是"不能说话"（Pan，2012）。稍后你会看到，年龄小的婴儿的语言产生能力是非常有限的，但是即使在只有几个月大的时候，他们的语音知觉和语言理解的能力也是非常高的。

婴儿期的语言产生

婴儿的早期发音要经过几个阶段，在2个月大的时候，婴儿开始发出**咕咕**（cooing）的声音，其中包括了元音如oo；到大约6个月的时候，他们开始**牙牙学语**（babbling），同时使用元音和辅音，经常会发出一些重复的声音如dadada（Harley，2010；Kail，2010）。到大约10个月大的时候，他们发出的声音开始像母语（DeHart et al.，2004；Thompson & Madigan，2005）。这个发现和婴儿区分与母语无关的音素能力的下降是一致的（MacWhinney，2011；Werker & Tees，1999）。我们在前面讨论过相关的研究。

在8~10个月的时候，婴儿开始做出一些动作来引起他人的注意，他们会把一个物体递给大人或者指向一个物体，他们也会重复过去吸引过别人注意的一个动作，如拍手（Herriot，2004；Taylor，2005）。现在我们讨论一下成人对婴儿说的语言。

成人对婴儿说的语言

因为婴儿出色的听觉能力、记忆容量和他们对语言的接受能力，他们会很快学会语言。另外，大部分婴儿会得到父母和其他成人的帮助。成人通过调整对孩子说的语言而使语言获得相对简单。**儿童导向的语言**（child-directed speech）指的是成人跟儿童说的语言，它使用重复、短句子、简单词汇、基本句法、缓慢的语速、高的声调、夸张的声调变化和夸张的表情（Harley，2008；Kuhl，2006）。示例13-4显示的就是儿童导向的语言。

👆 **示例 13-4**
产生儿童导向的语言

找一个在特征和大小方面与一个婴儿相似的玩具娃娃，选一个与婴儿打过交道的有经验的朋友，请他想象这个玩具娃娃是他的侄女或者侄子，与父母第一次来看他。鼓励你的朋友以正常的方式与"婴儿"互动。观察你朋友的语言，看看在音高、音高变化、词汇、句子长度、重复和语调方面有什么变化。也观察一下非语言的交流。在语言的质量方面与成人对成人的语言有什么不同？

巧合的是，**妈妈语**（motherese）是语言学家以前用来指代儿童导向的语言。但是，这个有性别偏向的概念忽略了一个事实，很多爸爸、妈妈之外的其他成人，年龄大的儿童也会对婴儿和年龄小的儿童说"妈妈语"（DeHart et al., 2004; Harley, 2008; Kail, 2010）。

在世界上许多语言中的研究显示，成人在跟婴儿和年龄小的儿童说话的时候，与他们跟其他年龄大的人们说话的时候使用的语言风格是不一样的。一般来说，儿童导向的语言有助于年龄小的语言学习者理解语言的意义和结构（Kail, 2010）。

婴儿能够通过DVD学会语言吗

你见过宣称会提高婴儿词汇量的DVD的广告吗？自从第一个婴儿媒体"婴儿爱因斯坦"出现，人们在相关的产品上已经投入了几十亿的资金（DeLoache et al., 2010）。这些广告都宣称父母可以通过给孩子播放有它们名字的展示物体的视频来提高婴儿的词汇量。例如，一个广告是一位母亲报告她18个月大的孩子在看了视频之后，词汇量有了明显的提高。

但是，你也可能已经修完了很多强调研究方法的心理学的课程，所以你会问，"除了DVD之外有什么因素可以解释这些结果吗"或者"控制组在哪呢" Judy DeLoache和同事们（2010）指出，年龄小的儿童通常在大约18个月大的时候会出现词汇量的快速提高，没有控制组，我们没法相信这些广告。

所以，DeLoache和同事们决定进行一个严格控制的研究来看看这些销量最好的语言DVD是否实际上会提高婴儿的语言能力，他们找到了72名12～18个月大的婴儿，都没有接触过"婴儿媒体"。研究者将这些婴儿随机安排到以下的四个组。

1. 父母教授组：不使用任何DVD，将DVD中包含的25个词语给父母，然后父母们尝试在四个星期的时间里教会婴儿尽可能多的词语。

2. DVD互动组：儿童和父母一起看DVD，每周至少看5次，持续四个星期。

3. DVD无互动组：儿童单独看DVD，每周至少看5次，持续四个星期。

4. 控制组：没有DVD，父母也不教孩子任何的词汇。

四个星期之后，给每个儿童呈现成对的物体，一个是DVD里出现的（可能是钟表），另一个是DVD里没有出现的物体（可能是盘子），然后问他们："你能给我看一下钟表吗？"图13-6显示了实验的结果。统计分析表明，相比其他三组儿童，在父母教授组的儿童更可能指出正确的答案。所以，如果你考虑给你认识的婴儿买语言DVD，那么你应该考虑买个更有用的。

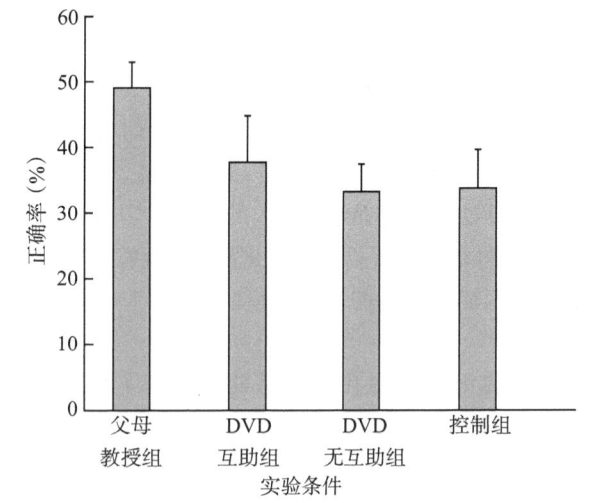

图13-6 不同组别中，婴儿在词语再认测试中的平均成绩
注：条码是一定程度的变化。
资料来源：DeLoache, J. S., et al. (2010). Do babies learn from baby media? *Psyhological Science,* 21, 1570-1574.

儿童的语言

在大约一岁的时候，全世界大部分的婴儿都会说出他们的第一个词语（Harley, 2010; MacWhinney, 2011）。我们看一下这些最先产生的词语的特征，以及年龄大的儿童的语言的特征。然后，我们会讨论儿童语法的两个成分，即字形和句法。最后，我们会讨论儿童如何掌握语用学，即语言使用的社会规则。

词语

儿童通常在大约一岁的时候会说出第一个词语。但是，正常一岁儿童的词汇量大小是0～50个词（MacWhinney, 2011; Thompson & Madigan, 2005）。儿童的第一个词常常是人、物体和他们自己的动作（Bloom, 2001; Waxman, 2002）。但是，儿童的概念与标准成人概念是很不同的。例如，儿童关于"动物"的概念可能仅仅指的是可以自己动的任何物体（Mandler, 2006）。

词语产生增加得很快。到儿童20个月大的时候，他们平均可以产生150～180个词；到28个月的时候，平均产生的词语是380个（MacWhinney, 2011；Woodward & Markman, 1998）。

如果照顾者经常给儿童读书或者经常谈论儿童正在做的动作，儿童词汇量的增加就会非常快（Patterson, 2002；Rollins, 2003）。在发展中国家，父母更可能给孩子讲故事，而不是给他们读书。讲故事在帮助儿童语言能力发展方面也是有用的（Bornstein & Putnick, 2012）。

儿童对词语的理解也发展得很快（Rollins, 2003）。例如，当他们听到某个特定的词语时，他们会快速把注意转向正确的词语指代的物体（Fernald et al., 1998）。儿童也可以通过无意中听到其他人的谈话而学会有些词语的意义（Akhtar et al., 2001）。儿童通常能够理解的词汇数量是他们能够产生的词汇数量的两倍（MacWhinney, 2011）。

儿童的记忆能力在这一时期也得到了快速提高，这促进了他们的语言产生和语言理解（MacWhinney, 2011）。语言与记忆之间的相互联系是本书主题4的一个例子。像你预想的那样，5岁大的儿童会比3岁大的儿童给出更详细的关于他们以前经验的解释（Hayne et al., 2011）。

帮助儿童学会新词语的另一个因素是**快速映射**（fast mapping），或者说是在看到一个词语一次或者两次之后，利用背景信息合理猜测词语的意义（Harley, 2008；Mandler, 2004b）。第9中我们讨论过，成人也会受到词语呈现背景的引导。快速映射表明了背景对年龄小的儿童来说也很重要。

年龄小的儿童可能会过宽或者过窄地使用一个新学会的类别名称。**过度扩展**（overextension）指的是用一个词指代成人认为不合适的另一个物体（Donaldson, 2004；Harley, 2010）。例如，在我女儿Beth一岁的时候，她使用baish这个词一开始指的是她的小毯子，然后她又用它来指代尿布、尿布别针和维生素药片。常常是物体的形状或者功能决定了过度扩展的发生。但是，像在维生素片的例子里，有时候词语的使用会脱离它本来的意义。

大约2岁的时候，儿童在使用"狗"和"球"之类的词语时会产生过度扩展。例如，一个孩子可能把9种不同类型的狗和玩具狗都称为"狗"，这些都是对的；但是，他也会用"狗"来指代熊、狼、狐狸、鹿、犀牛、河马和鱼，这些都是过度扩展。当儿童不知道一个不熟悉的项目的名字时也会发生过度扩展（Harley, 2010；Taylor, 2005）。只有很少的2岁大的儿童见过犀牛或者河马。但是，在很多情况下，儿童可能会混淆两个相似概念之间的不同，如郁金香和水仙花的不同。

字形

儿童开始在每种语境中都使用词语的简单形式，如"girl run"而不是"girl runs"。但是，他们不久就掌握了如何增加语素。**语素**（morphemes）是意义的基本单位，包括词尾-s、-ed，也包括简单的词语，如run。**字形学**（morphology）是研究这些基本意义单位的学科。在儿童学会了很多有规则形式的名词和过去式的词语之后，他们会对字形学有更多的理解。在这时候，他们有时会创造自己的规则形式，如"mouses"和"runned"，很多时候他们是正确的，但有时候也会犯错（Bates et al., 2001；Harley, 2008）。这些错误表明，语言获得不单单是掌握模仿父母产生的词汇的过程，因为父母很少产生错误的词语形式如"mouses"和"runned"（Stromswold, 1999）。

通过增加最常见的语法语素而产生不规则词语的新形式的倾向被称为**过度规则化**（overregularization）。请记住，过度扩展指的是不合适地扩展词语意义的倾向；但是，过度规则化指的是不合适地增加规则语素的倾向。后来，儿童会学到很多词有规则的复数和过去式，但有的词有不规则的形式，如"mice"和"run"（Kail, 2010）。

理论家们提出了几种不同的理论来解释儿童的过度规则化。例如，Gary Marcus（1996）提出了一个解释称为**规则记忆理论**（rule-and-memory theory），认为儿童学会过去式动词的一个总的规则，即规定过去式必须要加-ed；但是，他们也在记忆中存储了很多不规则的动词。英语有大约200个动词有不规则的过去式，所以年龄小的儿童只能存储最常用的不规则动词（Kagan & Herschkowitz, 2005；Marcus, 1996）。

Marcus的理论也提出，记住不规则动词的儿童会坚持使用这些动词，而不是使用增加-ed的默认形式。随着儿童语言知识的增加，他们会逐渐用正确的过去式动词取代过度规则化的词语。Marcus（1996）将他的理论应用到儿童产生的超过11 000个过去式动词上，他发现理论的具体成分预期了过度规则化的模式。他也观察到过度规则化数量的线性减少，从学龄前儿童的4%降低到四年级的1%。

句法

到18～24个月的时候，儿童通常获得了50～100个词语，正常的儿童开始将两个词联合起来（de Boysson-Bardies，1999；Flavell et al.，2002；Tomasello，2006）。在这里有一个重要的问题就是句法。**句法**（syntax）是控制如何将词语联结成句子的语法规则。与词语联结能力快速增长有关的一个因素是儿童工作记忆容量的增加。

儿童的双词句可以表达很多种不同种类的关系，如拥有者-拥有的关系（"妈妈裙子"）、动作-物体关系（"吃饼干"）、主体-动作关系（"泰迪摔倒"）。另外，双词在不同的语境中有不同的意义，"爹地袜子"可能表示的是父亲正在给儿童穿袜子，也可能表示的是特定的属于父亲的袜子（de Villiers & de Villiers，1999）。儿童的很多话语，如"me going"在语法上是不正确的，但却可以传递信息（Tomasello，2006）。

在儿童掌握了双词句之后，他们开始学会补充缺失的词语和词尾，他们在安排词语顺序方面也有提高。"Baby cry"变成了"The baby is crying"。到三岁半的时候，大部分儿童在字形和句法方面都比较准确了（Kail，2010）。

语言学习绝对是主动加工，符合本书的主题1。儿童通过主动建构自己的口语来学习语言。他们会产生成人从来不会用的短语，如"Allgone sticky""Bye-bye hot""More page"（Rogers，1985）。这些短语为我们揭示出儿童的语言远比简单模仿成人语言要丰富。

随着儿童产生复杂语言能力的提高，他们的语言理解能力也提高了。例如，想一下儿童如何理解"Pat打了Chris"这个句子。儿童怎么知道在这个句子中谁是动作的发出者谁是动作的接受者？在英语中，句子中的词语顺序是最重要的线索，儿童可以准确利用这个信息（Hirsh-Pasek & Golinkoff，1996）。我们可能会假设在所有的语言中，词语的顺序都是有用的信息，可以帮助我们判断动作的发出者和接受者。但是，学习土耳其语和波兰语的年龄小的儿童利用的是词尾而不是词语顺序信息来解码句子的意义（Weist，1985）。

儿童在策略使用方面有时候很聪明，他们会利用母语中任何可得的句法线索。另外，儿童通常会意识到使用语言的目的是与他人交流，所以他们会试图产生成年人可以理解的语言（Baldwin & Meyer，2007）。

语用学

我们在第10章讨论过，**语用学**（pragmatics）关注的是允许说话者成功与他人交流信息的社会规则和世界知识（De Groot，2011）。关于语用学的研究关注说话者如何与谈话对象成功交流信息。

儿童需要学习在特定的情境中，什么应该说什么不应该说。他们也必须理解在与父母、老师、同伴、年龄小的儿童说话的时候，要使用不同的语言风格（Bjorklund，2005；MacWhinney，2011）。还有，他们也必须学会两个说话者在谈话中需要协同合作，要轮流发言，要轮流做有反应的听者。

每家的孩子都可能出现过曾经对年长的亲戚、邻居或者陌生人说出一些不合适的话。在我的儿童发展的课堂上，有个学生讲了一个违反语用规则的例子。他们一家人当时正在参加教堂礼拜，她四岁大的弟弟注意到他们的父亲在牧师布道的时候睡着了。于是，小男孩就站在教堂的椅子上大声说，"大家安静！我爸爸正在睡觉。"你可以想象，每个人都会意识到这个孩子违反了语用规则的事实，而不太会想到他想要帮助他打盹的父亲。

儿童学会的另一个语言使用的能力是使他们的语言适用于不同的听者。例如，他们必须决定他们的谈话对象是否有关于他谈论的话题的合适背景知识（MacWhinney，2011；Pan & Snow，1999）。直到20世纪70年代早期，心理学家从发现，儿童的语言忽略了谈话对象的理解水平。

但是，Shatz和Gelman（1973）的一个研究显示，儿童常常会做出适当的调整。在他们的研究中，四岁的儿童在面对两岁的谈话对象时会调整他们的语言，而在面对同伴或者成人的时候就不会调整。例如，四岁的儿童在给两岁的儿童描述一个玩具的时候，会使用简短的简单语言。但是，在给另一个四岁的儿童或者成人描述玩具的时候，他们的描述会更长更复杂。

即使两岁的儿童在跟他们的婴儿兄弟姐妹说话的时候，也倾向于简化他们的语言（Dunn & Kendrick，1982）。如果你认识学前儿童，可能想让他们做一下示例13-3。儿童在进入幼儿园之前就理解了语言的一些社会方面。

儿童也学会了在谈话中轮流发言。复杂的轮流发言要求每个说话者预期什么时候谈话对象会说完，这就需要关于语言结构的知识（Siegal，1996；Snow，1999）。

下次你见到两个成人交谈的时候，注意一下听者如何通过微笑、凝视和其他表示自己感兴趣的姿势来做出反应。在一个研究中，研究者们记录了在和成人谈论关于玩具、流行的电影、兄弟姐妹等话题的时候，年龄小的儿童作为听者的反应（Miller et al., 1985）。年龄大的儿童会做出更丰富的反应。例如，8%的三岁儿童在成人说话过程中的某些时候会说"呃-嗯"，而有50%的五岁的儿童会这样做。另外，只有67%的三岁儿童在倾听的时候会点头，而100%的五岁儿童会点头。所以，儿童学会如何做一个听者和说话者（MacWhinney, 2011; Snow, 1999）。

婴儿和儿童好像准备好了社会互动（Wellman & Gelman, 1992），儿童很想掌握语言，成为谈话的主动参与者。这种语言学习的热情鼓励儿童掌握词语、字形、句法和语言的使用。

在这一章中，我们看到了婴儿和儿童足够的语言能力。如年龄小的婴儿就可以记住面孔和区分不同的语音，这些早期的能力预示了成人期表现出来的卓越的认知能力（主题2）。另外，儿童主动与自己世界里的人、物体和概念交互（主题1），有助于他们记忆、元记忆和语言的发展。最后，关于老年人认知能力的研究揭示了某些特定的认知衰退，但是在生命全程发展中，很多认知能力是保持准确和活跃的。

复习题

1. 在20世纪70年代之前，大部分心理学家对婴儿和年龄小的儿童的认知能力是比较悲观的。但是，后来就变得乐观起来。如果你想让别人对婴儿和儿童的认知能力产生深刻的印象，你会提供关于婴儿和儿童记忆与语言能力的哪些信息呢？
2. 婴儿研究的一个挑战是设计能够揭示婴儿真正能力的实验。描述研究者们发展的几个可以发现婴儿记忆和语言能力的研究方法。
3. 比较儿童、年轻人和老年人下列几个方面的能力：工作记忆、再认记忆、回忆记忆。一定要列出可能影响你的结论的因素。
4. 假设在你的社区里有一个重要的法庭案件的结果取决于一个年龄小的儿童的目击证词。哪些因素会让你相信这个儿童的报告，哪些因素会让你认为这个儿童的记忆可能是不准确的？
5. 描述关注记忆策略和元记忆的解释儿童记忆成绩的理论。讨论支持这个理论的证据，要包括与元记忆与记忆成绩之间关系的相关信息。
6. 一般来说，老年人觉得困难的记忆任务是什么？什么理论可以最好地解释老年人的记忆衰退？过度自信和关于老年人的刻板印象如何有助于解释老年人的记忆困难？
7. 这一章描述了儿童的元记忆和策略使用。小学三年级的老师可以使用什么方法来提高学生们的记忆能力？关于儿童的元认知能力，这个老师应该知道些什么？
8. 1985年，Branthwaite和Rogers评论道，儿童就好像一个试图破解密码来发现世界是如何运转的间谍。将这个观点应用到儿童对词语意义的理解、字形、词语顺序和语用规则上。
9. 描述一些我们的文化中非常重要的语言使用规则。对这些规则的掌握如何随着儿童年龄的增长而变化？
10. 根据这一章中讨论的关于认知加工的信息，婴儿与儿童的差异与你最初想的是一样的吗？关于老年人的这些研究发现让你惊讶了吗？或者它们与你最初的想法一致吗？

最后一个任务

最后的任务会帮助你尽可能综合地复习这本书。

分别在不同的纸上写下这本书的五个主题，然后浏览一下每一章的内容。简单描述一下每个主题的每个例子。在完成之后，综合一下每个主题涉及的内容。

心 理 学 教 材

《工程心理学与人的作业（原书第4版）》
作者：[美]克里斯托弗 D. 威肯斯 等 译者：张侃 孙向红 等

本书是当今西方使用广、影响大的一本工程心理学教科书，由美国知名专家所著，主要讲述工程设计、使用过程中人机交互的心理因素，意在从心理的角度关注并改善人类作业的绩效

《工业与组织心理学（原书第7版》
作者：[美]保罗·E.斯佩克特 译者：孟慧 等

全球名校学生喜爱的心理学教材，企业管理者、人力资源从业者必读。华东师范大学孟慧教授领衔翻译。理论与实践结合，对招聘、培训、绩效评估等有较大指导意义

《神经科学原理（英文版·原书第5版）》
作者：[美]埃里克 R. 坎德尔 等编著

诺贝尔奖获得者坎德尔领衔主编，多位神经科学泰斗级人物共同编著；国际上最权威神经科学教科书，被称为"神经科学圣经"，全面更新至第5版

《认知心理学：理论、研究和应用（原书第8版）》
作者：[美]玛格丽特·马特林 译者：李永娜

简洁明了，通俗易懂；畅销30余年、注重科学思维和实验方法的经典认知心理学教材；认知心理学领域杰出教授马特林撰写

《认知心理学：认知科学与你的生活(原书第5版)》
作者：[美]凯瑟琳·加洛蒂 译者：吴国宏 等

美国著名认知心理学家加洛蒂代表作；涵盖了有关人类思维的基本问题；与日常生活结合紧密的教材；全面展现认知心理学对我们现实生活的重大意义

心理学教材

《心理与行为科学研究方法（原书第11版）》
作者：[美] 保罗C. 科兹比 斯科特C. 贝茨 译者：张彤

哥伦比亚大学、明尼苏达大学等美国500所大学正在使用，美国畅销的心理与行为科学研究方法教材，出版30余年，已更新至第11版，学生与教师的研究指导手册

《心理统计导论：理论与实践（原书第10版）》
作者：[美] 罗伯特R. 帕加诺 译者：方平 姜媛 等

美国畅销多年的经典心理统计教材；具有30多年丰富统计教学经验的心理学教授撰写；首都师范大学教授、博士生导师方平教授领衔翻译；著名心理统计专家张厚粲、冯伯麟、车宏生隆重推荐

《实证研究：计划与设计（原书第10版）》
作者：[美] 保罗 D. 利迪 珍妮·埃利斯·奥姆罗德 译者：吴瑞林 史晓晨

本书是一本涵盖广泛、跨越多个学科的教材，适用于基础研究方法类的很多课程，通过很多具体的案例和实用的建议，指导学生完成从问题选择到报告撰写的研究全过程。斯坦福大学、密歇根大学、威斯康星大学等400多所美国高校正在使用

《实验心理学：勘破心理世界的侦探（原书第6版）》
作者：[美] 伦道夫·史密斯 史蒂芬·戴维斯 译者：高定国

媲美《这才是心理学》，独具魅力的实验心理学入门必读，享誉美国的通俗易懂教材，中山大学心理学系主任高定国领衔翻译。本书多次再版，现已更新到第6版，深受高校学生及大众读者喜爱

《学术写作原来是这样：语言、逻辑和结构的全面提升》
作者：易莉

中国人在英文学术写作中有哪些误区？如何提升学术写作的效率？北京大学心理与认知科学学院博导易莉多年英文论文写作课程精华，一部心理学、社会科学领域的英文学术写作指南